화학사

연금술에서부터 현대 분자 과학까지

Arthur Greenberg 저

김유항 · 강성주 · 이상권 · 이종백 공역

A Chemical History Tour

Picturing Chemistry from Alchemy to Modern Molecular Science

WILEY 자유아카데미

|역자 소개|

김 유 항
인하대학교 화학과 명예교수

강 성 주
한국교원대학교 화학교육과 교수

이 상 권
전남대학교 화학교육과 교수

이 종 백
전남대학교 화학교육과 교수

화학사 –연금술에서부터 현대 분자 과학까지

|저 자 Arthur Greenberg
|역 자 김유항 · 강성주 · 이상권 · 이종백
|펴 낸 이 주 정 희
|펴 낸 곳 자유아카데미
|주 소 경기도 파주시 교하읍 문발리 527-2
파주출판문화정보산업단지
|전 화 031-955-1321
|팩 스 031-955-1322
|전자우편 main@freeaca.com(대표)
editor@freeaca.com(편집)
|홈페이지 www.freeaca.com
|등 록 제406-2003-017호, 1980. 7. 12
|제1판1쇄 2011년 10월 15일 발행
|제1판2쇄 2012년 3월 15일 발행
|정 가 25,000원

역자와의 협의하에 인지생략

Printed in Korea
ISBN 978-89-7338-911-7 93430

서문

친애하는 독자 여러분!

이 책의 목적은 화학사 중에서도 선택한 중요 순간들에 대해 가벼운 여행을 시켜드리는 것이다. 저자가 바라는 것은 과학에 관심을 가지고 있으며, 삽화와 도판을 즐길 줄 아는 일반 대중은 물론, 화학 교사들 및 과학계와 의료계에 종사하는 전문가들에게도 재미도 있고 교육적이기도 한 자료를 제공하는 것이다. 이 책은 내용과 맥락을 설명하기에 충분할 만큼의 본문을 곁들인 그림책으로 기획하였으며, 여느 여행과 마찬가지로 여행객에게 보여주기 위해 선택한 주요 장면들은 자의적이다.

화학사 여행은 읽어도 좋고 넘겨보아도 좋다. 이 책은 화학의 실용적, 의학적, 신비적 뿌리에서 출발하여 그림과 말로써 현대과학으로 화학이 어떻게 진화해 왔는지를 추적한다. 우리 여행은 플로지스톤 개념을 도입한 Becker 책의 최종판인 1738년판 Physica Subterranea (지하 세계)의 은유적 권두 삽화에서 출발하여 원자 현미경을 써서 한 개씩 옮긴 철 원자 48개로 구성된 "양자 우리"에서 끝난다. 이 책의 후기는 현대 시인 Seamus Heaney의 짧은 작품 세 개의 이미지들로 구성되어 있다. 우리는 연금술 개념의 플로지스톤으로의 진화를 추적하고, 현대 화학의 전개 과정에 있어서의 결정적인 단계들을 조사한다. 우리가 다루는 범위는 19세기서부터 좁아지다가 20세기에서는 의도적으로 아주 빈약하다.

이 여행의 한 가지 중요한 주제는 물질을 형상화하려는 매우 인간적인 연구를 반영하고 있는 것이다. 즉, 네 원소, 세 정령, 정육면체와 같은 플라톤 입체, 고리가 달린 모순 없는 원자 입자들, 원자들의 2차원 덩어리, 2차원 분자, 3차원 분자, 태양계 원자, 전자가 모서리에 있는 입방체 원자, 공명 구조, 용수철로 연결된 원자들, 원자 및 분자 오비탈, 김퓨터 스크린 상의 전자 밀도 등고선 등이 그것이다. 이런 이미지들은 책 속에 계속 나온다.

화학은 과학 중에서 가장 흥미로운 역사를 가지고 있다. 화학의 근원은 신비롭기도 하고 실용적이기도 하다. 물질의 근원은 무엇인가? 물질은 "무"에서 생겼는가? 아원소 입자들에서 생겼는가, 아니면 어떤 기본적인 원물질에서 생겼는가? 물질의 근원적인 구조는 무엇인가? 물질은 무한히 쪼갤 수 있는가? 쪼개는 데 궁극적인 한계가 있는가? 심지어 오늘날에도 하나의 금 원자가 진정으로 금인지 의문을 가질 수 있다. 전기를 통하고 광택이 있는 초현미경적 작은 덩어리가 되려면 금 원자가 몇 개 필요할까? 산의 "원자들"에는 날카로운 모서리가 있는가? 물의 "입자들"은 매끄럽고 미끄러운가? 물질은 진화하는가? 생명의 명약은 무엇인가? 청춘의 샘은? 우리는 독(질병)은 더 강한 독으로 다스리는가, 또는 독을 중화시키려고 하는가? 한편에서는 위산과다를 알칼리성인 탄산수소 소듐으로 중화시킬 수 있지만, 다른 한편에서는 DNA를 공격하는 독성 약으로 암을 치료하듯이 성병을 독성 금속 물질들로 치료한다.

20세기를 가볍게 다룬 데 대해서는 분명히 일부 비우호적인 비평가들의 주목을 받을 것이다. 인정할 수밖에 없는 이 약점에 대한 저자의 변명은 오늘날의 폭발적인 정보량의 증가가 이 책의 내용을 완전히 매몰시켜 버리고 말리라는 점이다. 또한 현대에 들어 발견된 내용 중 옳음이 증명된 것들은 오늘날의 교과서에 이미 수록되어 있다. 화학사 여행은 현재의 교과과정에서 취급하는 내용을 보완하고 흥미롭게 하기 위함이지, 완벽을 추구하는 것이 아니다. 그렇기는 해도, 이원자 구조의 발견, X-선 결정학, 팔전자설에 바탕을 둔 Kossel-Lewis-Langmuir의 결합 개념, 주기율표의 바탕인 양자 역학의 전개 과정, 공명 이론 등을 포함시켰다. DNA 이중 나선은 그것이 구조화학의 승리일 뿐만 아니라 구조가 기능을 즉각적으로 설명하고 있기 때문에 역시 포함시켰다. DNA의 기능, 즉 복제는 그 구조가 이중성을 지녔으리라는 것을 암시했다.

이 책은 20세기 말에 이루어진 구조화학의 두 가지 성과를 예로 들면서 그림 여행을 끝낸다. 하나는 미리 만들어 놓은 "장난감 부품"(직선형 또는 굽은형 2-작용기 분자들; 삼각형 또는 삼각 피라미드형 3-작용기 분자들)을 써서 나노 크기의 다면체들을 합성하는 것인데, 이 분자들을 정확한 비율로 그저 섞기만 하면 약 10분 내에 거의 100%의 수득률로 다면체들이 형성된다. 비밀은 계가 스스로 바라는 구조가 될 때까지 생성—분리—재생성을 반복하는 약한 결합을 도입함으로써 자연 자체를 모방하는 것이다. 이렇게 해서 얻은 나노 크기의 정십이면체는 약 2500년 전에 가설로 제안된 Pythagoras의 철망(또는 제5) 원소("에터")를 상기시킨다. 또 다른 예는 주사 터널링 전자 현미경(STM 및 이의 변형들)을 써서 개별 원자들을 관찰하고, 심지어는 원자들은 하나씩 집어내 옮기는 것이다. 이와 관련하여 우리 여행에서 주목할 점은 1803년에 Dalton의 이론이 나온 후 100여 년이 지날 때까지도 지속되었던 원자의 실체에 대한 저항이다. 실제로 Ludwig Boltzmann은 20세기에 들어온 지 얼마 되지 않아 원자가 보편적으로 인정되기 직전에 자살하였는데, 자살 이유의 일부분은 그가 모든 물리학자들과 화학자들에게 원자의 실체를 납득시키지 못한 것에 있다고 생각된다. 원자빔 현미경으로 포착된, 함께 "양자 무리"를 형성한 48개의 철 원자들은 파동—입자

이중성을 직접적으로 보여주는 STM "그림"이다.

저자는 방문하지 않은 많은 지역 때문에 이 자의적인 여행에 대해 정당한 비판이 있으리라고 생각한다. 저자는 화학사에는 셀 수 없이 많은 다른 길들이 있음을 인정하며, 생략했거나 소홀하게 다룬 발견들에 대해서는 미리 사과하는 바이다. 그러나 저자는 이 책이 쓸모 있기를 바라며, 목적한 바를 달성하기 위해서는 비전문가들이 읽고 즐겨야만 한다. 더 철저한 또는 백과사전적인 접근은 이 목적을 달성하는 데 도움이 되지 않을 것이다. 비록 서양 문명 이외의 지역에 대한 기여도 인정하기 위해 노력하기는 했지만, 저자는 중국, 인도, 아프리카, 모슬렘 및 기타 문명의 초기 과학에 대해서는 부족하게 다루었음을 알고 있고, 또 이에 대해 사과하는 바이다. 그렇게 된 이유는 의도적인 것이 아니라 인쇄된 서적들이 부족하기 때문이다.

비록 우리 여행은 가벼운 마음으로 가볍게 읽게 되어 있지만, 기초 과목들에서는 너무 소홀하게 또는 혼란스럽게 다루어지며, 가르치기에도 어려운 몇 가지 중요한 주제들을 다루고 있다. 그렇기는 해도 르네상스 시대 Chaucer와 Rabelais의 작품에 잘 드러나 있는 유머감과 속세감도 넣어 놓았다. 남의 집 문 앞에다 용변을 보는 못된 놈을 혼내주는 Van Helmont의 처방을 수록하지 못할 것이 무엇인가! 이런 삽화들을 제공함으로써 저자는 철학을 표현하고 우리 분야의 역사에 등장하는 화학자 및 기타 과학자들, 설명하는 방식, 그리고 화학과 더 넓은 다른 문화와의 연계성 등에 대해 다시 살펴보게 되기를 바란다. 저자는 또한 이 책이 초급 화학 과목 선생님들에게 가르치기 어려운 분야를 헤쳐나갈 안내가 되고, 때로는 지루할 수도 있는 강의를 흥겹게 만들 수 있는 몇몇 일화를 제공할 수 있기를 희망한다. 그래서 많은 일부 학생들이 Rabelais의 화학 지식 또는 못된 익살을 다룬 부분을 보고 낄낄된다고 해서 그것이 그리 나쁜 것일까?

노스캐롤라이나주 샬럿시에서
Arthur Goldberg

컬러 그림 설명

그림 32 ■ Hendrick Heerschop의 1671년 유화. '*The Alchemist*' (연금술사) (Isabel and Alfred Bader Collection 소장) 의 천연색 사진을 흑백으로 재현한 것이다. 저자는 이 그림을 찍게 허가해 주고, 또 Bush의 그림 (그림 30) 에 대해 조언을 해준 Bader 박사에게 사의를 표한다.

그림 112 ■ Edward Youmans의 '*Chemical Atlas*' 1857년 판에서 발췌한 아름다운 채색 그림 (원색 도판 참조; 뉴욕, 1854년 초판 발행).

그림 114 ■ Youmans의 '*Chemical Atlas*' (그림 112) 에서 발췌한 도판. Laurent와 Gerhardt에 의한 유기화학 원시림의 조직화는 동족 계열의 개념을 포함한다. 동족의 단위는 C_2H_2가아니라 CH_2이다. 원소의 원자량과 추정된 분자식에 대한 불일치의 결과로 혼란이 있었다. 이러한 문제는 곧 1860년 칼스루헤 학회에서 정리되었다.

그림 115 ■ Youmans의 '*Chemical Atlas*' 에서 발췌한 도판. Wöhler와 Liebig는 뇌산은과 사이안산은이 이성질체 (이 용어는 1830년에 Berzelius가 만들어낸 것임) 라는 것을 발견하고, 원자의 배열이 다르기 때문일 것이라고 생각했다. 원자가 개념은 아직 발견되지 않았다. 이 도판에서 Youmans는 이성질체를 원자의 배열이 다른 것으로 그려 놓았다. 그러나 그는 각 분자의 화학적 역사도 한몫을 한다고 가정했다. 예를 들어 탄소 동소체인 다이아몬드와 흑연 내의 원자 배열이 다르므로 탄화수소 이성질체들 (예: 뷰테인과 아이소뷰테인) 도 그들이 생겨난 동소체의 상이한 탄소 배열을 유지하고 있다.

그림 116 ■ Youmans의 '*Chemical Atlas*' 에서 발췌한 도판 (원판은 채색되어 있음). 칼스루헤 학회 이전에 널리 퍼져있던 반응성과 관련된 유기화학 구조에 대한 세 가지

이론을 묘사하고 있다.

그림 129 ■ Youmans의 '*Chemical Atlas*' 1857년 판에서 발췌한 불꽃이 활활 타오르는 모습(그림 112 참조. 물을 HO로 표기하는 등의 실수는 본문에서 다루었다).

그림 136 ■ Parrish의 노트 중 일부 페이지. 하버포드(Haverford) 대학 도서관 퀘이커 문고 제공.

그림 165 ■ 17세기에 David Teniers the Younger(J, Read, *Prelude to Chemistry*)에 의해 제작된 판으로 1845년에 계약하여 저자가 소장하게 된 채색된 에그 템페라(an egg tempera) 화이다. The MacMillan Co. New York, 29판; J. Read, *The Alchemist in Life, Literature and Art*, Thomas Nelson and Sons Ltd, London, 1949, 21판, pp 72~79. 이 그림에는 몇 가지 장난스러운 것이 있다: 용 혹은 거북이를 생각나게 하는 한 개의 입과 한 개의 눈을 가진 테이블의 다리, 즉 유력한 연금술적 상징들. 이 그림은 몇 가지 상징들과 유사물들이 암호화되어 있으며 화가의 신원은 알 수 없다.

감사의 글

이 책은 Roald Hoffman이 화가 Vivian Torrence와 함께 저술한 *Chemistry Imagined* (Smithsonian, 1993)의 자극을 받아 구상하게 되었다. 저자의 부분적 초고에 대한 친절한 반응과 함께 이를 대변해 활동해 준 Roald Hoffman 교수와, 이 프로젝트를 처음부터 격려해 준 Jeffrey Sturchio 박사에게 감사를 전한다. 이 책에 수록된 그림 대부분을 꼼꼼하게 스캔해주고 저자 자신의 동기에 건설적인 회의를 더해 준 내 딸 Rachel에게도 고맙다는 말을 전하고 싶다. 내 아들 David의 예술적 노력도 또 다른 자극제였으며, 평생 동안 지지해주고 이른 아침에 내 글을 읽는 것을 견디고 또 비평까지 해 준 내 아내 Susan에게도 고마움을 전한다. 저자의 오랜 친구이자 동료인 Joel F. Liebman 교수, 노스캐롤라이나 대학 샬럿 캠퍼스 화학과의 새 식구인 Daniel Rabinovich 교수 및 공업화학계에서 오랫동안 생산적 경력을 쌓은 저자의 아버지 Murray Greenberg의 논쟁과 제안에 대해서도 사의를 표한다. 미술과 동료 교수 Rita L. Shumaker는 이 책을 위해 두 점의 창작 미술 작품을 제공하였고, 또 원고를 읽어주었다. 영어과의 Susan Gardner 교수는 이 책에 대한 나의 자신감을 새롭게 해 주었으며, 저자의 상상 속 독자이기도 했다. 그녀는 창의적으로 쓰고자 하는 저자의 시도를 격려하고 이 책의 다문화적 관점에 기여했으며, 온화하지만 단호하게 내 글을 편집하고, 영어와 프랑스어의 오류와 함께 뜻하지 않은 신조어들을 지적해 주었으며, 'Lavoisier in Love'를 같이 썼다. 저자는 또한 이 프로젝트를 제안하고 믿음을 가져 준 John Wiley and Sons의 Barbara Goldman 박사 및 즐겁게 같이 일해 준 Wiley의 Jill Roter 및 노스캐롤라이나 대학의 Ron Lewis에게도 감사한다. 이 책의 그림들은 다른 얘기가 없으면 저자가 소장하고 있는 책들이나 미술품들에게서 나온 것들이다.

추가 독서 제안

저자는 화학사가가 아니다. 다행하게도 화학사를 다룬 진정으로 훌륭한 책들이 여러 권 나와 있는데, 가장 권위 있는 것은 James R. Partington이 지은, 영감을 주는 네 권짜리 *A History of Chemistry* (McMillan, 1961~1964)로서 내용이 엄밀하고, 인용문헌이 풍부하며, 글 속에 빠지도록 쓰여 있고, 삽화도 훌륭해서 저자의 정보와 통찰력의 주 근원이었다. 저자는 또한 Aaron J. Ihde 저 *The Development of Modern Chemistry* (Haper & Row, 1964)와 이보다 더 최근에 나온 William H. Brock 저 *The Norton History of Chemistry* (Norton, 1993)에 많이 의존했다. 비록 Ihde의 책이 35년 이상이나 되었지만, 이 두 책들은 화학사 과목의 교재로 손색이 없다. 저자는 특히 1927년에 출판된 Edgar Fahs Smith 저 *Old Chemistries* (Van Nostrand, 1927)를 좋아한다. 마치 어느 추운 겨울 밤 Smith 교수의 방에서 벽난로의 불을 쬐면서 그가 저자에게 오래된 책들을 보여 주고 책들 중의 여러 구절들을 읽어주는 것처럼 느낀다. 아! 또 박학하고 열정적인 John Read를 말할 수 있었다면 얼마나 좋았겠는가, 그의 3부작 *A Prelude to Chemistry* (McMillan, 1937), *Humour And Humanism in Chemistry* (G. Bell, 1947) 및 *The Alchemists in Life, Literature and Art* (Thomas Nelson and sons, 1947)는 독자에게 건강한 웃음과 지식을 제공한다. Read는 *Humors and Humanism*에서 성경 (Noah, Mores), 그리스 및 로마 신화 (Jupiter, Neptune, Aphsodite), 고대 문명 (Cleopatra, Aristotle), 르네상스 (Paracelsus, Maier), 그리고 화학의 초기 역사 (Boyle, Lavoisier)에서 뽑은 올스타들의 연금술 크리켓 시합 점수표를 우리에게 제공한다. 익살은 맛깔스럽게 저질이다. 그는 또한 단막극 '노벨상' ('단막 화학극')을 쓰고, 1610년 Ben Johnson의 연극 *The Alchemist*에서는 외설스러운 장면을 보여 준다. Read 교수는 또한 Michael Maier의 17세기 연금술 음악의 초연 (1935년 St. Andrews 대학의 'Chymic Choir'에 의해)이 이루어지게 했다. 저자는 추가로 다음 두 책을 추천한다. M. Rayner-Carham와 G. Rayner-Canham 공저, *Women In Chemistry: Their Changing Roles From Alchemical Times to the Mid-Twentieth Century* (American Chemical Society and Chemical Heritage Foundation, 1998); Lindy Abraham 저, *A Dictionary of Alchemical Imagery* (Cambridge University Press, 1998). 이 짧은 목록에서 빠진 것들은 중요하지 않다는 뜻이 아니라 단순히 저자 자신의 부족한 공부를 반영하는 것이다.

차례

그림 32 ■ 그림에 대한 설명은 vii쪽 참조.

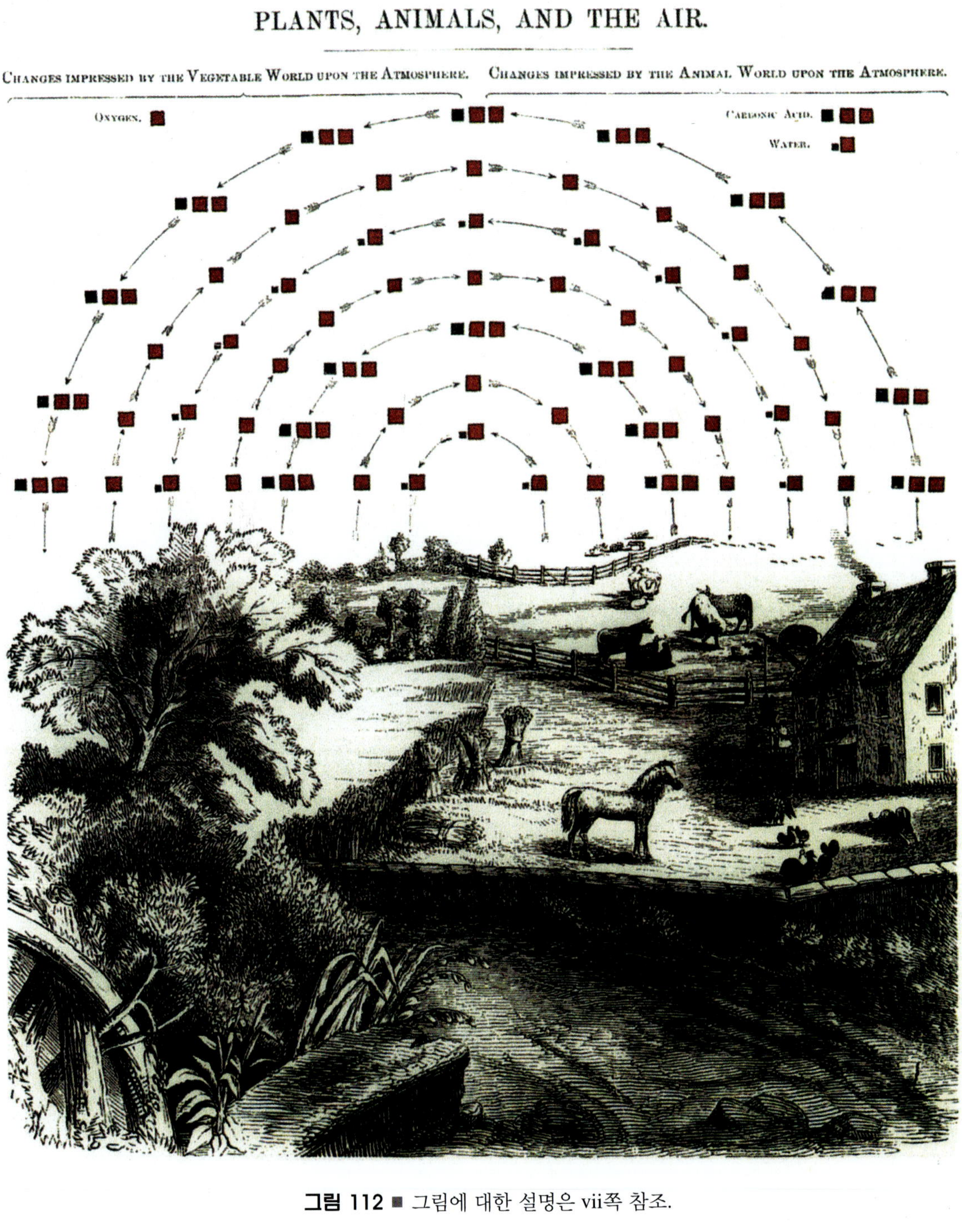

그림 112 ■ 그림에 대한 설명은 vii쪽 참조.

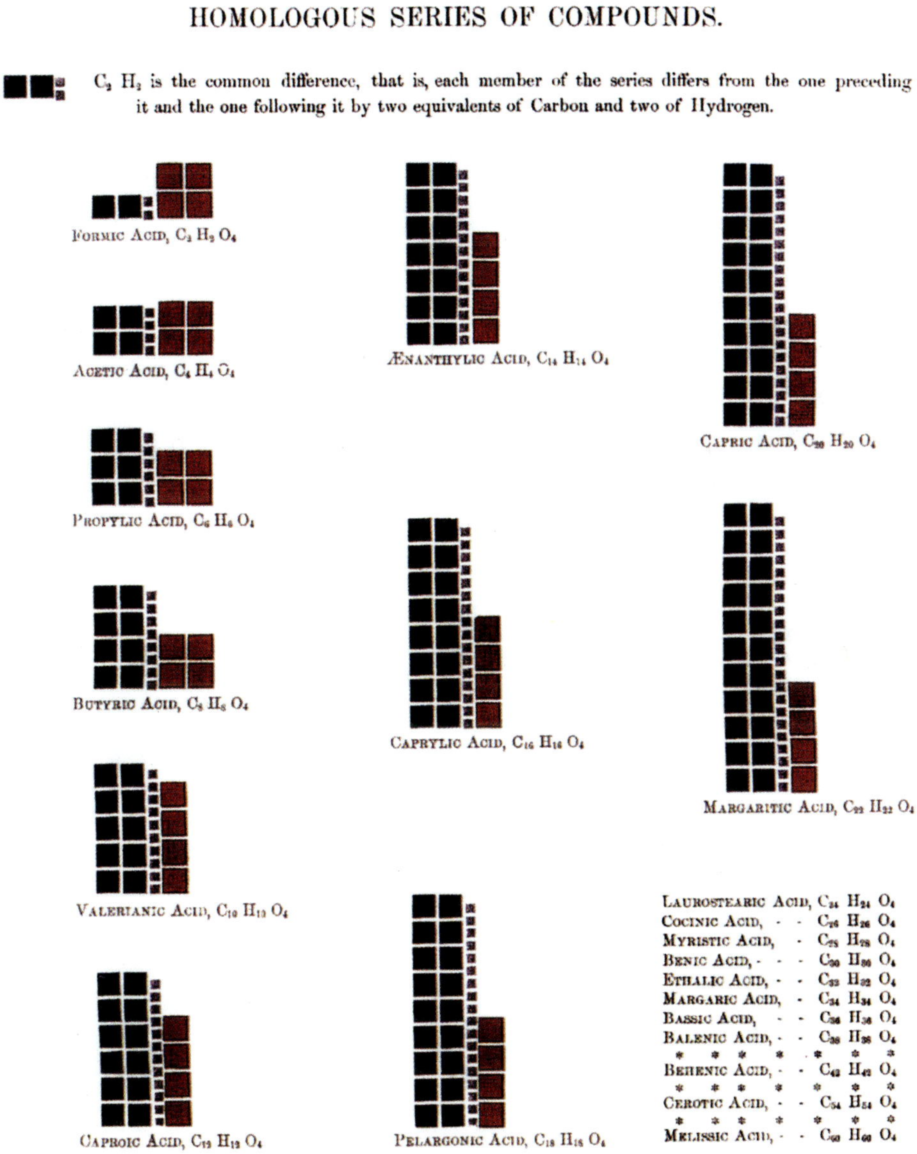

그림 114 ■ 그림에 대한 설명은 vii쪽 참조.

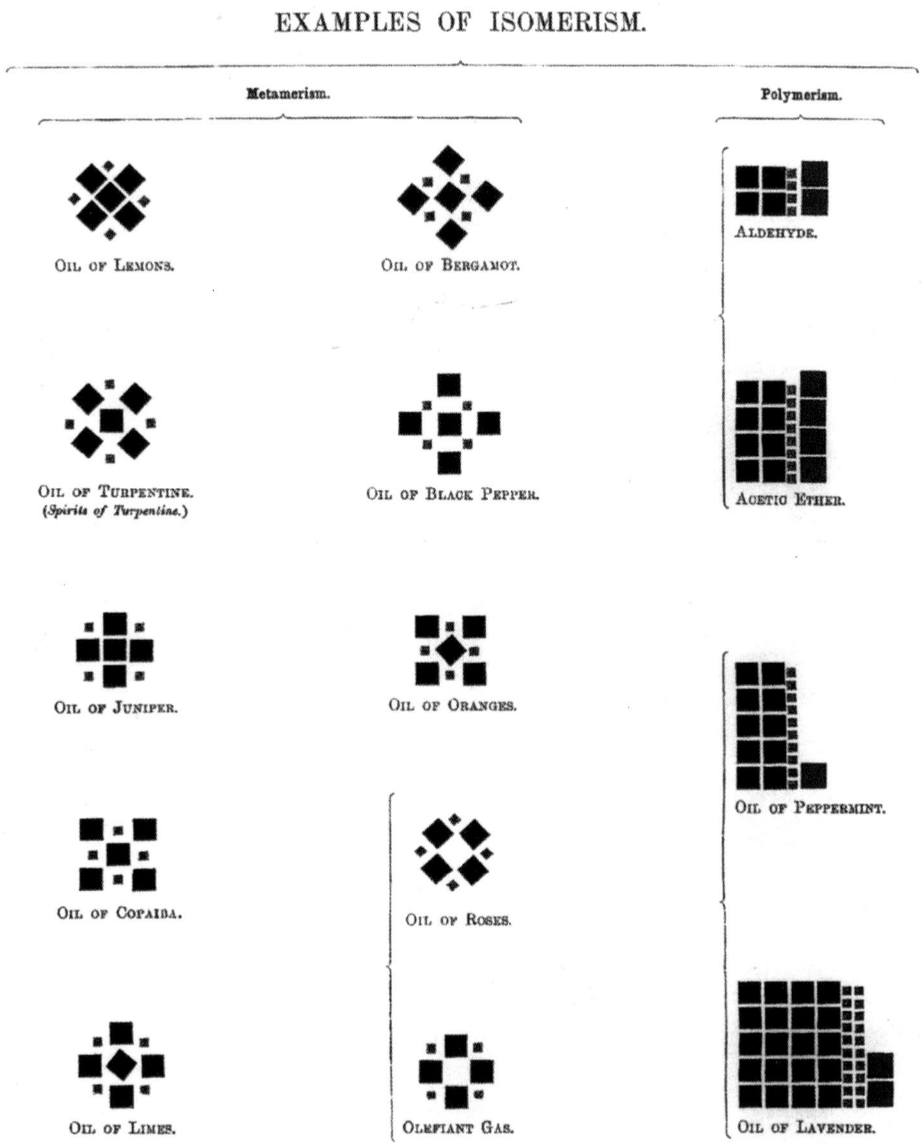

그림 115 ■ 그림에 대한 설명은 vii쪽 참조.

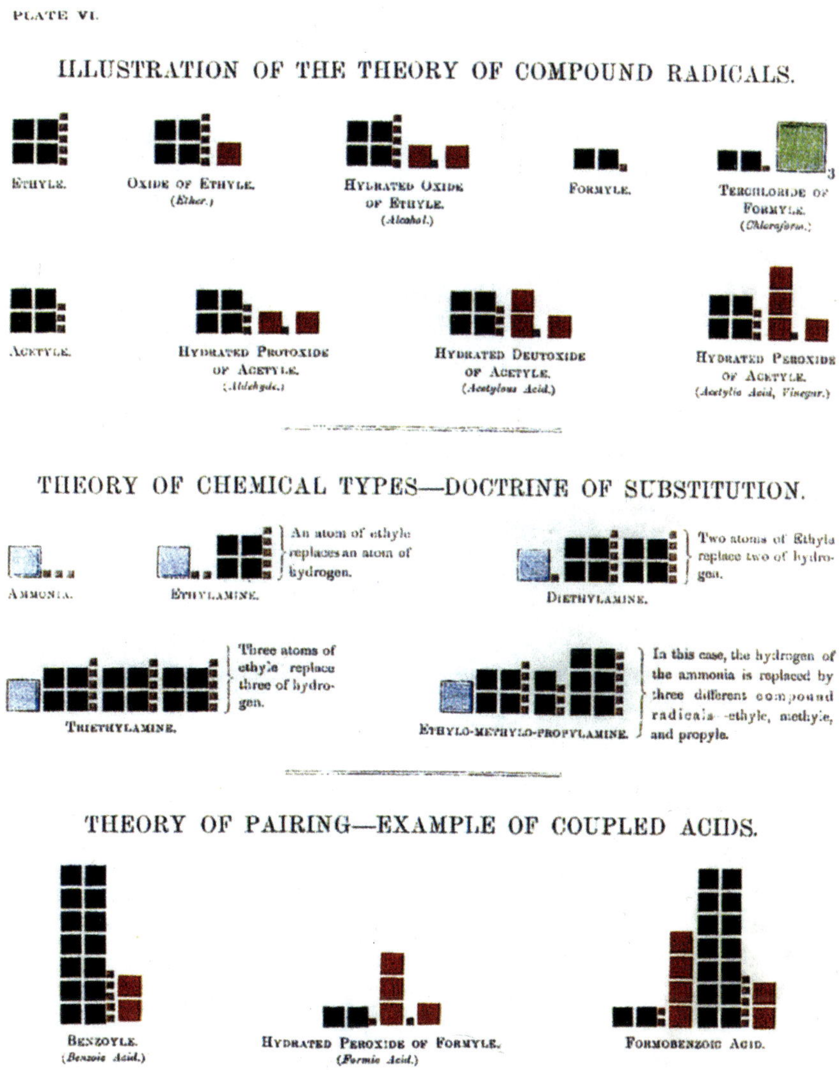

그림 116 ■ 그림에 대한 설명은 vii쪽 참조.

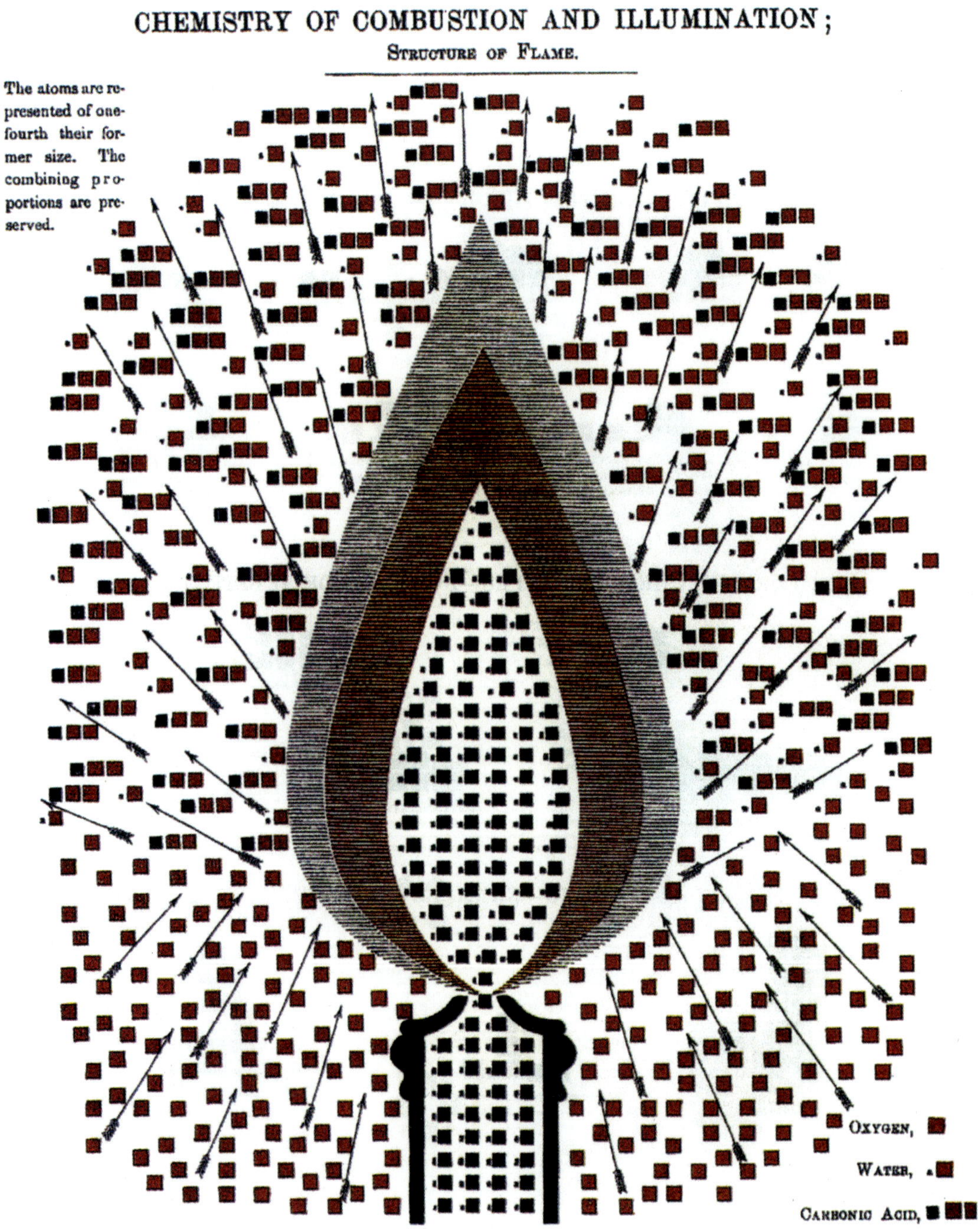

그림 129 ■ 그림에 대한 설명은 vii쪽 참조.

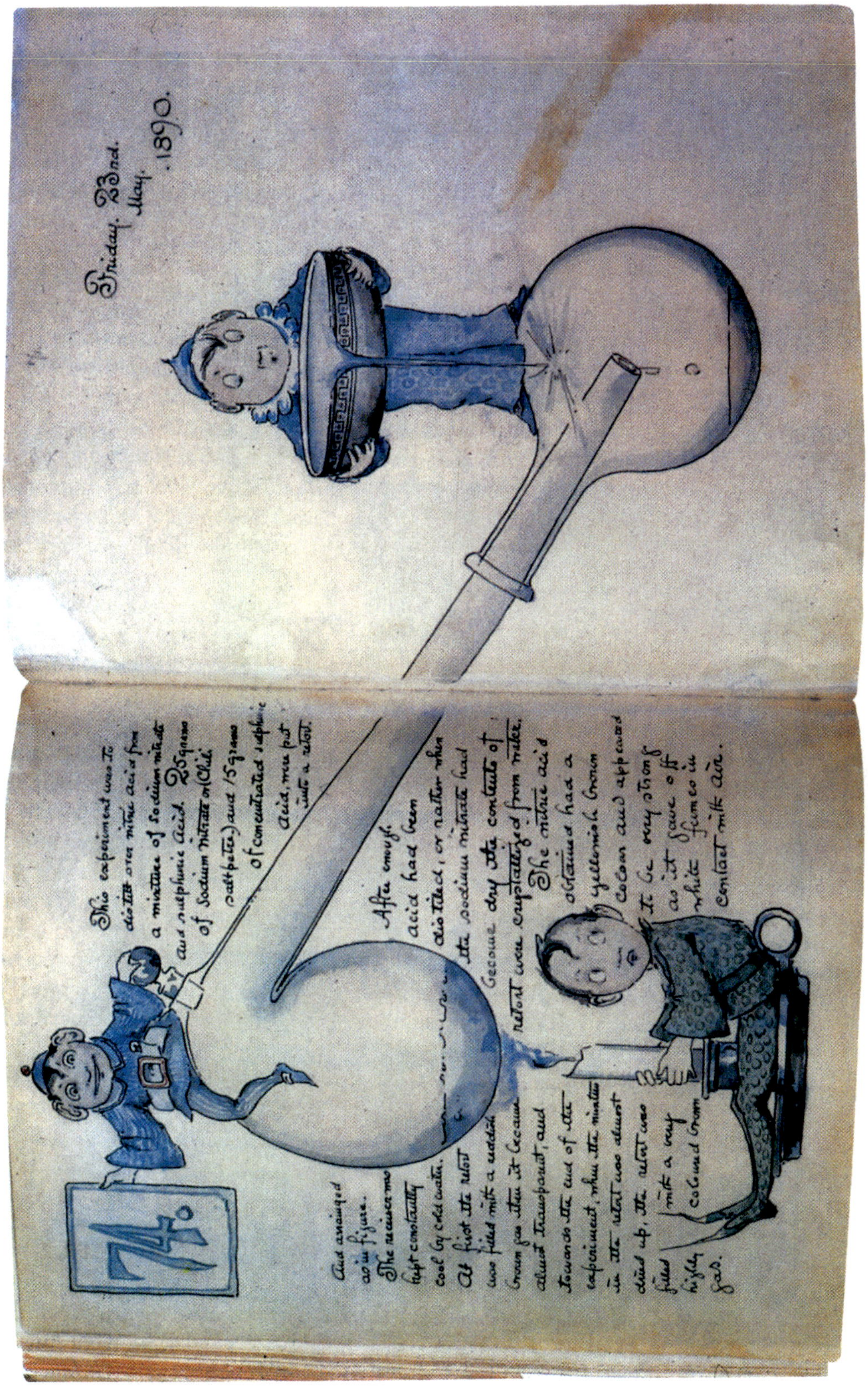

그림 136 ■ 그림에 대한 설명은 vii쪽 참조.

그림 165 ■ 그림에 대한 설명은 vii쪽 참조.

1

SECTION

실용화학, 채광 및 야금

이 무슨 생지옥?[1]

이 비유 그림 (그림 1) 은 무엇을 나타내는 것일까? 대머리의 근육질인 이 그림에는 머리 주위 (그리고 아마도 머리 자체) 에 일곱 가지 고대 금속 기호가 배열되어 있다. 머리가 완벽하게 둥근 것은 금을 상징하는 완벽한 원에 해당되는 듯하다.

이 그림의 뱃속 (창자) 에는 이 원소들 및 이에 덧붙여 안티모니와 황이 묻혀 있는데, 이로부터 이 그림의 본질을 짐작할 수 있다. 그러나 더 깊이 해석하는 것은 과학이라기보다는 오히려 심리학의 영역에 속한다. 실제로도 저명한 심리학자인 C. G. Jung은 연금술에 대한 귀중한 책과 원고들을 수장하고 있었으며, 또 이 주제에 대해 많은 저술을 남겼다.[2]

연금술은 그 핵심 개념으로 모든 물질 형성에 바탕이 되는 기본적인 물질 또는 상태, 즉 **원물질** (原物質, *Primary Matter*) 을 가정하였다. **원물질**은 포괄적이며, 일부분은 화학적, 일부분은 신화적으로 정의되며, 수은, 철, 금, 납, 소금, 황, 물, 공기, 불, 흙, 어머니, 달, 용, 이슬 등이 해당된다. 더 철학적인 수준에서는 지구와 하데스 (그리스 신화의 Hades, 저승) 로 정의되어 왔다[2]. Jung은 17세기에 나온 연금술 책 중의 그림 하나를—비슷한 근육질의 지구가 '철학자의 아들' 에게 젖을 빨리는—**원물질**로 확인하였다.[2] 이 그림에는 여자의 젖가슴도 있는데, 이 양성을 갖춘 존재는 아담으로부터의 이브의 출현과 그 이후 인류의 번창을 연상시킨다.

지구 비유 그림은 왜 뱃속에 원소들이 들어 있는가를 이해하는 데 도움이 되므로

그림 1 ■ Johann Joachim Becher 저 *Physica Subterranea* (Leipzig, 1738) 최종판의 권두 삽화. 이 그림은 원물질을 나타내는 듯하다.

이 그림에 집중해보자. 배 위쪽의 작은 아기는 생물 (아래 식물을 보라) 의 성장과 금속의 '번식' 을 촉진하는 지구정령의 한 형태로 간주할 수 있다, 금이 차지하고 있는 특별한 위치 (머리 및 창자 내 제일 높은 자리) 는 변환—값싸고 흔한 금속이 귀금속으로 바뀌는 것—을 뜻한다. 이 인물상은 조화를 상징하는 하프와 대칭을 상징하는 이

등변 삼각형을 들고 있는데, 이는 연금술사들이 인지했던 연금술과 자연 사이의 통합을 나타내는 비유이다.

이 그림은 1738년에 독일의 철학자이자 의사인 Georg Ernst Stahl이 펴낸 *Physica Subterranea*(지하계) 라는 책의 권두 삽화인데,[3] 이 책은 1669년에 Johann Joachim Becher가 출판한 유명한 책의 최종판이다. Becher는 연금술 개념들로부터 최초의 통합적 화학 이론인 플로지스톤설을 이끌어 냈으며, Stahl은 후에 이것을 쓸모 있게 만들었다. 따라서 이 그림에는 우리 여행의 시발점인 연금술적 변환, 영적 믿음, 초기 화학의 주제들이 들어 있다.

1. 저자인 Dorothy Parker에게 사과한다.
2. N. Schwartz-Salant, *Jung on Alchemy*, Princeton University Press, NJ, 1955, pp. 25~30; 44~49.
3. C.A. Reichen, *A History of Chemistry*, Hawthorne Books, New York, 1963, p. 8에서는 이 그림을 달리—즉, 새턴 (Saturn, 고대 로마의 농경의 신) 으로—해석하고 있다.

물질의 본질: 원소, 근원, 아원자 입자

고대 그리스 철학자들은 과학자가 아니었다. 그러나 그들은 자연을 신들의 변덕에 의해서가 아니라 논리적 근거를 바탕으로 해석하고자 했던 창의적 사상가들이었다. 이들의 시조는 Miletus의 Thales로 간주되는데, 그는 기원전 6세기 중에 물을 모든 물질의 근본으로 보았다 (이 책의 뒷부분에서 17세기 중엽에 Van Helmont도 이와 유사한 견해를 가졌음을 알게 될 것이다). Thales는 B.C. 585년 해전 중에 일어난 개기일식을 예측한 것으로—비록 그가 그런 예측을 할 지식을 지녔었다는 근거는 없지만—알려져 있다.[1] Milesian 학파의 그의 후계자들 중 한 사람이 Agrigentum의 Empedocles (대략 490~430 B.C.) 인데,[1] 그는 모든 물질들은 똑같은 중요성을 지닌 원초의 원소 네 개들로 이루어져 있다고 최초로 제안한[2,3]—비록 비슷한 개념들이 B.C. 1500년경에 이집트, 인도, 중국 (다섯 개 원소들) 에서 이미 형성되어 있었던 듯하지만[2]—사람이라고 한다. 그림 2는 지구의 네 원소들을 나타낸 것으로 기원 후 7세기 중에 Seville의 주교인 Saint Isidorus의 저술들을 바탕으로 쓰여진 책인 *De Responsione Mundi et Astrorum Ordinatione* (Augusburg, 1472) 에 나와 있다.[4]

비록 Empedocles가 물질의 실제 구조에 대해 저술하기는 했어도 Miletus 학파의 두 철학자가 일관성 있는 원자론적 우주관을 밝힌 것은 B.C. 5세기 중이다. 이들 중 Leuccipus의 저작물은 아무것도 남아 있지 않지만, 그는 실존 인물로 인정되고 있으며, 그의 제자인 Democritus (B.C. 460년경~370년경) 의 저작물들의 일부는 알려져 있다.[1] 이 학자들은 자연에 두 개의 실체—원자 (*atomos*, 자를 수 없다는 뜻) 와 진공 (*vacuus*, 비었다는 뜻)[3]—가 존재하며 진공도 원자와 똑같이 실체가 있는 것으로 간주하였다.

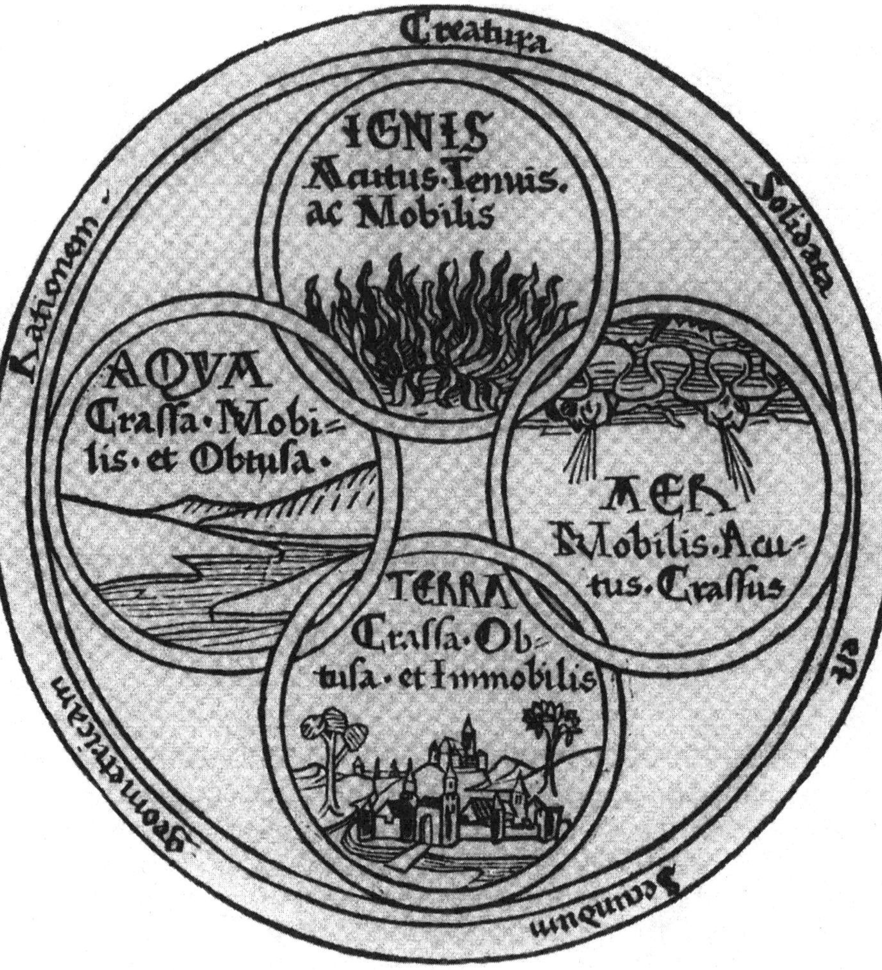

그림 2 ■ 고대인의 네 원소들: 불, 공기, 흙, 물 *De Responsione Mundi et Astrorum Ordinatione* (Augusburg, 1472) (Yale 대학교 The Beinecke Rare Book and Manuscript Library 제공).

물 원자들은 부드러우며 미끄럽고, 철 원자들은 갈고리가 달려 있다고 생각했다.

Aristotle (384~322 B.C.) 은 고대의 가장 위대한 두 사상가들 중의 한 분—다른 분은 Plato—으로 여겨지고 있으며, 그는 원초적인 천상의 원소 '에터 (ether)' 를 제안하였다. 또한 지상의 원소 네 개에는 각각 서로 상반되는 두 쌍의 성질들 (젖음 대 마름, 뜨거움 대 차가움) 을 부여하였다. 원소와 성질 간의 관계는 정사각형으로 나타내며, 상반되는 성질들은 마주 보는 모서리에 배치된다. 정사각형은 18세기까지도 연금술 관련 원고와 책자에 자주 등장하는 기본 기호들 중의 하나이다. 즉, 액체 (물이 풍부함) 는 차고 습한데 반해 그 증기 (공기가 풍부함) 는 뜨겁고 습하다. 액체를 증발시키려면 단순히 열을 가해 정사각형의 차가움 모서리에서 뜨거움 모서리로 옮긴다. 고체 (흙이 풍부함) 를 녹이려면 젖음을 가한다. 고체를 태우려면 뜨거움을 가한다. 불은 고체도, 액체도, 기체도 아니며 내부 에너지의 한 형태—아마도 18세기에 Lavoisier가 제안한 열소 (caloric) 개념과 관련된—일 뿐이다.[2]

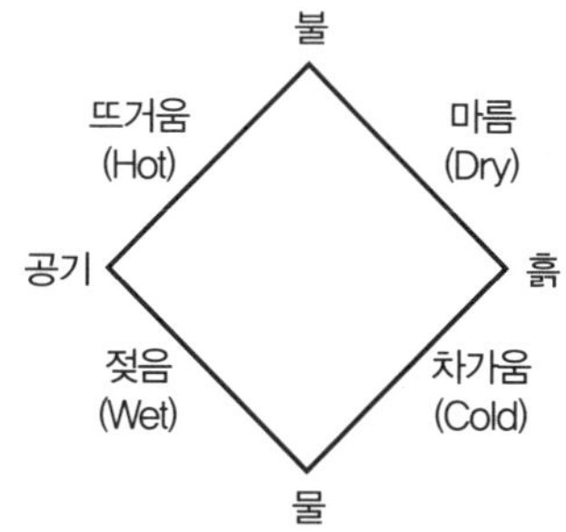

Aristotle은 반원자론자였는데 그 이유의 일부는 우주가 비어 있다고 믿지 않았기 때문이며, 이 견해는 위대한 수학자이자 철학자인 Rene Decartes(1596~1650)도 공유하였다. Decartes는 물질에 단 두 가지 속성(확대 및 이동)만 상정하고, Aristotle의 네 가지 성질들은 배격하였다. '확대'라는 개념은 그로 하여금 유한한 원자라는 개념을 거부하게 하였고, 그는 진공이라는 개념은 우스꽝스럽다고 했다('자연은 진공을 혐오한다'[5]). 따라서 17세기와 18세기에는 Decartes 학파와 Robert Boyle과 Isaac Newton이 속했던 입자학파(입자는 개념상 원자와 비슷함) 사이에 지적 갈등이 있었다.[6]

고전적인 그리스 자연관은 르네상스 시기에 Paracelsus 등에게 도전을 받게 되는데,[7] Paracelsus는 물질은 고양된 현자(賢者)의 황('Sophic Sulfur'—흔히 남성으로 간주)과 고양된 현자의 수은('Sophic Mercury'—흔히 여성으로 간주) 사이의 조합이라고 보았던 이전의 물질관을 확장하였다—여기서 말하는 황과 수은은 오늘날 우리가 알고 있는 화학 원소인 황과 수은과는 무관하다. Paracelsus는 이 둘에 제 삼의 근원으로 소금을 추가하였다. 그렇게 되면 수은은 영이고, 황은 혼이며, 소금은 물체의 몸이다. 이들의 관계는 삼각형으로 표시하며, 18세기까지 연금술 관련 원고와 책들에 나오는 또 하나의 위대한 은유이다.

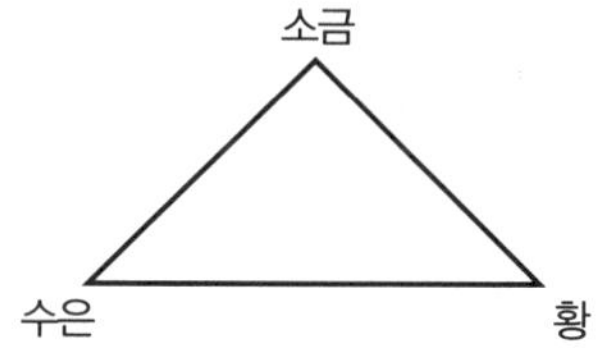

모든 물질은 이 세 근원들이 상이한 비율로 섞인 것이다. 이 책의 뒤(그림 43)에 나오는 Oswald Croll 저 *Basilica Chymica*(화학 교회)에서 이런 상징적 삼각형 두 개를 볼 수 있는데, Croll은 여기에 Paracelsus 연금술을 나타내었다—아래 삼각형이 생명, 영혼, 신체(또는 불, 공기, 물 또는 동물, 식물, 광물)를 나타내고 있다. 연금술에는 삼각형과 사각형 상징이 아주 많다. Sioux 인디언들은 원을 최고의 이상으로 생각한다('생명의 원', 원형 천막, 원형 모닥불)[8]. Edwin Abbot은 그의 19세기 풍자시 *Flatland*에서 세대를 거듭하며 완벽해지는 것을 삼각형이 사각형을 낳고, 사각형이 오각형을 낳고, 등등의 식으로 표현하였다. 백만각형은 원의 완벽성에 근접한다.

현대의 원자관은, 원자는 쪼개질 수 있으며 모든 원소들의 원자를 구성하는 입자들은 원자 전체의 부피 중 극히 미소한 일부분만을 차지하며, 상상을 초월하는 밀도를 가진 핵 내의 양성자 (양전하) 및 중성자 (전하 없음) 와 전자 (음전하) 라는 것이다. 양성인 핵과 음성인 전자가 현대인의 상반 성질들이다 (전기와 관련하여 양-음 명명법을 도입한 사람은 Benjamin Franklin이다[10]). 전자는 수명이 무한한 기본 입자로 간주되며, 실제로도 렙톤이라고 하는 아원자 입자 여섯 개들 중 하나이다. 양성자와 중성자는 기본 입자로 간주하지 않으며, 하드론이라고 부르는 아주 복잡한 종류의 아원자 입자들 중의 두 개이다. 핵을 벗어난 자유 중성자는 반감기가 17분에 불과하고 양성자, 전자 (β 입자) 및 반뉴트리노—렙톤 중 1개—로 붕괴한다.[9] 따라서 이 현대 관점을 바탕으로 Paracelsus형 삼각형을 그릴 수 있는데, 중성자가 다른 두 개를 생성시킬 수 있으므로 이 삼각형은 정삼각형이 아니다. 현대의 **원물질**은 밀도가 큰 중성자 별일 수 있다.

1. *Encyclopedia Brittanica*, 15th ed. Vol. 11, Chicago, 1986, p. 670.
2. J. Read, *Prelude to Chemistry*, MacMillan, New York, 1937, pp. 8~11.
3. B. Pullman, *The Atom in the History of Human Thought*, Oxford University Press, New York, 1998, pp. 2~47.
4. I. MacPhail, *Alchemy and the Occult*, Yale University Library, New Haven, 1968, Vol. 1, pp. 3~4.
5. Two sources for quotations simply refer this phrase (*Natura abhorret vacuum*) to a Latin proverb [B. Evans, *Dictionary of Quotations*, Delacorte Press, New York, 1968, p. 720, and *Dictionary of Foreign Quotations*, R. Collision and M. Collision (eds.), Facts on File, New York, 1980, p. 241]. One source attributes it to *Gargantua* in 1534 but from an ancient Latin source [A. Patrington (ed.), *The Oxford Dictionary of Quotations*, 4th ed., Oxford University Press, New York, 1992. p. 534; *Bartlett's Familiar Quotations*, 16th ed., J. Kaplan (ed.), Little, Brown, Boston, 1992, p. 277] attributes the phrase to Spinoza in 1677. Just thought you' d want to know this one for the next Happy Hour.
6. B. Pullman, op. cit., pp. 140~142, 157~163.
7. J. Read, op. cit., pp. 21~30.
8. J. Lame Deer and R. Erdoes, *Lame Deer Seeker of Visions*, Simon and Schuster, New York, 1972, pp. 108~118.
9. B. Pullman, op. cit., pp. 343~353.
10. J.R. Patrington, *A History of Chemistry*, MacMillan, London, 1962, Vol. 3, p. 66.

무한대와 무한소의 통합

우주의 조화를 꾀하는 것—무한대와 무한소와의 통합 시도—는 인류의 본성이다. Pythagoras와 그의 추종자들은 순전히 수학적인 우주관을 전개하였으며, Pullman은 다음과 같이 지적하였다:[1] '진정 Pythagoras 학파는 숫자를 모든 사물의 본질로 보았다. 숫자는 실재하는 것의 근원이며 숫자들 자체가 이 세상의 사물들을 구성한다.'

Mendeleev는 Pythagoras가 죽은 지 대략 2400년 후에 주기율표를 만들었다. 그는 원소에 순서가 생기는 근본 이유를 알지 못했으나, 1926년에 Schrödinger가 새로 창안한 양자역학은 현재 고등학생들도 배우고 있는 양자수 네 개 (n, l, m_l, m_s) 들로 간단히 주기율표를 설명한다. Phythagoras가 살아 있다면 기뻐했겠지만 놀라지는 않았을 것이다.

그림 3은 Johannes Kepler가 지은 *Harmonices Mundi* (1619, 조화로운 세계) 에 나오는 것인데, 중간 오른쪽 도형들은 다섯 개의 이상적 고체들—각 면이 동일한 삼각형, 사각형 또는 오각형들로 이루어진 다면체들—이다. 지상 원소 네 개를 이 다면체들과 연관시킨 사람은 Pythagoras 학파인 Tarentum의 Philolaus (480 B.C. ~ ?) 로 인정되고 있다.[1] 윗줄 가운데부터 시계 반대 방향으로 돌면 정사면체 (불), 정팔면체 (공기), 정육면체 (흙), 정이십면체 (물) 가 있다. Plato는 우주를 나타내기 위해 여기에 다섯 번째 고체인 정십이면체를 더했다. 정사면체는 이 다면체들 중에서도 가장 뾰족하고, 따라서 불은 '가장 침투력이 센' 원소이다. 정십이면체는 공에 가장 가깝고, 즉 가장 완벽하다. 각면의 오각형들 또한 특이하다. 삼각형, 사각형, 육각형 타일과는 달리 오각형 타일로는 바닥을 채울 수 없다. Plato는 더 나아가서 네 개의 지상 원소들 자체도 더 기본적인 삼각형들—정육면체의 한 면을 반분한 이등변 직각삼각형 A와 정사면체, 정팔면체, 정이십면체의 면을 이루는 정삼각형을 반분한 직각삼각형 B—로 구성되어 있다고 상상하였다. 흙은 삼각형 A로 이루어졌다. 공기, 불, 물은 삼각형 B로 이루어져 있으며, 따라서 서로 변환 가능하다.[1]

Kepler는 자신의 1596년 저서 *Mysterium Cosmographicum* (신비로운 우주 구조) 에서 당시 알려져 있던 행성 여섯 개의 궤도를 동심원들에 배열된 이 다섯 다면체들에 내접 및 외접하는 동심구들상에 배치하였다.[2] Jacob Bronowski의 말을 따르면[3] '모든 과학은 숨겨진 유사성들 내의 통일성을 찾는 것이다.' 그는 더 나아가서 '우리에게는 Kepler가 공들의 음악에서 행성의 운동을 들으려고 한 비유는 엉뚱한 일이다. 그러나 이것이 우리 시대에 Rutherford와 Bohr가 바로 태양계에서 원자의 모형을 찾은 엉뚱한 도약에 비해 더 엉뚱한 일일까?' 라고 말했다.

1. B. Pullman, *The Atom in the History of Human Thoughts*, Oxford University Press, New York, 1998, pp. 25~27, 49~57.
2. Kepler의 다면체들은 Istvan and Magdolna Hargittai 저, *Symmetry—A Unifying Concept*,

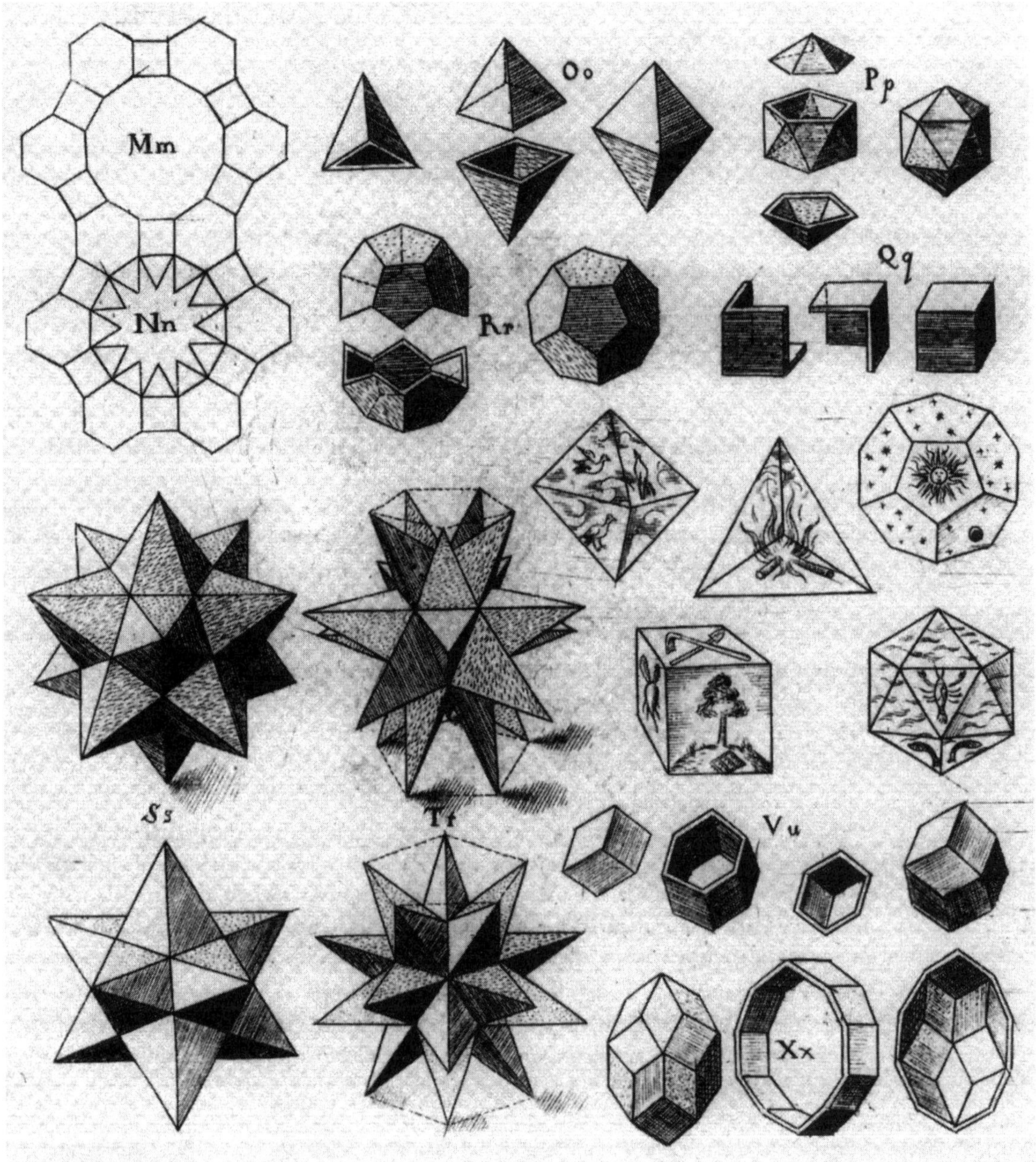

그림 3 ■ Johannes Kepler 저 *Harmonices Mundi* (Linz, 1619)에 나오는 다면체들. 이 그림의 중간 오른쪽의 이상적 고체 다섯 개가 지상 원소 네 개—공기, 불, 물, 흙—외 제5(천상)원소 에터를 나타냄에 주목하라 (Cornell 대학교 Division of Rare Book and Manuscript Collection, Carl A. Kroch Library 제공).

Bolinas, CA, 1994, p. 95에 아름답게 그려 설명해 놓았다. 저자도 이 책에서 영감을 받아 Kepler 저 *Harmonices Mundi*의 다면체들을 사용하였다.

3. J. Bronowski, *Science and Human Values*, revised ed., Perennial Library Harper and Row, New York, 1965, pp. 12~13.

그림 4 ■ Lazarus Ercker 저 *Aula Subterranea* (지하 교실) 의 최종판 (Frankfurt, 1736) 의 권두 삽화. 신이 땅속에 금속을 심는 것과 인간이 이를 채굴하여 정제하는 것을 나타내고 있다 (이 책의 초판은 1574년에 출간되었다. 그 이후 모든 판들의 그림들은 원 목판들을 사용하여 찍었다).

땅속에 금속 심기

화학이 과학으로 태동하기 시작한 것은 17세기 초로, 그 뿌리에는 실용화학 (금속의 채굴과 정제, 보석·도기·무기의 제조), 의약화학 (약초 및 약초 조제품의 이용) 및 신비로운 믿음 (현자의 돌 또는 만능 영약 찾기) 등이 있다.

그림 4는 1574년 프라하에서 처음 출판된 Lazarus Ercker 저 *Aula Substerranea* (지하 교실) . . . 의 최종 독일어판 (1736) 의 권두 삽화이다. 16세기에 나온 다른 여러 책들과는 달리 광석, 분석법, 광물화학을 다룬 중요한 이 책은 광산 기술에 직접 경험을 지닌 사람이 간단 명료하게 저술하였다. 이 때문에 (또한 책의 아름다움 때문에) 이 책은 160여 년에 걸쳐 여러 번 재인쇄되었다. 이 1736년판의 도판들은 1574년판에 사용되었던 원래의 목판들을 사용하여 찍은 것으로, 목판들에 생긴 점진적이기는 하나 미세하고 누적된 결함들이 판을 거듭함에 따라 명백히 나타난다.[1] 인쇄공들로 하여금 수세기 동안이나 이 목판들을 보존하도록 했던 이 책이 지닌 가치를 상상해보라.

이 아름다운 도판은 신이 금속을 땅속에 심는 것 (거기서 번식한다고 생각) 과 금속을 채굴하고 정제하고 분석하는 인간의 고된 노동을 묘사하고 있다. 우리는 금속 일곱 개 (금, 은, 수은, 구리, 납, 주석, 철) 와 비소 및 황을 고대인들이 알고 있던 원소 아홉 개로 인정하기는 하지만, 그 당시에 이것들이 현대적 의미에서의 원소들로 알려져 있던 것은 물론 아니다. 오히려 이것들은 예컨대 소금, 소픽 (sophic) 수은 및 소픽 황의 신비로운 조합들로 여겨졌었다.

1. A.G. Sisco and C.S. Smith, *Lazarus Ercker's Treatise on Ores and Assaying* (1580년 독일어판에서 번역), The University of Chicago Press, Chicago, 1951.

화학 기호

이 화학 기호표 (그림 5) 는 *The Royal Phamacopoae, Galenical and Chymical, According to the practice of Most Eminent and Learned Physitians of France, and Publish'd with their Several Approbations* (가장 저명하고 학식 있는 프랑스 의사들의 임상에 따른 그리고 그들의 동의를 얻어 출판한 본초학 및 화학 왕립 약전) 로 1678년에 출판된 영어판에 나오는 것이다. 저자인 Moses Charas는 프랑스의 종교 박해를 피해 영국의 Charles II세—그는 왕립학회를 창설하였는데 회원 중에는 Robert Boyle, Robert Hooke, Isaac Newton도 있었다—치하의 개화된 지적 환경을 지닌 영국으로 도망쳤다.

이 표에 수록된 원소들에는 이미 설명한 고대 원소 아홉 개와 쉽게 분리할 수 있는

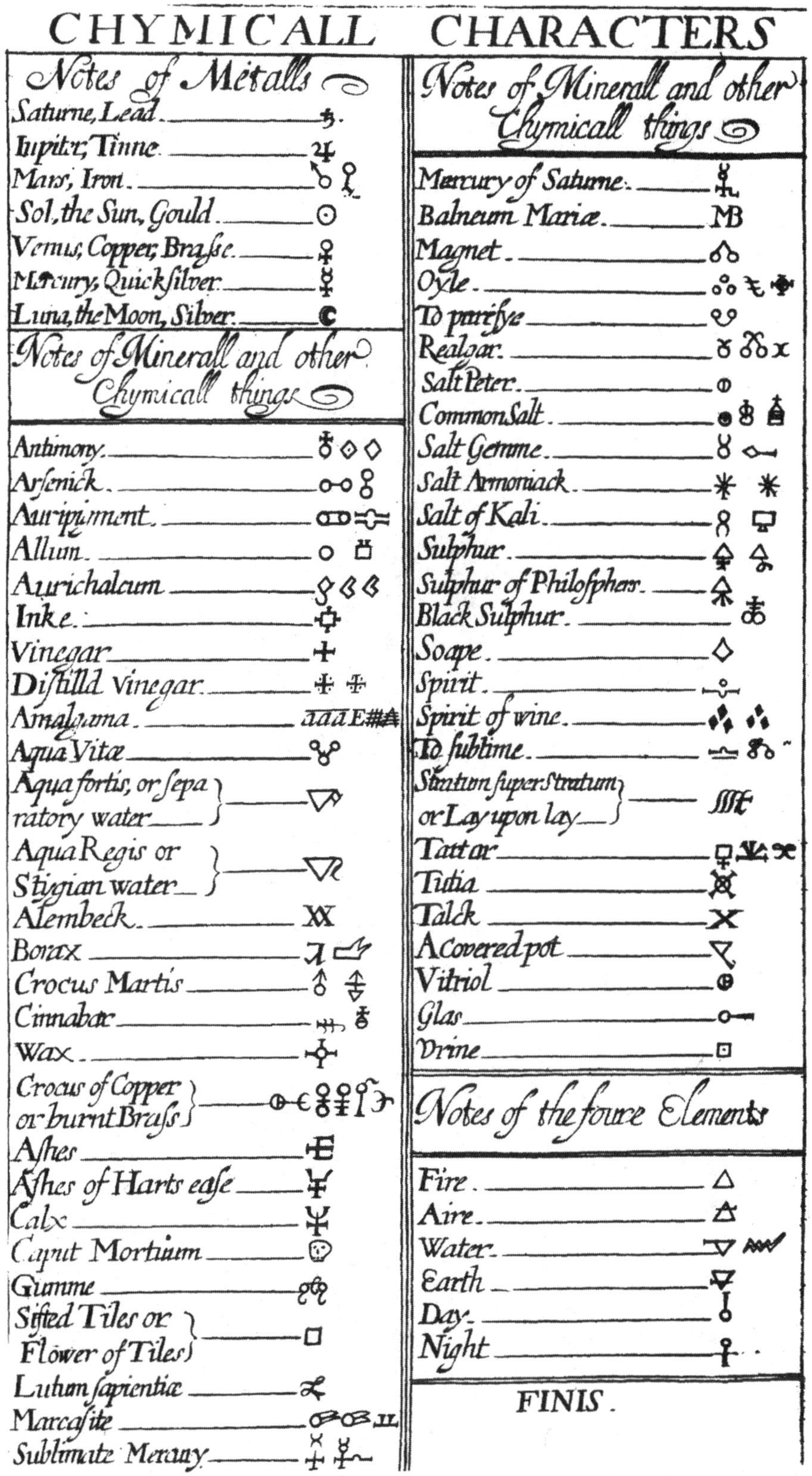
CHYMICALL CHARACTERS

Notes of Metalls

Saturne, Lead.
Iupiter, Tinne
Mars, Iron.
Sol, the Sun, Gould
Venus, Copper, Brasse.
Mercury, Quicksilver.
Luna, the Moon, Silver.

Notes of Minerall and other Chymicall things

Antimony.
Arsenick.
Auripigment.
Allum.
Aurichalcum
Inke.
Vinegar
Distilld Vinegar.
Amalgama.
Aqua Vitæ
Aqua fortis, or separatory water
Aqua Regis or Stigian water
Alembeck.
Borax
Crocus Martis
Cinnabar
Wax.
Crocus of Copper or burnt Brass
Ashes
Ashes of Harts ease
Calx
Caput Mortuum
Gumme
Sifted Tiles or Flower of Tiles
Lutum sapientiæ
Marcasite
Sublimate Mercury

Notes of Minerall and other Chymicall things

Mercury of Saturne.
Balneum Mariæ.
Magnet.
Oyle.
To purifye
Realgar.
Salt Peter.
Common Salt.
Salt Gemme.
Salt Armoniack.
Salt of Kali.
Sulphur.
Sulphur of Philosophers.
Black Sulphur.
Soape.
Spirit.
Spirit of wine.
To sublime.
Stratum super Stratum or Lay upon lay
Tartar
Tutia
Talck
A Covered pot
Vitriol
Glas
Urine

Notes of the foure Elements

Fire.
Aire.
Water.
Earth
Day.
Night

FINIS.

그림 5 ■ Moses Charas저 *The Royal Pharmacopea* (London, 1678) 에 나오는 화학 기호들.

다른 몇 개가 포함되어 있다. 금은 물론 비활성이어서 보통 결합되지 않은 상태로 발견되며 밀도가 커서 (모래의 약 아홉 배) 물에 흔들어 분리할 수 있다. 물론 오늘날 우리는 헬륨, 네온, 아르곤, 크립톤, 제논 등 비활성 기체들도 자연계에서 결합되지 않은 상태로 존재함을 알고 있으나, 이것들은 색도 냄새도 없다. 어쨌건 갑자기 200년이나 뒤의 얘기를 하고 있는데 저자의 열성이 지나쳤음에 대해 독자들의 양해를 바란다.

원소들을 그림 5에 명백히 나타낸 것처럼 행성과 그 기호들에 연관시키는 것은 중세 아랍 문명의 개념들에서 따온 듯하다. 금을 태양에 연관시키는 것은 당연하지만 다른 것들은 좀 미묘하다. 예컨대 행성들 중에서 수성은 고대인들에게는 천상에서 가장 빨리 움직이는 것처럼 보였으므로 전령으로 가장 적합했다. 수성 (Mercury) 의 날개는 이 금속 (수은, mercury) 의 휘발성을 잘 나타낸다. 이에 반해 토성은 고대인들이 관측했던 가장 먼 행성이다 (천왕성, 해왕성, 명왕성은 각각 18, 19, 20세기에 발견되었다). 겉보기에 느린 이 행성 (Saturn) 의 천상 운동은 종자 또는 농업의 신인 새턴에 비유하였으며, 이 신은 종종 나무다리를 가진 것으로 표현하였다. 납은 무겁고, 느리며, 무기력하다. 토성의 영향을 받고 태어난 (*saturnine*) 사람은 굼뜨고 우울하다 (*Saturnalian*—로마의 축제에서 유래해서 방종하게 즐겁고 난장판을 이루는—사람과 혼동하지 말 것).

그러나 이제 독성 원소인 납을 바탕으로 현대적인 비유로 돌아가서 Primo Levi 저, *The Periodic Table* (주기율표) 을 보자.[1] Levi는 21개의 이야기에 21개의 원소를 비유하였는데, 한 예를 들면 다음과 같다.

> 우리 아버지와 부계의 모든 Rodmund씨 일가들은 항상 이 일에 종사했는데, 이 일은 특정한 무거운 암석을 알아, 이것을 먼 지방에서 찾아내고, 우리만 아는 어떤 방법으로 이것을 가열해, 이것에서 검은 납을 추출해 내는 것이었다. 우리 부락 근처에는 큰 광상이 있었고, 이 광상은 우리 조상들 중 '푸른 이빨 Rodmund'라고 하는 분이 발견했다고 한다. 우리 부락은 납장인 부락이어서 누구나 납을 녹여 세공하는 방법을 알고 있었지만, 광석을 찾아내고 그것이 신들이 인간을 속이려고 산에 던져놓은 수많은 무거운 바위들이 아니라 진짜 납광석인지를 아는 사람은 우리 Rodmund 일가들뿐이었다. 땅속에서 금속 광맥이 성장하게 하는 분은 신들이지만 그들은 이를 비밀로 감춰 놓았다. 따라서 이를 찾아내는 사람은 신들과 대등하므로 신들은 그를 사랑하지 않고 혼란스럽게 하려고 한다. 신들은 우리 Rodmund들을 사랑하지 않지만 우리는 상관하지 않는다.
>
> 모든 남자들은 이 일을 다시 시작했지만 나는 아니다. 우리가 없으면 납이 세상에 나올 수 없듯이 우리도 납 없이는 살 수가 없다. 이 일은 우리를 부자로 만들어 주는 기술이지만, 또한 우리를 일찍 죽게 한다. 어떤 사람은 이 금속이 핏속에 들어와서 서서히 피를 부족하게 하기 때문이라고도 하고, 또 다른 사람들은 신들의 복수라고도 한다. 어찌 되었던 우리 Rodmund들은 수명이 짧은 것을 별로 개의치 않는다. 왜냐하면 우리는 부자고, 존경받고, 여행을 많이 하기 때문이다.
>
> 그러므로 6대가 한 곳에 산 후, 나는 나 자신 또는 남들이 녹일 광석을 찾아 여행을 시

> 작했고, 남들에게 금을 받고 기술을 가르쳤다. 우리 Rodmund들은 요술쟁이이다. 정말 이다. 우리는 납을 금으로 바꾼다.

맨눈으로도 옛날 사람들은 화성이 철의 재('녹')와 마찬가지로 붉다는 것을 알았다. 따라서 화성—전쟁의 신—을 철—무기 재료—과, 또 피와 연관 짓는 것은 직관적으로도 합리적이다. 20세기 말엽 회사 중역들은 회의에 붉은색의 '권력 넥타이'를 매고 갔다. 그러나 고대의 직관이 너무나도 경이롭게 확인되었는데, 1976년 화성에 우주선 두 개를 착륙시킨 NASA Viking Mission의 발견 결과는 붉은 표면이 철 산화물들로 이루어져 있음을 알아내었다. 삼천만 마일 떨어진 곳의 고대인들에 의한 맨눈 화학 분석이 훌륭할 뿐이다!

이제 아이러니를 한두 단계 더 전개해 보자. 이 글을 쓰는 시점에서 화성은 13,000년 전에 운석 ALH84001 형태로 남극에 자신의 전령을 보낸 듯하다.[2] 운석의 탄산염 덩어리 내 탄소 동위원소 함량을 Viking 자료와 비교해 보면 이 운석이 화성에서 왔음을 알 수 있다. 화학적 증거들 중에는 철 산화물과 함께 철 (II) 황화물이 공존하고 있음도 알 수 있는데, 이는 생물적 근원을 의미한다. 왜냐하면 이 두 화합물들은 무생물적 조건하에서는 양립할 수 없기 때문이다. 너무 이를지는 모르나 과학자들의 짜릿한 결론은 다음과 같다.[2]

> 이 현상들을 따로따로 보면 다른 해석들도 가능하다. 이들을 함께 보면—특히 이들의 우주 관련성에 비추어—우리는 이들이 초기 화성의 원시 생명체에 대한 증거라고 결론짓는다.

1. P. Levi, *The Periodic Table* (이탈리아 책의 영어 번역판), Schocken Books, New York, 1984(여기에 인용한 세 문단은 pp. 80~81을 볼 것).
2. D.S. Mckay, E.K. Gibson, Jr., K.L. Thomas-Keprta, H. Vali, C.S. Romanek, S. J. Clemett, X.D., F. Chillier, C.R. Maechling, and R.N. Zare, *Science*, 273(5277):924~930, 1996.

실용화학: 채광, 분석 및 정련[1]

그림 6은 16세기 말엽의 분석 실험실 내부 광경이다. 그림 6~16은 그림 4와 마찬가지로 Ercker 저 *Aula Subterranae* . . . 의 1736년 판에 수록된 것으로, 1574년판 목판들을 사용하여 인쇄하였다. 그림 7은 사금을 세척하는 장치이다. 금은 밀도가 19.3 g/cm^3

그림 6 ■ 16세기 분석 실험실 (그림 4. Ercker 책 참조).

그림 7 ■ 16세기의 사금 세척 장치 (그림 4. Ercker 책 참조). 금은 밀도가 커서 (19.3 g/cm^3) 다른 가벼운 광물들로부터 쉽게 분리된다.

로 아주 커서 (물의 밀도는 1.0 g/cm^3, 수은도 '고작' 13.6 g/cm^3), 모래와 기타 광물들로부터 쉽게 분리된다. 그림 8은 큐펠 (cupel, 정련용 회분 접시 또는 컵) 만드는 공정

그림 8 ■ 가열하여 부순 뼈를 갈아 맥주를 섞어 반죽한 후, 틀에 넣어 큐펠 만들기. 철과 같은 덜 귀한 금속들의 산화물은 큐펠 속으로 흡수되고 녹은 금이나 은은 표면에 남는다 (그림 4 Ercker 책 참조).

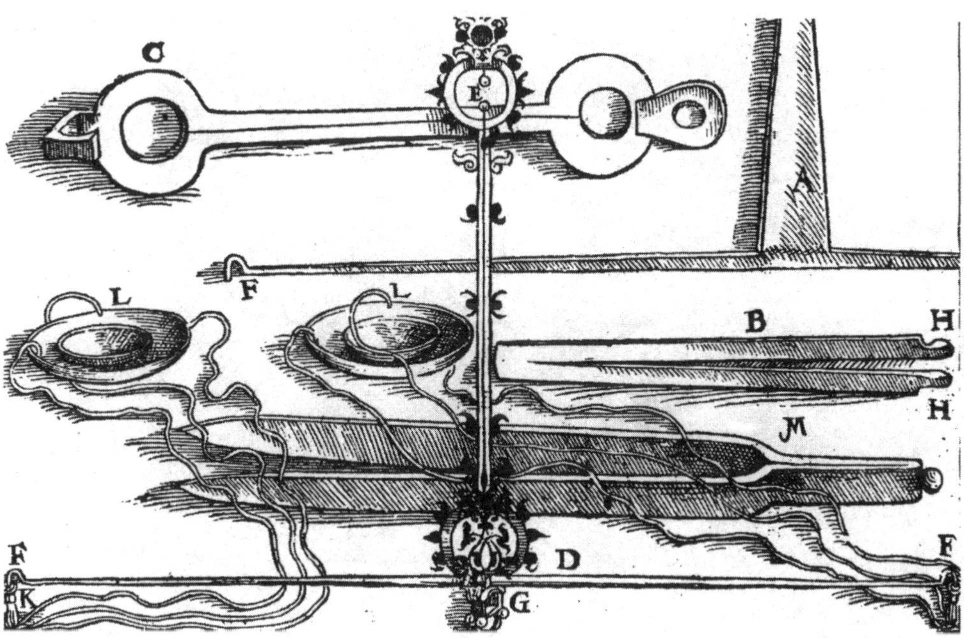

그림 9 ■ 16세기 분석공 저울 (그림 4 Ercker 책 참조).

을 나타낸다. 큐펠 정련법은 광석 내 금이나 은을 정련하는 기술이었다. 큐펠은 광석과 뼈를 함께 갈아서 만든 컵모양 물체이다. 광석은 주로 황화물들이어서 공기 중에서 가열하면 황화물이 덜 귀한 (더 반응성이 큰) 금속의 산화물로 되고, 이때 금이나 은은 녹는다. 산화물은 큐펠 속으로 흡수되고 금이나 은의 방울은 표면에 남는다.

큐펠을 만들려면 송아지나 양의 뼈를 공기 중에서 가열한 후, 밀가루처럼 곱게 빻아서, 이 '재'를 강한 맥주로 적신다. 다음 이 재를 큐펠 틀 (그림 8의 A 및 C) 에 넣고 겉면에 재—Ercker에 따르면 송아지 해골의 이마 부분에서 얻은 것이 가장 좋다—를 바른다. 재를 틀에 넣고 찧어서 형태를 만든 후 (H, 큐펠 찧는 사람을 보라), 틀에서 꺼내 (B와 D 및 큐펠 쌓아 놓은 E를 보라) 말린다. 그림 8에서 G는 재를 씻는 사람이고, F는 씻은 재 덩어리들이다.

그림 9는 분석공이 사용하던 저울을 분해해 놓은 것으로 저울대, 저울팔, 접시, 접

그림 10 ■ 수은을 써서 정광 내 금을 녹이기. 금 아말감을 가열하여 수증기를 증류해 낸다 (그림 4 Ercker 책 참조).

시 매다는 줄 등 여러 구성 부품들을 볼 수 있다.

그림 10은 금 정광을 아말감화하고 아말감을 증류하여 수은을 회수하는 것을 보여 준다. 화학의 최초 격언들 중의 하나가 비슷한 것끼리 잘 녹인다인데, 이 격언은 왜 기름은 물에 뜨는 반면에 알코올은 물과 잘 섞이는지 설명해 준다. 수은은 액체 금속이어서 다른 순수한 금속들을 녹여 아말감이라는 합금을 형성한다. 아말감을 비교적 온건하게 가열하면 금속에서 휘발성인 수은이 빠져 나온다. 그러나 수은은 금속의 염(재 또는 산화물, 황화물) 들은 녹이지 않는다. Ercker는 분쇄한 광석을 식초로 2~3일 처리한 후 세척하고, 처음에는 손으로 다음에는 그림 10(F)에 나타낸 것처럼 아말감 공이 나무 막자로 수은에 비벼 넣었다(주: 원소 상태 수은은 독성이 강하다. 수은은 19세기에 영국에서 모자를 만들던 인부들에게 신경 손상을 초래하였다—미친 모자공 병, 이것이 바로 Alice in Wonderland(이상한 나라의 앨리스)에 나오는 차 파티 미침병의 근원이다. 20세기 말엽에는 치아 충전물에 사용하는 아말감이 수은 증기를 지속적으로 방출하는 데 대해 우려하고 있다). 수은 자체는 가죽 가방 [그림 10의 (L)과 (G)]을 통해 짜내어 정제했다. 아말감에서 수은을 증류하는 장치는 균일하고 일정한 열을 공급하는 큰 가열로 (A), 옆 통 (B), 토기 증류액 통 (C), 증류기 (D), 냉각수 주입 용기 (E), 가열한 아말감을 넣어두는 철제 용기 [몸통 (H)과 뚜껑 (K)]로 이루어져 있다. M에서는 풀무를 이용하여 금을 다시 녹이고 있다.

왕수(*Aqua regia*, 3 : 1 HCl/HNO_3)는 금을 녹여 쉽게 회수할 수 있게 하는 귀중한 성질을 가지고 있었다(이 미묘한 화학 작용에 대해서는 뒤에 논의함). 그림 11은 왕수의 증류 장치인데, 가열로 (A), 플라스크를 넣는 통 (B) [(C) 처럼 장치한], 유리 증류기 (D), 그리고 증류액통 (E)으로 되어 있다.

그림 11 ■ 왕수(*Aqua regia*, 3:1 HCl/HNO_3)의 증류(그림 4 Ercker 책 참조). 왕수는 금을 녹일 수 있다(제8장 "금의 화학은 귀하나 단순하지는 않다" 참조).

그림 12 ■ '분리용 산' (대부분이 질산임) 을 사용하여 은과 금 분리하기. 은은 이 산에 녹지만, 금은 녹지 않는다 (그림 4 Ercker 책 참조).

그림 12는 분리용 산을 써서 금과 은을 갈라내는 것이다. 분리용 산 (거의 다 질산임) 은 은은 녹이지만 금은 녹이지 못하며, 순수한 초석 (질산 포타슘, KNO_3) 을 비트리올 ($FeSO_4$) 과 함께 녹인 후 여기에 소량의 물을 가하고 증류하여 만든다.

그림 13은 시멘트화 공정—금을 정련하는 큐펠화 공정과 유사—용 자동 연소로이다. 이 '시멘트' 는 벽돌 가루, 소금, 백색 비트리올 (황산 아연, $ZnSO_4$) 을 4:2:1로 섞어서 간 후, 이 가루에 오줌이나 톡 쏘는 포도주 식초를 적셔 만든다. 그릇 바닥에 이 시멘트를 손가락 한 개의 두께로 바르고, 그 위에 정제해야 할 덜 순수한 금을 망치로 두들겨 얇게 펴고 오줌으로 적셔 덮는다. 그 위에 다시 시멘트와 금판을 교대로 놓고 제일 윗 층은 손가락 반 개 두께의 시멘트로 덮는다. 그런 다음 가열로를 금의 녹는 점보다 낮은 온도로 24시간 작동시키고 가루를 청소해 내면 23캐럿 금이 얻어진다. 순금은 24캐럿이다.

그림 14는 바람의 도움으로 공기 중에서 비스무트를 제련하는 것이다. 호두만한 광석들을 그릇에 넣고 그 쪽으로 불에 바람을 불어 넣으면 광석이 녹아 비스무트가 그

그림 13 ■ 16세기 자동 연소형 시멘트화 공정로 (그림 4 Ercker 책 참조).

릇에서 흘러나온다.

초석은 소규모로 질산을 제조하는 데 (연구용으로?) 에 쓰이기도 했지만 초석의 대량 용도는 화약 제조였다. 그림 15는 초석을 추출해 끓여서 농축하는 과정을 보여준다. Ercker에 의하면 초석을 얻는 데 가장 좋은 '흙' 은 오래된 양 우리 (배설물과 썩은 우리 건축 자재가 쌓여 있음) 에서 나온다. (A) 는 추출해 낼 '흙' 이고, (B) 는 이 통들에 물을 공급하는 수도관이다. 통의 물은 계속해서 홈통 (C) 로 빼내며, 추출액은 웅덩이 (D) 로 흘러 들어간다. (E) 는 추출액을 보일러로 공급하는 작은 통이고 (F) 에서 (L) 까지는 가열로의 각 부분이다. 보일러에서 상당량의 물이 증발되고 농축된 '액' 이 남는다.

그림 16의 (F) 및 (G) 는 농축된 추출액에서 결정을 만드는 데 쓰이는 통들이다. 이 농축액 100파운드를 방치해 두면 초석이 약 70파운드 나온다.

그림 14 ■ 공기 중에서 비스무트 제련하기. 새로 생긴 녹은 비스무트는 그릇 속으로 흐른다 (그림 4 Ercker 책 참조).

1. 여기서 사용한 번역 및 해석은 A.G.Sisco and C.S.Smith, *Lazarus Ercker's Treatise on Ores and Assaying* (1580년 독일어판에서 번역), The University of Chcago Press, Chicago, 1951에서 참조하였다.

그림 15 ■ 묵은 양 똥에서 초석을 추출해 끓여 농축하는 과정 (그림 4. Ercker 책 참조).

그림 16 ■ 농축된 추출액에서 초석을 결정시키는 통들 (그림 15 참조). 농축액 100파운드에서 초석 약 70파운드가 나온다 (그림 4 Ercker 책 참조).

SECTION 2

심령적 풍유적 연금술

현자의 돌은 특허권 보호를 받을 수 없다

John Read의 3부작, *Prelude to Chemistry*(화학의 전조),[1] *Humor and Humanism in Chemistry*(화학의 유머와 휴머니즘),[2] *The Alchemist in Life, Literature and Art*(생활, 문학, 예술 속의 연금술사)[3]에는 좋은 보석들이 많다. 예컨대 *Prelude*에는 최초로 공공연하고 명료하게 공개된 현자의 돌(적색 팅크, 정수(精髓), 만병통치약, 생명의 영약, 처녀의 젖, 초승달의 침, 불도마뱀의 피, 월경 금속 및 기타 수백 가지 이름으로도 알려져 있다) 제조법이 수록되어 있다.[1] Read는 *Humour*에서 각각 Hermes Trimegistos와 Noah가 이끄는 시대를 초월한 두 올스타 팀 간의 우주 크리켓 경기 점수를 발표하였다(Trimegitos팀 223점, Noah팀 210점).[2] 이 경기의 심판은 Solomon과 Ham이었고, 기록은 Roger Bacon과 Francis Bacon이었다. 승리팀에 Aristotle은 4점(지상 원소들)을, Paracelsus는 3점(원물질인 황, 수은, 소금)을 기여하였다.

어쨌든 이쯤에서 현자의 돌 제조법을 제시하면 다음과 같다.[1]

	보통 금	보통 은	수은
	↓	↓	↓
원초 물질	정제한 금	정제한 은	정제한 수은
	↓	↓	↓
근접 물질 (세가지 원물질)	소픽 황	소픽 수은	소픽 소금
	↘	↓	↙
		섞어서 현자의 알을 만듦	
		↓	
		'위대한 작업 과정'을 거치면	
		↓	
		현자의 돌	

Basil Valentine의 열두 열쇠들 [그림 17~20, '요약 그림' 은 그림 20(C)] 은 특허 변리사가 나오기 전 시대의 위대한 작업 과정을 묘사하고 있다. 그림들은 마치 법률 용어처럼 모호하며 명백히 자신의 벤처 자본을 보호하려는 의도이다. 그림들 중의 어떤 것들은 특정한 과정을 지목한다 (12라는 수는 흔히 볼 수 있다—예컨대 황도대 12궁 기호처럼).[1] 각 과정은 적절한 기호 밑에서 가장 잘 수행된다 (예컨대 증류는 처녀궁 하에서, 소화 (消化) 는 사자궁하에서—그리고 돌의 실례 사용은 쌍어궁하에서). 즉, 가장 바람직하게는 각 정수 (精髓) 제조에 1년씩 그리고 넓은 숙성 공간이 필요하다는 이야기이다. 회사의 회계사들이 본다면 얼마나 시간과 공간의 낭비일까!

1. J. Read, *Prelude To Chemistry*, MacMillan, New York, 1937, pp. 127~142.
2. J. Read, *Humour and Humanism in Chemistry*, Bell, London, 1947, pp. 12~14.
3. J. Read, *The Alchemist in Life, Literature and Art*, Nelson, Edinburgh, 1947.

Basil Valentine의 열두 열쇠들: 첫 번째 열쇠, 금속들의 늑대와 불순한 왕

가장 확실한 증거에 따르면 Basil Valentine (Valiant King, 용감한 왕, 1394년에 태어났다는 Benedict 수도사) 은 존재하지 않는다. 1604년에 출판되었으며, 여전히 인기 있는 *Triumphal Chariot of Antimony* (안티모니 개선마차) 등 그가 지었다는 책들은 대체로 출판업자 Johan Thölde의 저작이라고 하며, Thölde 자신도 아마 그의 손에 들어온 이전 원고들을 '손 보았을' 것이다.[1] 어쨌든지 이 책들에는 재미있는 그림들과 일부 유용한 정보들이 들어 있다.

Basil Valentine의 열두 열쇠들은 위대한 작업에 관련한 그림들을 제공하고 있으며, John Read 등 여러 저자들이 이것들을 분석하였다.[2] 그림 17 (a) 는 첫 번째 열쇠이다. 이 그림의 늑대는 일반적으로 안티모니 (Sb)— 최근 몇 세기전까지도 이 말은 안티모니 광석인 휘안광 (Sb_2S_3) 을 뜻했었지만— 를 나타내는 것으로 여겨진다. 연금술 문헌에는 안티모니가 *lupus metallorum* (금속들의 늑대) 로 언급되었었다.[2] 안티모니는 실제로는 **준금속**이다. 동소체들 중의 한 가지— 전형적인 금속들과는 달리 열 및 전기 전도도가 비교적 낮은 부서지기 쉬운 회색 물질—는 금속성을 지닌다. Venetsky는 그의 저서에서, '마치 다른 금속들이 자신을 한 가족으로 받아들이지 않으려는 데 대한 복수를 하려는 듯 용융된 안티모니는 거의 모든 금속들을 녹인다.'[3] 라고 재치있게 얘기한다. 현대적 관점에서는 금속이 다른 금속들을 녹일 수 있음 ('비슷한 것끼리 잘 녹는다.') 과 다른 금속들을 산화시키는 일정 부분 비금속과 비슷함도 인정한다.

늑대는 농경신 새턴 옆에 있음을 볼 수 있다. [화학 기호 (그림 5) 에 대한 설명에서 나무 다리를 한 노인을 상기하는가? 안티모니는 '현자의 납' 이라고도 불렸으며,[2] 고대인들은 안티모니가 납을 가열해서 생기는 납의 후손이라고 설명했다.] 만일 불순

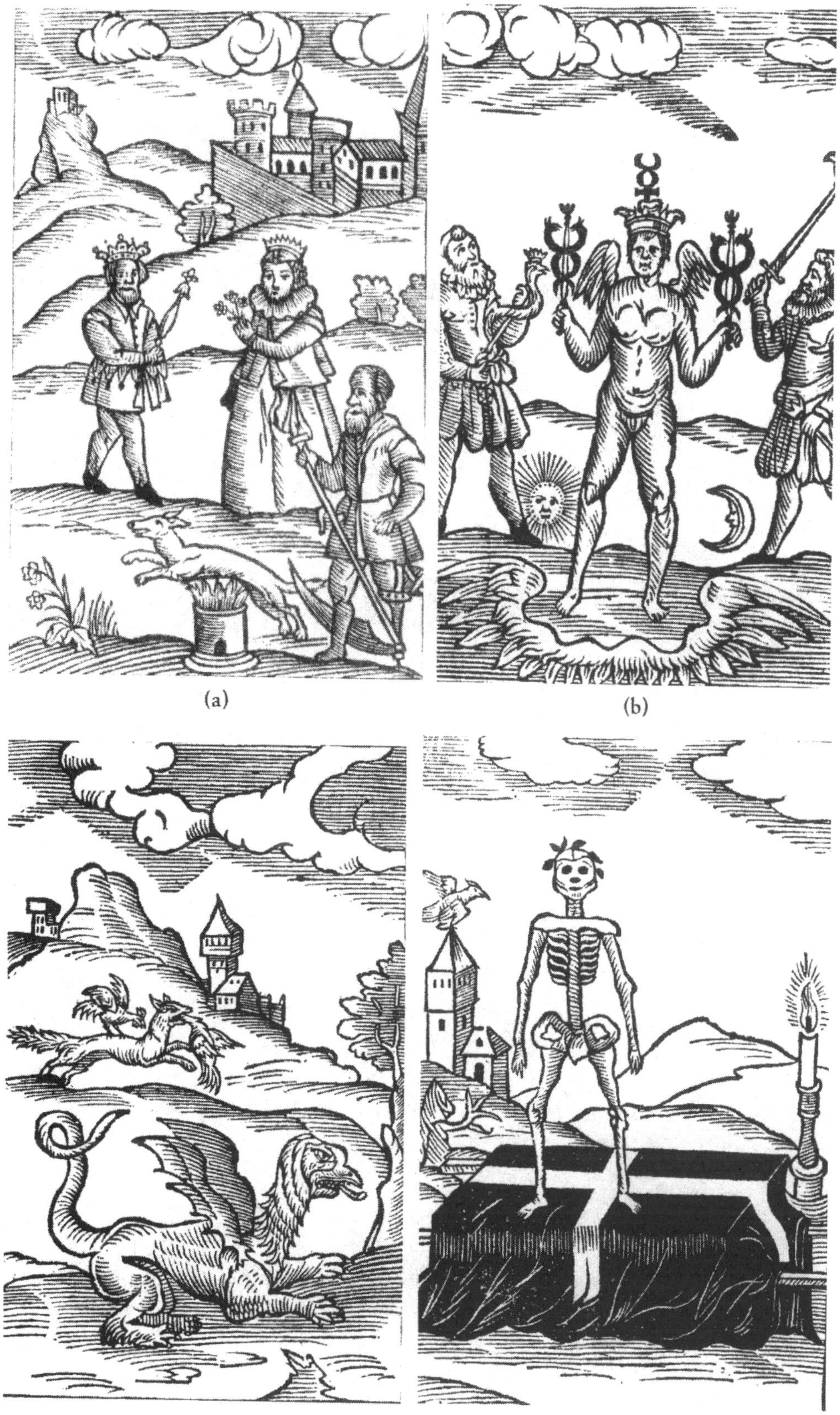

그림 17 ■ Basil Valentine의 열두 열쇠 묘사(Basil Valentine, *Letztes Testament* . . . , Strasburg, 1667). 해석은 본문 참조. (a) 첫 번째 열쇠; (b) 두 번째 열쇠; (c) 세 번째 열쇠; (d) 네 번째 열쇠.

한 금을 불 속에서 가열하면 (세 번—왕비가 들고 있는 꽃 세 송이, 쉽죠!), 왕이 나타난다. 왕은 금 (금의 씨앗 또는 소픽 황일수도 있다[2]) 이다. 왕비는 소픽 수은을 얻을 수 있는 정제한 은을 나타낸다. 첫 번째 정제 과정에서는 현자의 돌의 세 '원초 물질 (primitive material)'—금, 은, 수은으로부터—이 생긴다.[2] 사실상 이 그림은 불 속에서 일어나는 다음 화학 변화를 나타낸다.

$$Au + Ag + Cu + Sb_2S_3 \rightarrow Au/Sb + Ag_2S + CuS$$

여기서 (Au + Ag + Cu) 는 불순한 금을 나타내고, Au/Sb는 금 합금이다.

$$Au/Sb + O_2 \rightarrow Au + Sb_2O_3 \text{ (증기)}$$

휘안광과 금속 철을 섞어 가열하여 안티모니를 정제할 때도 비슷한 화학 변화가 일어난다. 또한 금속 (붉은색) 구리와 안티모니를 합금시켜 (예: 6% Sb) 생기는 금속은 금과 매우 비슷하게 보인다. 다음 글은 십자군 시대 시리아 문서에서 따온 것이다.

> 붉은색 구리에 올리브 기름으로 볶은 안티모니를 집어 넣으면 금처럼 된다.

1. J.R. Partrington, *A History of Chemistry*, MacMillan, London, 1961, pp. 183~203.
2. J. Read, *Prelude to Chemistry*, MacMillan, New York, 1937, pp. 196~211.
3. S. I. Venetsky, *On Rare and Scattered Metals—Tales About Metals*, (translated from the Russian by N.G. Kittell), Mir, Moscow, 1983, p. 83.
4. M.L. Dufresnoy and J. Dufrenoy, *Journal of Chemical Education*, 27: 595~597, 1950.

Rasto Rizzo와 시인 Virgil이 변환 매개인?

나머지 열한 개 Basil Valentine 열쇠들의 대부분은 Read가 해석하였으며,[1] 저자는 대체로 그의 통찰력을 따르고자 한다. 두 번째 열쇠 [그림 17(b)] 는 분리 작업—축축한 물질을 찌꺼기로부터 정제하는 것—을 나타낸다고 한다. 이 물질은 태양 (소픽 황) 과 달 (소픽 수은) 의 영향하에 소픽 소금으로 변하는 도중인 일종의 탈각 · 탈모 과정을 거친 휘발성 수은처럼 보인다. 왼쪽 사람 손에 들려 있는 수탉은 결합 필요성을 의미하는 남성 상징이다. 세 번째 열쇠 [그림 17(c)] 에는 날개 달린 용, 여우, 펠리칸, 수탉이 들어 있다. 용은 여러 가지의 상징들로 사용되었으며, 흔히 같은 의미로 뱀이 이용되기도 하였다. 날개 달린 용은 때로는 소픽 수은을, 때로는 근접 물질 (Proximate Material)을 나타낸다.[2] Read는 이 열쇠에 대해서는 거론하지 않았다. 저자가 1671년 영어판을 읽어 본 바로는 이 열쇠는 금을 소픽 황으로 정제하는 것과 관련이 있다. 네 번째 열쇠 [그림

17(d)]는 명백히 부패, 이 조작의 시발점이 되는 흑화를 나타낸다. 까마귀와 해골 기호도 명백하다. 납-구리 합금을 황과 함께 가열하면 검은 물질이 생긴다는 것은 제 3세기 연금술사인 Mary Prophetissa(잘 통제된 가열 작업에 쓰는 물중탕의 이름인 *Marie* 대야의 어원인 유대인 여자 Maria)의 연구로부터 이미 잘 알려져 있었다.[3] 따라서 역시 네 개의 기본 금속인 납, 주석, 구리, 철과 함께 가열하였다.

그림 18 ■ Basil Valentine의 (a) 다섯 번째 열쇠 ; (b) 여섯 번째 열쇠 ; (c) 일곱 번째 열쇠 (그림 17 참조).

금으로의 변환의 첫 단계인 부패는 종교적 상징들로 가득 차 있다. 여기의 기본 개념은 구원을 받기 전의 완전한 자기 낮춤이다. 금속이 금으로 변환되기 전에 모든 불순물 및 결함은 금속으로부터 반드시 제거되어야 한다. 인간들도 신의 은총을 받기 전에 모든 결점들을 제거해야 한다. 신곡 (*The Divine Comedy*)에서 Dante Alighieri는 고대 로마 시인 Virgil의 안내로 지옥을 거쳐야만 연옥 그리고 천국에 들어 갈 수 있다.[4] 1969년의 영화 *Midnight Cowboy*에서 Joe Buck (Jon Voight분) 은 현세의 지상 (Texas의 농촌) 을 떠나 Ratso Rizzo (Dustin Hoffman분) 과 함께 지옥 (1960년 말 New York시의 Times Square) 을 경험해야만 한다. 그는 내면의 평온과 진정한 본성을 되찾고 추운 곳에서 따뜻한 곳으로 (Florida가 천국?) Greyhound 버스를 타고 비슷한 여정에서 구원을 얻는다. 물론 예수 탄생 이전에 죽은 Virgil은 기독교 신자가 아니어서 천국에 들어갈 수 없었다. Rasto Rizzo도 폐병으로 버스에서 죽어 천국에 들어가지 못한다.

Read에 따르면 **다섯 번째 열쇠** [그림 18 (a)] 는 **용해** 조작을 나타낸다. **여섯 번째 열쇠** [그림 18 (b)] 는 결합—왕 (소픽 황) 과 왕비 (소픽 수은) 의 결혼, 해와 달의 결합, 불꽃 달린 쌍두인과 비, 응축, 번식—을 나타낸다. 이 조작은 원고와 책들에 나오는 많은 외설적인 그림들에 대한 핑계가 된다—성교 후 금 씨앗이 나온다. **일곱 번째 열쇠** [그림 18 (c)] 는 지상 원소 네 개, 하늘 (혼돈은 꽤 복잡한 개념이다), 그리고 Paracelsus의 근원 세 개를 의미한다. 이중 원은 지상권과 천상권 간의 상호작용을 상징할 수도 있다. 공 꼭대기의 통은 그림 20 (c) 의 요약도에도 나오는데, Read는 이것—그리고 묵시적으로 그림 18 (c) 의 통—을 그 안에서 근접 물질들이 접합하는 현자의 알로 해석한다. 이 통은 일종의 태반이다. 현자의 알은 밀봉하여 장기간 동안 특수 가열로 일종의 자궁 안에 넣어 둔다. Read는 또 다른 묘지 장면인 **여덟 번째 열쇠** [그림 19 (a)] 가 **발효**를 나타낸다고 하였다.

아홉 번째 열쇠 [그림 19 (b)] 에는 일부분 위대한 작업 중에 일어나는 색깔의 변화를 멋지게 나타내었다.[1, 5] 떨어지는 인물은 Saturn (값싼 금속들, 특히 납), 일어나는 인물은 아마도 Luna (소픽 수은) 이다. 네 방향 바깥쪽 그림은 네 원소들을, 그리고 뱀 세 마리는 **세 가지 원물질** (황, 수은, 소금) 을 나타낸다. 새 네 마리는 색깔 변화를 나타낸다. 꼭대기의 까마귀는 흑색을, 그리고 시계 반대 방향으로 백조는 백색을, 공작은 여러 색깔 (때로는 담황색)을, 불사조는 적색 팅크 (현자의 돌) 를 나타낸다. 흥미롭게도 인디언 Sioux 부족도 아홉 번째 열쇠에서와 마찬가지로 네 가지 '진정한' 색깔들—흑, 백, 적, 황—을 인정하고 있다. 적색은 가장 중요한 색으로, 땅, 붉은 진흙, 피를 뜻한다. 이 색깔들은 나침반의 네 기본 방향—동, 서, 남, 북—에 해당한다.

열 번째 열쇠 [그림 19 (c)] 는 **세 가지 원물질**을 나타낸다. 삼각형의 꼭짓점들 근처의 세 기호는 (왼쪽 위부터 시계 방향으로) 금, 은, 수은이다. 이 세 개는 각각 정제하여 소픽 황, 소픽 수은, 소픽 소금으로 되는 세 원소들이다. 이중 원 경계선 (천상의 완벽함) 과 삼각형은 지상권과 천상권의 이원성을 나타낸다. 삼각형 둘레의 독일어를 해석하면 다음과 같다.[7] '나는 Hermogenes에게서 태어났다' (위); 'Hyperion은 나를 선택

(a)

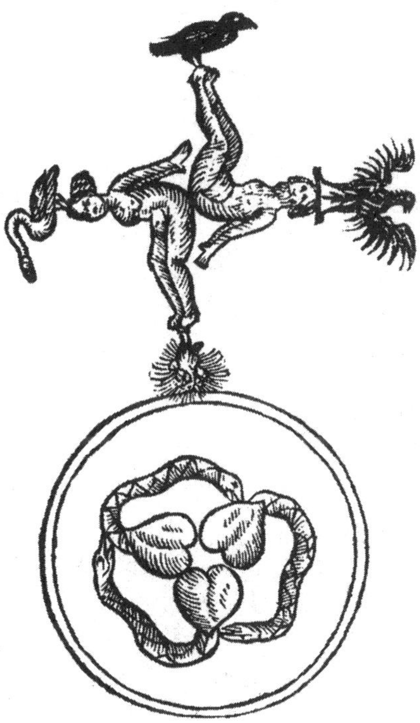

(b)

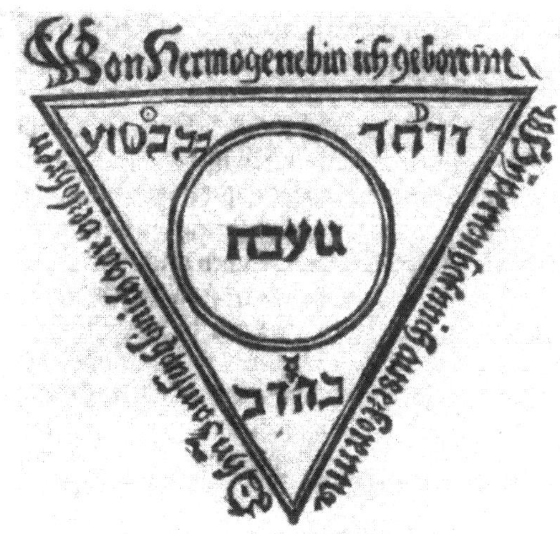

(c)

그림 19 ■ Basil Valentine의 (a) 여덟 번째 열쇠 ; (b) 아홉 번째 열쇠 ; (c) 열 번째 열쇠 (그림 17참조).

했다.' (오른쪽); 'Jamsuph가 없으면 나는 어쩔 줄 모른다.' (왼쪽). Gnosis 신화에서 Hermogenes는 물질의 영구성 교리를 개발했다.[8] 그리스 신화에서 Hyperion은 태양 (Helios), 달 (Selene), 새벽 (Eos) 의 아버지로 인정된다.[9] 헤브루 신비설에서 Jamsuph는 홍해—신의 권능의 표시—를 나타내며, 홍해의 갈라짐은 물질의 불멸을 나타낼 수도 있다.[10] 헤브루어의 번역은 더 어려워서 본질상 신비적일 수도 있다.[11] **열한 번째 열쇠** [그림 20 (a)] 에서는 사자가 새끼를 낳고 있으며, 현자의 돌에 의한 증식을 나타낸

(a)

그림 20 ■ Basil Valentine의 (a) 열한 번째 열쇠 ; (b) 열두 번째 열쇠 ; (c) 요약 그림 (그림 17 참조).

다. 용기 두 개는 결합이 일어나는 현자의 알 (헤르메스의 꽃병) 을 나타낸다 [그림 27 (c) 의 이중 펠리칸병과 그것이 상징하는 것 참조]. Read는 열두 번째 열쇠 [그림 20 (b)] 를 소성(백화, 건조) 을 나타내는 것으로 설명하였는데, 사자와 뱀은 각각 고정성 근원 및 휘발성 근원이고, 꽃은 정제된 귀금속이다. 여기서 용은 현자의 돌의 근접 물질을 나타내는 것이고, 날개와 발톱을 감싼 원들은 휘발성 근원 및 고정성 근원이라고 한다. 그림 20 (c) 는 작업의 요약 그림이다.

1. J. Read, *Prelude To Chemistry*, MacMillan, New York, 1937, pp. 196~211, 260~267.
2. J. Read, op. cit., pp. 106~108, 208, 269~272.
3. J. Read, op. cit., pp. 13~17.
4. 이 논의에 대해 Susan Gardner 교수께 사의를 표한다.
5. J. Read, op. cit., pp. 145~148.
6. J. Lame Deer and R. Erdoes, *Lame Deer Seeker of Visions*, Simon & Schuster, New York, 1972, pp. 116~117.
7. 이 번역에 대해 Ralf Thiede 교수께 사의를 표한다.
8. W. Doniger, Mythologies Compiled by Yves Bonnefoy, University of Chicago Press, Chicago, 1991, Vol. 2, p. 677.
9. W. Doniger, op. cit., Vol. 1, pp. 371~375.
10. 해석을 도와준 Laura Duhan Kaplan 교수께 사의를 표한다.
11. R. Patai, *The Jewish Alchemists*, Princeton University Press, Princeton, 1994.

CATAWBA 인디언 도기: 네 가지 색깔 및 생존의 기적

Basil Valentine의 아홉 번째 열쇠[그림 19(B)]는 위대한 작업 중에 일어나는 변환의 네 가지 색깔, 각각 까마귀, 백조, 공작, 불사조로 상징되는 흑, 백, 담황, 그리고 궁극적으로 적색을 설명하고 있다. 흥미롭게도 이 네 가지는 여러 지역의 원주민들이 수천 년 동안 제작해 오던 토기의 특징적인 네 가지 색깔들이다.

남 캐롤라이나주에 사는 Catawba 인디언들은 Sioux 언어를 사용한다.[1] 그들은 한때 남북 캐롤라이나주에서 Cherokee족들과 공존과 전쟁을 거듭했던 강력한 부족이었다. 그러나 1908년 6월 현재 뉴욕 카운티 내 보호 구역과 그 주변 지역들에는 단지 열아홉 가구에 98명이 남아 있을 뿐이었다.[2] Columbus 이전의 Catawba 토기들은 대부분이 실용적인 것들이었으나 (조리용 냄비, 물통 등), 18세기부터는 인디언들의 수입원이 되었다. 그들은 전통적인 것들 이외에 예술 작품들을 만들기 시작해, 남 캐롤라이나의 항구 도시인 찰스턴으로 가져가 물물교환하거나 판매하였다. Catawba 문명의 생존 자체는 상당 부분 여인네들이 만든 토기의 판매와 교환에 의존하게 되었다. Catawba 부족 역사가인 Tom Blumer는 이 점을 간명하게 이야기하였다.[3]

> Catawba 토기 전통은 4500년 이상 살아남았다. 이것은 Catawba 부족 구성원들의 끈질김 및 이 부족의 정체성을 정의하며, 살아남게 도와 준 예술 형태로서의 도기의 힘에 대한 기념비이다. 이것은 Catawba를 새천년 및 그 이후로도 이어 줄 생존의 기적이다.

그림 21(왼쪽)은 도기장인 Sara Ayers(1919년생)가 만든 머리와 다리 세 개가 달

그림 21 ■ Catawba 인디언 도기 작품 두 점: 왼쪽, 도기장 Sara Ayers작 머리 두 개와 다리 세 개가 달린 주름잡힌 사발; 오른쪽, 젊은 장인 Monty('Hawk') Braham작 머리가 두 개 달린 주름잡힌 병. Catawba 토기는 아직도 기본적으로는 4500년 전과 마찬가지로 제작되고 있다 [사진 제공, Thomas W.('Wade') Bruton].

린 주로 적갈색을 띤 사발이다.[3] 다리들은 중심에서 벗어나 있는데, 이렇게 대칭이 깨진 것이 오히려 이 작품 중에 훌륭한 역동성을 부여하고 있다. 그림 21(오른쪽)에는 젊은 장인 Monty('Hawk') Branham(1961년생)이 만든 머리가 두 개 달린 주름잡힌 병도 있다. 머리들은 위대한 도기장이었던 Martha Jane Harris가 100년 전에 제작한 틀을 써서 만들었다. 이 작품들은 거의 선사시대 때나 마찬가지 방법으로 만들어진다. Catawba 강 근처 신성한 비밀 장소의 고령토가 풍부한 광산에서 점토를 캐, 체로 치고 섞어 햇볕에 말린 후, 반죽해 두들겨 공기를 빼낸다. 깨끗한 고령토는 폭신하며 하얗고, 파이프 백토는 유기물이 들어 있어서 더 무겁다. 보통 이 두 흙을 섞어 그릇을 만든다. 큰 그릇들은 반죽을 가래떡처럼 뽑아 그릇 모양으로 감아올리고, 매끄럽게 한 후 말린다. 그릇이 완전히 마르기 직전에 상징들을 새겨 넣기도 하며, 마르면 여인네들 사이에 대대로 물려져 내려 온 반질반질한 강돌로 공들여 문지른다. 다음에 그릇들을 땅에 파놓은 구덩이 속에서 나무를 태워 소성한 후 꺼내서 식힌다. 열린 구덩이 소성은 저온(1200°C, 2200°F), 즉 약한 불 소성이다. 이에 반해 강한 불 소성은 고온이다(1450°C, 2650°F).[4] 점토 내에 공기가 들어 있거나 심지어 바람이 약간만 불어도 잘 깨진다. 완성된 그릇에 윤이 나는 것은 유약 때문이 아니라(유약은 전혀 쓰지 않는다) 수 시간 동안 문질렀기 때문이다. 유약을 바르지 않은 토기는 물이 새서 자국을 남기기 때문에 물그릇으로는 적절치 않다. 그러나 물통을 들에 가지고 나갈 수는 있다—스며 나온 물이 표면에서 증발하여 통 속의 물을 식혀준다. 또한 조리용 그릇은 힘줄과 고기에서 나오는 지방과 단백질의 가열 및 분해 생성물이 그릇 안쪽에 발라져 새지 않게 된다.

이 도기의 색깔은 모든 점토에 많이 들어 있는 철분 때문이다.[4] 철은 지각에 네 번째로 많이 존재하는 원소이다. 철은 대부분 철 (II), 철 (III) 산화 상태로 존재하며, 산화 철 (II) (FeO), 산화 철 (III) (Fe_2O_3, 적철광), 그리고 Fe (II) 와 Fe (III) 이 함께 들어 있는 Fe_3O_4가 흔히 발견되는 철의 세 가지 산화물들이다. 그릇의 얼룩덜룩한 색깔은 산화의 정도에 따라 다르고, 또한 소성 시 사용한 나무의 연기와 검댕을 반영하기도 하는데, 이는 나무가 다르면 타는 온도 및 산소량도 다르기 때문이다.[5] 저자의 은사인 Princeton 대학교의 Tom Spiro 교수는 이 색깔 변화를 철과 같은 전이 금속들의 환경을 '비틀어서 전자를 간지럽히는 것' 에 비유하였다. 산소가 풍부한 조건에서는 '백색' (실제로는 담황색) 이 지배적이고, 황색과 적색은 Fe (II) 이 많기 때문이다. 그릇들을 나무로 감싸고 덮어 '질식—연소' 시키면 산소가 부족한 조건을 조성할 수 있고, 이렇게 하면 일산화 탄소 (CO) 가 생겨 Fe (II) 증가에 유리한 환원 분위기를 만들 수 있다. 이것이 의도적으로 반짝거리는 흑색 도기를 만드는 방법이다. 그냥 내버려 두면 색깔은 운에 따라야 한다. 망가니즈가 미량 있으면 검댕과 마찬가지로 그릇이 검게 된다.[5] 불에서 꺼내면 보통 처음에는 어둡다가 식어감에 따라 밝아진다. 역동적인 화학 반응—예컨대 FeO의 Fe_3O_4 및 Fe로의 불균등화 반응, Fe는 더 산화된다—이 일어난다.[6] 때로는 그릇 표면에 기름 묻은 것 같은 부분이 생기기도 하는데, 이는 섞여 있는 장석이나 운모에 의한 유리화 반응 때문일 것이다.[4]

1. J.H. Merrell, *The Indians' New World*, The University of North Carolina Press, Chapel Hill, 1989.
2. M.R. Harrington, *American Anthropologist*, 10: 399~407, 1989.
3. T. Blumer in Pamphlet *Catawba Pottery: Legacy of Survival*, 7 *Master Potters*, South Carolina Arts Commission and Catawba Cultural Preservation Project, Columbia, 1995.
4. *Encyclopedia Brittanica*, 15th ed., Chicago, 1986, Vol. 17, pp. 101~103.
5. 이 논의에 대해 Victor A. Greenhut 교수께 사의를 표한다.
6. F.A. Cotton and G. Wilkinson, *Advanced Inorganic Chemistry*, 5th ed., Wiley, New York, 1988, pp. 711~713.

용, 뱀 그리고 혼돈으로부터의 질서 탄생

Della Tramutatione Metallica (Brescia, 1599 : 금속의 변환에 관하여) 에 나오는 그림 22 및 23에는 때로는 엉뚱한 연금술 관련 비유들이 잘 나타내어져 있는데, 이 책은 거의 1572년판의 복사본에 대체로 Villanov의 Arnold가 수행했다는 연금술 작업의 목록

그림 22 ■ Giovanni Battista Nazari (Brescia, 1599) 저 *Della Tramutatione Metallica*에 나오는 세 가지 원물질 (소픽 수은, 황, 소금) 그림. Austria 의사 Franz Anton Mesmer를 나타내는 이와 매우 비슷한 그림이 1784년에 간행된 반-Mesmer 팜플렛에도 나왔었다.[3]

인 *Concordontia de filosifi*를 추가한 것이다.[1, 2] 초판 (1564) 은 연금술사와 연금술 작업 목록을 수록하고 있으며, 1572년과 1599년판에 증보판이 나왔다.[2] 저자인 Giovanni Battista Nazari는 40여 년 동안 연금술 관련 문헌을 많이 읽은 것으로 알려져 있지만 '. . . 근거 없는 작업들을 기술하여 이를 시도한 사람들을 파멸시키는 데 일조했다고 . . .' 비난 받았다.[2] 이 책에는 꿈 얘기가 여러 개 들어 있는데, 그 중 하나에는 저자와 열네살부터 생애 전부를 연금술 연구에 바친 Bernhardus Trevisanus (Padua에서 1406년 출생) 간의 대화도 있다.[4] 심리학자인 C.G. Jung은 평생 꿈과 연금술에 관심이 많았고 1599년판 이 책을 한 부 가지고 있었다.[1]

그림 22는 명백히 세 가지 **원물질**이다. 늙은 용은 아마 이 소픽 원소들의 궁극적인 원천—**원물질**—을 나타낸 것일 것이다. 그림 23은 혼돈으로부터 낮은 금속 여섯 개 (왕관 여섯 개) 및 궁극적으로는 금 (왕) 이 생성되는 것을 나타낸다.

그림 24는 미술가 Rita L. Shumaker의 1999년 작품으로 남성 – 여성 (금 – 은; 해 – 달) 관계를 나타낸다.[5] 꼬여 있는 용 두 마리는 남성 및 여성 (고정된 및 휘발성인) 근원을 나타내며, 남성이 들고 있는 가운데 막대기와 함께 헤르메스의 지팡이—눈에 익은 의술의 상징—를 형성한다. 가운데 막대기는 현자의 금으로 되어 있다고 한다.

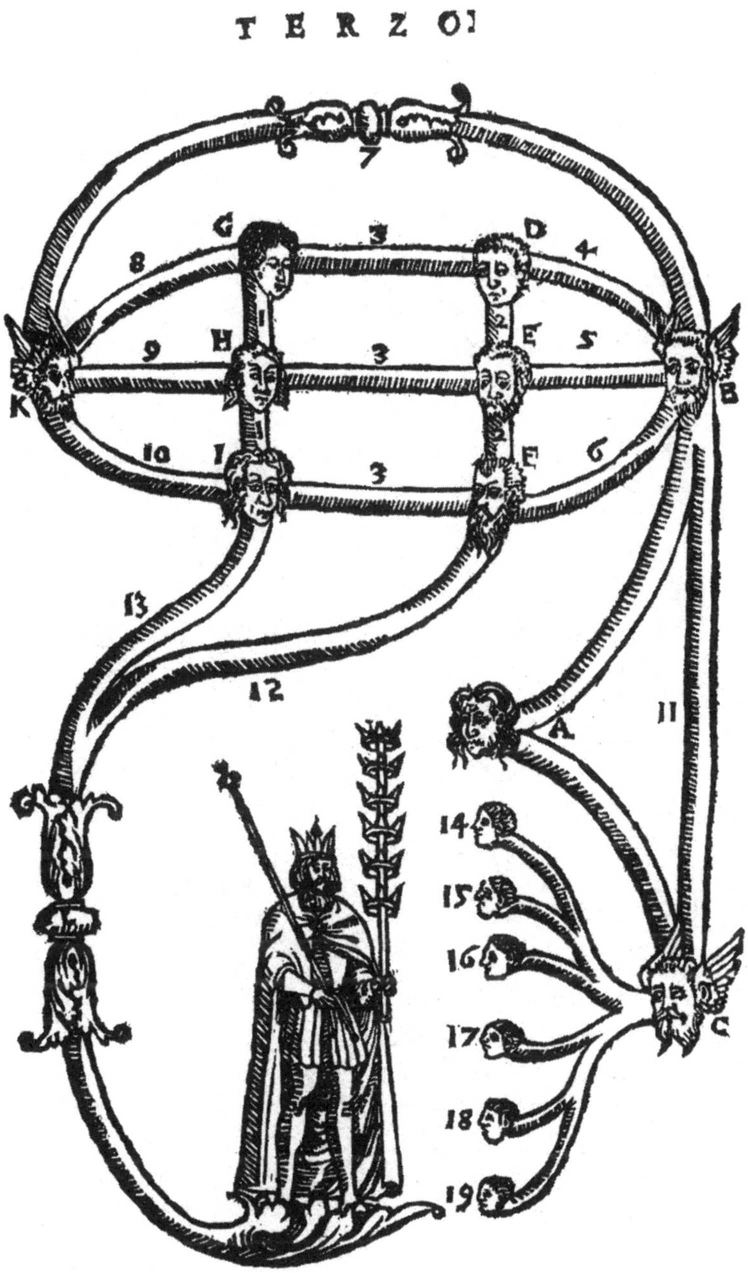

그림 23 ■ 혼돈으로부터 낮은 금속 여섯 개 (왕관 6개) 와 금이 생겨서 자라는 것을 나타낸 그림 (Nazari, 그림 22 참조).

헤르메스 지팡이의 원래 형태는 고대 원소 네 개를 나타내는 십자가였다고 한다.[6] 그림 24 배경의 사각형이 이 네 원소들을 나타낸다. 이 그림은 남성과 여성, 영혼과 육체의 연금술적 결혼인 결합을 나타낸다. 이 그림에서 '화학 기호들' (그림 5) 을 찾아보라. 이 그림에는 실제로는 '무의식적 직관과 감정, 활기찬 정신 또는 의지 및 물질에 창조적 형태를 부여하는 충동' 에 대한 은유로서의 세 가지 원물질 (수금, 황, 수은) 을 나타내는 용 세 마리가 들어 있다.[5]

그림 24 ■ 미술가 Rita L. Shumaker의 1999년작 남성 및 여성 은유 그림. 이 그림에는 헤르메스의 지팡이도 명백히 보인다.

1. I. MacPhail, *Alchemy and the Occult*, Yale Univeristy Library, New Haven, 1968, pp. 178~181.
2. J. Ferguson, *Bibliotheca Chemica*, Derek Verschoyle, London, 1954 (reprint of 1906 ed.), Vol. II, pp. 131~132.
3. F.A. Pattie, *Mesmer and Animal Magnetism: A Chapter in the History of Medicine*, Edmonston, Hamilton, 1994, pp. 178~179.
4. J. Ferguson, *Bibliotheca Chemica*, Derek Verschoyle, London, 1954 (reprint of 1906 ed.), Vol. I, pp. 100~104.
5. 이 그림의 원도와 해석에 대해 Charlotte 소재 North Carolina 대학교의 Rita L.Shumaker 여사에게 사의를 표한다.
6. J. Read, *Prelude to Chemistry*, MacMillan, New York, 1937, pp. 105~116.

오늘날의 특제품: 전갈 기름 및 여성용 반점 생성 크림

그림 25는 1608년에 출판된 책 *De Distillatione*(증류에 관하여)의 권두 삽화로 저자는 Giambattista Della Porta(1545~1615)이다.[1] 그는 매우 박식한 학자로서 식물, 골상학, 물리, 화학, 수학 책들을 저술하였으며, '당대 최고의 이탈리아 희극들 중 몇 편'

그림 25 ■ 아름다운 책 *De Distillatione Lib. IX*(Rome, 1608)의 저자 Giambattista Della Porta 자신을 나타낸 권두 삽화.

을 지었고, 증기기관 설계를 발표하였다.[1, 2] '이 책은 아름답기만큼이나 귀하기도 하다.'[3] 서문의 헌사는 바티칸 철자 공장에서 만든 헤브루어, 페르시아어, 칼데아어(Chaldea는 현재의 남부 이라크임), 일리아어(Illyria는 발칸반도 서북부임) 및 아르메니아어 철자들로 쓰여 있다.[4]

1558년에 첫 출판된 Porta의 다른 저서 *Magia Naturalis*(자연의 마술)은 민중 과학의 집대성으로 100여 년 동안 재출판되었다. 이 책에는 기술적 정보와 잘못된 정보가 혼재되어 있어서 '안티모니' (실제로는 휘안광—그림 17(a)의 Saturn과 늑대 참조)를 가열하여 납을 만드는 그리스의 의사이자 약사였던 Pedanius Dioscorides[1](AD 40년경~90년경)의 방법이 서술되어 있다. 16세기 전문가들은 안티모니와 납은 다르며, 상호변환되지 않는다는 사실을 이미 알고 있었음에도 불구하고,[5] *Magia Naturalis*에는 반점이 생기게 하는 화장품(일종의 여성용 크림) 제조법도 들어 있다.

*De Distillatione*에는 화학 유리 기구를 동물에 비유한 르네상스 시대의 재미있는 해학적인 그림들도 있다. 그림 26(a)는 마트라스(*matrass*)이다.[6, 7] 이것은 둥근 바닥에 타조처럼 목이 긴데(알코올 정류용 유리병도 이와 비슷하게 생겼다), 알렘빅(*allembic*)

그림 26 ■ Porta의 *De Distillatione* (그림 25) 에 나오는 유리 기구들과 그 비유: (a) 마트라스와 타조; (b) 평평한 레트로트형 '거북이' 와 거북이 (저자가 보기에는 '개 머리' 가 달려 있음. 등에는 벤젠?).

이라고 하는 증류 장치의 한 부분이다. 알렘빅에는 증류액 용기에 연결할 수 있는 증류 헤드가 있다 (그림 72 및 73 참조). 증기가 긴 목 꼭대기까지 닿을 수 있으려면 증류할 액체는 휘발성이 상당히 커야 한다. 그림 26 (b) 는 거북이 (tortoise) 라고 하는 납작한 레트로트이고, 비유로 개처럼 생긴 머리가 달린 거북이를 같이 그려 놓았다.

거북이 껍질의 원을 내포한 육각형들이 약 330년을 건너뛰어 오늘날 현대화학의 벤젠 구조가 될 수 있을까? 벤젠은 그 후 200년 동안 발견되지 않았으므로 물론 그렇지는 않다. 그러나 1860년대에 Kekulé가 서로 꼬리를 물고 있는 뱀 세 마리들에게서 벤젠 구조가 생기는 꿈을 봤다고 주장하는 것을 볼 때, 260년 전 다른 파충류로부터 어떤 메시지를 가상하는 것도 전혀 이상한 일은 아니리라.

그림 27 (a) 의 증류 장치에서는 알렘빅 헤드가 입이 더 넓은 플라스크 (큐커빗, 일종의 더 주저 앉은 마트라스) 위에 얹혀 있는데, 이 장치는 덜 휘발성인 액체에 유용하다. 그림 27 (b) 는 일체형 펠리칸이다. 새가 가슴을 쫄 때 목이 휘어 펠리칸의 팔 모양이 되는지 눈여겨 보라. 위를 막으면 펠리칸은 환류하는 용매를 끓는점에서 장시간 가열하는 데 쓸 수 있다. 그림 27 (c) 는 이중 펠리칸으로 서로 연결된 두 용기들 간에 증기와 액체가 장시간 교환된다. 이에 대한 비유는 그만두기로 한다. 다만 이 책은 일정 부분 교회의 동의하에 로마에서 인쇄되었다는 것을 독자들에게 상기시키고자 한다. 그림 28 (a) 는 흔히 쓰는 레토르트이다. 그림 28 (b) 는 분별 증류가 가능한 증류 장치로서 위쪽 용기들에는 더 휘발성인 물질들이, 아래쪽 용기들에는 덜 휘발성인 물질들이 농축된다. 분별 증류는 유기화학개론 과목의 첫 실험들 중의 하나이므로, 머리가 일곱 개 달린 괴물은 실험조교에 대한 2학년 학생들의 상상이 아닐런지? 설마 그렇지야 않겠지만.

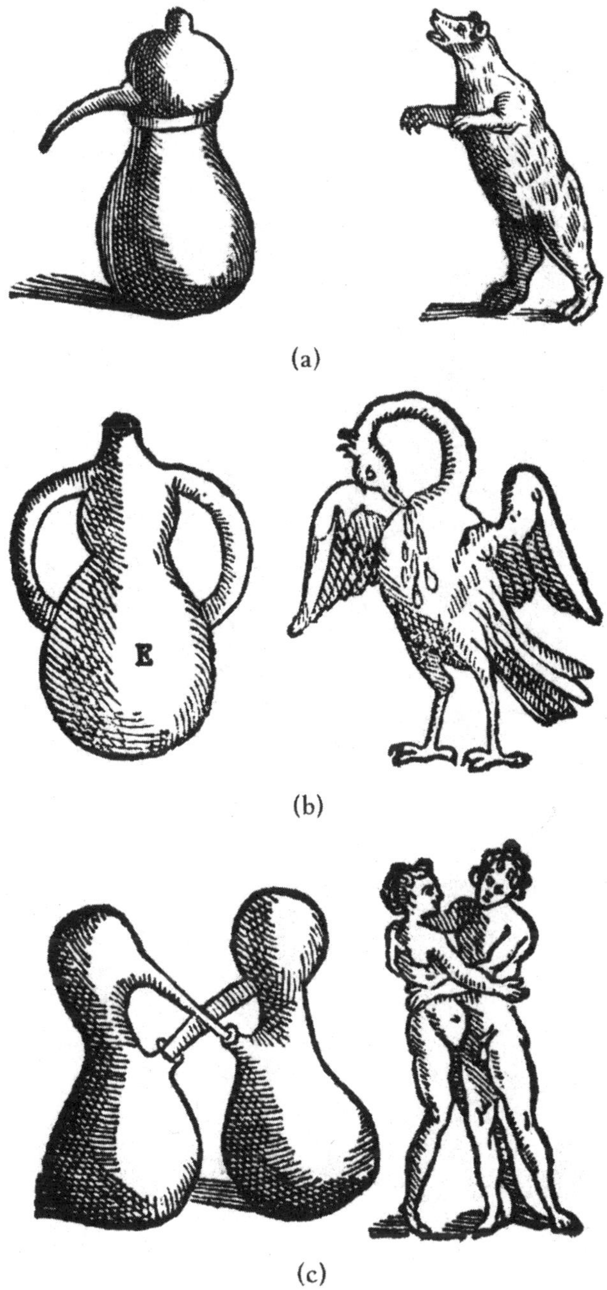

그림 27 ■ Porta의 *De Distillatione* (그림 25)에 나오는 유리 기구들과 그 비유: (a) 입이 넓은 플라스크에 증류 헤드를 얹어 놓은 증류 장치와 곰; (b) 액체 환류용 일체형 펠리칸과 자신의 가슴을 쪼는 펠리칸 새—예수의 피를 상징하는 것으로 여겨짐; (c) 뜨거운 액체를 장시간 교환하는 이중 펠리칸과 이에 대한 흥미로운 비유.

1. 다른 이름은 Giambattista della Porta 또는 Giovanni Battista Della Porta (*Encyclopedia Brittanica*, 15th ed., 1986, Chicago, vol. 9, p.624. 여기에는 생년이 '1535?' 로 나와 있다).
2. J. Ferguson, *Biblioteca Chemica*, Derek Verschboyle, London, 1954, Vol. II, p. 216.
3. D.I. Duveen, *Bibliotheca Alchemica et Chemica*, HES, Utrecht, 1986, p. 481.
4. I. MacPhail, *Alchemy and The Occult*, Yale University Library, New Haven, CT, 1968, Vol. 1, pp. 212~215.

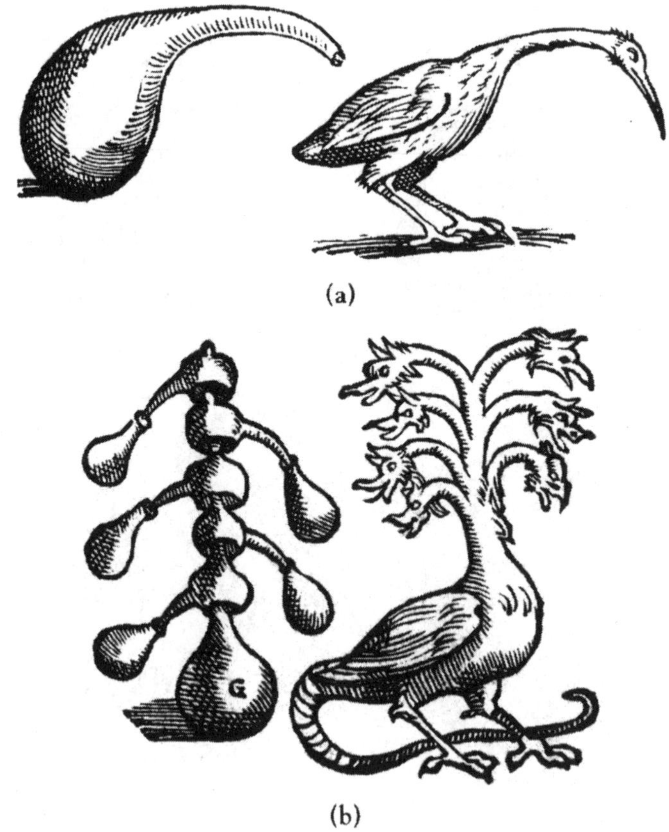

그림 28 ■ Porta의 De Distillatione(그림 25)에 나오는 유리 기구들과 그 비유: (a) 흔히 쓰이는 레토르트와 새; (b) 분별 증류 장치와 머리가 일곱 개인 짐승(또는 유기화학 실험조교?)

5. J.M. Stillman, *The Story of Alchemy and Early Chemistry*, Dover, New York, 1960, pp. 349~352.

6. J. Eklund, *The Incompleat Chemist—Being An Essay on the Eighteenth-Century Chemist in the Laboratory with a Dictionary Of Obsolete Chemical Terms of the Period*, Smithsonian Institution Press, Washington, D.C., 1975.

7. F. Ferchl and A. Sussenguth, *A Pictorial History of Chemistry*, William Heinemann, London, 1939, pp. 73~75, 105~108.

'널리 퍼진 흔한 오류'

어째서 Porta와 같은 박식한 학자가 안티모니를 가열하면 납이 된다는 틀린 정보에 일조했을까? 당시에는 과학적 실험이 아직도 유아기에 불과했고, Pliny와 같은 옛 저술가들은 민간에 전승되는 얘기들을 사실로 전환시켰다. 의사인 Thomas Browne은 그의 저서 *Pseudodoxia Epidemica*: *Or, Enquiries into Very many Received Tenets, and Commonly Presumed Truths*[1]의 83쪽에서 다음과 같이 기술하고 있다.

> 여러 사람들이 이구동성으로, 또 여러 훌륭한 저자들이 자신들의 책에서, 돌 중에서 가장 단단하고 오로지 자신의 가루만을 제외하고는, 강철, 금강사 또는 기타 어느 것에도 금가지 않는 다이아몬드가 염소피에 의해 약해져 깨어질 수 있다고 얘기한다.

염소피가 다이아몬드를 약화시켜 부서지게 한다고? Browne은 이 '널리 퍼진 흔한 오류'를 지적한 후 일부 학자들은 이를 사실로 받아들였지만, 학식이 없다고 간주할 수 있는 다이아몬드 세공사들은 이것이 사실이 아님을 알고 있었음을 지적하였다. 그리고 그는 이 잘못의 근원을 일부 학자들이 이런 강력한 피를 만들려면 염소들에게 인간의 신장 결석을 녹인다고 하는 어떤 약초를 먹어야 한다고 쓴 데서 찾았다. 신장 결석도 아주 단단한데 이것이 '깨질' 수 있다면 다이아몬드라고 왜 안 깨지겠는가?

Browne은 또한 '통속적인 관념에 따르면 유리는 독약'임을 지적하였다. 그러나 그는 유리는 모래에서 만들었고 모래에는 독성이 없음을 주목하였다. 그는 곱게 간 유리를 개에 먹였다. '곱게 간 유리 1드램 (dram, 1/8온스, 3.888그램)을 버터에 넣어 또는 반죽해 먹여도 아무 이상이 없었다.' 이 혼동은 쥐잡이 미끼에 거칠게 간 유리를 섞어 넣는—흔히 또 성공적으로 쓰임—관습에서 야기된 것이다. 치명적인 것은 유리의 화학적 성질이 아니라 거친 유리가 초래하는 내출혈임이 명백하다.

1. Thomas Browne, *Pseudodoxia Epidemica: Or, Enquiries Into Very Many Received Tenents, and Commonly Presumed Truths*, T.H. for Edward Dod, London, 1646. 염소피와 다이아몬드 이야기를 알려 준 저자의 딸 Rachel Greenberg에게 사의를 표한다.

이 그림은 무엇이 잘못되었는가?

'Distillatio' (그림 29, 증류)는 1580년경에 Phillip Galle가 Stradanus (Jan Van der Straet 또는 Johannes Vander Straaten, 1523~1605)의 유화—다른 연금술 관련 그림들도 그렸음[2]—를 본떠 만든 판화[1]이다. 이렇게 활력이 넘치는 곳은 오늘날의 연구 책임자나 대학 교수에게 큰 기쁨을 줄 것이다. 여기서 연금술사는 당시의 화학 문헌을 읽으면서 아마도 근래에 태동한 과학적 방법에 따라 최근에 이루어진 성과 (전갈 기름의 증류에 관한 Porta의 1588년 연구?)를 재현하려고 시도하고 있으리라.

이 그림은 무엇이 잘못되었는가? 우선 대학원 학생, 박사후 연구원 또는 실험 기사들 중 누구도 보안경을 쓰고 있지 않다. 교수의 안경은 20세기 중반까지는 그런대로 합격이겠지만, 그 이후로는 얼굴 옆면 보호가 되지 않으므로 불합격이다. 환기 장치는 아무리 좋게 보아도 아주 낡았고 소화기나 살수 장치는 보이지 않는다. 소방서에서 한번 와 보아야 할 것 같다. 오른쪽 앞 절구공이는 그나마 고무줄에 매달려 있어서 안전

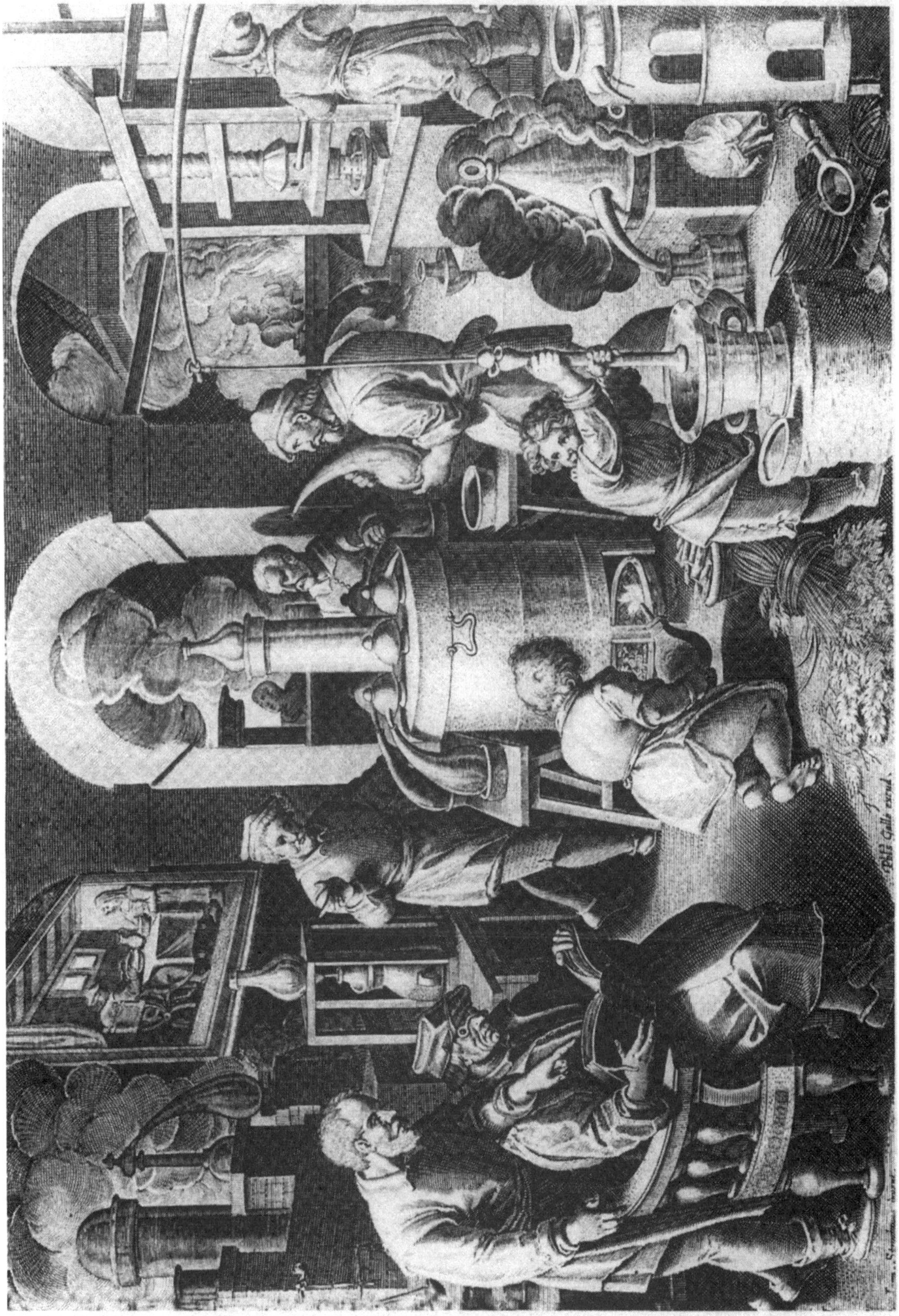

그림 29 ■ Stradanus의 유화를 본 뜬 Phillip Galle의 판화 (1580년경), *Distillatio*. 실험실 안전 위반을 몇 건이나 찾을 수 있을까?

에 보탬은 되나 주위에 철망을 쳐 옆으로 흔들리다가 무심히 일하는 연구자를 치지 않게 해야 할 것이다.

실험실은 16세기 말에 제공할 수 있는 것들로는 최고의 장비를 갖춘 듯하다. 가운데 있는 증류기가 여러 개인 물중탕은 연구비가 충분함을 의미한다. 오른쪽 앞의 후드가 달린 증류기 두 개—하나는 작동 중이고, 하나는 놀고 있다—, 오른쪽 위의 현자의 알을 배양하는 고성능 가열로 등은 돈은 문제되지 않으며, 이 연금술사가 연구비를 잘 따는 사람임을 뜻한다. 그런데 바로 여기에 모순이 있다. 교수는 실제로 '최일선'에서 자신의 연구진과 함께 연구를 하고 있지 연구계획서, 학기 중간 성적 경고문, 또는 학생들의 낮은 수업 평가에 대한 설명 같은 것을 쓰고 있지 않다. 정년보장 후 심사는 아직도 400여 년 후의 일이다.

John Read는 이 그림을 '질서 있고 풍요로운 활동'이 넘치는 16세기 말 이탈리아 실험실을 묘사한 것으로 기술하는데,[2] 이는 1588년에 Pieter Brueghel(아버지)가 그린 '작업 중인 연금술사'에 묘사한 가난과는 극히 대조적이다.[2] Read는 Stradanus작 'Distillatio' 그림의 바닥에 놓여 있는 곡식 단이 '생기 근원'을 나타낸다고 하지만, 오늘날 우리가 보기에는 화재 위험 물질이다.

1. 이 판화는 저자의 개인 소장품이다.
2. J. Read, *The Alchemist in Life, Literature and Art*, Thomas Nelson, London, 1947, pp.66~68.

마술로부터 로마 화폐 지키기

그림 30은 부분적으로 David Teniers류의 18세기 그림인데,[1] 실험실에서는 어울리지 않는 복장을 한 신비스런 아랍인—또는 유대인[2]—과 문 밖에서 들여다보고 있는 수상쩍은 인물—어둡고 불길해 보이는 망토 입은—이 보인다. 연금술사의 표정으로 볼 때 플라스크 내에서 옛날 마술이 일어나고 있거나 또는 여자의 오줌 분석에서 무언가 단서를 찾은 듯하다.[2]

실용화학과 연금술의 발전에는 이집트와 아랍 문명이 결정적인 역할을 했다.[3] 이집트와 칼데아 유적에서는 B.C. 4000년경의 거의 순수한 구리로 만든 인물상과 장식품들이 발견되었다. BC 2000년경의 청동 합금, Tel-El Amarna에서 발표된 안료, 화장품, 약품 등 모두 이 문명들이 심대한 영향을 끼쳤음을 입증해 준다.

중국에서는 이보다 더 빨리 시작했을 가능성을 제시하는 증거들도 있지만,[3] 서구 문명을 보존함에 있어, 또 화학의 초창기에 고대 중동 문명이 담당한 역할은 이론의 여지가 없다. *Alchemy*(연금술)이라는 단어의 어원은 명백하지 않다. 옥스포드 영어 사전[3]은 그리스어 *chymeia*— '따르다'라는 뜻의 단어와 연관—에서 나온 아랍어 *alkimiya*를 어원으로 제시한다. 이 권위 있는 사전은 또 다른 어원[4]을 제시하면서 '검다'는 뜻의

그림 30 ■ F.P. Bush, 1769라는 서명이 있는 연금술사(또는 의사) 그림. 저자의 개인 소장품이다(사진 촬영, Dr. James Tait Goodrich, MD).

단어로 고대 이집트의 이름인—땅이 검기 때문에—*Khem*을 제시하기도 한다. Alchemy는 두 가지 의미—어원이 이집트라는 것 또는 흑색 마술로서의 위상—를 가질 수도 있다. 여기서도 '흑색 (검은)' 은 연금술의 어둡고 비밀스러운 본성 또는 현자의 돌—*Nigredo*—에 이르는 길의 첫걸음을 의미할 수도 있다. 예수보다 2500년을 앞선다는 연금술의 아버지, Hermes Trismegistus ('Hermes Thrice Magisterial') 는 상상일 뿐이다.

연금술 저작과 관련하여 최초의 증명가능한 인물이 A.D. 300년경에 이집트의 알렉산드리아에서 서술 활동을 한 Panapolis의 Zosimos라는 것은 알려져 있다. 알렉산드리아는 고대에 세계에서 가장 큰 도서관이 있던 곳으로, B.C. 3세기부터 시작하여 주로 그리스어로 쓰여진 40만~50만 권의 장서를 가지고 있었다. 이 도서관은 A.D. 3세기 말경 내란으로 말미암아 파괴되었으며, 분관은 AD 391년에 기독교인들이 약탈하였다.[5]

A.D. 285년에서 305년까지 재위했던 로마의 Diocletian 황제[6]는 로마제국 전역에서 연금술 책과 원고들을 없애라고 명령했다고 전해진다. 이야기에 따르면 그는 싼 금속들이 은이나 금으로 변환되면 제국의 화폐가치가 떨어질 것을 두려워했다고 한다.

단순히 제국의 화폐가치를 보존하기 위해 황제는 도대체 왜 연금술 책과 원고들을 없애려고 했을까? 저자는 애서가이지 고대학 학자는 아니지만 세기말 (실제로는 천년 말) 의 미국적 관점에서 Diocletian을 평가해 보려고 시도하였다. Diocletian[6]은 고대 미풍의 보존과 자식의 노년 부모 봉양 의무를 주장하였다 (사회보장제도가 아님: '사회적 보수주의자?' 부수적 공화당원?). 그는 또한 소득세 누진제를 도입하고 방대한 관료제를 시작하였다 ('증세 후 낭비' 하는 진보적 민주당원?). 그가 보호하고자 했던 주화에는 *dominus et deus* ('통치자 겸 신') 라고 새겨져 있었다. 독자 중에 누가 그리스어 *hubris* (교만) 에 해당하는 라틴말을 아는지?

1979년 노벨 물리학상은 약한 상호작용과 전자기 상호작용의 통합 이론을 개발한 공으로 세 과학자—뉴욕 태생의 두 유대인 Sheldon Glashow와 Steven Weinberg 및 파키스탄 태생의 회교도 Abdus Salam—가 공동 수상했다. Salam의 노벨상 기념 강연은 특히 감동적이었는데,[7] 그는 거의 8세기 전에 '아랍, 그리스, 로마 및 유대 학문의 최고의 집대성' 을 이룬 중심지이자 유대인 학자 Maimonides의 본거지였던 스페인의 Toledo 및 Cordova로 유학을 간 스코틀랜드의 청년 Michael에 대해 언급했다. Salam은 Sarton 저 *A History of Science*에서 A.D. 750년부터 1100년까지를 중동 문화가 지속적으로 지적으로 지배했던 기간으로 인정하고 있음에 주목한다. 시리아 및 이집트와 같이 번창하던 연구 중심 학교를 가지고 있던 부유한 나라들과는 달리 가난한 개발도상국이었던 스코틀랜드는 Michael이 귀국했을 때 아무 것도 제공할 것이 없었다. Salam은 '그의 선생들 중의 최소한 한 분은 젊은 Michael에게 다시 양털 깎고 천 짜는 일로 돌아가라고 충고했다.' 고 이야기한다. 그러나 바로 이때쯤 과학의 수월성이 서방으로 돌아서기 시작했고, Salam은 계속해서 다음과 같이 말했다.

금세기에 들어서 스코틀랜드인 Michael이 시작한 여정은 완전히 한 바퀴를 돌아 이제 과학을 배우러 서방 세계로 향하는 것은 개방도상국의 우리들이다. 1100년 전에 Al-Kindi가 쓴 것처럼 '진리를 인정하고, 진리의 근원이 어디이든 그것을 흡수하는 것은 당연히 부끄러워 할 일이 아니다. 진리를 찾는 사람에게는 진리 자체보다 더 고귀한 가치를 지닌 것은 없다. 진리는 결코 그의 품위를 떨어뜨리지 않는다.'

1. 이 그림에는 'H.P. Bush, 1769년 작' 이라는 서명이 있으며 저자의 개인 소장품이다. 저자는 이 그림의 사진을 찍어준 Dr. James Tait Goodrich, M.D. (James Tait Goodrich Antiquarian Books and Manuscripts) 에게 사의를 표한다.
2. 저자는 Aldrich Chemical Company의 창업자이자 저명한 미술품 수집가인 Dr. Alfred Bader가 이 그림을 해석해준 데 대해 사의를 표한다. 화학자 옷의 양식화된 글자들은 아랍인과 헤브루인을 떠올리게 한다.
3. J.M. Stillman, *The Story of Alchemy and Early Chemistry*, Dover, New York, 1960, Chap. I.
4. *The Oxford English Dictionary*, Clarendon, Oxford, 1989, Vol. 1, p. 300.
5. *Encyclopedia Brittanica*, 15th ed., 1986, Vol. 1, Chicago, p. 251.
6. *Encyclopedia Brittanica*, 15th, ed., 1986, Vol. 4, Chicago, pp. 105~106.
7. A. Salam, *Reviews of Modern Physics*, 52(3): 525~526, 1980. Salam의 노벨상 강연을 알려 준 Joel F.Liebman 교수에게 사의를 표한다.

GEBER와 RHAZES: 성서의 땅 연금술사들

Diocletian 이야기는 멋진 것이기는 하다. 그러나 아랍 연금술이 서방 세계 (로마 포함) 에 전해진 것은 11세기경으로 이 이야기는 좋게 말해 보았자 '전설' 이다.[1]

아랍 연금술에 대해 우리가 알고 있는 것의 대부분은 Jabir ibn Hayyan 또는 Geber라는 이름을 가진 신비스러운 8세기 사람의 저술에서 유래한다. 그림 31은 Strasbourg에서 1529년에 출판된 *De Alchimia Libri Tres* (연금술 3부작) 의 표지인데, 증류로를 묘사하고 있다.[2] 연금술은 중국과 인도에도 근원을 두고 있지만, 유럽인들에게는 성서의 땅의 문화와 언어에 접근하기가 더 쉬웠으며, 15세기부터 책을 인쇄해내기 시작했다.

페르시아의 의사인 Al-Razi (850~923년경) 또는 Rhazes는 *Secret of Secrets* (비밀 중의 비밀) 이라는 책을 썼는데, 여기에는 실용적이고 유용한 화학이 많이 수록되어 있다. Brock은 13세기에 유럽인들이 순수한 염산, 질산, 황산을 제조한 것은 결정적으로 Rhazes가 설명한 기술에 의존했음을 지적한다.[1] 이 믿을 수 없을 정도로 강력한 '물어 뜯는 뱀들' 은 새로운 화학 반응—예컨대 금속으로부터 '플로지스톤을 방출시키는' 또는 (200여 년간 우리가 이해하는 바로는) 금속이 산화물로 산화되면서 동시에 물에 녹은 산이 환원되어 수소 기체를 발생시키는—을 만들어 내는 데 결정적 역할을 했다.

그림 31 ■ Geber 저, *De Alchimia Libri Tres*(연금술 3부작) (Starsbourg, 1529) 의 표지 (The Beinecke Rare Book and Manuscript Library, Yale 대학교 제공).

1. W.H. Brock, *The Norton History of Chemistry*, Norton, New York, 1993, pp. 19~24
2. I. MacPhail, *Alchemy and the Occult*, Yale University Library, New Haven, CT, 1968, pp. 32~34. 이 그림을 제공해준 Yale 대학교 Beinecke 도서관에 사의를 표한다.

화가의 주제로서의 연금술사

16, 17, 18 세기에는 작업 중인 연금술사들과 의사들을 묘사한 유럽 미술의 많은 걸작들이 제작되었다. 미국에서 이런 예술 작품들을 소장하고 있는 유명한 곳은 Fisher Collection of Alchemical and Historical Pictures(Fisher 연금술 및 역사화 소장품, 현재는 미국 Pennsylvania주 Pittsburgh시 소재 Duquesne 대학교 소장)와 Isabel and Alfred Bader Collection(미국 Wisconsin주 Milwaukee시)이다. Albrecht Durer(1471~1528)도 연금술 상징들을 이해했었다는 증거가 있긴 하지만, 그가 연금술사 또는 실험실을 판각한 적은 전혀 없다.[1] 중세 연금술사들을 그린 초기 거장 두 사람은 Hans Weiditz('작업

그림 32 ■ Hendrick Heerschop의 1671년 유화 *The Alchemist* (연금술사) (Isabel and Alfred Bader Collection 소장) 의 천연색 사진을 흑백으로 재현한 것. 저자는 이 그림을 찍게 허가해 주고 또 Bush의 그림 (그림 30) 에 대해 조언을 해준 Bader 박사에게 사의를 표한다.

중인 연금술사와 그의 조수' —1520년경 작) 와 Pieter Brueghel (아버지, 1525~1569) 이다.[1] Brughel의 1558년작 '작업 중인 연금술사' 는 동시대에 Hieronimus Cock이 만든 이 작품의 판화로 인해 널리 유명해졌다. 이 시기에 연금술 관련 그림을 그린 저명한 화가들로는 Stradanus (그림 29 참조), The De Bry, Adraen van Ostade, David Teniers (아들), Jan Havickz Steen, Cornelis Pitersz Bega, Hendrick Heerschop, Charles Meer Webb, Matheus van Hellemont, Bathasar van den Bosch, Franz Christophe Janneck, Fernand Desmoulin, Thomas Wijck, Wenzel von Brozik, William Pether, David Ryckaert 등이 있다. 이들은 대부분 Dutch-Flemish 화파에 속했다. 영국인 Joseph Wright의 주목할 만한 그림 ('인의 발견' , 1771) 및 19세기 초엽 Richard Corbould의 한 작품은 기술이 아니라 과학을 묘사하기 시작했다. 19세기의 풍자 화가 James Gillray, Thomas Rowlandson, George Cruikshank 등은 화학 활동을 놀리기도 했다 (그림 126 및 127 참조).[1]

그림 32는 1671년 Hendrick Heerschop의 작품으로 제목은 '연금술사' 인데, Isabel and Alfred Bader Collection에서 보관 중인 아름다운 유화의 천연색 사진을 흑백으로 재현한 것이다.[2] 여기서 연금술사는 증류를 관찰하면서 담배를 피우고 있다. 다이에틸에터를 증류하고 있지 않기를!

1. J. Read, *The Alchemist in Life, Literature and Art*, Thomas Nelson, London, 1947, pp. 56~91.
2. 저자는 이 그림의 사진을 찍고 또 천연색 및 흑백으로 책에 실을 수 있게 허가해준 데 대해 Alfred Bader 박사에게 사의를 표한다.

우화, 신화 그리고 은유

16세기와 17세기에는 연금술을 설명한 아름다운 책들이 많이 출판되었다. 예컨대 1600년에 파리에서 출판된 Francesco Colonna 저, Beroalde de Verville 역 *Le Tableau des Riches Inventions*[1] (귀중한 발명품 그림) 의 표지 (그림 33) 는 혼돈 속에서 시작하여 현자의 돌 (불사조의 비상) 로 완결되는 위대한 작업을 묘사하고 있다.[2] 이 그림의 나무 밑둥은 부패 (*Nigredo*) 또는 과정 초기의 저하를 나타낸다.[3] 왼쪽 아래는 완성된 작업 및 금의 증식을 나타내는 현자의 나무이다.[3] 불은 변환을 일으키는 원소이다. 날개 달린 용과 날개 없는 별은 소픽 수은 (날개는 휘발성을 의미) 과 고정된 (비휘발성인) 소픽 황의 결합을 나타내며 이것들의 기호도 나와 있다. 심리학자 C.G. Jung은 이 책 한 권을 가지고 있었으며, 꿈과 연금술 표상에 대해 광범위한 저술을 남겼다.[4, 5]

John Read가 '음악적 연금술사' 라고 칭한 Machael Maier (1568~1622년경) 는 의사, 철학자, 연금술사이자 고전학자였다.[6] 그의 해박한 고전 지식은 연금술과 고대 신화의 통합에 영향을 미쳤다.[6] 그림 34는 *Tripus Aureus* (세발 금솥, 1618) 의 속표지이다.[7] 이것은 금 합성의 바탕이 되는 세 가지 원물질 (수은, 황, 소금) 을 놀리는 것으로 주목적은 '현자의 돌 교수 삼인' 의 작업을 나타내는 것이다. Maier 자신의 말을 빌리면 다음과 같다.[7]

> 독자들이여 , 공부를 많이 해서 돌을 완성한 이 부자 되는 기술의 세 철부지들을 보라. 가운데는 Cremerus, 왼쪽은 Norton, 오른쪽은 Basil이다. Hespenides(고대 이탈리아와 스페인의 통합 명칭) 의 밭에서 사과를 따기 바라는 사람은 그들의 저술을 읽고 Vulcan의 팔을 찾아라.

웨스트민스터에 살았던 14세기의 수도원장 John Cremer는 웨스트민스터 사원과 런던 탑에서 Raymond Lully의 연금술 연구에 합류했다고 전해진다.[7] *Ordinall of Alchimy*의 저자인 Thomas Norton은 1477년에 그의 이 유명한 책을 저술하기 시작했다.[7] Basil Valentine은 이 책 *Chemical History Tour*(화학사 여행) 의 뒤에 나오고, 또 Read도 언급하고 있다.[8] Vulcan은 불의 신이다. 'Vulcan의 팔' 은 화학 변화의 도구로서의 불을 의미한다.[7] 이 그림을 보면 화학 실험실과 화학 도서관이 아주 가까이 있음—실험과 이론의 이중성—을 볼 수 있다. 미국 화학회도 대학의 화학 연구 도서관을 화학 실험실 건물 내에 두기를 권장하기는 하지만, 아마 이렇게 가까이 두기를 염두에 두지는 않을 것이다.

Maier의 1618년 책 *Atalanta Fugiens*(도망가는 Atalanta) 에는 50개의 아름다운 판화들과 그가 작곡한 약 50개의 삼성 (三聲) (세 가지 원물질) 푸가(fugue) 음악이 실려 있다.[9, 10] 표지 (그림 35) 는 Atalanta와 금 사과 세 개 전설을 묘사하고 있다.[9] 가장 빠른 인간 Atalanta는 구혼자들에게 달리기 경주를 제안하고 지는 사람은 죽였다. 이기는 사람과는 결혼하기로 하였다. 이 그림은 Hercules가 Hespiredes의 황금사과를(Aegle, Arethusa, Hesperia와 그들의 수호 용 Ladon이 지키고 있는) 따는 것을 보여 준다. Venus는 이 사과들을 Hippomenes에게 주었으며 이것을 적당한 때마다 떨어뜨려 Atalanta의 관심을 돌리고 경주에서 이겨 구혼에 성공한다. 'Hesperia 밭의 사과를 딴다.' 는 것은 현자의 돌을 완성했다는 은유이다. 불행하게도 이 두 남녀는 나중에 Cybels 신전을 더럽히고 (더럽히는 행동은 오른쪽 아래에 나타내었다) 사자가 되었다.

그림 36(출처 *Atalanta Fugiens*) 에서는 무슨 일이 일어나는 것일까? 그리고 이것은 근사한 화학 시험 문제가 되지 않을런지? 그리스 신화에서 Athena 여신은 아버지인 Zeus(어머니는 없다) 의 머리에서 태어난다. 한 이야기에서는 그리스 불의 신(Hephaestus, 로마신화에서는 Vulcan) 이 Zeus의 머리를 깬다. Zeus와 Leto 사이에서 태어난 Appolo신도 보인다. Cupid가 주선한 근친상간 결합은 남성 물질 (황) 과 여성 물질 (수은) 을 통합시킨다. Lynn Abraham은 독수리로 변해 Ganymede를 하늘로 데려가 금 소나기 (증류) 로 변하는 Jupiter(Zeus) 신화를 언급한다.[11]

또는 이 그림은 단순히 화학 기말시험 직전에 유명 상표 아스피린을 먹으라는 광

그림 33 ■ Francesco Colonna 저 *Le Tableau Des Riches Inventions*(귀중한 발명품 그림) (Paris, 1600)의 표지 판화(Yale 대학교 The Beinecke Rare Book and Manuscript Library 제공). 이 그림은 혼돈에서 시작하여 불사조가 비상하는 것을 묘사한다.

고일 수도 있다. 이렇게 답한다면 저자는 최소한 반은 맞는 것으로 하리라.

연금술 음악(Maier의 푸가)의 최초 공연은 1935년 11월 22일에 영국왕립협회에서 이루어진 것 같다. St. Andrews 대학 합창단('The Chymic Choir')의 학생들과 음악과 교수들이 '공연하여' 그들의 동료, John Read 교수의 학문에 소리를 부여하였다.

TRIPVS AVREVS,
Hoc est,
TRES TRACTATVS
CHYMICI SELECTISSIMI,
Nempe

I. BASILII VALENTINI, BENEDICTINI ORDInis monachi, Germani, PRACTICA vna cum 12. clauibus & appendice, ex Germanico;

II. THOMÆ NORTONI, ANGLI PHILOSOPHI CREDE MIHI ſeu ORDINALE, ante annos 140. ab authore ſcriptum, nunc ex Anglicano manuſcripto in Latinum translatum, phraſi cuiuſque authoris vt & ſententia retenta;

III. CREMERI CVIVSDAM ABBATIS WESTmonaſterienſis Angli Teſtamentum, hactenus nondum publicatum, nunc in diuerſarum nationum gratiam editi, & figuris cupro affabre inciſis ornati operâ & ſtudio

MICHAELIS MAIERI Phil. & Med. D. Com. P. &c.

FRANCOFVRTI
Ex Chalcographia Pauli Iacobi, impenſis LVCÆ IENNIS.
Anno M. DC. XVIII.

그림 34 ■ Michael Maier 저 *Tripus Aureus*(세발 금솥, Frankfurt, 1618)의 표지 판화. 그림에서 연금술의 세 거두는 Basil Valentine, Thomas Norton, John Cremer이다) (Yale 대학교 The Beinecke Rare Book and Manuscript Library 제공).

그림 35 ■ Michael Maier 저 *Atalanta Fugiens*(도망가는 Atalanta) (Frankfurt, 1618)의 표지 판화. 이 판화는 구혼자들과 경주한 가장 빠른 인간 Atalanta 신화—지면 죽였다 —를 나타낸다. Hippomenes는 Venus가 준 황금 사과 세 개를 써서 그녀의 주의를 돌린 후 경주에 이겨 결혼에 성공한다(본문 참조) (Yale 대학교 The Beinecke Rare Book and Manuscript Library 제공).

1. I. MacPhail, *Alchemy and the Occult*, Yale University Library, New Haven, CT, 1968, pp. 189~191
2. C.G. Jung, *Psychology and Alchemy*, 2nd ed., translated by R.F.C Hull, Princeton University Press, Princeton, NJ, 1968, p. 38.
3. L. Abraham, *A Dictionary of Alchemical Imagery*, Cambridge University Press, Cambridge, 1998, pp. 150~151, 205.
4. I. MacPhail, op. cit., pp. xv~xxxii (essay by A. Jaffe).

그림 36 ■ 아버지 Zeus(어머니는 없음)의 머리에서 태어나는 Athena 및 오빠 Apollo와의 화학적 결합. 결합, 즉 화학적 결혼은 해와 별 또는 소픽 황과 소픽 수은을 결혼시킨다 (Yale 대학교 The Beinecke Rare Book and Manuscript Library 제공).

5. N. Schwartz-Salant, *Encourtering Jung on Alchemy*, Princeton University Press, Princeton, NJ, 1995.
6. J. Read, *Prelude to Chemistry*, MacMillan, New York, 1937, pp. 228~236.
7. J. Read, op. cit., pp. 169~182.
8. J. Read, op. cit., pp. 183~211.
9. J. Read, op. cit., pp. 236~254
10. J. Read, op. cit., pp.281~289
11. Abraham, op. cit., p. 110.
12. J. Read, op. cit., pp. xxiii~xxiv.

말 없는 책

17세기의 가장 아름다운 책 중의 하나인 *Mutus Liber*(말 없는 책)는 파리에서 1677년에 출판되었으며, 저자는 'Altus'—연금술의 '옛 어른'을 나타내는 가명—이다. 이 책은 Jacob Saulat라는 사람의 부추김을 받아 인쇄되었으며, 표지 그림의 몇 마디 말을 제외하고는 거의 글자가 없는 위대한 작업을 묘사한 2절 크기의 그림 13매가 들어 있다.[1] 이 책은 1702년에 Manger 저 *Bibliotheca Chemica Curiosa*(화학 진귀본 전집)의 제 1권 말미에 수록됨으로써 더 널리 알려지게 되었으며, 그림 15매가 들어 있었다.[1] 그림들은 모두 은유적이며, 확립된 해석은 없다. 이 그림에서는 남자와 여자 (부부일 수도)가 대등하게 작업하는 것으로 묘사되어 있는데, 여자들은 오랫동안 화학에서 의미있는 역할을 거의 하지 못했음을 비추어 보면, 이 책은 좀 신기하다. 그러나 염산을 발견하였고, *kerotakis*라는 옛날 증류기와 완만한 가열에 사용하는 물중탕을 개발한 고대 알렉산드리아의 Mary Prophetissa[2~4]—때로는 Moses의 누이인 Miriam과 같게도 여김—라는 여자가 있기는 하다. 물중탕은 현대에도 쓰고 있으며, Marie 중탕이라고 한다. 더구나 Mary Prophetissa는 납-구리 합금을 황과 융합시켜 흑색 물질을 만드는 공정을 창시했다고도 한다. 이런 흑색 물질은 자주 변환의 시발점이었으며, 은유적으로는 부활 전의 죽음을 나타낸다. 이것은 연금술을 '흑색 마술'로 부르는 이유들 중의 하나이기도 하다.

여기에 수록한 그림 여섯 개는 1914년에 Paris에서 재간행한 *Mutus Liber*에서 뽑은 것들이다.[5] 표지 (그림 37)는 Jacob과 천국에 오르는 사다리를 묘사한 것으로 보이며, 완전히 영적인 느낌을 준다.[1] 그는 머리를 바위—현자의 돌을 나타낸다는 사람들도 있다—에 기대고 있다.[4] 표지의 글을 해석하면 다음과 같다.

> 연금술의 전체 내용이 형상화된 그림으로 제시된 말없는 책—자비롭고 지고지선하신 신께 바쳐지고 오로지 연금술사들에게만 헌정된—, 저자의 이름은 Altus이다.

그림 37 ■ *Mutus Liber* ('말없는 책')의 표지 판화. 이 그림은 1677년 원판의 그림들을 재인쇄한 Manget 저, *Bibliotheca Chemica Curiosa*(1702)의 1914년 Paris 복제판에서 따온 것이다. 그림은 Jacob과 천국에 이르는 사다리를 묘사하고 있다.

그림 38 ■ *Mutus Liber*의 두 번째 (Manget 책에서는 15번째) 도판. 영적인 윗부분에서는 위대한 작업에 필요한 물같은 물질을 나타내는 Neptune 곁에 해 (Sol) 와 달 (Luna) 을 들고 있는 두 천사 위의 태양을, 아래 지상 부분에서는 모래 중탕이나 물 중탕으로 서서히 가열하기 위해 현자의 알을 가열로에 넣고 있는 남녀 연금술사를 묘사하

그림 39 ■ 이슬 (원물질의 한 형태) 수집을 묘사한 *Mutus Liber*의 네 번째 도판.[5]

그림 40 ■ *Mutus Liber*의 다섯 번째 도판. 두 연금술사가 이슬 증류를 준비하고 있다. 증류액은 네 병에 나눠 넣고 가열한다 (40일 동안). 찌꺼기는 병에 떠 넣어 노인 (Saturn) 에게 준다.[5]

그림 41 ■ *Mutus Liber*의 Manget 인쇄본의 도판 14. 남자, 아이, 여자가 심지를 다듬고, 램프에 기름을 채우고 있다. Lunar 팅크와 Solar 팅크를 같은 양 섞고 갈아 소픽 수은을 만든다.[1, 5]

그림 42 ■ 작업이 완결되고 (도판 15) 두 연금술사가 선언한다: '눈이 있는 자여, 보라'[5]

마지막 세 줄은 성경의 창세기 28장 11, 12절; 창세기 27장 28, 39절; 신명기 33장 18, 28절과 관련이 있다 (거꾸로 표시함).

그림 38은 *Mutus Liber*의 두 번째 도판으로, 해 (Sol) 와 달 (Luna) 을 양쪽에 거느린 Neptune (위대한 작업이 필요한, 물과 같은 액체를 나타냄)이 들어 있는 병을 들고 있는 두 천사와 태양, 가열로 곁에 꿇어앉아 있는 두 연금술사를 묘사하고 있다. 이 그림의 윗부분은 영적인 차원을[1], 아랫부분은 지상의 것을 나타낸다. 가열로의 바닥 부분은 화염, 중간 깔때기는 현자의 알을 서서히 가열하는 모래 중탕 또는 물 중탕이다[1] (새로운 반응을 시도하는 화학자는 누구라도 이 그림의 기도적 장면이 마음에 와 닿을 것이다). 그림 39는 *Mutus Liber*의 네 번째 도판으로, 양자리의 해와 황소자리 (봄) 의 달의 영향하에서 초원에 깔아 놓은 천에 이슬을 받는 것을 묘사하고 있으며, 작업의 점성술적인 면을 나타낸다. 이슬은 원물질의 한 유형으로 간주되며, 두 연금술사는 천을 짜서 이슬을 그릇에 모으고 있다.

이 책의 다음 그림 (그림 40) 에서는 남녀가 이슬을 증류할 준비를 하고 있다. 남자는 증류액을 가열 중인—40일 동안—네 그릇에 나눠 넣고, 여자는 증류기에 남은 잔여물을 숟가락으로 퍼 병에 넣은 후, 아기를 안고 달 표시를 붙인 노인에게 준다. 이 노인은 Saturn으로 해석되기도 한다.

그림 41 (Manget 책의 도판 14) 에서는 세 개의 가열로와 가열로 램프 심지를 다듬고 있는 남자, 아이, 여자를 볼 수 있다. Lunar 팅크와 Solar 팅크를 같은 양 섞어 갈아서 소픽 수은을 만든다. 두 연금술사는 입을 봉하며, 문장의 뜻은 다음과 같다: '기도하고, 읽고, 읽고, 읽고, 또 읽고, 작업하고, 발견해라.' *Mutus Liber*의 마지막 도판인 그림 42는 첫 번째 그림 (그림 37) 과 비슷한 완전히 영적인 그림이다. 이제 사다리는 필요 없고 아마도 Hercules (Zeus의 아들) 로 추정되는 시체가 해 (Sol) 와 달 (Luna) 의 영향하에 바닥에 누워 있다. Zeus에게는 두 천사가 월계관을 씌워주고 있으며, 모든 것을 깨달은 두 연금술사는 한 목소리로 외친다.

눈이 있는 자여, 보라.[2]

위대한 작업은 완결되었다.

1. A. McLean, *A Commentary On The Mutus Liber*, Phanes, Grand Rapids, MI, 1991.
2. C. A. Burland, *The Art of the Alchemists*, MacMillan, New York, 1967, pp. 188~198. 이 책에는 15개의 그림 모두가 비교적 큰 판으로 나와 있다.
3. *Secrets of the Alchemists*, Time-Life Books, Alexandria, VA, 1990, pp. 70~77. 이 책에는 15개의 그림 모두가 (금색을 넣어!), 상당히 축소되어 나와 있긴 하나 본문의 설명이 잘 되어 있다.
4. J. Read, *Prelude To Chemistry*, MacMillan, New York, 1937, pp. 155~159.
5. *Mutus Liber—Le Livre d'Images sans Paroles, ou toutes les opérations de la Philosophie hermetique sont décribes et représentés. Reédite d'aprés l'original et precedé d'une Hypotypose explicative par MAGOPHUN.*, Librairie Critique, Emile Nourtry, Paris, 1914.

3

SECTION

치료화학 및 연고 조제

PARACELSUS

자신을 Paracelsus라고 불렀던 Theophrastus Bombast Von Hohenheim(1493~1541)은 질병 치료에 화학을 응용하였고, 치료화학이란 분야를 탄생시켰다. 그는 고대 Galen의 의료 학설과는 완전히 결별하였으며, 그의 말투는 편협하고 과장적이었다. 그는 의료에 실험과 관찰을 도입한 사람으로 인정받고 있다.

그의 마음과 행태를 알아 보기 위해 Paracelsus 자신의 말을 찾는 대신에 Evans S. Connell이 지은 소설, *The Alchymist's Journal*(연금술사의 일기)[1]를 인용한다.

> 나는 생명의 영약 덕분에 완벽한 건강을 누리는 금을 제외하고는 모든 금속들이 병으로 고생한다고 얘기했다. 나는 Oporinus에게 이 금속이 얼마나 달콤한지, 그리고 아름다운 광택으로 인해 많은 사람들이 하늘의 자비로운 태양보다 오히려 금을 숭배한다는 것을 가르쳤다. 불변성이나 영구성에서 이 물질을 초월하는 것은 없으며, 따라서 불후의 빛을 발해야 하고 근본 구성 성분들의 장엄한 조화로 태어나서 모든 것들을 돋보이게 하고, 문둥이를 살리고, 신장을 강화하는 능력이 있다. 자비로우신 주님에 의해 태어난 금은 강력한 약이다. 비슷하기는 하나 치료 효과가 없는 가짜 금은 내장을 상하게 하므로 버려야 한다. 왜냐하면 연금술 의사는 저속한 물질을 거부하기 때문이다. 각자가 천국과 지옥 사이에서 적절한 선택을 해야 함을 상기한다면, 우리는 진짜 금을 과도하게 가져서는 안 되고 가진 것은 나눠야 한다.

수은, 바다 소금, 황을 가지고 애쓰는 사이비 연금술사들은 변환 과정을 통해 금을 꿈꾸지만 그들이 쓰는 방법은 제조법을 글자 그대로 읽는 것에 불과하기 때문에 자연적인 변환 과정을 이해하지 못 한다. 따라서 그들은 도금한 조약돌들 또는 흐릿한 증류기 속의 은방울들—영안실에나 알맞을 엉터리 만능통치약—을 팔러 다닌다. 이것은 가짜 처방이다.

만일 신이 어떤 연금술사에게 방법을 가르쳐 줄 뜻이 있다면 신은 적절한 때에 그렇게 할 것이다. 그러나 신이 볼 때 어떤 사람이 자격이 없거나 또는 돌이킬 수 없는 해악이 생기리라고 생각한다면 신의 인가는 취소된다.

소설화된 첫 번째 인용문은 생명의 영약(또는 현자의 돌)을 사용하여 금(완벽)으로 변환되는 싼 금속들의 불완전성을 지적한다. 진짜 금은 약으로 쓸 수 있다. 두 번째 인용문은 연금술과 자연의 융합에는 관심이 없이 오로지 금 만들기에만 몰두하는 가짜 연금술사들—가열로 풍구를 본따 '허풍쟁이'라고도 불렀음—의 의미없는 탐구를 지적한다. 아마도 가장 흥미로운 것은 마지막 인용문이다. 연금술 제조법을 재현할 수 없는 것은 원래의 처방이나 방법이 잘못된 것이 아니라 신이 자격이 없는 탐구자에게 비밀을 알려주지 않기 때문이다. 어쨌든 현자의 돌 또는 영약이 어떻게 변환을 초래하는지도 전혀 명확하지 않다.

1652년에 런던에서 발행된 아래 책에서 Paracelsus가 행했다는 몇 가지 치료법을 봄으로써 당시의 약에 대한 감을 얻을 수 있다. *THREE EXACT PIECES of LEONARD PHIORAVANT, Knight and Doctor in PHYSICS, viz. His RATIONAL SECRETS, and CHIRURGERY, Reviewed and Revived, Together with a Book of Excellent EXPERIMENTS and SECRETS, Collected out of the Practices of Several Expert Men in both Faculties, Whereunto is Annexed PARACELSUS his One hundred and fourteen EXPERIMENTS: With certain Excellent Works of B.G. a Portu Aquitano, Also Isaac Hollandus his SECRETS concerning his Vegetall and Animal Work, With Quercetanus his Spagyrick Antidotarty for GUN-SHOT*(책을 사기 전에 내용을 다 알 수 있어서 좋기는 하다).

- 오랫동안 가슴앓이를 하던 여인에게 수은 함유(*Mercuriall*) 구토제를 두 번 먹였더니 길이가 2 m나 되는 *Theniam*이라는 기생충을 토하고 나왔다.
- 돌계단에서 떨어진 15세 소년이 팔다리가 마비되고 움직이지 못해서 뒷머리, 목, 등뼈 전체에 연고를 발랐다. 이 연고는 (a) 여우 지방, (b) 지렁이 기름, (c) 현자 기름을 섞어 만들었다. 연고를 발랐더니 그렇게 심하게 다쳤어도 단시일 내에 상처도 붓기도 생기지 않았다.
- 피를 내뱉는 사람에게 아편 1.3그램을 질경이즙에 타서 주고,[2] 가슴에 사리풀 뿌리 껍질을 달인 물에 적신 천을 부착시켜 낫게 했다.

- 어떤 남자가 창녀와 관계한 후 돌기가 두 개 났는데, 모든 의사들이 6개월 동안이나 치료했으나 허사였다. 나는 그에게 **산쪽풀액**을 주고 황산을 **현자의 물**에 섞어 나흘간 좌약 처방하여 낫게 했다.
- 18세 소년이 이를 뽑고 세 달 후, 이 뽑은 자리에 검은 물집이 생겼는데, 매일 황산을 발라 주었더니 물집이 사라지고 새 이가 났다.
- 비만한 술주정뱅이 선술집 주인이 과음하여 다 죽게 되었는데, 피를 뽑아 건강을 되찾아 주었다.
- 나의 저서 *Parastenasticon*에 써 놓은 것처럼, 몸이 약해 복통으로 고생하던 남자에게 음료수에 **소금 기름**을 넣어 마시고 변을 많이 보게 하여 건강을 되찾게 해 주었다.
- 두통으로 고생하는 남자에게 콧구멍을 통해 주사로 **수선화즙**을 주입하여 깨끗이 하였다.
- 배가 아파 거의 죽게 된 여인에게 황산 코발트를 아니스 열매즙에 넣어 마시게 했더니 잠시 후 연충을 토해 내고 나았다.
- 유모가 젖을 많이 내도록 하려면 회향풀의 새 가지나 순을 물이나 포도주에 넣고 끓여 점심이나 저녁에 마시게 한다. 그러면 젖이 많이 나온다.
- 수년간 극심한 두통에 시달리던 사람을 두개골을 열어 치료했다. 뇌떨림은 이 방법과 함께 바질즙에 **소금 기름**을 넣어 마시게 함으로써 치료하였다.
- 열병으로 생긴 발작 증세로 고생하던 독일의 한 공작에게 **아편약** 5그레인 (1그레인 = 0.0648그램) 을 먹였더니[2] 열이 내리고 여섯 시간을 숙면했다.

1. Evan S. Connell, *The Alchymist's Journal*, North Point, San Francisco, 1991.
2. J. R. Partington은 *A History of Chemistry* (MacMillan, London, 1961, Vol. 2, p.150) 에서 Paracelsus 훨씬 전부터 이미 아랍인들이 아편을 약으로 쓰고 있었음을 지적하고 있다. 그러나 그는 Paracelsus의 아편약에 실제로 아편이 들어 있었는지에 대해 의문을 제기한다. 만일 들어 있지 않았다면 위의 치료는 위약 효과일 것이다.

연금술 드림팀

그림 43은 Oswald Croll 저 *Basilica Chymica* (화학 교회) 의 1611년 판에 있는 것으로, 이 책은 100년 동안이나 판을 거듭하며 인쇄되었으며, Paracelsus와 그의 추종자들의 지식을 17세기로 넘겨주는 데 기여하였다.

이 책의 아름다운 표지에는 아래 선수들로 구성된 **연금술 드림팀**이 그려져 있다.

Hermes Trismegistus, 이집트

Geber, 아랍

Morienes, 로마

그림 43 ■ 아마도 Paracelsus의 화학 지식의 주요 초기 근원이었던 Oswald Croll 저, *Basilica Chymica* (Frankfurt, 1611) 의 표지.

Roger Bacon, 영국
Ramon Lull, 스페인

Paracelsus, 독일

이 팀은 또 다른 뜻에서도 드림팀이다. 즉, Hermes Trismegistus가 실존했다는 증거는 없다. 연금술의 아버지로 일컬어지는 삼중-위대-헤르메스라는 이름은 좀 의심스럽다. 어쨌든 연금술은 'hermetic art' (밀봉 기술) 로 불리게 되었다. 우리는 무엇인가를 밀봉하면, 그것을 공기로부터 보호한다. 마치 일부 연금술 실험들이 유리병 속에 밀봉되어 오랫동안 파묻혀 있던 것처럼.

불, 뜨거운 물, 모래 또는 증기로 찐 돼지똥으로 증류하기

Conrad Gesner (1516~1565) 는 쮜리히에서 '아주 가난한 환경' 에서 태어났다.[1,2] 그의 아버지는 어렸을 때 그의 뛰어남을 알아보고, 그를 약초 추출액을 팔던 삼촌에게 보내 더 교육을 받게 했다. 이런 배경으로 Gesner는 평생토록 식물 및 식물에서 유래한 약

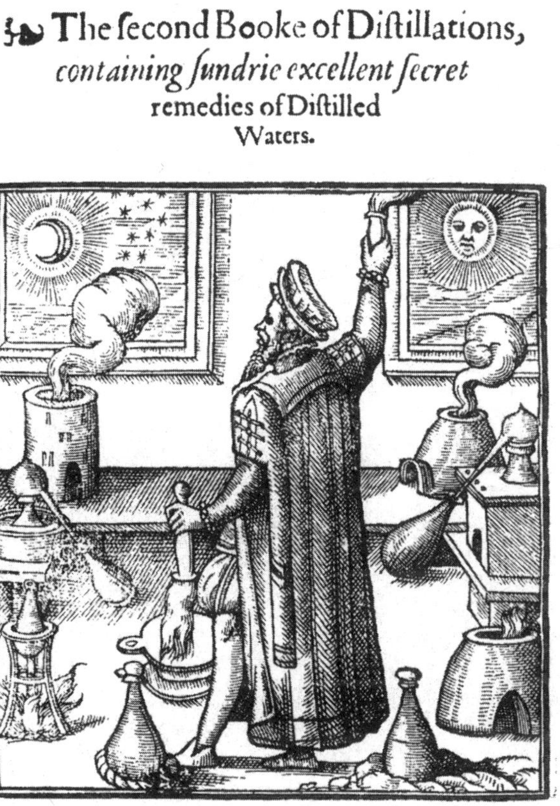

그림 44 ■ Conrad Gesner 저, *The Practice of the New and Old Physicke, Wherein is Contained the Most Excellent Secrets of Physicke and Philosophie, divided into four Books. In Which are the Best Approved Remedies for the Diseases as well Inward as Outward of al the Parts of Man's Body, etc.* (London, 1599). (물리 및 철학의 가장 오묘한 비밀들과 인체 내외 모든 부분의 병에 대한 최선의 인정된 치료법 등등이 들어 있는 네 권으로 구성된 신 · 구 물리학의 실제). 거창한 책 제목 !

(a)

(b)

(c)

그림 45 ■ Gesner의 1599년 판 저서에 나오는 증류 장치들: (a) 왼쪽: Marie 욕조라고 하는 물중탕을 이용하는 노; (b) 7, 8월 중 태양열로 가열하는 모래를 써서 밀봉한 큐커빗 내의 시료 데우기; (c) 방금 증기로 찐 돼지똥 가열통. 저자는 이것을 'Marie 재난' 으로 부르기를 제안하며, 야외용으로만 쓰기를 권장한다.

제들에 관심을 보였다. Gesner가 19세에 어리석게도 지참금이 없는 신부와 결혼했음에도 불구하고, 그의 스승들은 그의 이후 교육을 후원해 주었다. 그는 그리스-라틴어 사전을 편찬했으며, 21세에는 Lausanne 아카데미의 그리스어 교수로 임명되었다. 이렇게 되자 Gesner는 돈을 모아 1년 동안 의과대학을 다녀 25세에 의학박사 학위를 받았다. 여생은 쮜리히에서 의사로, 그리고 Carolinum 대학의 Aristoteles 물리학 교수로 보내고, 49세에 역병으로 죽었다.

그림 44는 1599년 런던에서 출판된 Gesner 저 *The Practice of the New and Old Physicke . . .* (102 단어짜리 제목!) 에 나오는 것인데, 이 책의 초판 (*The Treasure of Evonymous . . . ,* – 'evonymous' 는 작자 미상이라는 뜻이다) 은 1552년에 나왔다.[1] 그림 44는 이 책 제2권의 표지인데, 해와 달은 남성 (소픽 황) 및 여성 (소픽 수은) 의 정령을 나타낸다. 그림 45 (a) 에는 *Bain Marie* (*Marie* 욕조, *Marie*는 3세기의 연금술사 *Mary Prophetissa*) 가 보이는데, 이것은 물중탕을 써서 온화하고 통제된 방식으로 증류하는 노이다. 이 그림 오른쪽의 더 단순한 장치를 써도 같은 결과를 얻을 수 있는데,

그림 46 ■ 1599년 판 Gesner의 저서 중 제4권의 표지. 날개 달린 작은 용은 소픽 수은을 나타낸다. 큐커빗의 생명의 나무는 꽃을 피우고, 헤르메스의 새를 낳아 위대한 작업의 성공을 나타낸다.

큐커빗 위에 긴 부리를 가진 알렘빅을 끼워 증기가 응축되어 레토르트에 모아진다.

그림 45 (b) 는 태양열로 가열하는 모래통에 밀봉한 큐커빗들을 늘어 놓고 증류한 것을 데우고 있다 (Gesner는 40여일이나 걸릴 수 있는 이 작업의 적기로 7, 8월을 제안한다). 온화하게 증류하는 또 다른 기술은 알렘빅을 끼운 큐커빗들을 계속해서 증기로 찌는 돼지똥을 채운 통에 넣는 것이다 [그림 45 (c)]. 저자는 이 장치의 이름으로 'Bane of Marie' (Maire의 재난) 을 제안한다. 이 작업은 야외에서 하는 것이 좋을 것이다.

제4권의 표지면 (그림 46) 은 신비한 상징들로 가득 차 있다. 해와 달은 위대한 작업의 진전을 나타내는 현자의 나무 (또는 생명의 나무) 의 성장을 지켜보고 있다.[3] 주발에서 무엇인가를 먹고 있는 날개 달린 작은 용은 아마도 소픽 수은을 나타낸 것이리라. 밀봉된 큐커빗은 현자의 알 (이 그림에는 12개에서 한 개가 모자란다) 을 나타내는 것으로 볼 수 있다.[3] 각 알에서 헤르메스의 새[3]가 날아 오름으로써 위대한 작업의 완성을 나타낸다.

그림 47~49는 John French 저, *The Art of Distillation* (증류 기술, 1653) 에서 발췌한 것들이다. 그림 47 (a) 는 수증기-증류 장치이고, 그림 47 (b) 는 놋쇠 솥과 뚜껑으로 이루어져 있으며, 가운데 화로로 가열하는 *Marie* 욕조이다. 그림 48 (a) 는 증류용 열원으로, 유리공 또는 쇠 (또는 대리석) 막자 사발을 태양열로 가열하는 것을 보여준다. 그림 48 (b) 의 대형로는 대량의 술 및 광물 · 채소 · 뼈와 뿔 등의 기름을 통상적인 24

(a) (b)

그림 47 ■ John French 저, *The Art of Distillation* (증류 기술, London, 1653; 초판, 1651) 의 증류 장치들: (a) 수증기 증류 장치; (b) Marie 욕조.

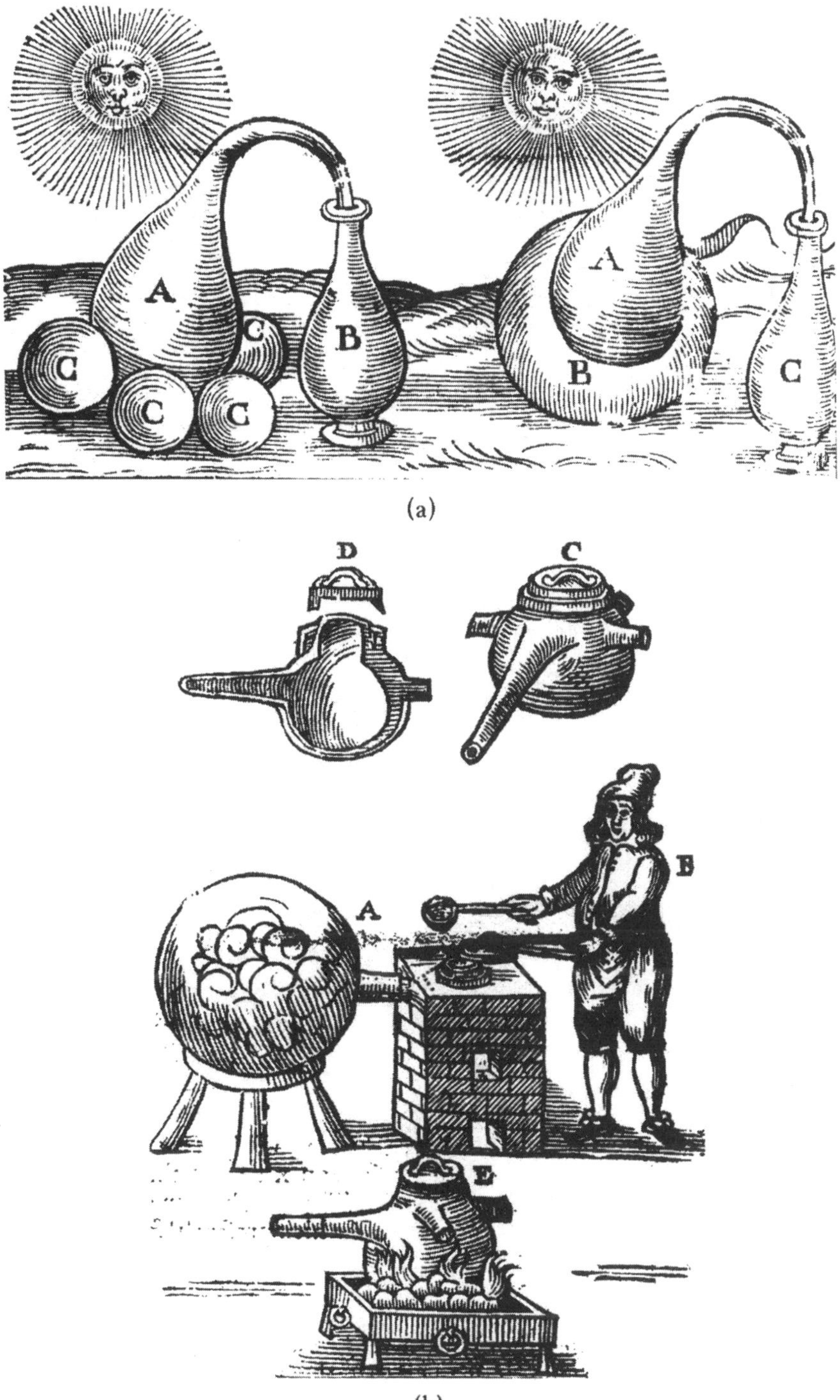

그림 48 ■ French 저, *The Art of Distillation*: (a) 왼쪽, 태양열로 가열한 유리공 열원; 오른쪽, 쇠 또는 대리석 막자 사발 열원; (b) 대량의 뼈, 뿔, 광물 및 채소 증류용 대형로.

시간이 아니라 단 한 시간에 증류할 수 있다 (1653년에도 '시간은 금이다.'). 그림 49 (c) 는 염산의 증류이다. 그림 49 (b) 는 끝에 응축기 (수냉식) 가 달려 있는 휘발성 물질 증류 장치이다. 최신 기술, 추가 구매용 정비 계약도 가능.

(a)

(b)

그림 49 ■ French 저, *The Art of Distillation*: (a) 염산 증류 장치; (b) 수냉식 응축기가 달려 있는 휘발성 액체 증류용 최신 증류기. Kentucky와 West Virginia 언덕들에서는 지금도 이와 비슷한 장치들이 발견된다.

1. J. Ferguson, *Biblotheca Chemica*, Derck Verschboyle, London, 1954, Vol. 1, pp. 315~316.

2. *Encyclopedia Brittanica*, Vol. 5, Encyclopedia Brittanica, Chicago, 1986, p. 225.

3. L. Abraham, *A Dictionary of Alchemical Imagery*, Cambridge University Press, Cambridge, 1998.

4

SECTION

과학으로서의 화학의 태동

최초의 10-파운드짜리 화학 교과서

최초의 체계적인 화학 교과서는 1597년에 Frankfort에서 출판되었으며, Andreas Libavius (1540~1616년경)가 지은 *Alchymia* (연금술)이다.[1] 그림 50은 아름다운 대형, 도판을 곁들인 *Alchymia* 제2판 (1606, Frankfort)의 표지면이다. 저자가 소장하고 있는 이 책은 이탈리아에서 가공한 화려한 송아지 가죽으로 제본되었으며, 크기는 9×13 1/2인치, 무게는 약 10파운드이다. Libavius는 고전 교육을 받았으며, 의학박사 학위를 받고 의사로 봉직했을 뿐만 아니라 Jena 대학의 역사 및 시학 교수였다. Paracelsus 방식대로 Libavius도 감홍 (calomel) 뿐만 아니라 마시는 금 (왕수에 녹인 금)을 포함한 금속 약들을 사용하였다. 그러나 Paracelsus에 대한 그의 견해는 다음과 같았다. 'Paracelsus는 다른 여러 면에서와 마찬가지로 어리석고 믿을 수 없으며, 또한 여기에도 미친 사람처럼 써 놓았다.' Libavius는 비록 연금술 신봉자이긴 했지만 실용 화학을 실행했고, 납을 하소하면 (calcination) 무게가 8~10% 증가함을 밝혔다.[1]

*Alchymia*에는 가상적인 화학 '가옥' (*Domus chymici*) (그림 51)의 구조를 자세한 설계도와 함께 설명하고 있다. *Domus Chymici*는 주실험실, 약품 창고, 준비실, 실험 조수실, 결정화 및 동결용 방, 모래 중탕과 물중탕 방, 연료 창고, 전시실, 정원, 산책로, 및 포도주 창고 등을 갖추도록 되어 있다.[1,2] 이 책은 또한 후드, 노, 유리 기구, 밀봉 재료, 막자 사발, 집게류, 화학 약품 조제 및 기타 Shakespeare 시대의 '최신 기술'에 필요한 모든 것들을 설명하고 있다.

그림 50 ■ 최초의 화학 교과서인 Libavius 저, *Alchymia* 제2판 (1606) 의 표지 (1597년에 출판된 초판은 더 작고 그림이 없었는데, Partington는 이 초판이 Newton의 *Principia*보다도 더 희귀하다고 했다. *Principia*는 1998년 경매에서 400,000달러에 팔렸다).

그림 51 ■ Libavius 저, *Alchymia*에 수록된 *Domus chymici*(화학 가옥)은 지어지지 않았다. 아마도 도시 계획법에 의해 주거 지역 내에 지을 수 없었으리라.

그러나 Libavius는 교과서 시장 전부를 점유하고자 했으며, 많은 그림들이 곁들어진 '현자의 돌'에 대한 장으로 책을 끝맺었다. John Read는 그림 52와 53을 바닥에서 가열하는 헤르메스의 꽃병을 나타내는 것으로 해석했다.[2] 그림 52에는 소픽 수은을 상징하는 뱀이 자기 꼬리를 먹고 있으며, 이는 응결(coagulation)과 고착을 나타낸다. 독수리는 발효 과정 중의 색깔 변화를 상징하는 다색 깃털을 가지고 있다. 검은 까마귀는 부패를 뜻한다. 처녀는 달 또는 은을, 사자는 해 또는 금을 상징한다. 마찬가지로 왕과 왕비는 남성과 여성, 황과 수은을 뜻한다.[2] 그림 53의 몇 가지 특징들로는 그릇을 받치는 지도 책, 불의 네 단계를 나타내는 머리가 넷 달린 용, 돌의 최초 물질인 수은 액체를 상징하는 초록사자, 머리가 셋 달린 은 독수리, 부패를 상징하는 검은 까마귀, 자신의 꼬리를 물고 있는 날개 달린 뱀, 두 공들 사이의 백조 및 여러 개의 남자-여자, 지구-달, 황-수

그림 52 ■ Libavius 저, *Alchymia*(1606)의 현자의 돌에 대한 이번 장에 나오는 위대한 작업을 상징하는 헤르메스 꽃병. 그 당시의 노, 플라스크, 밀봉재, 집게류 및 화학 제품 조제법을 이성적으로 다 설명한 후 이 그림을 보는 것도 재미있는 일이다.

은 상징들이다. 무엇을 찾아야 할지 안다면 (또는 John Read 저, *Prelude to Chemistry*를 가지고 있다면) 아주 쉽다.

1. J.R. Partington, *A History of Chemistry*, MacMillan, London, 1961, Vol. 2, pp. 244~267.

2. J. Read, *Prelude To Chemistry*, MacMillan, New York, 1937, pp. 212~221.

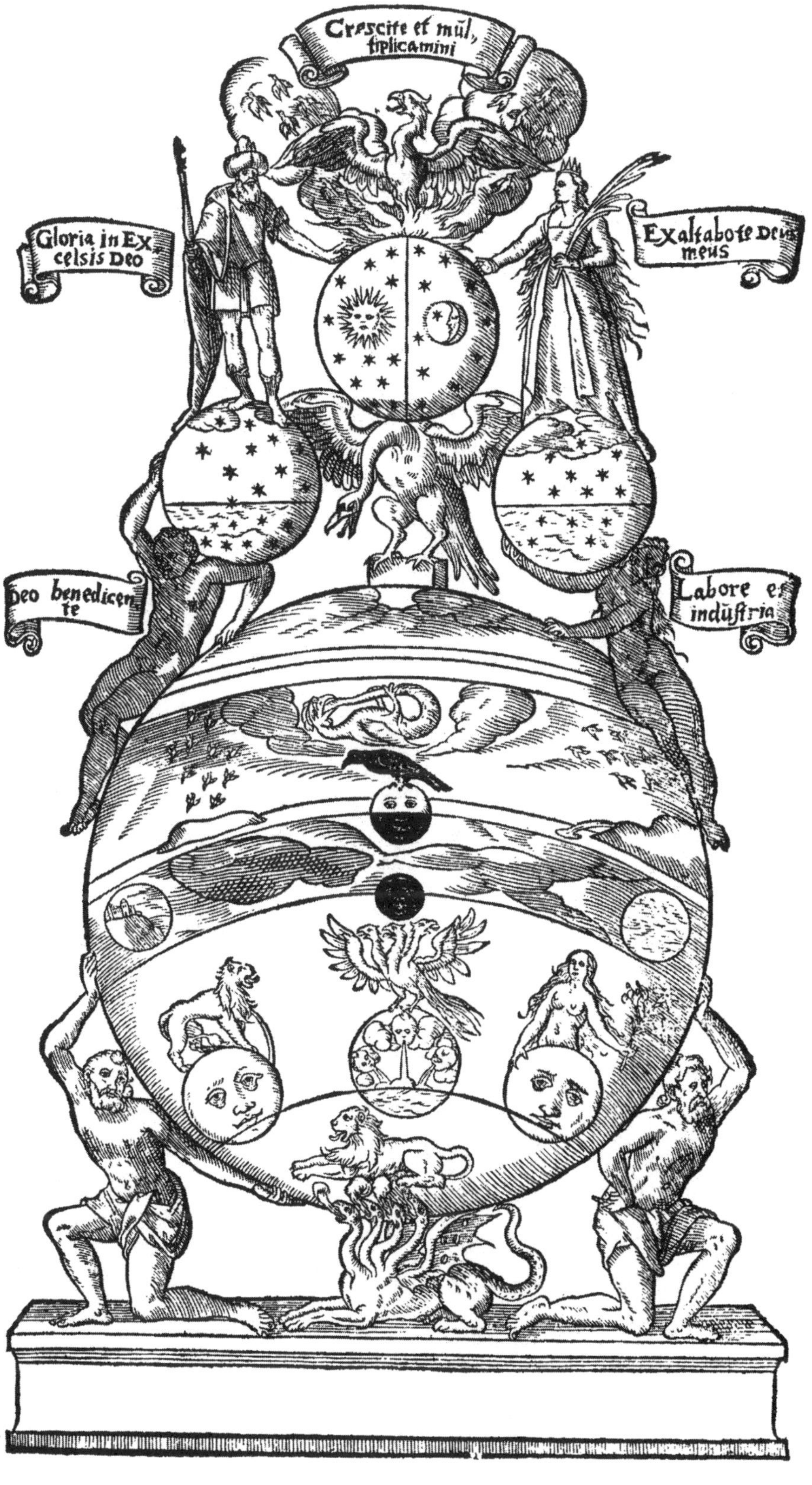

그림 53 ■ Libavius 저, *Alchymia*에 나오는 또 다른 헤르메스 꽃병. Libavius의 학기말 시험은 어땠을까?

브뤼셀에서 자라는 나무

Johann Baptist Van Helmont(1577~1644)가 '자연의 여신'을 '원시화학자'로 지칭함은 얼마나 아이러니한 일인가. 왜냐하면 만일 인간 원시화학자가 있다면 바로 그 자신일 것이기 때문이다. 그의 저술은 과학, 사이비 과학 및 미신 사이를 넘나든다. Van Helmont는 브뤼셀에서 태어났지만 여행을 많이 했다. Van Helmont의 초상(그림 54, 왼쪽)은 연금술사이자 박식한 그의 아들 Franz Mercurius(그림 54, 오른쪽)가 편찬해 1648년에 최초로 출판된 *Ortus Medicinae*(의학의 태동)에 수록된 것이다.

측정과 실험이 과학을 정의하기 시작한 바로 그 시점에서 Van Helmont는 그의 유명한 '나무 실험'을 수행하였다. 그는 진정한 기본 원소는 물과 공기 단 두 가지이고, 나무는 원소 물로 이루어져 있다고 믿었다. 이 가설을 시험하기 위해 그는 말린 흙 200파운드를 달아 증류수로 적신 후, 여기에 5파운드짜리 버드나무 줄기를 심었다. 5년간 꾸준히 물을 준 후 나무의 무게는 169파운드였고, 흙을 분리해 말린 후 무게를 재었더니 200파운드 그대로였다. 따라서 여분의 164파운드는 원소 물의 추가로부터 온 것임이 분명하다.[2]

물론 이 결론은 전적으로 틀린 것이다. 오늘날 우리는 나무가 셀룰로스와 물로 되어 있음을 알고 있다. 셀룰로스는 이산화 탄소와 물로부터 광합성(140년 후에야 발견되었음)으로 합성된다. 기체(gas)라는 용어를 만들고, 이산화 탄소를 발견한 사람이 자신의 '나무 실험'에서 이산화 탄소의 역할을 이해하지 못했음은 얼마나 아이러니한 일인가!

질량 보존 법칙은 18세기 말에 활동했던 현대화학의 아버지인 Antoine Laurent Lavoisier와 연계시킨다. Van Helmont의 나무 실험은 이 법칙이 120년 전에도 이미 주장할 수 있었음을 증명한다. 이것은 Lavoisier 사후 약 150년이 지난 후에도 Betty Smith의 소설 *A Tree Grows in Brooklyn*에서 거의 종교적인 경외심을 자아내게 하였다.[3]

'Francie는 첫 화학 강의를 듣고 얼굴이 달아 올라 돌아왔다. 한 시간만으로 그녀는 모든 것들이 계속 움직이는 원자들로 이루어져 있음을 알았다. 그녀는 아무것도 없어지거나 소멸되지 않음을 이해했다. 무엇인가를 태우거나 썩도록 버려두어도 지표면에서 사라지는 것이 아니라 다른 무엇—기체, 액체, 가루—으로 변한다. Francie는 그 첫 강의 후 모든 것들이 생명으로 넘치고 화학에는 죽음이 없다고 결정했다. 그녀는 학식있는 사람들이 왜 화학을 종교로 받아들이지 않는지 곤혹스러워 했다.'[4]

1. J.B. Van Helmont, *A Ternary of Paradoxes*(translated by Walter Charleton), London, 1650, p. 7.
2. H.M. Leicester and H.S. Klickstein, *A Sourcebook in Chemistry 1400~1900*, McGraw-Hill, New York, 1952, pp. 23~27.
3. B. Smith, *A Tree Grows in Brooklyn*, Harper & Brothers, New York, 1943, p. 389. (이 구절을 알려 준 Susan Gardner 교수에게 감사를 전한다.)

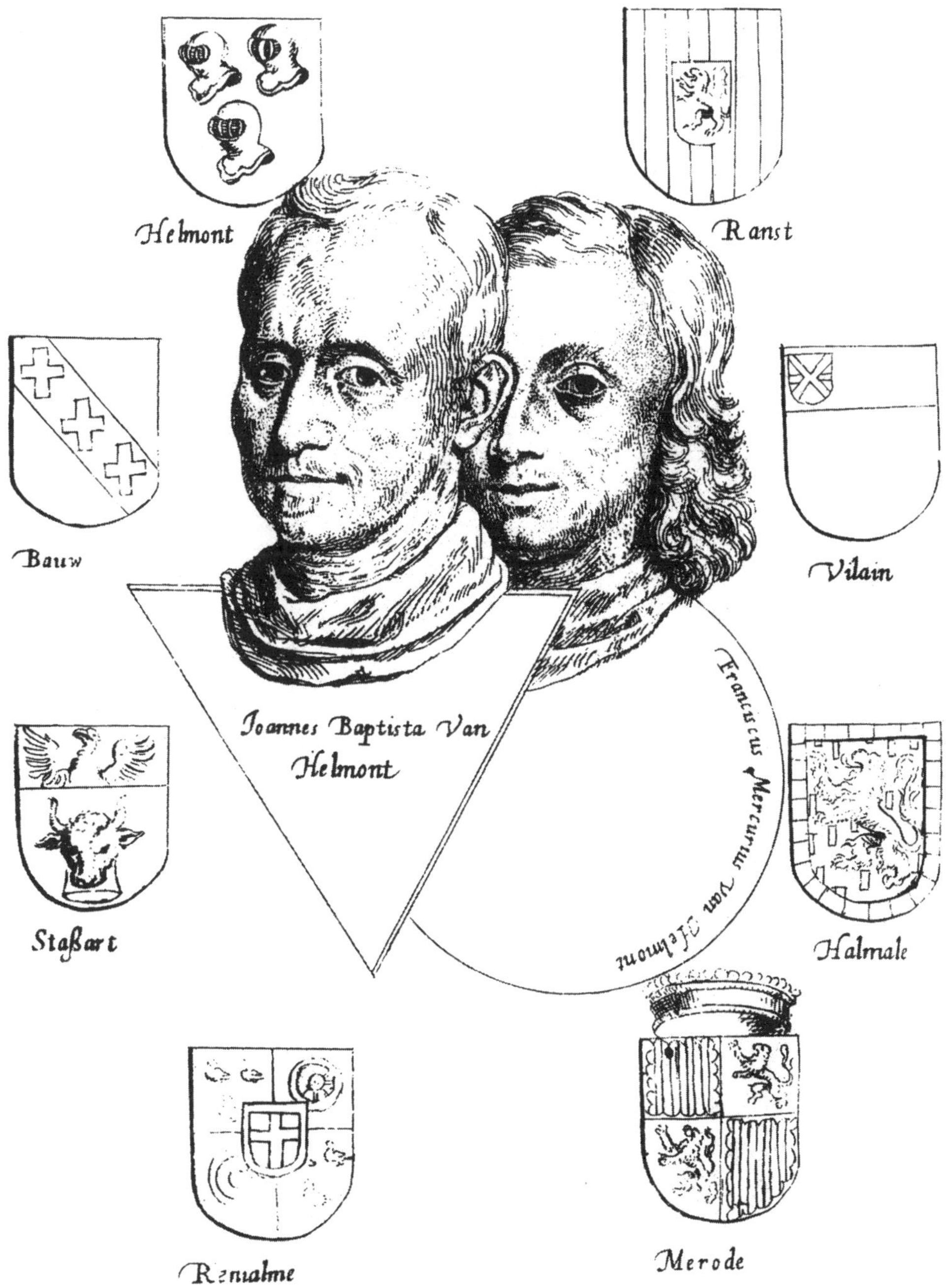

그림 54 ■ 연금술사인 그의 아들 Franciscus Mercurius(오른쪽)이 출판한 Johann Baptist Von Helmont 저, *Ortus Medicinae*(의학의 태동) (Amsterdam, 1648)의 권두 삽화.

칼에 교감 분말을 뿌려 상처 치료하기

Van Helmont의 믿음을 조금 더 알아보자. 그는 교감 분말의 열렬한 신봉자였는데, 이것이 무엇인지 정의하기보다 이것의 용도를 Van Helmont가 설명하도록 해보자.[1]

> . . . James Howel씨는 두 사람 간의 검투를 중재하다가 팔에 중상을 당했다. 이 상처의 극심한 통증과 부수되는 심각한 부작용으로 인해 그는 갑자기 극도로 쇠약하고 위중하게 되었다. 외과 치료도 효과가 없었고, 곧 괴저가 일어날 것이 두려운 비참한 상황에서 그는 K.D. 경에게 도움을 청했다.[2] K.D. 경은 붕대를 구한 후 상처를 싸매고 Howel씨 모르게 붕대에 적당량의 황산 구리를 뿌렸다. 이 가루가 붕대에 묻은 피에 닿자마자 환자는 비명을 지르고 팔에 참을 수 없는 통증을 느꼈다. 그러나 K.D. 경이 붕대를 제거하고 모든 시술을 멈추자 곧 통증이 사라지고, 그로부터 사흘 동안에 모든 증상이 없어졌으며, 상처 부위는 원래의 색깔을 되찾고 새 살이 돋기 시작했다. 그러나 K.D. 경은 자신의 실험을 끝내기 위해 붕대를 식초에 담근 후 시뻘건 석탄 위에 놓았다. 그러자 환자는 곧 다시 극심한 통증에 시달리고 모든 증상들이 다시 돌아왔다. 체외에 흘린 피와 혈관 내에 들어 있는 피 사이의 교감 작용을 확인하자 그는 다시 붕대를 식초에서 꺼내 조심히 말렸다. 이 후 붕대에 분말을 뿌리니 치료가 잘 진행되었으며, 수일 후에는 상처 났던 자리가 잘 아물었다.

다시 말하자면 상처를 싸매 피가 묻은 붕대에 교감 분말을 뿌리면 치료가 체내에 있는 피로 전달된다는 것이다. 덧붙여 말하자면 이것은 상처를 입힌 칼에 분말을 뿌리면 상처가 낫는다는 Paracelsus의 교리보다는 진보된 개념으로 볼 수 있다. Van Helmont는 상처와 교감하는 것은 칼이 아니라 칼에 묻은 피라고 주장했다. 교감 개념은 영국 해군이 1687년에 실시한 '상처 입은 개 이론'의 근거였다.[3] 개에 상처를 입히고, 붕대는 런던에 두며, 개는 바다로 내 보낸다. 런던 시각으로 정오에 붕대에 교감 분말을 뿌리면 즉시 개가 짖을 것이고, 이때 배 시각을 런던 시각과 비교하면 경도를 알 수 있으리라는 것이다.

1. J.B. Van Helmont, *A Ternary of Paradokes* (Walter Charleton 역), London, 1650, 서언.
2. K.D.경은 Sir Kenelm Digby으로, 교감 분말(황산 구리)을 가장 좋다고 여겼던 과학자이자 의사, 약탈 선장, 재주 있는 사기꾼이었다. 그는 전혀 심약하거나 동정심이 많은 사람이 아니었다.
3. D. Sova, *Longitude*, Penguin Books, New York, 1995. 저자에게 이것을 알려준 Thomas W. Mattingly 교수에게 감사를 전한다.

모르는 행인이 집 앞에 똥을 뿌리면? 해법

교감 개념의 실용적인 용도의 또 한 가지이다.

> 누가 당신의 집 문턱을 똥으로 더럽혔다. 이제 이런 일을 방지하려면 빨갛게 달군 쇠를 똥에 대어라. 그러면 곧 그 못된 놈의 엉덩이에 부스럼이 생기고, 불은 똥을 그을려 그 타는듯한 열기가 그 뻔뻔한 항문 속으로 치밀 것이다.

자, 한 번 생각해보자. 첫째, 먼 거리를 넘어 '교감' 할 수 있는 것은 피만이 아니다. 둘째, 부상자의 피나 못된 놈의 항문에 효험을 본다면, 치료와 벌이 모두 'DNA-지문' 과 같은 쪽집게 방법으로, 20세기 후반의 의학적 치료와 과학 수사 기법을 뛰어넘는 발전이다.[1]

1. J. B. Van Helmont, *A Theory of Paradoxes* (Walter Charleton 역), London, 1650, p. 13.

욕조와 증류기가 없는 집은 집이 아니다

John Rudolph Glauber (1604~1670) 는 공업화학과 화학 공학의 아버지로 널리 알려져 있다. Glauber는 비록 연금술적 변환을 믿기는 했어도 화학에 여러 가지 중요한 공헌을 했다. 결정성 황산 소듐 (Na_2SO_4)—흔히 Glauber 염이라고 함—과 이것의 놀랄만한 의학적 성능을 설명한 이는 그가 최초이다.[1]

> 이것을 피부에 바르면 새로 생긴 상처나 터진 궤양을 깨끗하게 하고 낫게 해준다. 다른 염들과는 달리, 이것은 상처를 악화시키지도 않고 통증을 증가시키지도 않는다. 복용하면 여러 가지 이로운 작용을 한다. . .

그는 황산 소듐을 기적의 염 (*Sal Mirabile*) 이라고 불렀다.

그림 55의 세 그림들은 아름다운 1689년 2절판 책 *The Works of the Highly Experienced and Famous Chemist* (경험이 풍부하고 유명한 화학자의 작업) 에 인쇄된 *The Philosophical Furnace* (현자의 노) 에 나오는 것들이다. 당시의 증류기 (포도주, 맥

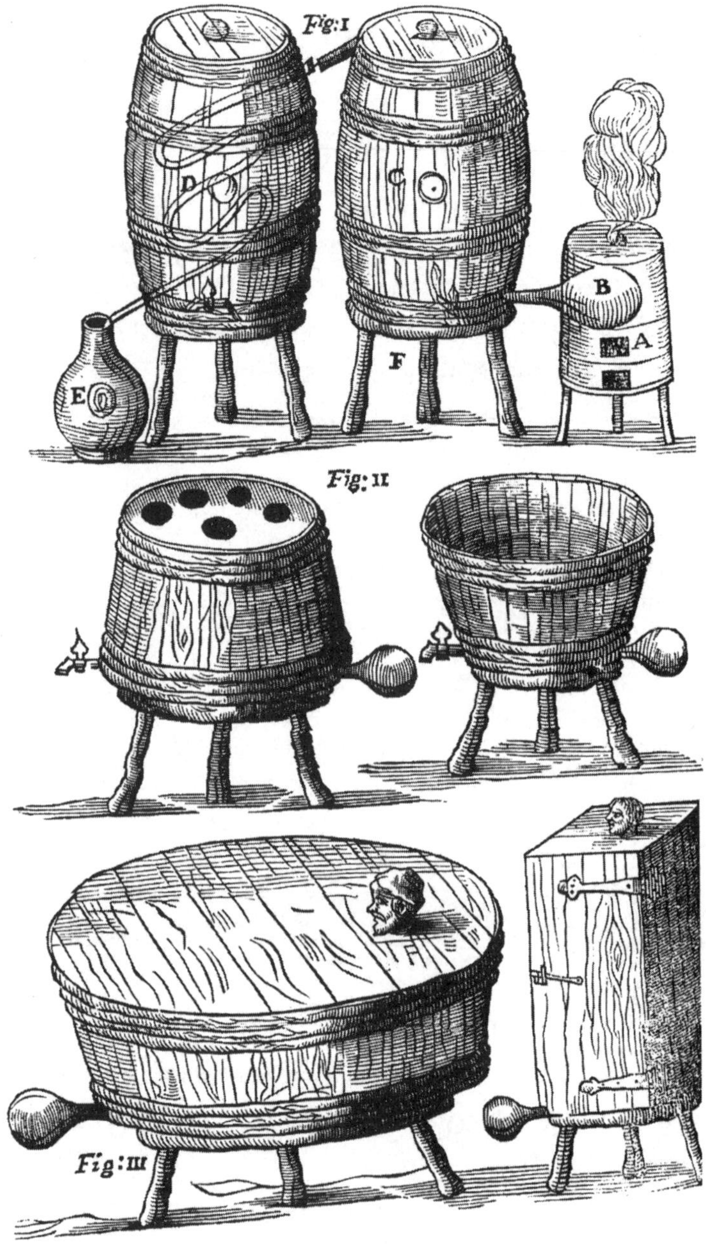

그림 55 ■ 맨 아래 그림의 사람들은 Libavius의 학기말 시험 낙제생들이 아니다 (그림 53 참조). 이 그림들은 Johann Rudolph Glauber가 지은 2절판 책 *The Works of the Highly Experienced and Famous Chemist . . . Containing, Great Variety of Choice Secrets in Medicine and Alchymy . . .* (London, 1689) (경험이 풍부하고 유명한 화학자의 작업…, 의학과 연금술의 갖가지 중요한 비법들이 수록된…) 에 있는 것이다. 어떤 이들은 Glauber를 최초의 화학 공학자로 간주한다. 맨 아래 그림은 Glauber가 고안한 평민용 욕조와 사우나이다 (본문 참조).

주 및 의약품 제조용) 와 욕조는 보통 구리로 만들어서 아주 비쌌으며, 사용하려면 특수한 노가 필요했다. 이 가정용 기구들은 부자들에게는 문제가 안 되었지만 넉넉지 못한 사람들에게는 그림의 떡이었다.

Glauber는 값싼 목재 증류기와 욕조에 연결할 수 있고 이동 가능한, 사람 머리만한 구리공과 그 자체의 노를 고안했다 (연결 부위는 소 방광 또는 전분과 종이로 막았다). *Fig. I* (그림 55) 은 노 (A), 구리공 (B), 이것들을 연결한 증류기 (C), 증류기에 연결된 응축기 (D) (벌레처럼 구불구불한 응축용 구리관 내장) 와 물받이 병 (E) 이다. *Fig. II*는 뚜껑달린 목욕 장치이다. *Fig. III*은 목제 목욕통과 건식 욕조 (증기로 땀을 냄) 이다. 모든 기구에는 동일한 노 (A) 와 구리공 (B) 을 사용할 수 있다.

물론 Glauber는 맞춤식 노가 달린 구리 기구보다 열전달이 느리다는 것은 인정하지만, 비용 절감은 그만한 가치가 있다고 생각했다 (단, 항상 시간이 돈인 부자들은 예외). 자신의 기구를 사용하지 않는 어리석은 사람들에게 Glauber는 다음과 같이 말했다.

> 내 기구를 이해 못하는 사람은 구리 기구를 쓰게 내버려 두어라. 나하고는 상관없으니까.

1. H.M. Leicester and H.S. Klickstein, *A Source Book in Chemistry 1400~1900*, McGraw-Hill, New York, 1952, pp. 30~33.

Boyle 대 Aristotle와 Paracelsus

Robert Boyle (1627~1691) 은 영국의 귀족 집안에서 태어났는데, 많은 사람들은 그를 화학의 진정한 아버지로 여기고 있다. 그의 가장 유명한 저서, *The Sceptical Chymist* (회의적인 화학자, 1661) (그림 56) 는 Aristotle의 4원소 (공기, 흙, 불, 물) 개념에 종지부를 찍고, Paracelsus의 3원소 개념 (수은, 황, 소금) 의 퇴조를 불러오기 시작했다. 그는 생명 유지와 소리 전달에 공기가 필요함을 증명했다. 기체로서의 공기에 관한 그의 연구는 궁극적으로 원자론—화학의 기본 토대—에 이르게 되는 18세기 말과 19세기 초에 이루어진 Lavoisier, Dalton, Avogadro 및 기타 여러 사람들의 발견들에 결정적인 기여를 했다.

대기는 무겁다

공기란 무엇인가? David Abram[1]의 말을 빌리면; 우리는 보이지 않는 공기 속에 잠겨 있으나 공기를 거의 감지하지 못한다. 공기의 효력은 느끼지만—생명 유지에 필요—

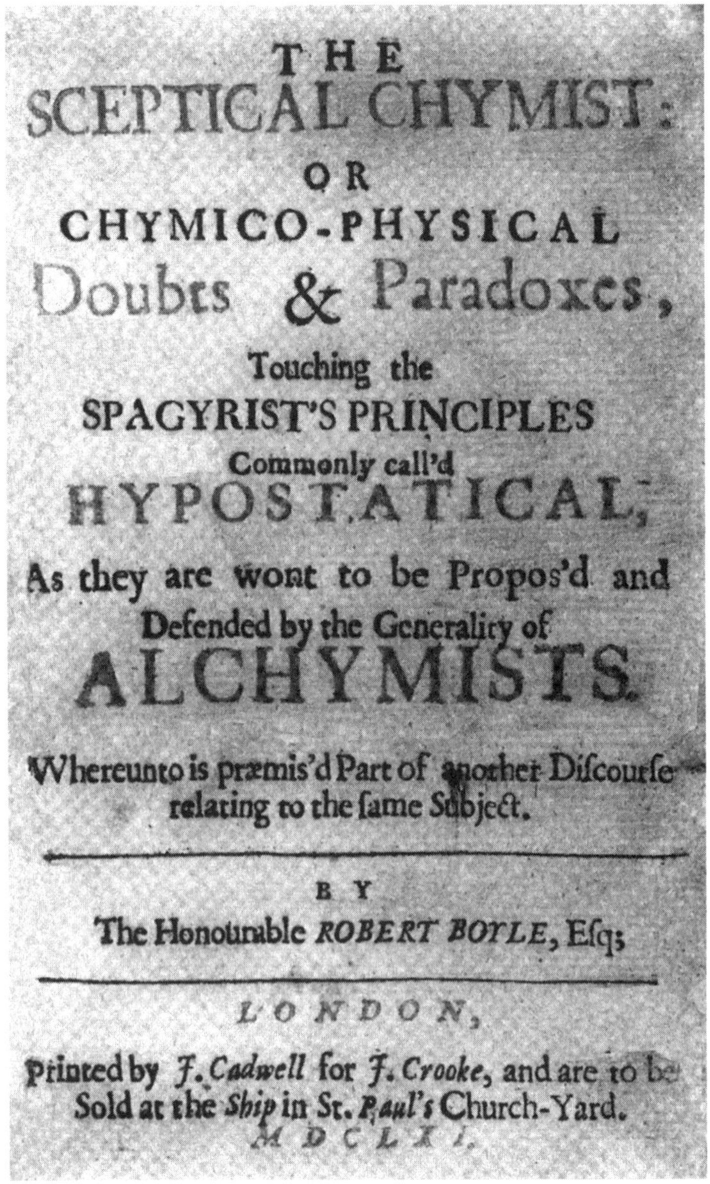

THE
SCEPTICAL CHYMIST:
OR
CHYMICO-PHYSICAL
Doubts & Paradoxes,
Touching the
SPAGYRIST'S PRINCIPLES
Commonly call'd
HYPOSTATICAL;
As they are wont to be Propos'd and
Defended by the Generality of
ALCHYMISTS.
Whereunto is præmis'd Part of another Diſcourſe
relating to the ſame Subject.

BY
The Honourable ROBERT BOYLE, Eſq;

LONDON,
Printed by J. Cadwell for J. Crooke, and are to be
Sold at the Ship in St. Paul's Church-Yard.
MDCLXI.

그림 56 ■ Robert Boyle 저, *The Sceptical Chymist*(회의적인 화학자) (London, 1661)의 표지. 이 책은 고대인들의 네 원소를 부정하고 원소라는 용어의 뜻을 정의하는 데 도움을 주었다 (Pennsylvania 대학교 Edgar Fahs Smith Collection, Rare Books and Manuscript Library 제공).

그 물질들은 못 느낀다. 바람을 통해 감지할 수 있지만, 예전에는 바람이 자연의 숨결로 여겨졌을 수도 있다.

왜 화학에서 기체 법칙을 배우는가? 19세기 초부터 기체 상태에서는 분자들이 독립적으로 자유롭게 이동한다는 것을 알았다. 이 사실은 분자들의 물리적, 화학적 거동을 가장 단순한 수준에서 이해할 수 있도록 해 준다. 또한 크기가 같은 수소 풍선 두 개가 같은 크기의 산소 풍선 한 개와 완전히 반응해서 두 기체를 합한 것과 동일한 질량의 물을 생성한다는 것도 알았다.

최초로 공기의 밀도를 측정하려고 시도한(1638년경) 사람은 Galileo(1564~1642)였다.[2] 그는 공기를 목이 좁은 병 속으로 주입하고 밀봉시킨 병의 무게를 단 다음, 여분의 공기를 뺀 후 다시 밀봉한 병의 무게를 달았다(목성의 별들을 발견했던 Galileo는 태양계에 대한 Copernicus의 견해를 가르친 죄로 생애의 마지막 8년을 가택 연금당했다). Evangelista Torricelli(1608~1647)는 1643년경에 기압계를 발명했다. 해수면에서 대기는 정확히 760 mm(대략 30인치) 높이의 수은주를 지탱한다. 수은은 물보다 13.6배 무거우므로 이것은 물기둥 34피트에 해당할 것이다. 이것이 바로 구식 농업용 펌프로는 34피트 이상 깊은 곳의 물을 퍼올릴 수 없는 까닭이다. 그림 57은 Blaise

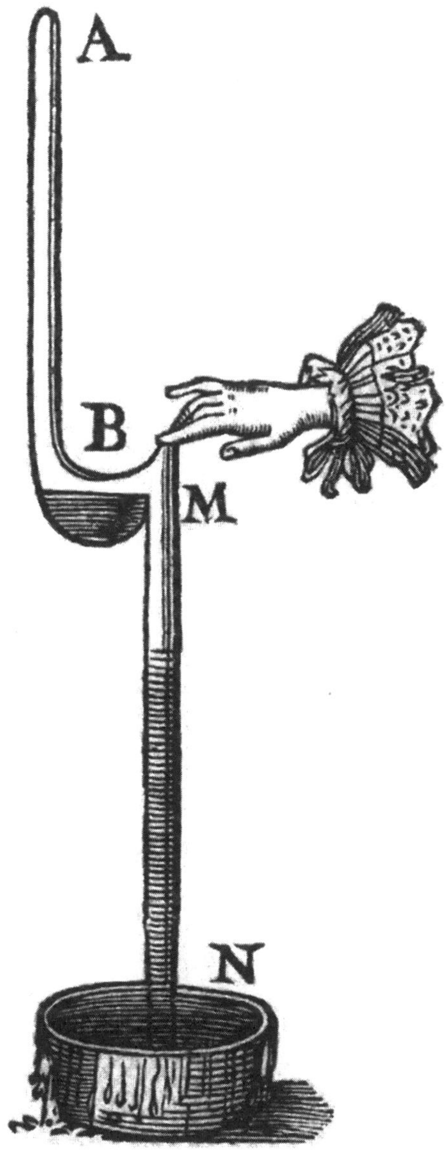

그림 57 ■ Blaise Pascal 저, *Traitez de L'Equillbre des Liqueurs, et de La Pesanteur de La Masse de L'Air*(액체의 평형과 공기의 중력) (Paris, 1663)에 수록된 고도로 양식화된 기압계 그림. 그는 처남 Perier를 보내 산 꼭대기의 기압을 측정시켰다(Edgar Fahs Smith Collection, Rare Book and Manuscript Library, University of Pennsylvania 제공).

Pascal(1623~1662)이 1663년에 발간한 *Traitez de l'Equilibre des Liqueurs et de la Pesanteur de la Masse de l'Air*(액체의 평형과 공기의 중력)라는 책에 수록된 양식화된 압력계 그림이다. 1648년 Pascal은 그의 처남 Perier를 보내 산꼭대기에서 공기의 압력을 측정시켰더니 압력이 해수면에서 보다 낮음을 확인하였다. 일상적으로 우리가 느끼지는 못하지만 공기도 질량을 가지고 있음이 명백하다 [단위면적당 힘 (1 Newton/m^2)으로 정의하는 현대 압력 단위는 Pascal(Pa)이고, 760 mmHg = 101,325 Pa이다]. 계산기를 최초로 발명한 Pascal은 말년에는 은총의 상태에 몰입한 종교 철학자였다. '그분은 오직 성경에서 가르친 방식으로만 찾을 수 있다. 인간 영혼의 위대함. '정의로운 아버지, 세상은 당신을 몰라도 저는 당신을 압니다.' 기쁨, 기쁨, 기쁨의 눈물.'

Otto von Guericke(1602~1686)는 1654년경에 최초의 진공펌프를 발명하였다.[2] 그 해에 그는 역사상 가장 위대한 과학 실연들 중의 하나를 수행하였다. 그림 58은 독일 Regensbrug의 당시 광경이다. Ferdinand 3세 황제 임석하에 von Guericke는 자신

그림 58 ■ 역사상 가장 위대한 과학 실연들 중의 하나. von Guericke가 자신의 진공펌프를 써서 지름이 14인치에 불과한 공에서 공기를 빼내자, 양쪽의 말들은 두 반구를 밀어주는 대기압의 9,000파운드(4.5톤)에 달하는 힘을 이길 수 없었다[Von Guericke 저, *Experimenta Nova*(새 실험들, 1672) (Edgar Fahs Smith Collection, Rare Book and Manuscript Library, University of Pennsylvania 제공).

의 펌프를 써서 두 개의 구리 반구들을 결합한 공에서 공기를 빼내었다. 공의 지름은 14인치에 불과했지만, 양쪽의 말들은 반구들을 떼어낼 수 없었다. 바닥면이 1제곱인치인 수은주 760 mm의 무게는 약 14.7파운드이다. 따라서 대기압은 1제곱인치당 약 14.7파운드이다. 공기를 뺀 공의 표면적은 약 616제곱인치이므로, 이에 가해지는 총 중량은 9000파운드 (4.5톤) 의 무게와 맞먹는다. 성인의 총 표면적은 이 구리공보다 훨씬 더 넓으므로 우리들에게 가해지는 대기의 무게는 4.5톤보다 훨씬 무겁다. 그러나

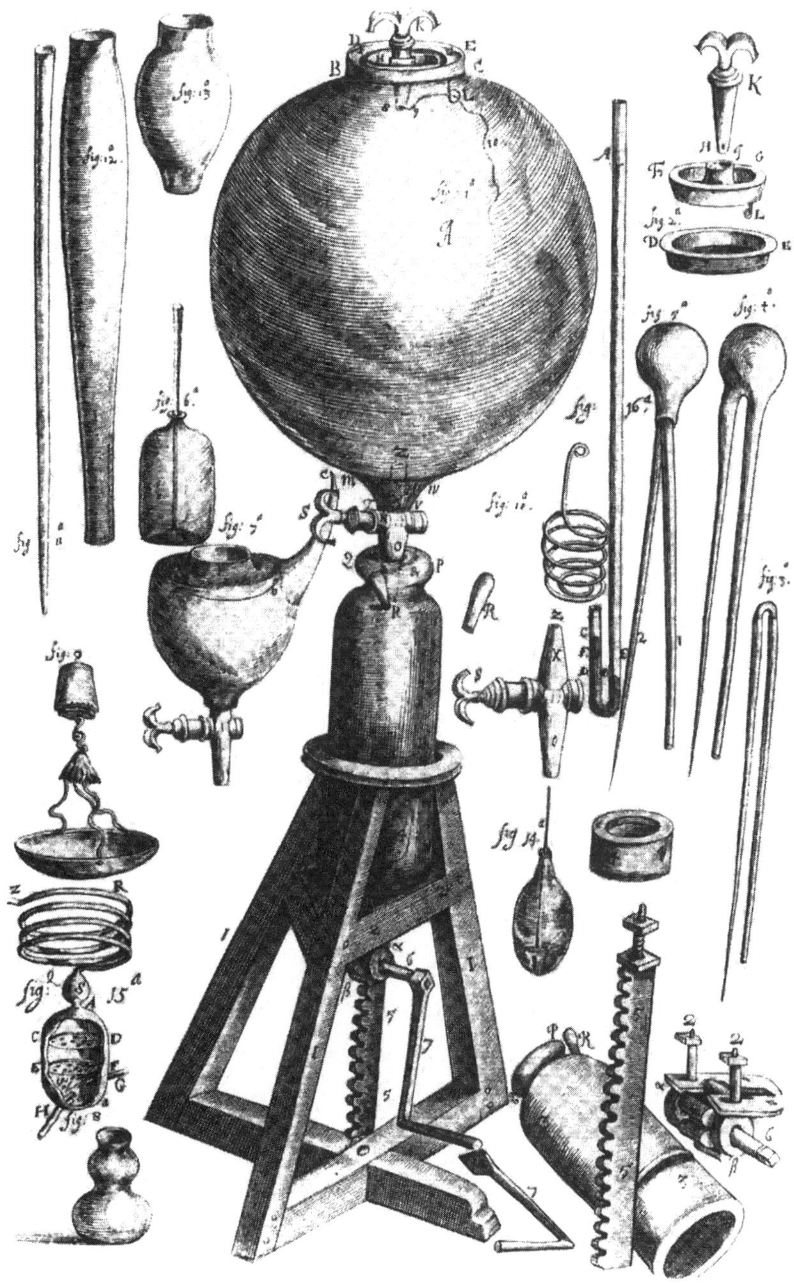

그림 59 ■ Robert Boyle의 조수 Robert Hooke가 만든 Boyle 진공펌프 (*New Experiments Physico-Mechanical*, *Touching the Spring of Air* 제2판, London, 1662).

다행하게도 우리는 밀봉되어 있지 않다. 인체의 내압이 외압과 평행을 이루기 때문에 우리는 태평스럽게도 체내 외의 막대한 힘겨루기를 알지 못한다.

그림 59는 Boyle의 젊은 조수 Robert Hooke(1635~1703)가 1655년에 만든 Boyle 진공펌프이다. 큰 유리공의 윗부분 가장자리는 놋쇠로 두르고 놋쇠 키로 꼭 잠근다. 이 공은 스톱 콕(SN)으로 실린더(P)에 연결하는데, 실린더 내에는 피스톤이 들어 있고 이 피스톤은 수동식 크랭크를 돌려 톱니식 장치를 오르내리게 하여 작동시킨다. 마개 R은 실린더의 구멍에 꼭 맞는다. 진공은 다음과 같이 해서 만든다. 스톱 콕 SN을 열고 마개 R을 제자리에 꽂은 후, 피스톤을 아래로 내려 공에서 공기를 뺀다. 이 과정을 되풀이한다.[2] Hooke는 1665년 자신의 저서 *Micrographia*(미세 그래픽)에서 현미경으로 보이는 코르크의 벌집 구조를 설명하면서, 처음으로 cell(세포)이라는 단어를 사용했다.

1. D. Abram, *The Spell of Sensuous*, Pantheon, New York, 1996, p. 260. 저자는 이 책을 소개하고 이 장의 몇 가지 주제를 제안해 준 Susan Gardner 교수에게 감사를 전한다.
2. J.R. Partington, *A History of Chemistry*, MacMillan, London, 1961, Vol. 2, pp. 512~519.
3. J. Steinmann, *Pascal*(M. Turnell 역), Harcourt, Brace & World, New York, 1965, p. 80.

Boyle의 법칙

Boyle의 첫째 저서, *New Experiments Physico-Mechanical Touching the Air*는 1662년에 출판되었으며, 'Franciscus Linus에 대한 Boyle의 자신의 물리-역학 실험 설명 방어' 라는 제목의 절이 들어 있다. 이 절에서 그는 오늘날 우리가 Boyle의 법칙—최초의 이상 기체 법칙—이라 부르는 압력과 부피의 관계를 밝혔다. 왜 모든 고등학교 학생들이 화학에서 이 간단한 관계를 꼭 배워야만 하는가? 그것은 Boyle의 법칙과 기타 기체 법칙들이 150년 후 원자, 분자의 실체를 입증하는 데 어느 정도 도움이 되었기 때문이다.

위의 도판(그림 60)에서 그림 5는 Boyle이 그가 알고 있던 유일한 기체인 공기의 압력-부피 관계를 시험하기 위해 고안한 J자 관이다. 여기에 인용한 실험 자료는 Boyle의 책에서 직접 따온 것이다. 그가 실험한 날, 기압계로 측정한 기압은 수은주 $29^2/_{16}$ 인치였다(대기압은 진공에 대해 수은주 $29\frac{2}{16}$인치를 지탱한다). Boyle은 J자 관의 열린 쪽에 수은을 부어 공기를 가둔 후, 양쪽 관의 수은의 높이가 같도록 수은의 양을 조심스럽게 조절했다. 이것은 가두어진 공기에 가해지는 압력이 수은주 $29^2/_{16}$인치라는 뜻이다(관의 양쪽 단면적은 같으므로, 부피는 인치로 나타낸 높이에 정비례하며, Boyle은 이것을 상대적인 부피 척도로 이용했다). 수은을 더 부어 공기의 '부피'를 9인치(원래 부피의 $^3/_4$)가 되게 하면 전체 압력은 $39^4/_{16}$인치 ($29^2/_{16}$ + $10^2/_{16}$), 즉 원래

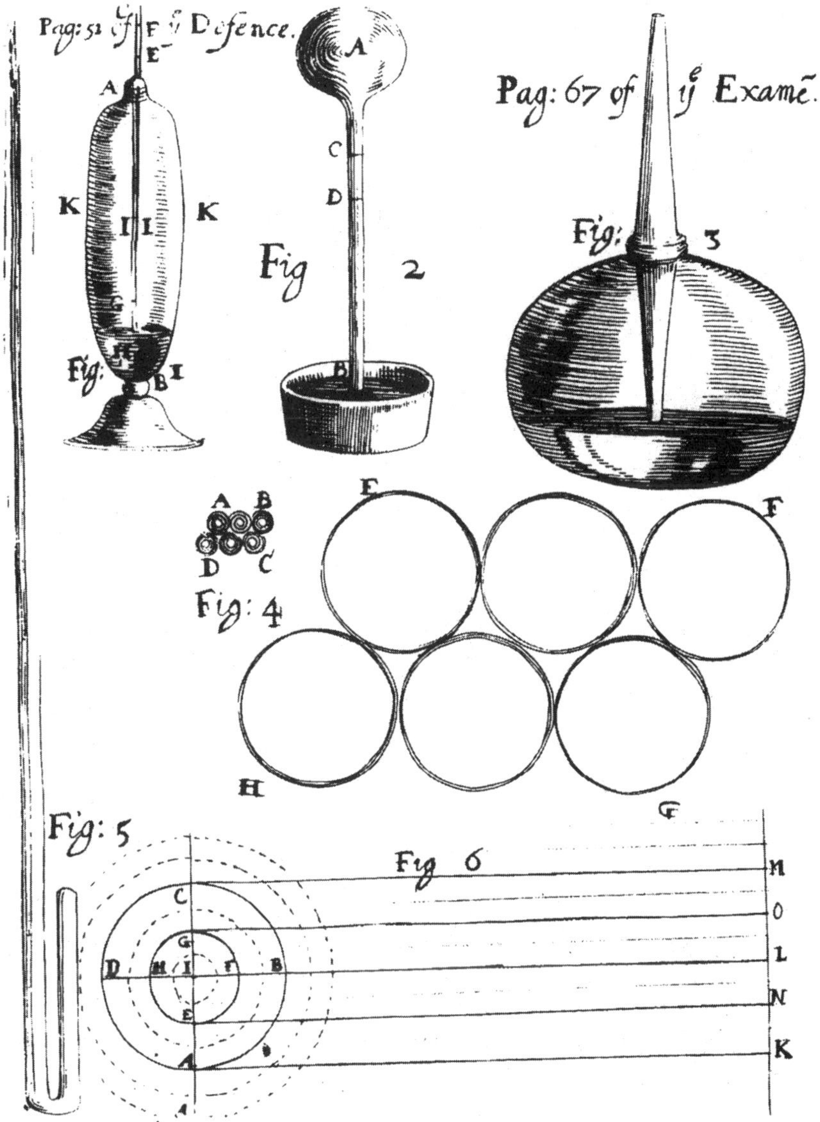

그림 60 ■ 그림 5에서 $PV = k$ (Boyle의 법칙)을 증명하는 데 쓰인 Robert Boyle의 유명한 J자 관을 볼 수 있다. J자 관의 작은 쪽에 수은으로 공기를 가두고 수은을 더 넣으면 공기의 부피가 감소한다. (*New Experiments Physico-Mechanical* . . . , 1662에서).

압력의 약 $^{4}/_{3}$이다. 충분히 더 많은 수은을 가해 가두어진 공기의 높이를 원래의 12인치에서 6인치로 압축하면, 이 공기는 대기압 $29^{2}/_{16}$인치에 수은 $29^{11}/_{16}$인치를 더해 합계 $58^{13}/_{16}$인치를 지탱한다. 즉, 압력을 두 배로 하면 부피는 반이 된다. 수은을 충분히 더 가해 공기를 3인치 (원래 부피의) 로 압축하면 가두어진 공기의 전체 압력은 $88^{7}/_{16}$ $+29^{2}/_{16}$, 또는 $117^{9}/_{16}$인치, 즉 원래 압력의 네 배이다.

따라서 Boyle의 법칙의 형태는

$$PV = \text{상수} \quad \text{또는} \quad P_1V_1 = P_2V_2 = P_3V_3 = P_4V_4 = \cdots$$

누가 반-연금약을 원하겠는가?

정말로 이상한 얘기! 비록 *The Sceptical Chymist*가 화학에서 Aristotle 원소들을 추방하긴 했어도 Boyle은 연금술적 변환의 신봉자였다 (왕립학회의 동료 회원인 Isaac Newton도 마찬가지였다).

이 팜플렛 (그림 61) 은 Boyle의 저서들 중에서 가장 희귀한 것으로 여겨진다. 1678년에 출간된 초판 (익명) 과 이 재판 (1739년 판으로 인정) 을 합쳐 Duveen[1]은 단

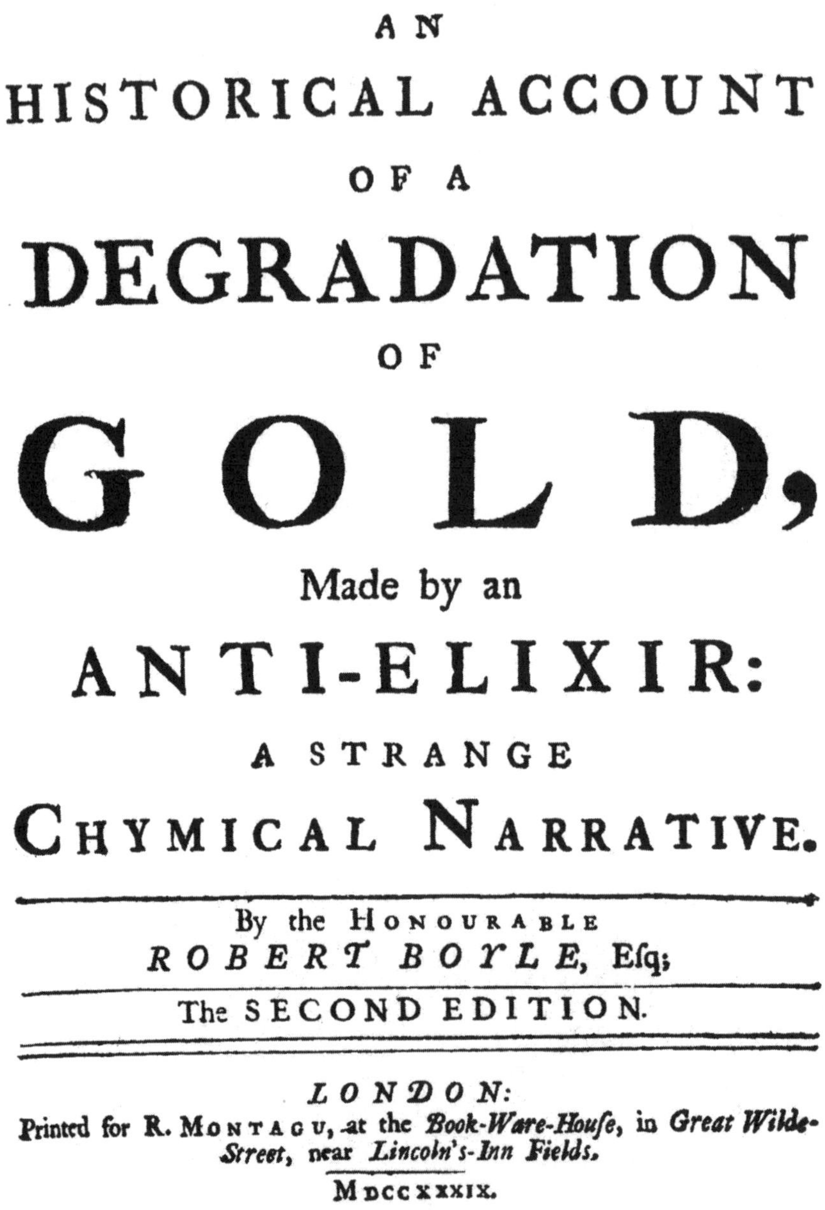
AN
HISTORICAL ACCOUNT
OF A
DEGRADATION
OF
GOLD,
Made by an
ANTI-ELIXIR:
A STRANGE
CHYMICAL NARRATIVE.

By the HONOURABLE
ROBERT BOYLE, Esq;

The SECOND EDITION.

LONDON:
Printed for R. MONTAGU, at the *Book-Ware-House*, in *Great Wilde-Street*, near *Lincoln's-Inn Fields.*
MDCCXXXIX.

그림 61 ■ Boyle의 희귀한 책—'역 변환' 목격담—제2판의 표지. 1678년에 출판된 초판은 익명으로 되어 있었다.

네 권만을—Ihde는 각 판마다 네 권씩의 존재 가능성을 제안하지만[2]—인정한다. 이 팜플렛에서 Boyle은 그가 목격한 역변환 약제—극미량의 고체 물질—를 이용한 일련의 단 한 번 뿐인 역변환 실험들에 대해 얘기하고 있다. 실험 주제는 그 물질이 금을 값싼 금속으로 변환시킬 수 있다는 것이었다. 도대체 누가 이런 '반-연금약(反鍊金藥)' 에 관심을 가지겠는가? 아주 현대적인 화학적 논리로, Boyle은 금을 값싼 금속으로 변환시키는 방법을 배운다면 그 반대 조작을 실행할 지식도 얻을 수 있으리라고 생각했다.

이 팜플렛에서 얘기하는 실험에서는, 금이 값싼 금속 또는 염으로 변환되는 화학적 작용에 대해 확실한 증거를 제시하지는 못하였다. 그러나 이 세상의 반연금약 재고는 다 소모되었고, 영원히 다시 발견되지는 않을 것이다. Ihde는 이 실험 자체가 이루어지지 않았거나, 부적절하게 실행되었거나 또는 Boyle의 농담에 불과한 것이 아닌가 생각해 보았는데,[2] 그는 이 실험이 Boyle의 관례적인 높은 능력 수준에서 실제로 실행되었으며, Boyle은 농담이나 하는—특히 실험에 관해서는—사람이 아니라는 결론이다. 따라서 Ihde의 잠정적인 결론은 다음과 같다. Boyle의 실험 조수들 중 하나가 Boyle이 바라는 결과가 나와서 전에 자기의 스승이 젊은 신출내기 Isaac Newton에게 당한 낭패에서 회복할 수 있도록 손을 쓴 것이다.[2] Newton은 연금술을 신뢰했고, 이것은 '영묘한 기운' 이 81세대마다 부모(고양이 해와 달)의 교합에서 태어나는 황금 고양이의 아홉 생애에서 구현된다는 소설에서 일정 부분 역할을 한다.[3]

1. D. Duveen, *Bibliotheca Alchemica Et Chemica*, HES, Dordrecht, 1986, p. 97.
2. A. Ihde, *Chymia*, No. 9, 47~57, 1964.
3. S.G. King, *The Wild Road*, Ballantyne, New York, 1997, pp 328~329. 이것을 나에게 알려 준 Susan Greenberg에게 감사를 전한다.

안티모니 개선 전차

그림 62의 도판은 17세기의 중요한 교재들 중의 하나인 Nicholas Fevre 저, *A Compleat Body of Chymistry*(화학 전체) (영어 제2판, 1670년) 에 나오는 것으로 금속 안티모니를 햇빛으로 하소하는 화학자를 보여 주고 있다.

안티모니는 고대인들도 알고 있던 아홉 원소들 중의 하나이다.[1] 이것은 휘안광(Sb_2S_3)으로 발견되는데, 이 흑색 황화물은 성경 시대 여인들이 눈 화장품으로 썼다. 옛날에는 이 광석을 백열 상태로 가열한 숯 위에 놓아서 금속을 얻었다. 나중에는 휘안광을 주석(酒石)과 초석(硝石) 또는 철과 함께 가열하였는데, 이때 생긴 '납' 은 B.C. 4000년경에 순수한 안티모니로 된 칼데안 병을 만드는 데 사용하였다.

옛날 화학 책들은 안티모니에 대해 현대보다 훨씬 더 매혹되어 있었음을 보여준

그림 62 ■ 화경을 써서 안티모니 하소하기 (Le Fèvre 저, *A Compleat Body of Chymistry*, 1670년판).

다. 어째서일까? 한 가지 이유는 금속 불순물들로부터 금을 추출해 내는 데 있어서의 안티모니의 쓰임새였다. 안티모니는 황에 대해 상당히 낮은 친화력을 가지고 있다 (금보다는 높고 은보다는 낮다—Geoffroy의 친화도표 참조 [그림 76 및 77]—순수한 안티모니 또는 안티모니 사자좌 별 (Regulus) 은 뿔 셋 달린 왕관으로 나타내었다). 따라서 흔한 광석은 황을 싼 금속들에 방출해 거품이 이는 찌꺼기를 형성하고, 이것은 용융된 금에서 떠내면 된다. 안티모니는 금에서 은을 분리할 수 있는데, 그 이유는 은이 휘안광에서 나오는 황과 결합해 황화 은 및 황화 안티모니의 액상 찌꺼기가 생성되고, 이것들은 안티모니화 금으로부터 분리 가능하기 때문이다. 안티모니화 금을 태우면 휘발성 산화 안티모니가 날아가고 순수한 금만 남는다.[2]

Basil Valentine의 첫 번째 열쇠 [그림 17 (a)] 에 묘사된 늑대는 안티모니를 나타낸다 (연금술사들은 **금속의** 늑대라고 부르기도 했다). 다른 유명한 17세기 그림은 늑대가 죽은 사람 (순수하지 않은 금) 을 먹은 후 늑대를 태워 (휘발성 산화 안티모니의 방출) 왕 (금) 이 해방되는 것을 묘사한 것도 있다.[3]

안티모니가 금속들에서 불순물을 효과적으로 제거할 수 있다면 이것이 사람에게도 효과적인 약이 되지 않을까—병을 제거하는 구토제? Paracelsus는 최초로 안티모니를 구토제로 서술하며 의사들 간에 격렬한 철학적 논쟁을 초래했다. 고전적인 Galen 개념은 병에 반대되는 성질을 지닌 약을 쓴다. Paracelsus 학파는 **유사성**에 의한 치료를 주장했다 (즉, 독은 독으로 다스린다). 안티모니가 약이냐 독이냐 하는 논쟁은 수세기 동안이나 거세게 진행되다가 1658년에 Louis 14세를 **구토주**로 치료함으로써 정리되었다.[4] Le Fevre는 의료용 안티모니와, 특히 햇빛에 의한 안티모니의 정제와 고정 (금속재로서) 에 심취하였었다.[4] 그도 하소하면 무게가 증가한다는 것을 알았다. 1604년에 처음 출판되었으며, 전설적인 베네딕트 수도사인 Basil Valentine이 지었다고 전해지는 *Triumphal Chariot of Antimony*(안티모니 개선 전차) 라는 책은 이 길고 열정적인 논쟁에서 안티모니의 손을 들어 주기 위해 이런 요란한 Hollywood식 제목을 달았다. 현대판 앙코르로, 우리는 Charton Heston이 전차 마부로 등장하는 영화를 기대한다.

현대 항암제들이 정상 세포에게도 독성이 있지만 훨씬 더 빨리 증식하는 암세포들에 대해서는 독성이 더 크다는 점도 유의할 만하다. 따라서 이 경우에서는 Paracelsus의 견해가 정당함이 입증되지만, 위산을 중화하는 데서는 그렇지 않다.

1. N.N. Greenwood and A. Earnshaw, *Chemistry of the Elements*, Pergamon, Oxford, 1984, p. 637.
2. F. Ferchl and A. Sussenguth, *A Pictorial History of Chemistry*, William Heinemann, London, 1939, p. 61.
3. J. Read, *Prelude To Chemistry*, MacMillan, New York, 1937, pp. 200~202; 240~241. [Micheal Maier(1687) 저, *Secretioris Naturae Scrutinium Chymicum*의 도판 47 참조.]
4. A.G. Debus, *The French Paracelsans*, Cambridge University Press, Cambridge, 1991, pp. 21~30, 95~99.

신랄한 대화

Johann Baptist Van Helmont에 대해서는 교감 분말과 그의 유명한 나무 실험과 관련하여 이미 얘기한 바 있다. 그는 비록 Paracelsus의 제자이고, 금속 약품 신봉자이긴 했지만, Paracelsus의 세 가지 원물질도 고대인의 4원소도 받아들이지 않았다. Van Helmont는 2원소, 물과 공기만 믿었고 물질을 구성하는 것은 물뿐이라고 믿었다. 그는 독립적인 사상가여서 스페인 종교 재판소의 주목을 끌었다 (16세기와 17세기의 일부 기간 동안에 네덜란드 등은 스페인에 점령되어 있었다). 그는 생애 말 20년을 가택 연금당했었다. 1644년 그의 사후 그의 아들 Franciscus Mercurius Van Helmont는 그의 모든 의학 저작물들을 *Ortus Medicinae*(의학의 태동) (1648) 로 출판했다. 그의 연구는 소화에서의 산의 역할, 소화에서의 담즙의 역할, 염증 및 고름 생성에서의 산의 역할을 인정했다.[2] Van Helmont와 Sylvius[1, 3](Francois Dubois, Franciscus de la Boe, 1614~1672)는 의약화학 (iatrochemistry)의 황금기를 대표한다. Sylvius는 생명력 (Archeus, 다음 절 참조) 을 부인했지만, Van Helmont는 이것을 단순히 수정했다. Sylvius는 담즙 (예컨대 개의 담즙) 이 신맛이 나긴 하지만 (!), 실제로는 알칼리임을 알았다. 산성 물질과 알칼리성 물질이 혼합되면 거품이 일면서 열이 남을 알고, Sylvius는 생체 내에서 산과 알칼리 간의 전투를 상정했다.[1] Sylvius의 제자인 Otto Tachenius는 스승의 산-염기 이론

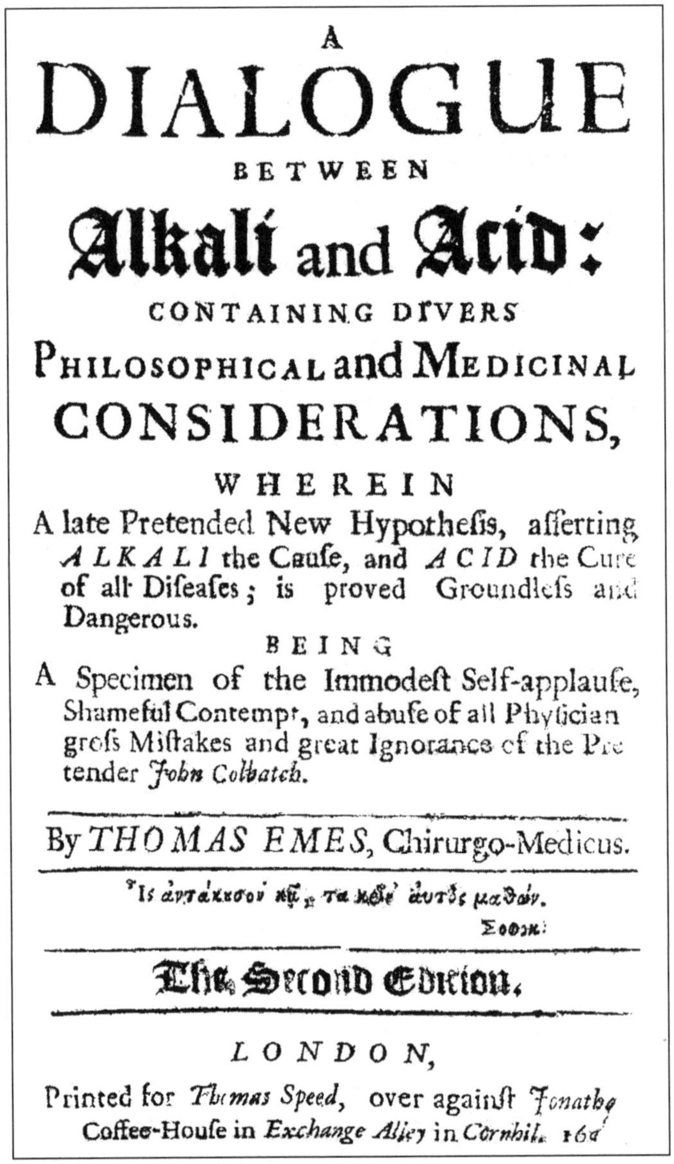

A
DIALOGUE
BETWEEN
Alkali and Acid:
CONTAINING DIVERS
PHILOSOPHICAL and MEDICINAL
CONSIDERATIONS,
WHEREIN
A late Pretended New Hypothesis, asserting *ALKALI* the Cause, and *ACID* the Cure of all Diseases; is proved Groundless and Dangerous.
BEING
A Specimen of the Immodest Self-applause, Shameful Contempt, and abuse of all Physician gross Mistakes and great Ignorance of the Pretender *John Colbatch*.

By *THOMAS EMES*, Chirurgo-Medicus.

[illegible]

The Second Edition.

LONDON,
Printed for *Thomas Speed*, over against *Jonathan's* Coffee-House in *Exchange Alley* in *Cornhil*. 169[illegible]

그림 63 ■ 의사 Thomas Emes 저, *Dialogue between Alkali and Acid* (알칼리와 산의 대화) 의 제2판의 표지 (1699). 문제: 어느 것이 병의 원인이고, 어느 것이 치료제인가?

을 주장했지만 염—산과 염기의 만남—의 통합 개념을 첨가했다. 이것은 산-염기의 분류 방법을 맛 시험 이상으로 크게 발전시켰지만, 정량적인 시험법을 발견한 사람은 Robert Boyle이다. Boyle은 자신의 저서 *Reflections upon the Hypothesis of Alkali and Acidium* (1675, 알칼리와 산 가설에 대한 고찰) 에서 산은 제비꽃즙을 붉은색으로, 알칼리는 이 지시약을 초록색으로 변색시키는 것들로 정의하였다.[1]

의사인 Thomas Emes가 출판한 *A Dialogue Between Alkali and Acid* (알칼리와 산의 대화; 초판 1698, 제2판, 1699; 그림 63) 은 병의 원인은 알칼리이고, 치료제는 산이라고 믿었던 다른 의사 John Colbatch에게 퍼부은 독설의 한 예이다.[4] Emes는 그의 59단어짜리 제목을 다음과 같이 끝맺는다. 부도덕한 자기도취, 부끄러운 치욕, 의사들의 모든 잘못의 남용, 순 무식쟁이의 본보기, 의사를 사칭하는 John Colbatch. 왜 내 출판사는 이런 재치있는 제목을 못 쓰게 할까? 이 책의 시작은 다음과 같다.

알칼리: 산씨, 반갑습니다. 어디를 그리 급히 가십니까? 폐 또는 심장을 돌아보시려고?

산: 알칼리씨, 당신에게 말할 이유도 없지만 죽음과 부패의 원천인 당신을 만나는 곳 어디서나 나는 당신에 대항합니다. 나는 당신만 보면 화가 납니다. 당신은 이 세상에서 너무도 많은 못된 짓을 저질렀습니다. 더 비난받아 마땅하게도 당신의 못된 짓이 새로 또 하나 있습니다. Lazington경에게 통풍을 발병시켰는데, 내가 빨리 도와 주지 않으면 절망적이며, 나밖에 도와 줄 사람이 없고, 그는 일각이 여삼추로 나를 학수고대하고 있습니다.

알칼리: 산씨, 너무 신랄하십니다.

그만! 나는 이 말장난을 증오한다. 산이 복수자라고? 산과 알칼리가 들어 있는 시험관들이 서로 대화하는 것을 듣기 시작하는 때가 내가 바로 화학을 그만두고 꿈꿔왔던 그 책방을 여는 때이리라.

1. W.H. Brock, *Norton History of Chemistry*, W.W. Norton, New York, 1993, pp. 41~63.
2. J.R Patrington, *A History of Chemistry*, MacMillan, London, 1961, Vol. 2, pp. 209~216.
3. J.R. Patrington, op. cit., pp. 281~290.
4. J.R. Patrington, op. cit., p.290.

내 뱃속 깊은 곳의 연금술사

Galen의 견해는 140년 동안이나 의료계를 지배했는데, 그는 건강이 좋으려면 네 가지 체액들(점액, 검은 담즙, 노랑 담즙, 피) 간의 균형이 필요하다고 믿었다. Paracelsus는 그의 성만큼이나(Theophrastus Bombast von Hohenheim) 허풍이 심했고, Galen 학파 및 그와 의견이 다른 모든 이들을 조롱하기를 즐겨 어디를 가든지 수많은 적들을 남겼다.

Paracelsus는 연금술의 목적은 금이 아니라 약을 만드는 것이라고 믿었다.[1] 그는 약을 고대로부터 사용되던 약초 추출물들이 아니라 합성 무기(금속) 화합물들에 의존했다. 앞에서 얘기한 대로 그는 유사성을 신봉해 독을 다스리는 데 독을—그러나 감미롭게 또는 온화하게 한 다음에만—사용하였다. 따라서 액체 수은 금속을 질산에 녹인 후 증발 · 하소시키면 산화 수은이 생기는데, 이것을 성병 치료에 썼다.[1] 마찬가지로 금속 수은을 질산에 녹이고 소금물을 가하면 고체 감홍 (Hg_2Cl_2)이 생기는데[1], 이것은 위통을 없애주고 장내 기생충을 제거할 수 있는 효과적인 설사제였다.

Paracelsus의 신비주의에는 신체는 완벽히 건강하게 태어나나 살아가는 동안 음식

그림 64 ■ 화가 Rita L. Shumaker의 1999년 작 *Archeus*. Paracelsus는 Archeus가 위 근처에 살고 있다고 믿었다. 이것은 머리와 두 손을 가지고 있고 음식에서 영양분과 배설물을 분리한다. *Archeus*가 배설물로 압도되면 병이 나고 사람도 병이 난다. Paracelsus는 이때 감홍을 복용하여 *Archeus*의 짐을 덜어주라고 처방한다.

으로부터 병이 생긴다는 믿음도 들어 있다.[1] 그는 뱃속에 생명력—*Archeus*, 머리와 손뿐인 일종의 자연 연금술사—이 존재한다고 느꼈다. *Archeus*는 음식에서 영양분과 독성분을 분리한 후 후자는 배설물로 제거한다. 공기 역시 마찬가지로 소화되어 영양분과 독성분('배설물 공기'?[2])이 생긴다. 분리가 불완전하면 *Archeus*가 병들고 사람도 병든다. 이런 관점에서 설사제 감홍은 분명히 *Archeus*가 건강을 유지하는 것을 도와준다—건강한 신체에 건강한 정신 (그리고 건강한 *Archeus*). 그림 64는 화가 Rita L.

Shumaker가 *Archeus*를 표현한 것이다.[3] 이 화가는 양을 이용해 배를 다른 장기들에 연결하고 혈관을 지탱해 주는 인체내 막인 장막(漿膜)을 형상화했다. 웅성 *Archeus*는 장 근처에 막 조직의 일부로 묘사되어 있다.

1. J. R. Partington, *A History of Chemistry*, MacMillan, London, 1961, Vol. 2, pp. 115~151.
2. '방귀나 먹어라.' (*Subtle*의 대사, 1610년 Ben Jonson작, 희곡 *The Alchemist*의 둘째 줄).
3. 저자는 University of North Carolina at Charlotte의 교수인 Ms. Rita L. Shumaker에게 이 그림의 원판을 제공해주고 상상력이 풍부하게 *Archeus*를 표현한 데 대해 감사를 전한다.

Harvard에서 교육받은 연금술사

문예부흥기의 연금술은 프라하와 기타 구세계(유럽)의 뒷골목들을 연상시킨다. Harvard 대학교는 물론 우리 마음 속에서 틀림없는 신세계—진보 사상의 요람이자 노벨상 수상자들의 고향—이다. 재미있게도 George Starkey(1628년에 버뮤다에서 출생, 1665년에 런던에서 역병으로 사망)는 우리에게 신·구세계의 놀랄만한 연결을 보여 준다.[1,2] Eirenaeus Philalethes('진리의 평화로운 연인')은 그의 사후에 저작물들에 적힌 필명이고, *Secrets Revealed* (드러난 비밀들) [그림 65(a)]는 그의 가장 영향력 있는 책의 영역본이다.

Starkey는 1646년에 Harvard를 졸업했으며, 학생수는 네 명이었고,[3] Dunster 총장에게 강의를 들었다.[2] 그는 John Allin과 기숙사 방(7피트 9인치×5피트 6인치)을 같이 썼다.[2] 과목에는 '논리,' '물리,' '윤리 및 정치', '산수와 기하'가 들어 있었다.[2] Harvard의 자연 철학 교과과정은 Aristoteles 및 Decartes 학파(물질은 연속적이다; 빈 공간은 없다; '자연은 진공을 싫어한다')와 알갱이 물질을 신봉하는—Newton과 Boyle을 포함해—사람들 간의 큰 논쟁의 몇 가지 세부 쟁점들을 반영했었다. Newman에 따르면,[2] 개별 입자들을 포용했던 후기 Aristoteles 관점이 통용됐던 Harvard에서는 위의 구분이 그리 분명하지는 않았다.

어쨌든 졸업 후 Starkey는 Harvard의 자연 철학 교과과정을 '썩어빠진 것'으로 평가했다.[2] Newman은 17세기 중엽부터 18세기 말까지의 Harvard 졸업 논문들을 조사한 것을 근거로 다음 같은 관점들이 성공적으로 통과했음에 유의하고 있다.

1687	금을 만드는 돌이 있는가? 그렇다.
1698, 1761	보편적 치료약이 있는가? 그렇다(1698), 아니다(1761).
1703	금속들이 상호간 에 다른 것으로 변할 수 있는가? 그렇다.
1703, 1708, 1710	교감 분말이 있는가? 그렇다.
1771	화학 기술로 진짜 금을 만들 수 있는가? 그렇다.

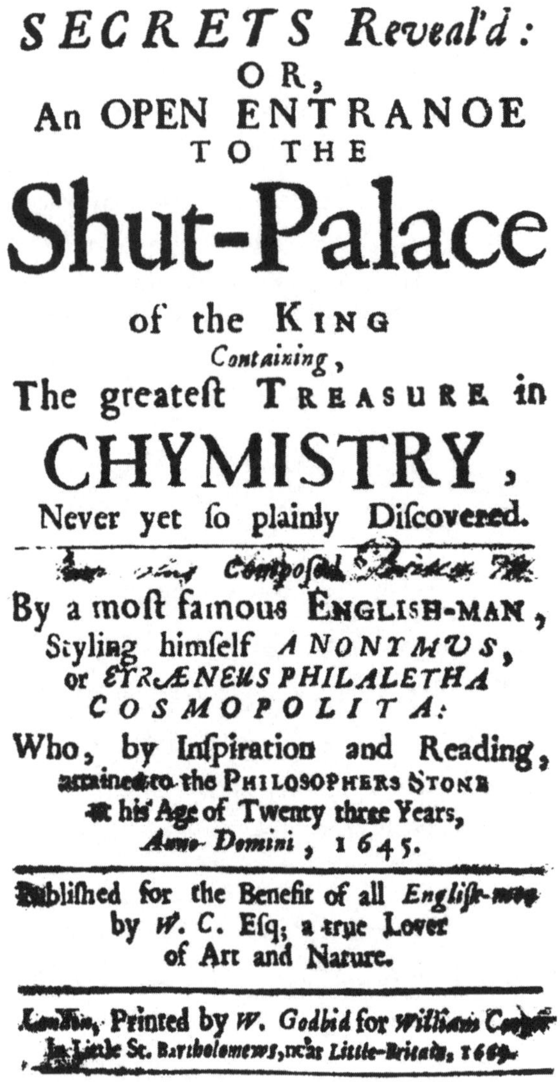

SECRETS Reveal'd:
OR,
An OPEN ENTRANOE
TO THE
Shut-Palace
of the KING
Containing,
The greateſt TREASURE in
CHYMISTRY,
Never yet ſo plainly Diſcovered.
Compoſed
By a moſt famous ENGLISH-MAN,
Styling himſelf ANONYMUS,
or EYRÆNEUS PHILALETHA
COSMOPOLITA:
Who, by Inſpiration and Reading,
attained to the PHILOSOPHERS STONE
at his Age of Twenty three Years,
Anno Domini, 1645.
Publiſhed for the Benefit of all Engliſh-men
by W. C. Eſq; a true Lover
of Art and Nature.
London, Printed by W. Godbid for William Cooper
in Little St. Bartholomews, near Little-Britain, 1669.

그림 65 ■ Eirenaeus Philalethes('진리의 평화로운 연인')은 실제로는 Harvard 대학교 1646년 졸업생인 George Starkey였다. Isaac Newton은 그의 *Secrets Reveal'd* (Harvard에서는 철자법을 강조하지 않았다)를 광범위하게 인용했다.

Newman의 지적대로,[2] '명백히 Harvard는 신진 연금술사들에게 마음에 들지 않는 곳이 전혀 아니었다. 1771년까지도 Harvard 학부생들은 현자의 돌의 능력을 방어하고 있었다.'

1650년에 영국으로 이주한 Starkey는 Van Helmont의 접근법과 세계관의 주요 주창자가 되었다. Van Helmont는 약에 관한 Galen 학파의 관점(반대성)이나 Paracelsus 학파의 견해(유사성)를 모두 지지하지 않았다. 대신에 그는 *Archeus*—위와 비장 중간 지역에 자리 잡은 체내 건축가 또는 생명력(그림 64)—에 치유 아이디어를 생기게 하는 치료법을 신봉하였다.[4] Van Helmont와 Starkey는 불 기술(증류와 같은 불이 관련된 기술)의 중요성과 실용적 실험 작업의 유용성에 대한 믿음을 공유하였다. Starkey

에게는 추상적인 수학은 거의 쓸모가 없었다. 그는 발표된 사실들을 박식하게 인용하는 신중한 학자들을 조롱하는 뜻에서 자신을 불에 의한 현자라고 불렀다. 이런 불같은 언사 때문에 그에게는 학자 친구들이 거의 없었다. 그러나 그는 Robert Boyle과는 중요한 서신 왕래가 있었고, Newman은 연금술을 깊이 연구한 Isaac Newton이 당시의 어떤 연금술사보다도 Starkey의 저작을 훨씬 더 많이 인용했음을 밝혀냈다.[2] 식민지 출신의 별 재산도 없는 젊은이치고는 꽤 물건이었다.

1. C.C. Gillespie (Editor-In-Chief), *Dictionary of Scientific Biography*, Charles Scribner, New York, 1975, Vol. XII, pp. 616~617.
2. W.R. Newman, Gehennical Fire: *The Lives of George Starkey, an American Alchemist in the Scientific Revolution*, Harvard University Press, Cambridge, MA, 1994.
3. 따라서 역사적 증거가 명백하다: Starkey가 Harvard에 다닐 때는 4학년 농구팀이 없었다.
4. J.R. Partrington, *A History of Chemistry*, MacMillan, London, 1961, Vol. 2, pp. 209~241.

플로지스톤: 철학의 최초 통합적 과학 이론

최초의 플로지스톤 개념은 Johann Joachim Becher (1635~1682) 덕분인데, 명백히 연금술에 뿌리를 박고 있다.[1] Becher에게는 물과 세 가지 토소 (土素) 들이 중요한 원소들이었다 (그는 공기와 불은 화학적으로 원소가 아니라 화학변화를 일으키는 매개체로 간주하였다). 그의 세 토소들은 대략 Paracelsus의 '소금', '수은', '황'에 해당한다. Becher는 마지막의 '황 같은' 토소를 기름진 흙 (Terra Pinguis) 이라 부르고, 가연성 물질에 들어 있으며, 연소 시 방출된다고 얘기했다. 이후 Georg Ernst Stahl (1660~1734) 은 이 토소를 자신의 플로지스톤과 같다고 하였다.

Becher는 Boyle과 마찬가지로 금속재는 해당 금속보다 무거움을 알고 있었다. 그는 또 이 사실을 유리를 통과해서 그 안의 금속과 결합하는 아주 작은 가연성 입자들 때문이라고 했다.

Becher는 입씨름이 심한 사람이었고 자기 자신을 다음과 같이 기술했다.

> . . . 좋은 집, 직업의 안정성, 명성, 건강 등이 아니라 풀무에서 뿜어 나오는 석탄 연기, 그을음 및 불꽃 속의 화학 약품들에 더 매료되는 사람. 나는 Hercules보다 더 강하고, 언제나 Augeas 왕의 (더러운) 외양간에서 일하며, 노의 불꽃에 거의 눈멀고 수은 증기에 숨이 막힌다. 나는 독으로 포화된 또 하나의 Mithridates (해독제) 이다. 타인의 존경도 친구도 없고, 물질에서는 거지이지만 정신에서는 Crocesus (대부호) 이다. 이 모든 악조건에도 불구하고 나는 너무나 행복해서 내 자리를 페르시아 왕과 바꾸기보다는 오히려 죽음을 택하리라.

(a)

그림 66 ■ (a) *Oedipus Chimicus*(화학자 Oedipus)의 표지 (오직 스핑크스만이 돌의 수수께끼를 알리라) (Jeremy Norman & Co., 제공, Catalogue 5, 1978). (b) 이것은 Johann Joachim Becher 저, *Physicae Subterranae Libri Duo*(지하세계, 제2권) (Frankfurt, 1681)의 표지이다. 1681년에 출판된 초판에는 Becher의 물질관—후에 Georg Ernst Stahl이 수정한 플로지스톤 이론—이 들어 있다 [이 책의 최종판 (1738)의 겉표지는 그림 1 참조] (The Beinecke Rare Book and Manuscript Library, ale University 제공). (계속)

명백히 Becher는 '불굴의', '충성심이 강한' 화학자였다. 행복하게도 오늘날의 화학자들은 우리의 직업선서로 이 맹세를 낭독할 필요는 없다.

그림 66(a)는 *Oedipus Chymicus*[3](화학자 Oedipus) (1664)에 수록된 것으로 스핑크스가 낸 수수께끼를 풀고 있는 Oedipus를 묘사하고 있다. 이 그림은 연금술 문제를 풀고 있는 화학자를 나타내는 것으로 생각되며, 변환에 대한 Becher의 확고한 믿음과 부합된다. 물론 Oedipus가 테베에서 스핑크스를 물리치고 왕이 되었지만 다른 재난들이 뒤따랐다. 아마도 현자의 돌이나 불로장생약의 발견자에게도 개인적 재난이 뒤따랐었으리라. 마이다스 왕이 떠오른다. 그림 66(b)는 이 책의 1681년 판에 있는 것이다.[4] 마지막 판은 Stahl에 의해 1738년에 출간되었다 (그림 1 참조).

1. H.M. Leicester and H.S. Klickstein, *A Source Book in Chemistry 1400~1900*, Mcgraw-Hill, New York, 1952, pp. 55~58.
2. J.R. Partington, *A History of Chemistry*, MacMillan, London, 1961, Vol. 2, pp. 637~652 (quotation

(b)

on p.639).

3. This figure, from the book *Odeipus Chymicus*, is from *Science and Technology*: *Catalog 5 Jeremy Norman*, San Francisco, 1978, p. 13. Courtesy of Jeremy Norman & Company, Inc.
4. I. MacPhail, *Alchemy and the Occult*, Yale University Library, New Haven, 1968, Vol. 2, pp. 472~476.

화약, 번개, 천둥 그리고 나이트로-공기 정령

화약은 초석 (KNO_3 saltpetre, $NaNO_3$ nitre), 황 및 탄소의 혼합물로서 아마 1150년쯤 중국에서 개발되었을 것이다.[1] 화약의 폭발력은 아래 발열 반응 때문인데, 이 반응에서는 큰 부피의 기체 (이산화 탄소와 질소) 가 갑자기 폭발적으로 대량의 열과 함께 생성된다. 화약은 수중에서도 또 진공에서도 탄다. 현대적 술어로 보면 초석은 (기체 산소 대신) 산화제로 작용해 숯을 이산화 탄소로 변화시킨다. 따라서 초석은 연소를 뒷받침할 수 있다.

$$2KNO_3 + 3C + S \rightarrow N_2 + 3CO_2 + K_2S$$

안티모니를 확대경과 햇빛 아래에서 공기 중에서 하소 (calcination) 하면 (그림 62), 안티모니를 질산 (HNO_3) 에 녹여 가열할 때와 동일한 금속재 (현대 용어로는 Sb_2O_3) 가 생성된다. 명백히 초석과 질산에 들어 있는 '나이트로-공기 정령' 은 공기 중에도 존재한다.

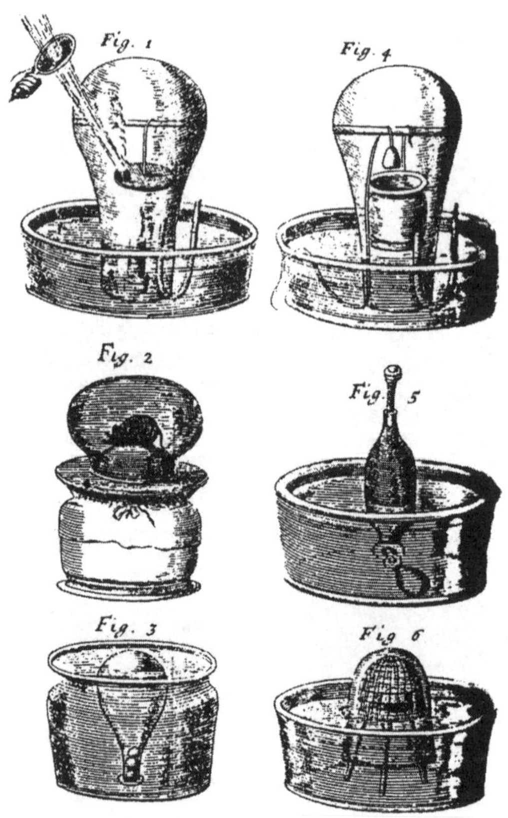

그림 67 ■ 이 그림은 John Mayow 저, *Tractus Quinque Medico-Physici* (Oxford, 1674) 에 수록된 것으로 확대경을 쪼여 초석의 '나이트로-공기 정령' 을 안티모니로 이동시키는 그의 실험을 보여 주고 있다. 실제로는 두 물질들 간에 산소가 이동하는 것이다 (저명한 화학자/서적 수집가인 Roy G. Neville 박사 제공).

이 관찰들은 Boyle의 두 조수들, 즉 Robert Hooke (1635~1703) 와 John Mayow (1641~1679) 로 하여금, 최소한 피상적으로라도, Lavoisier를 예견케 하는 이론을 형성하게 하였다.[1] Hooke는 번개와 천둥이 공기 중의 황과 같은 물질과 초석과 유사한 나이트로-공기 정령 간의 격렬한 충돌이라고 설명했다. '황과 같은 물질' 은 Becher의 기름진 흙 (terra pinguis) 의 '냄새' 가 난다.

Mayow는 이 견해를 몇 걸음 더 진전시켰다.[1] 그는 자신의 1674년 저서 *Tractatus Quinque Medico-Physici* (의학-물리학에 대한 다섯 개 평론) 에서 물 위에 엎어 놓은 유리 항아리 속에서 촛불을 태우는 훌륭하게 고안된 실험을 보고했다 (그림 67, *Fig. 1*). 이 장치에는 장뇌 또는 황을 올려 놓은 받침이 있다. Mayow는 연소가 끝났을 때 산소의 고갈로 말미암아 공기가 줄어듦을 보였다 (이때 생기는 CO_2는 물에 녹는다). 그런 다음 화경을 사용하여 줄어든 공기 속에서 가연성 장뇌 또는 황을 점화시키려 했으나 실패했다. 더 나아가서 그의 실험은 연소뿐만 아니라 금속의 하소와 호흡에도 '나이트로-공기 정령' 이 필요함을 보였다. 그림 67의 *Fig. 2*에 보면 유리공으로 꽉 막은 젖은 방광 위에 쥐를 올려 놓았다. 쥐가 산소를 소모함에 따라 방광은 팽창한다. 유리 안 작은 우리 속의 쥐 (*Fig. 6*) 도 같은 이유로 종모양 병의 수위를 상승시킨다. 그림 67의 *Fig. 3~5*는 철과 질산으로부터의 산화 질소의 생성과 이동을 보여 준다. Mayow는 또한 다른 동시대인들과 마찬가지로 금속재가 금속보다 더 무겁다는 것을 알았다.

연소, 하소, 호흡에는 공기 중의 어떤 성분이 필요하다는 생각은 Lavoisier보다 100년 이른 것으로 보인다. Mayow가 초석을 강렬하게 가열했으면 그는 산소를 발견했을지도 모르고,[1] 또 일부의 주장처럼 화학자들이 Stahl의 플로지스톤 이론을 건너뛰게 했을지도 모른다. 그러나 이보다 30년 전에 연소 중인 숯에서 발생되는 실베스터 정령 (spiritus sylvester) 에 대해 기체 (gas) 라는 용어를 만든 Van Helmont와 마찬가지로 Mayow는 기체를 수집할 기술이 없었고, Hales가 공기화학을 도입한 것은 50년 후의 일이었다.

1. J.R. Partington, *A History of Chemistry*, MacMillan, London, 1961, Vol.2, pp. 577~614

'현대' 플로지스톤 개념

플로지스톤 개념은 화학자의 최초의 진정한 통합 이론으로 18세기에 독선적이고 불쾌한 화학자이자 의사였던 Georg Ernst Stahl (1660~1734) 에 의해 유용한 형태로 개발되었다. 그에 대해서는 'Stahl은 그의 생각이 최소한 부분적으로나마 신이 내린 영감에 의한 것으로 대중은 전혀 이해하지 못한다고 여겼다. . .'[1] '그의 강의는 무미건조하고 일부러 어렵게 했으며 학생들도 거의 이해하지 못했다.'[1]라고 할 정도이다. Stahl은 반대자들을 격하게 공격했고, Becher에게 빚을 졌음을 명백히 인정했지만

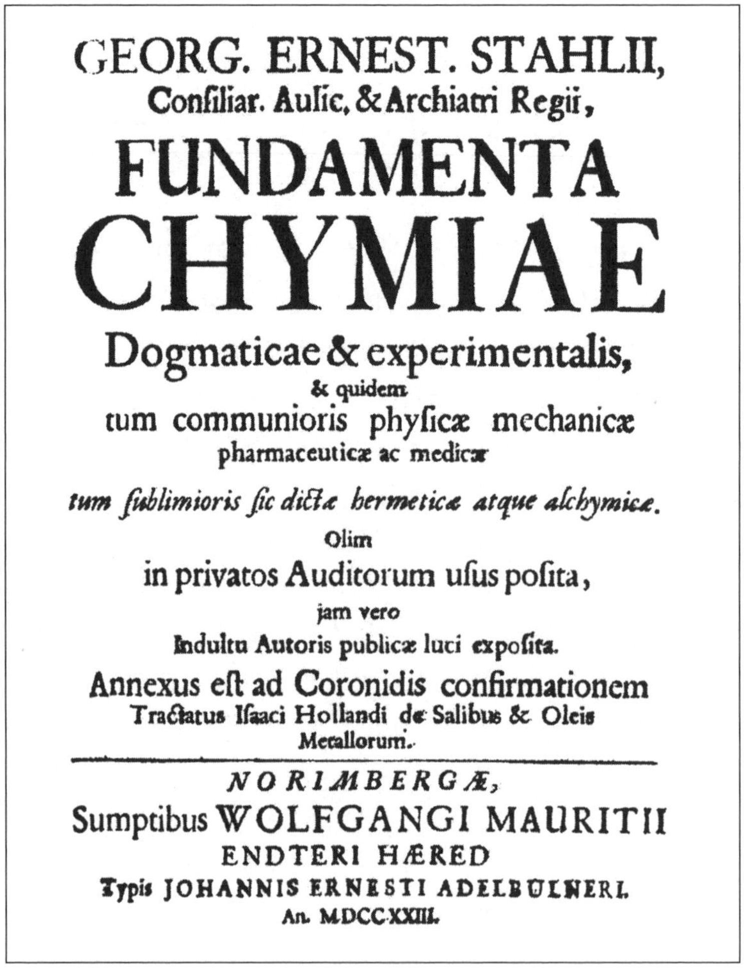

GEORG. ERNEST. STAHLII,
Conſiliar. Aulic. & Archiatri Regii,
FUNDAMENTA
CHYMIAE
Dogmaticae & experimentalis,
& quidem
tum communioris phyſicæ mechanicæ
pharmaceuticæ ac medicæ
tum ſublimioris ſic dictæ hermeticæ atque alchymicæ.
Olim
in privatos Auditorum uſus poſita,
jam vero
Indultu Autoris publicæ luci expoſita.
Annexus eſt ad Coronidis confirmationem
Tractatus Iſaaci Hollandi de Salibus & Oleis
Metallorum.

NORIMBERGÆ,
Sumptibus WOLFGANGI MAURITII
ENDTERI HÆRED
Typis JOHANNIS ERNESTI ADELBULNERI.
An. MDCCXXIII.

그림 68 ■ '현대' 플로지스톤 이론을 세운 Georg Ernst Stahl의 교재 표지. Lavoisier 부인은 1789년에 Lavoisier의 *Traité Élémentaire de Chimie* (기본 화학 교재) 의 출판을 기념하기 위해 여사제의 복장을 갖추고 이 책을 불태웠다.

(Stahl은 Becher의 *Physicae Subterranae*; 지하세계 (그림 1) 을 재발간했다), 비판도 많이 했다.

그림 68은 Stahl의 유명한 1723년판 교재의 표지인데 1684년경의 Stahl의 견해를 요약하고 있다. 반세기가 지난 후 Lavoisier 부인은 여사제로 분장하고 이 책을 의식을 차려 불태웠다 (뒤 내용을 볼 것). 16세기에는 Paracelsus가 Galen과 Avicenna의 교재를 불태웠다고 한다—독설극의 옛날 판!

플로지스톤은 가연성 물질뿐만 아니라 금속재를 형성하는 것으로 알려진 금속들 안에도 존재한다고 가정되었다. 이 개념은 다음과 같이 작용한다.

숯 (플로지스톤 내포) → 잔여물 + 플로지스톤
금속 (플로지스톤 내포) → 금속재 + 플로지스톤

이 이론은 이 두 가지 다른 것처럼 보이는 화학을 연계시킬 뿐만 아니라 금속재를 숯으로 가열하여 금속으로 변환시키는 것도 설명하였다.

$$\text{금속재} + \text{숯} \rightarrow \text{금속} + \text{재 잔여물}$$

여기서 숯과 금속은 플로지스톤을 가지고 있다. 마찬가지로 공기 중에서 인을 태우면 인산이, 황을 태우면 황산이 생성된다. 이 산들을 숯불로 가열하면 각각 원소 상태의 인과 황이 생긴다.

강력하고 개념적으로 유용한 이 이론은 거의 한 세기 동안 화학계를 지배했다. 1774년에 Priestley가 산소를 발견했을 때 그는 이것이 연소를 지원했으므로 **탈프로지스톤 공기** (*dephlogisticated air*) 라고 불렀다. 왜냐하면 연소에서는 산소가 숯이나 철과 같은 물질들로부터 플로지스톤을 맹렬하게 끌어내도록 하기 때문이다. 질소는 연소를 지원하지 않고, 따라서 명백히 플로지스톤으로 포화되어 있기 때문에 처음에는 **플로지스톤화 공기** (phlogisticated air) 라고 불렸다. 1776년에 Cavendish가 수소 기체를 발견하고 밀도가 공기의 십분의 일도 안된다는 것을 알았을 때 그는 이 가연성 기체가 플로지스톤 자체라고 믿었다.

Roald Hoffmann의 설명처럼 산소를 'A' 라고 하면 플로지스톤은 'A가 아닌 것' 또는 'A가 빠진 것' 으로 작용한다. 즉, 숯 (C) 이 타면 탄소는 플로지스톤을 잃는 것이 아니고 산소를 얻어 이산화 탄소 (CO_2) 를 형성한다. 마찬가지로 철이 녹슬면 산소를 얻는 것이지 플로지스톤을 잃는 것이 아니다. 질산 (HNO_3) 또는 초석 (질산 포타슘, KNO_3) 이 마그네슘 (Mg) 같은 금속에서 플로지스톤을 얻는다는 것은 실제로는 자체는 환원되면서 (예컨대 아질산 포타슘 KNO_2로) 산소를 금속에 주어 금속재, 즉 산화물(MgO) 을 형성하는 것이다. 숯이 금속재에 플로지스톤을 잃는다는 것은 실제로는 금속재에서 산소를 받아 CO_2와 유리 상태의 금속을 생성하는 것이다.

때로는 화학 교재에서 플로지스톤 개념이 현대화학을 100년이나 지연시켰다고 얘기하고 있지만, 이 이론은 강력한 통합 개념이었으며 올바른 의문들을 제기해, 뒤에 나올 실험들을 가능하게 하였다. '... 태동하는 화학에 크게 도움이 되었으며 틀리기는 하나 유용한 개념이었다.'[2] 이 의문들 중의 하나가 바로 잘 알려진 금속이 하소 중에 플로지스톤을 잃음에도 불구하고 금속재를 형성하면서 무게가 오히려 증가한다는 문제였다. 플로지스톤의 무게를 음으로 가정함으로써 이 이론을 유지하려는 시도는 궁극적으로 과학계를 설득하는 데 실패하였다.

Hoffmann의 지적처럼 산소가 연소를 지원한다는 깨달음은 나중에 더 일반화되었다. 플루오린은 자발적으로 금속을 연소시켜 플루오린화물을 만든다. 마그네슘을 불꽃으로 가열하면 이 활성 금속은 질소 속에서도 타서 질소화물이 된다. Rayleigh와 Ramsay가 19세기 말에 아르곤을 발견한 것도 바로 이 방법임을 뒤에서 알게 될 것이다. 따라서 적절한 조건하에서는 플루오린 또는 질소 (또는 예컨대 염소) 도 산소 대신에 'A' 가 될 수 있다.

1. J.R. Partington, *A History of Chemistry*, MacMillan, London, 1961, Vol. 2, p. 655.

2. R. Hoffmann and V. Torrence, *Chemistry Imagined—Reflections On Science*, Smithsonian Institution Press, Washington, D.C., 1993, pp. 82~85.

에플루븀이란 무엇인가?

Effluvium: 이것이야말로 흔히 쓰지 않는 단어이다. 웹스터 사전 (*Webster's New World Dictionary of the American Language* (College Edition)) 에서는 다음과 같이 정의하고 있다. 1. 증기 또는 눈에 보이지 않는 입자들의 진짜 또는 상상 흐름; 기운. 2. 불쾌한 또는 유해한 증기 또는 냄새 (복수: effluvia).

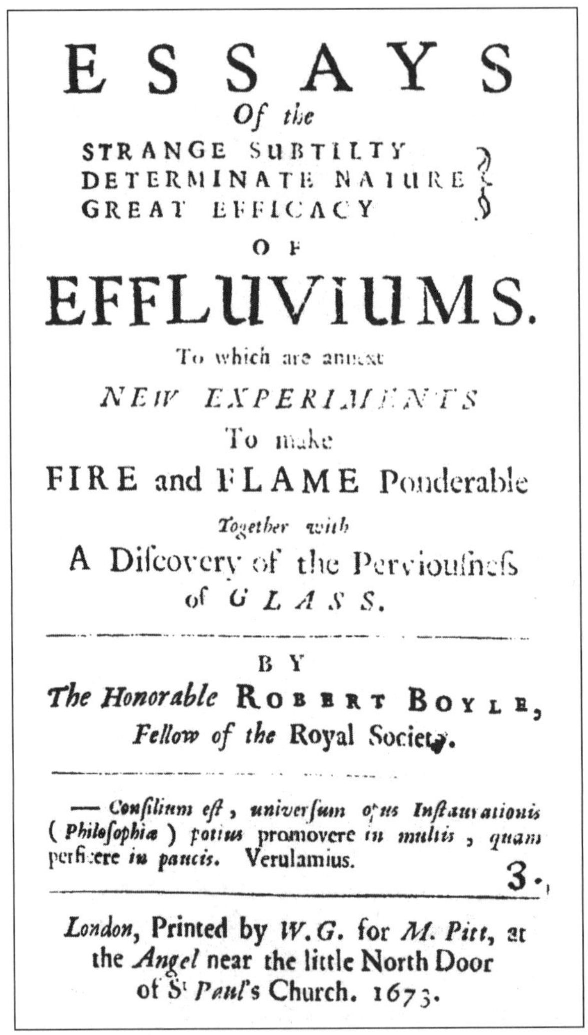

ESSAYS
Of the
STRANGE SUBTILTY
DETERMINATE NATURE
GREAT EFFICACY
OF
EFFLUVIUMS.
To which are annext
NEW EXPERIMENTS
To make
FIRE and FLAME Ponderable
Together with
A Discovery of the Perviousness of GLASS.

BY
The Honorable ROBERT BOYLE,
Fellow of the Royal Society.

— *Consilium est, universum opus Instaurationis (Philosophiæ) potius promovere in multis, quam perficere in paucis.* Verulamius.

London, Printed by *W.G.* for *M. Pitt*, at the *Angel* near the little North Door of St *Paul's* Church. 1673.

그림 69 ■ Robert Boyle이 은, 금, 비단 및 알코올 증기의 측정 가능한 최소 'effluvia' 를 추산하고 있는 에세이의 표지. Denis I. Duveen 수장 도서에는 Robert Boyle이 서명해 Isaac Newton에게 헌정한 (마치 구약성경을 아브라함이 서명해 예수님께 바친 격) 이 책이 있다.

Boyle은 물질의 입자론—원자론의 선조 비슷한 것—을 신봉했다. 이 예쁜 작은 *Effluviums* 책자 (그림 69) 에서 그는 에플루븀의 측정 가능한 질량의 상한값을 계산하는 사고 실험을 수행한다. 이들 중 몇 가지를 설명하기 전에 우선 Boyle에게 당시 논쟁을 정의하도록 하자.

> 우리가 모든 지각할 수 있는 물체들은 지각할 수 없을 뿐만 아니라 더 이상 쪼갤 수도 없는 입자들로 이루어져 있다는 고대 및 현대 원자론자들에 동의하든, 설사 무한히는 아니라도, 물질은 수량처럼 일정치 않게 쪼갤 수 있다는 DESCARTES 및 ARISTOTLE과 같이 생각하든, 물체의 에플루븀들이 극도로 작은 입자들로 구성되어 있다는 것은 두 학설에 다 부합된다. 왜냐하면 우리가 ARISTOTLE이나 DESCARTES의 견해를 따른다면 물질을 점점 더 작은 조각들로 쪼개는 데는 한계가 있다. 비록 EPICUREAN 가설은 물질의 이런 끊임없는 분할을 인정하지 않고 물질의 분할은 특정 입자에서 끝나야 한다—더 이상 쪼갤 수 없다는 뜻에서 원자 (ATOM) 라고 부름—고 하지만, 이것을 주장하는 사람들도 햇빛 속에서 상하로 날아다니는 티끌, 즉 작은 먼지가 이들이 얘기하는 원자라고 한다면 이들은 당연히 명예에 손상을 입었다고 생각할 것이다. 왜냐하면 이 철학자들에 따르면 햇빛 속에서 움직일 때만 보이는 이 작은 먼지 조각도 다수의 원자들로 이루어져 있을 수 있기 때문이다.

(현대) 영어로 옮기면: 단 한순간이라도 내가 지금 질량을 측정하려고 하는 에플루븀이 내가 얘기하는 원자라고 생각할 만큼 내가 바보라고 생각하지 말라. 나는 수천 개의 원자들로 이루어진 에플루븀의 질량의 상한을 측정하려고 하는 것이다. 어쨌든지 좀 더 얘기를 듣고 에플루븀이 금속과 금속재에 관한 내 관찰 내용을 어떻게 설명하는지 보라.

아래는 Boyle의 몇 가지 사고 실험들이다.

1. 어떤 은 세공장인이 은 1그레인 (0.0684 g) 을 길이가 27 피트짜리 철사로 늘였다. Boyle은 인치당 200개의 눈금을 가진 특수 자를 가지고 있었다. 따라서 철사는 하나의 무게가 0.0000010 g (1.0×10^{-6}g) 인 $27 \times 12 \times 200 = 64{,}800$개의 은 원통들로 나눌 수 있다.
2. 만일 이 철사를 도금할 수 있다면 금 겉옷의 질량은 원통보다 훨씬 작을 것이다.
3. 내가 아는 어느 박식한 의사의 부인인, 한 재주 많은 귀부인은 누에의 입으로부터 300야드의 비단실을 뽑았다. 이 비단실의 무게는 2.5그레인이었다. 이 비단실을 자르면 하나의 무게가 0.000000075 g (7.5×10^{-8}g) 인 $300 \times 3 \times 12 \times 200 = 2{,}1600{,}000$ 개의 비단 '원통' 이 생긴다.
4. 아주 작은 금조각 여섯 개를 두들겨 각각 모서리의 길이가 $3^1/_4$인치인 정사각형을 만들었다. 따라서 이 정사각형 여섯 개는 각각 무게가 0.000000032 g (3.2×10^{-8}g)

인 작은 금 정사각형 $6\times(3.25\times200)^2 = 2{,}535{,}000$개로 나눌 수 있다.

놀랍게도 약 140년 뒤에 1926년도 노벨 물리학상 수상자인 Jean Perrin도 자신의 1913년판 저서 *Les Atomes*(원자, 영어판은 1916년판)에서 비슷한 계산('분자 크기의 상한')을 했다. 두께가 0.1마이크론(10^{-5}cm)인 금박은 금 원자들이 최대한 부피가 $10^{-15}cm^3$인 정육면체를 차지함을 뜻한다. 금의 밀도를 감안하면 이는 금 원자 한 개당 질량이 10^{-14}g임을 의미한다. 수소 원자의 질량은 금 원자의 $^1/_{197}$이므로 수소 원자 질량의 최대값은 5×10^{-17}g이다. 사실상 우리는 100여 년 동안 금 1몰의 질량은 197.0 g이고, 6.02×10^{23}개(Avogadro 수)의 원자들로 이루어져 있음을 알고 있다. 따라서 금 원자의 무게는 3.27×10^{-22}g이다—Boyle의 금 에플루븀보다는 100조 배, Perrin의 상한값보다는 10만 배 가볍다. 그러나 Boyle이나 Perrin이나 누구도 각개 원자의 무게를 잰다고 주장하지는 않았다.

우리는 왜 이 에플루븀에 관심을 갖는가? 책의 끝머리에서 Boyle은 금속을 공기 중에서 가열해 녹 같은 금속재가 생길 때 무게의 증가를 정확히 측정했음을 기록하고 있다. 1673년에 이것은 아주 중요한 관찰이었다(Rey, Becher, Stahl, Mayow, Le Fèvre 및 다른 사람들도 관찰했다). Boyle의 설명: 불꽃 중에 미세한 에플루븀(Becher의 가연성 입자)이 금속과 공기가 들어 있는 밀봉된 유리 용기의 구멍들을 통과해서 금속에 '달라붙어' 금속보다 무거운 금속재를 형성한다. 이것은 이미 태동기에 있던 플

그림 70 ■ Jean Beguin 저 *Tyrocinium Chymicum*(화학 초보자)의 초판은 1610년에 출판되었다. 이 1660년판은 독자들의 화학 사랑을 유발하기 위해 화학자 Cupid를 화학자로 등장시켰다.

로지스톤 이론을 거의 피해가는 것이었다.

Van Helmont가 자기(磁氣) 현상뿐만 아니라 교감 개념도 에플루비아 간의 접촉으로 (예컨대 칼에 묻은 피와 부상당한 사람 체내의 피 사이) 설명한 것도 유의할 만하다.

Effluviums 책 말미에 Boyle은 조리한 고기에 닿는 불꽃에서 나오는 에플루븀을 먹었을 때의 건강 문제를 명시적으로 거론했다. 오늘날 우리는 고기를 직화로 구울 때 고기의 지방이 불에 열분해하여 발암성 다환 방향족 탄화수소가 생기고 석쇠에서 올라와 고기 표면에 달라붙음을 알고 있다. 즉, 이 점에서 Boyle은 보건 전문가들을 300년이나 앞섰다. 또한 William Penn이 펜실베니아에서 Boyle과 교신했었고, 1680년대 초반에 신세계에서 나는 광물과 의약용 식물 견본을 보냈음도 유의할 만하다.[2]

1. J. Perrin, *Atoms*, Constable, London, 1916, pp. 48~52.
2. C. Owens Peare, William Penn—A Biography, Dobson Books, London, 1959, p. 268 (이것을 저자에게 알려 준 Susan Gardner 교수에게 감사를 전한다).

그림 71 ■ Christophe Glaser의 1663년판 *Traité de la Chymie* (화학 교재) 의 1684년 독일어판.

그림 72 ■ Nicolas Lemery의 1686년판 *Cours de Chimie*(화학 강좌)에 나오는 유리 기구들. 이 책의 초판은 파리에서 1675년에 출판되었고, 최종판도 역시 파리에서 1756년에 출판되었다. 만일 저자의 *A Chemical History Tour*도 81년동안 여러 판들이 출간된다면 서적 수집에 드는 금전 문제도 사라지련만.

아름다운 17세기 화학 교재들

Libavius의 *Alchymia* 이후 17세기의 전 기간 동안에 여러 권의 아름다운 그림을 곁들인 유용한 교재들이 출간되었는데, Beguin부터 시작해 보자. Jean Beguin 저, *Tyrocinuim Chymicum*('The Chemical Beginner', 화학 초보자)는 1610년 처음 출판되었는데, 이 책은 1669년 최종판까지 50판을 넘었다. 그림 70은 1660년판 표지로 연금술사 Cupid를 나타내고 있다. Nicolas Le Fèvre는 *Traicté de la Chimie*(화학 교재)을 1660년에 처음 출판하였는데, 프랑스어 제2판은 1669년에 영어판들은 1664년과 1670년, 그리고

그림 73 ■ Moses Charas 저, *The Royal Pharmacopoea*(약전, London, 1678)에 나오는 17세기 유리 기구들. 이중 펠리칸(*KK*)과 알렘빅들(*O*와 *E*)에 유의하라.

독일어 최종판은 1688년에 나왔다. 그림 62는 Le Fèvre 1670년판이다. Christophe Glaser는 1663년에 자신의 저서 *Traité de la Chymie*를 처음 출판하였고, 영어판은 1677년에, 독일어판(그림 71)들은 1710년에 이르기까지 출판되었다. Nicolas Lemery는 믿을 수 없을 만큼 성공적인 교재를 출판했다(Lemery는 Glaser의 제자였다). *Cours de Chimie*(화학 강좌)의 프랑스어 초판은 1675년 파리에서 출판되었다(그림 72는 1686년 파리판이다). 프랑스어 최종판은 1756년에 출판되었다—81년 동안이나! 그림 73은 Moses Charas 저, *Royal Pharmacopoea*(약전, 런던, 1678)이다. 그림 74는 Johann Conrad Barchusen 저, *Pyrosophia*(열지식, Utrecht, 1698)에 나오는 것인데 그의 Utrecht 실험실을 보여준다. 그림 속의 화학자가 Barchusen 자신인지는 불명확하다.

그림 75는 Herman Boerhaave 저, *Elements of Chemistry*(화학의 기본, 런던, 1735)의 영어 초판에 나오는 것이다. Boerhaave는 유명한 의사이자 화학 교사였다.[4] 그의 강의는 아주 뛰어나서 그의 학생들은 1724년에 해적판을 출간했다(1727년에 영역되었

그림 74 ■ 저자 Johann Conrad Barchusen이 자신의 Utrecht 실험실에 'midnight oil' (자정 기름) 의 무게를 달고 있는 것일까? (*Pyrosophia*, 열지식, Utrecht, 1698).

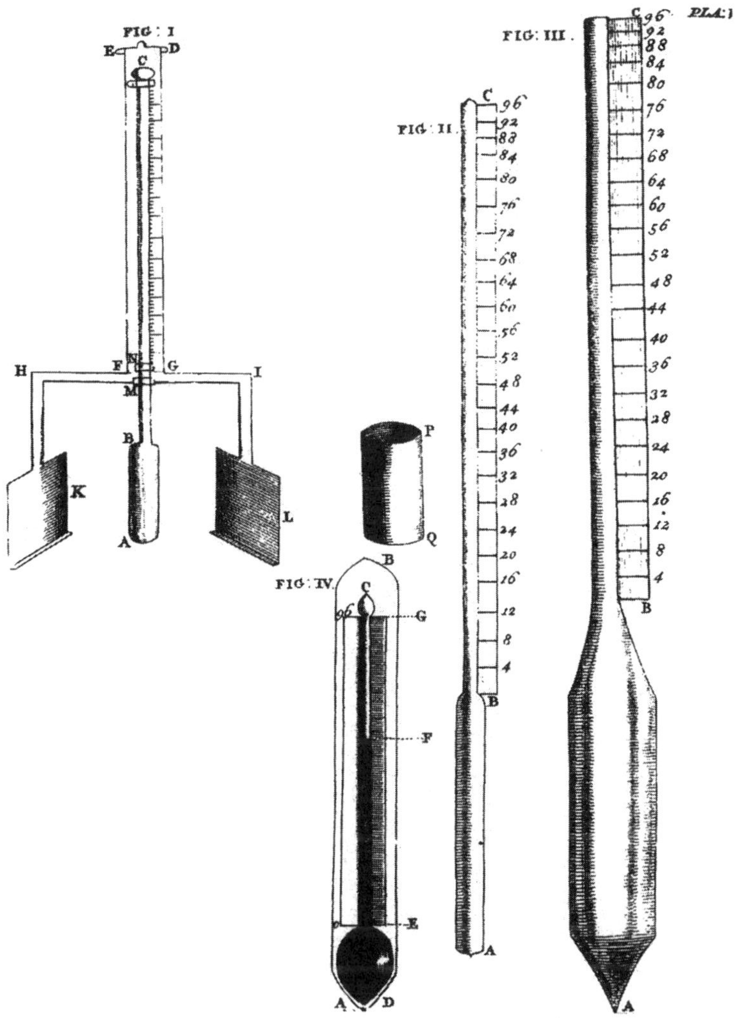

그림 75 ■ 이 온도계들은 Herman Boerhaave 저, *Elements of Chemistry* (화학의 기본) 1735년도 영어판에 나와 있다. Boerhaave는 주요한 발견을 한 뛰어난 화학자는 아니었으나 의대 교과 과정에 임상교육을 도입한 뛰어난 화학 및 의학 교수였다.

음). 비록 그는 화학이라는 학문에 의미 있는 공헌을 하지는 않았으나, 그는 엄격한 사람이었고 플로지스톤 이론에 대해서는 회의적이었다. Boerhaave가 인정한 *Elements*의 초판은 1732년 (라이덴) 에 출판되었다. 그는 정본임을 입증하기 위해 방대한 이 책의 한 권 한 권마다 서명을 했다. Boerhaave의 *Elements*에는 아마도 최초의 진정으로 통합적인 화학사가 수록되어 있다. Boerhaave는 최초의 위대한 임상교육 주창자였고, 그는 라이덴 의과대학을 유럽에서 가장 좋은 대학들 중의 하나로 육성했다. 그가 죽자 Samuel Johnson 박사는 *Gentleman's Magazine* (1739) 에 'Herman Boerhaave의 생애' 라는 글을 썼다. Johnson의 전기작가 Boswell은 그때 Johnson은 '화학을 사랑하게 되었고 그 사랑은 끝까지 그를 떠나지 않았다.' 고 썼다.[4] Johnson은 생애 중 최소한 20년을 자신의 화학 실험실에서 보냈다.[4]

그림 75에는 자체로 서 있을 수 있는 온도계 (*Fig. I*) 가 보이며, 벌브 *AB*는 액체를

부어 넣거나 혼합할 수 있는 통 *PQ* 안에 들어갈 수 있다. *Fig. II*는 청색 염료를 가한 알코올로 채우는 Fahrenheit의 최초 온도계이다. *Fig. III*은 수은으로 채우는 Fahrenheit의 두번째 온도계이다. *Fig. IV*는 '인체의 열'을 측정하는 데 쓰는 Fahrenheit의 세 번째 온도계로서 수은 또는 적색 염료를 가한 알코올을 쓸 수 있으며, 밀봉한 유리관 안에 들어 있다. 이 온도계는 겨드랑이, 옷 속의 가슴부위, 또는 입안 . . . 등에 넣을 수 있다.

1. J. Ferguson, *Bibliotheca Chemica*, Derek Verschoyle, London, 1954 (1906판의 재판).
2. D. Duveen, *Bibliotheca Alchemica et Chemica*, HES, Utrecht, 1986 (1949판의 재판).
3. J. Read, *Humour and Humanism in Chemistry*, G. Bell, London, 1947, pp. 79~123.
4. J. Read, op. cit., pp. 128~153

화학적 친화력

그림 76과 77은 화학 물질들의 성질을 논리적으로 정리한 최초의 표를 둘로 나누어 실은 것으로, Étienne-François Geoffroy (1672~1731)가 1718년에 작성한 것이다.[1] 꼭대기 수평줄은 16개의 물질 (원소 및 화합물), 물질의 부류, 그리고 심지어는 혼합물까지를 제멋대로 좌에서 우로 배열하였다. 각 수직 행은 물질들을 친화력 순서로 배열하였다. 꼭대기 물질에 가장 가까운 물질은 꼭대기 물질에 대해 가장 높은 친화력을, 바닥에 있는 물질은 가장 낮은 친화력을 가진다.

몇 가지 예를 들어 설명해 보자. 제16행에는 물이 제일 위에 있으며, 그 밑에 알코올, 그 밑에 소금이 있다. 이는 물에 대해 알코올이 소금보다 친화력이 큼을 뜻한다. 즉, 알코올 (에탄올 또는 200프루프 보드카)을 소금물에 가하면 액체들은 섞이고, 소금은 여과 가능한 고체를 만들어 침전할 것이다. 알코올은 물에서 소금을 대치하였다. 이에 반해 만일 50 : 50 알코올-물 혼합물 (100프루프 보드카)을 쓴다면 물이 알코올에 대해 더 큰 친화력을 가지고 있기 때문에 소금이 녹지 않는다.

제1행은 물질들의 산에 대한 화학적 친화력을 보여 준다. 금속들은 대부분 산과 화학적으로 반응하여 수소 기체를 발생시킨다—즉, '녹아서' '공기'를 방출하는 듯 보인다. 그러나 일단 탄산 포타슘 (K_2CO_3)과 같은 알칼리 (염기)를 먼저 산에 넣어 중화시키면 그 용액은 더 이상 금속을 용해시키지 않는다. 금속을 산에 녹인 후 알칼리를 가하면 고체 (불용성 금속 탄산염 또는 수산화물)가 침전할 것이다. 따라서 알칼리는 금속 물질들보다 산에 대한 친화력이 더 크다.

그러나 독자 여러분, 잠깐만! 고등학교에서 화학을 배운 학생들은 알코올과 소금의 물에 대한 용해도는 물리적 성질인 반면에, 산에 대한 금속의 '용해도'는 화학적 성질임을 알 것이다. 이 두 가지를 혼동한다면 저자에게서 좋은 성적을 못 받을 것이다. 명백히 18세기 초 과학자들에게는 이 구분이 아직 확실하지 않았다.

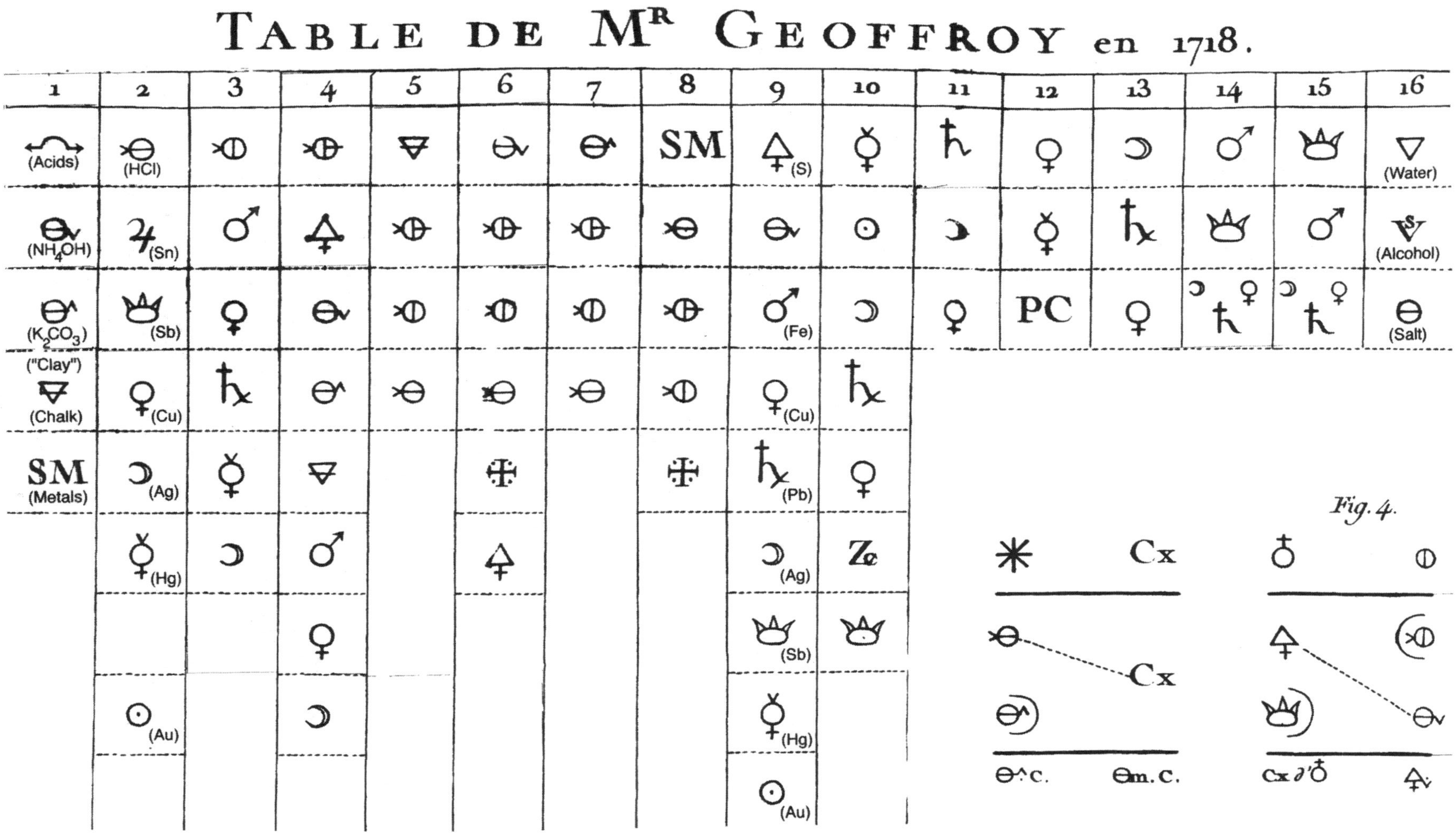

그림 76 ■ *Recueil de Dissertations Physico-Chemiques Presentés a Differentes Académies* (여러 학술원들에서 발표된 물리-화학 논문집 Jacques Francois De Machy, Paris 1781)에 실린 Étienne Geoffroy의 1718년판 친화력 표의 위 반쪽.

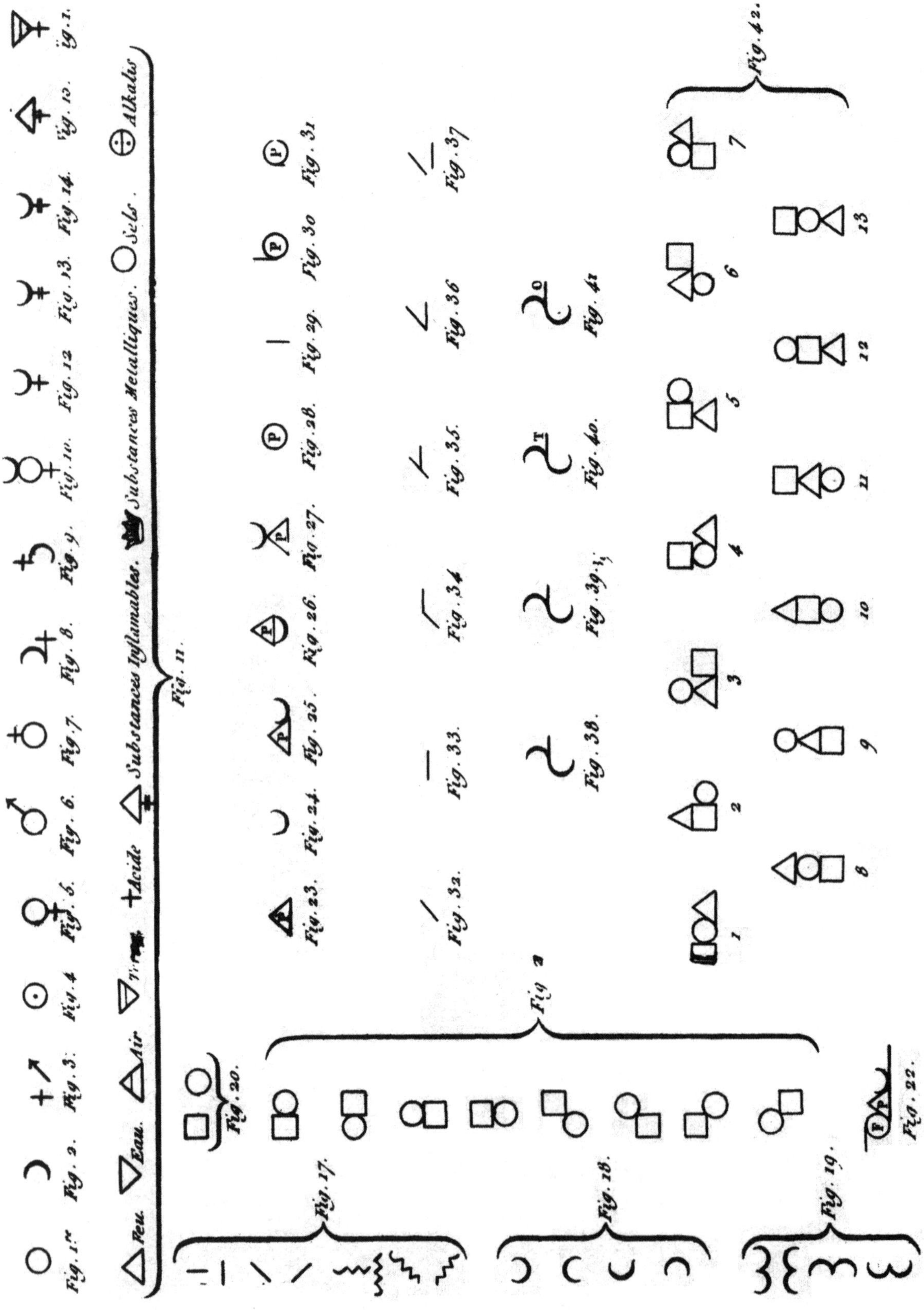

그림 77 ■ Geoffroy의 친화력표의 아래 반쪽 (그림 76 참조).

제9행에는 인류의 역사가 쓰여져 있다! 황의 친화력을 살펴보자. 금속들 중에서 철의 친화력이 가장 크고 주석과 구리(합금 청동의 성분들)는 친화력이 작다. 주석과 구리 광석들(흔히 황화물들임)은 비교적 쉽게 제련할 수 있어서 청동기 시대는 대략 B.C. 3000년 전에 시작되었다. 철의 황화물에서 철을 제련하려면 더 높은 온도에 따라서 더 현대적인 노를 제작하는 기술이 필요했으므로, 철기 시대는 B.C. 1200년 경에서야 겨우 시작되었다.

제9행 바닥의 금에 유의하라. 이 귀금속은 황에 대해 거의 친화력이 없어서 자연계에서는 빛나는 덩어리나 낟알의 형태로, 유리 상태로 발견된다.

Geoffroy의 표는 화학적 성질과 물리적 성질, 원소, 화합물, 물질의 부류와 혼합물들을 제멋대로 집합시켜 놓은 것이기는 하지만 어쨌든 약 150년 후에 작성된 주기율표의 먼 친척이라고 할 수 있다.

1. Geoffroy 의 이 표는 M. De Machy 저, *Recueil de Dissertationes Physico-Chimiques*(여러 학술원들에서 발표된 물리-화학 논문집, Paris, 1781)에 수록된 것이다. H.M. Leicester and H.S. Klickstein, *A Source Book in Chemistry* 1400~1900, McGraw-Hill, New York, 1952, pp. 67~75의 논의도 참조하라.

이중 바닥 큐펠, 속이 빈 젓개 및 기타 속임수

비록 연금술이 17세기 말에 와서는 본질적으로 수명을 다했지만 18세기까지도 대중적인 관심은 남아 있었다. 속임수에 약한 학자들 및 탐욕스런 평민들은 '연금술사들'의 먹이감이었고, 존경받는 *Journal des Savans*는 가끔 변환에 대한 논문들을 발간하였다. 놀랍게도 주류 과학자인 앞서 얘기한 Geoffroy까지도 1772년에 *Histoire de l'Académie Royale des Sciences*(왕립 과학 아카데미의 역사)에 이런 속임수를 경고하는 논문을 발표하였다.[1] 다음은 그가 경고한 사기 행각들이다.[1]

1. 이중 바닥 큐펠
2. 속이 빈 젓개
3. 비싼 금속들을 숨겨 가지고 있는 아말감
4. 금과 은이 녹아 있는 산
5. 태웠을 때 나타나도록 미소량의 금이나 은을 숨겨 놓은 여과지

자, 신사, 숙녀, 어린이 여러분! 내가 이 작은 황화 사마륨(SmS)의 흑색 결정을 긁는 것을 보시라. 어떻습니까, 금으로 변했죠(즉 색깔만)[2]. 이 '흑색 금'을 누가 먼저 사시겠습니까?

심지어 오늘날에도 프랑스에는 현자의 돌을 발견하려고 부지런히 일하는 연금술

사들이 있다.[3] 아직도 그 유명한 브루클린 다리를 나에게서 살 손님이 있을런지도 모르겠다.

1. A. Debus, in *Hermeticism and the Renaissance*, I. Merkel and A.G. Debus (eds.), Associated University Press, Cranbury, NJ, 1988, pp. 231~250.
2. H. Rossotti, *Diverse Atoms: Profiles of the Chemical Elements*, Oxford University Press, Oxford, 1998, p. 439.
3. A. McLean, *A Commentary on the Mutus Liber*, Phanes, Grand Rapids, MI, 1991, pp. 8~10.

완두콩은 대량의 기체를 생성시킨다

Stephan Hales (1677~1761) 은 케임브릿지에서 신학을 공부하고 활동적인 사제가 되었으나 과학적 연구를 더 즐겼다.[1] 그는 식물내 액체의 정역학 (*Vegetable Staticks*, 식

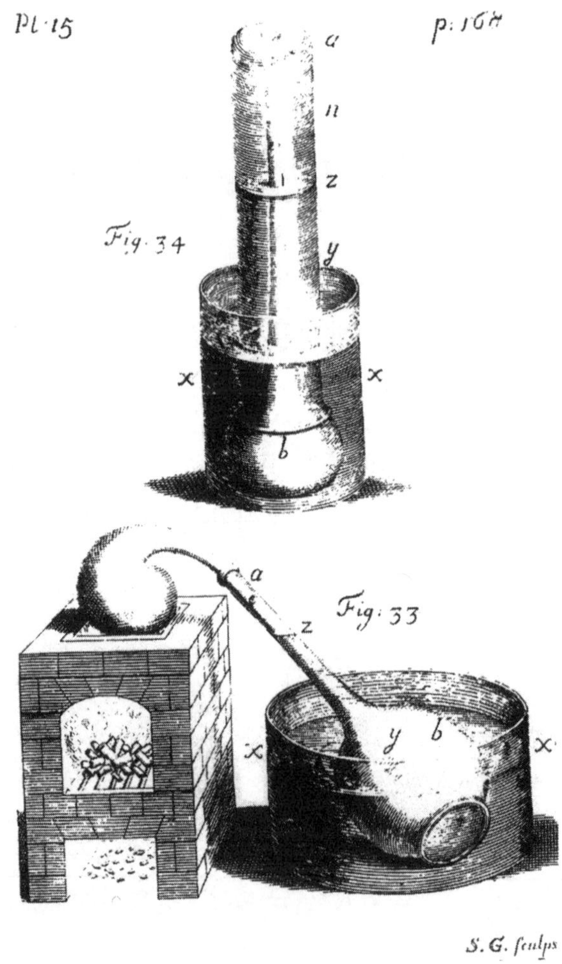

그림 78 ■ 채소의 증류에서 발생되는 '공기' 를 측정하는 장치. Stephan Hales 저, *Vegetable Staticks* (식물 정역학, London, 1731) 의 재판에서 인용함. 초판은 1727년.

물 정역학, 런던, 1727)과 혈액 순환에 대해 중요한 연구를 했다. '공기' 에 대한 연구는 1710년과 1727년 사이에 수행하였다. Hales는 기체화학—분리된 기체의 수집과 조작—의 창시자로 인정받고 있다.[1] 그가 고안한 장치들의 드러나는 특징은 수집된 기체를 그 근원으로부터 분리시키는 것이다.

그림 78 (*Fig. 33* 참조) 에서 증류한 물질을 담고 있는 레토르트 *r*은 목이 긴 큰 플라스크 *ab*에 방광을 씌운 시멘트 (담배 파이프 점토와 콩가루에 머리카락을 잘 섞은 것) 로 연결되어 있다. *ab* 바닥의 큰 구멍은 유리 사이펀을 끼우기 위한 것인데, 사이펀의 끝은 플라스크 내 *z*까지 닿고, 다른 쪽 끝은 *ab*가 들어 있는 물통 (*xx*) 의 표면 위까지 뻗는다. *r*에 연결된 플라스크 *ab*를 물통에 넣고 사이펀으로 공기를 밀어내면 물은 *z*까지 찬다. 그런 다음 플라스크 *ab*를 물이 채워진 *xx*에 넣는다. *r*에 들어 있는 식물을 가열하면 '공기' 가 발생해 물을 *z*에서 *y*까지 밀어 내는데, 이때 *y*의 위치를 플라스크에 잘 기록해 둔다. 장치를 실온까지 냉각시키고, *r*을 분리하며, *ab*의 주둥이를 코르크로 막는다. 물을 빼낸 플라스크 *ab*를 뒤집고 물을 *z*까지 채운 후 물의 질량을

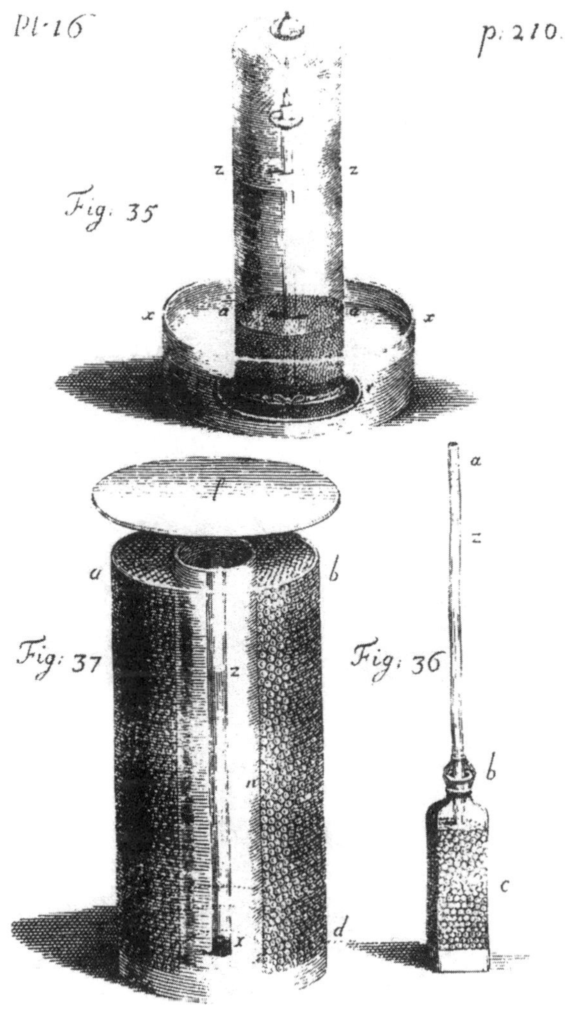

그림 79 ■ 완두콩에서 발생한 기체 측정 실험 (Hales의 1731년판 *Vegetable Staticks*에서).

측정한다. 다시 *y*까지 채우고 전체 질량을 측정한다. 두 질량의 차이가 물의 질량이고 발생한 기체의 부피이다 (때로는 냉각 후에 *r*에 남아 있는 물질에 의해 기체가 흡수되기도 한다).

그림 79 (*Fig. 36* 참조) 는 '튼튼한 헝가리-물병' 인데 바닥에는 수은이 깔려 있고, 나머지는 물에 잠긴 완두콩들로 채워져 있다. 위가 막히고 바닥은 수은 풀 아래까지 닿아 있는 진공 유리관이 통 상단에 꼭 밀봉되어 있다. 완두콩들은 물을 다 흡수하며, 2~3일이 지나면 발생되는 기체가 거의 80인치나 되는 수은주를 지탱한다 (대략 2.5기압의 압력). 그림 79 (*Fig. 37*) 에는 지름이 2.5인치이고 길이가 5인치인 튼튼한 철통이 보이고, 그 안에는 수은 풀 위에 물에 잠긴 완두콩들이 채워져 있다. 이 소박하지만 교묘한 장치 안 동심철관 (유리관 보호용) 안에는 유리관이 들어 있고, 유리관 바닥에는 꿀 한 방울 (*x*) 이 있다. 꼭 맞는 철 뚜껑은 가죽으로 통에 밀봉하고 과즙 압착기로 꼭

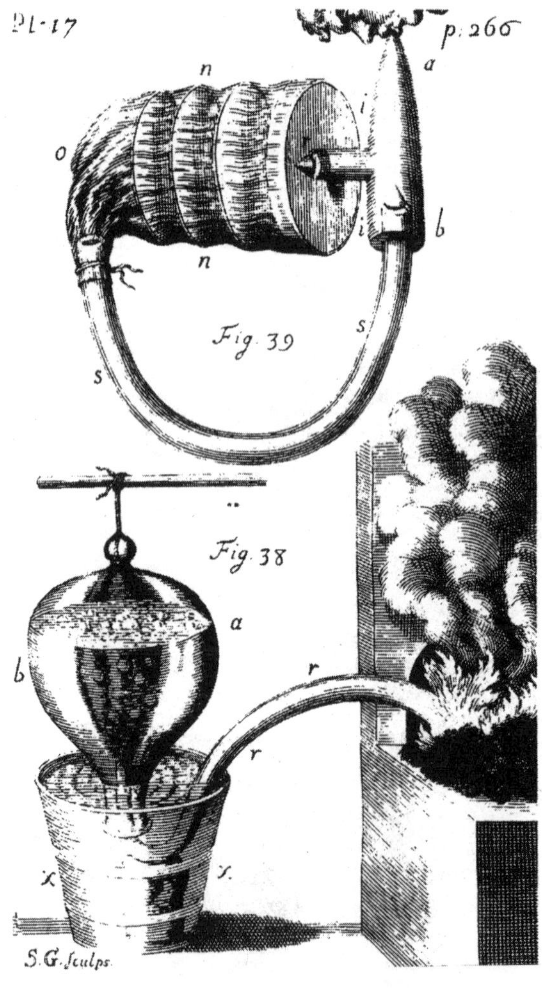

그림 80 ■ Hales의 초기 기체 수집 장치 (*Vegetable Staticks*의 1731년판). 아래 그림은 포신 속에서 분해된 물질에서 발생되어 수상 치환하여 수집된 기체를 나타낸다. 이것은 Scheele, Priestley 및 Lavoisier가 화학 혁명을 점화시키는 데 사용했던 기체 수집통의 선조이다. 위 그림은 내 쉰 공기를 수집해 재순환시키는 주름상자이다. 상자 내 격막 네 개에 알칼리성 탄산 포타슘이 스며들게 하면 산성인 이산화 탄소가 제거되기 때문에 더 장시간 호흡할 수 있었다.

닫아 놓는다. 며칠 후 압착기를 풀고 압력을 낮춘 후 뚜껑을 열면, 수은주는 다시 영 위치로 떨어지지만, 소량의 꿀이 수은이 올라와 닿았던 자리 (*z*)를 표시해 준다. 압력은 역시 약 2.5기압이었고, 이는 철 뚜껑에 189파운드의 힘이 가해지는 것에 해당한다.

그림 80 (*Fig. 38*)은 아주 유명한 Hales의 기체 수집 장치인데, 철제 포신 속에서 여러 가지 물질들을 가열한다. 기체는 물을 꽉 채우고, 뒤집어 매달아 놓은 플라스크 속으로 수집된다. 이 방식으로는 물에 녹지 않는 기체들만 수집할 수 있다. 수용성 기체들은 수은 또는 기름층으로 코팅한 물 위로 수집한다.

그림 80 (*Fig. 39*) 위쪽의 아주 재미있는 장치를 눈여겨 보라. Hales (자신의 얼굴?)은 목제 빨대 *ab*를 빨아 밀봉된 주름상자에서 나오는 공기로 호흡한다. *ab*의 바닥에 (*ib* 참조) 있는 밸브는 흡입할 때 열린다. 상자 입구 *x* 위치의 밸브는 흡입할 때 닫힌다. 숨을 내 쉴 때는 이 두 밸브의 역할이 바뀐다. 상자가 비었을 때 Hales는 숨을 들여 마시고 내 쉬는 과정을 약 1.5분 동안 유지할 수 있음을 알았다. 상자 속에 네 개의 플라넬 격막 [주석산의 염 (K_2CO_3) 용액에 넣었다가 건조시킨 것—CO_2를 흡수함]이 들어 있으면 그는 5분 동안 숨 쉴 수 있었다. 잘 하소한 주석산염을 쓰면 (CO_2가 일부 날아가 K_2O를 형성하기 때문에 약간 염기성이 된) 그는 8.5분 동안 숨 쉴 수 있었다.

1. J.R. Partington, *A History of Chemistry*, MacMillan, London, 1962, Vol.2, pp. 112~113.

Black의 마술

Stephan Hales가 '공기들'을 그 원천으로부터 분리하는 기체화학 기술을 고안하기는 했지만, 그는 그들의 차이점들을 자세히 탐구하지는 않았다. 그러나 Joseph Black 박사 (1728~1799)는 그의 의학박사 논문 (1754)에서 마그네슘 알바 ($MgCO_3$)에 '고정되어' 있다가 가열 시 방출되는 '공기'의 발생에 대해 기술하였다.[1] 더 나아가서 그는 이 '고정된 공기'를 시험해서 그것의 성질들이 일상적인 공기의 성질들과는 아주 다름을 알아냈다. 예를 들어 이것은 불꽃을 지탱하지 않고 오히려 껐다. 분필 (쵸크, $CaCO_3$)이 산에 녹으면 같은 '고정된 공기'가 발생한다. 이 '고정된 공기'를 석회 (CaO) 수에 통과시키면 불용성 쵸크가 생성되어 탁해진다. 1756년까지 알려진 기체는 보통의 공기뿐이고, Black의 발견이 최초의 순수한 기체 발견이라고 얘기하기도 한다. 그러나 실제로는 17세기 중 Van Helmont의 연구도 보통 공기와는 상이한 것으로 인정한 다른 기체들 (다른 것들과 섞여 있는 CO_2)의 발견과 관련이 있고 그는 얼마간 이들의 특성을 연구하기도 했다. 예컨대 Van Helmont는 광산에서 수집되는 기체 (CO가 일부 섞인 CO_2)가 불꽃을 끔을 알았다.[2] 그러나 그의 연구는 쉽게 통제 가능하지 않았고, 일반적으로 원천에 따라 여러 가지로 다른 기체 혼합물들이 관련되었었다.

Black은 타고난 선생님이었고, 그의 고전적인 교재 *Lecture on the Elements of*

Chemistry(화학 요점 강의)는 그의 사후에 출판되었다 (Edinburgh, 1803; Philadelphia, 1807). 그는 '고정된 공기' (보통 공기보다 더 무거움)를 병에서 쏟아 부어 촛불을 끔으로써 청중을 즐겁게, 그리고 어리둥절하게 만들었다. Black은 발효와 호흡에서 나오는 기체도 석회수를 탁하게 하므로 같은 기체, 즉 CO_2임을 보였다.

Black은 1767~1768 중 어느 때, 작은 풍선에 (Cavendish가 새로 발명한) 수소 기체를 채우고 이것이 천장으로 올라감을 보여 청중들을 놀라게 하였는데, 청중들은 풍선이 마법의 실에 의해 비밀리에 끌어 올려지는 것으로 의심했다.[1] 그러나 그는 사람이 타는 기구에 수소를 사용하는 것은 반대하였다. 실제로 최초의 수소 기구는 1783년에, Jacques Alexandre Cesar Charles [바로 ($V = kT$)-Charles의 법칙의 그 Charles]가 처음이었고 영불 해협을 건넌 것은 1785년, 최초의 군사용 기구는 1796년이었다.[1] 물론 헬륨이 발견된 것은 약 100년 후의 일이다. 1937년 미국 뉴저지 주 레이크허스트 상공에서 비행선 힌덴버그(Hindenburg)호가 폭발하여 36명이 희생된 사고는 궁극적으로 Black 박사가 옳았음을 증명하였다.

1. J.R. Patrington, *A History of Chemistry*, MacMillan, London, 1962, Vol. 3, pp. 130~143.
2. J.R. Patrington, *A History of Chemistry*, MacMillan, London, 1961, Vol. 2, pp. 229~231.

Cavendish는 지구의 무게를 쟀으나 그는 플로지스톤을 병 안에 잡았다고 생각했다

비록 우리 현대 화학자들은 테니스도 치고, 빠른 차와 좋은 옷도 좋아하고, 사회와 잘 어울리는 현실적인 사람들임을 대중들이 알도록 부단히 노력하지만, 냄새나고 연기나는 혼합물들에 대한 우리의 열정으로 말미암아 점잖은 컨트리 클럽에서 쫓겨나기 십상이라는 것도 인정하지 않을 수 없다. Henry Cavendish(1731~1810)는 정말로 세상과 담쌓은 사람이었다. 그는 1783년에 아버지가 돌아가실 때까지 같이 살았고, 결혼도 안 했으며, 가정부와는 매일 메모로 소통했고, 40세 때에 큰 재산을 상속 받았음에도 불구하고 허름하고 오래 된 옷을 입고 다녔다.[1] 프랑스의 물리학자 Jean-Baptiste Biot는 그를 '모든 학자들 중에서 가장 부유한, 그리고 아마 부자들 중에서 가장 학식 있는 사람' 이라고 묘사했다.[1]

오늘날 대학의 종신 교수직 자격 요건이 때로는 논문의 절대량에 의존함에 비해 Cavendish는 *Philosophical Transactions of the Royal Society*(영국왕립학회 논문집)에 18편의 논문들을 발표했음을 (책은 없이) 주목하는 것도 흥미있는 일이다.[2] 그는 많은 연구들을 미발표로 놓아 두었고, 규범에 맞지 않지만 발표한 연구에 이들을 인용하기도 했다.

그러나 그의 연구들이란! 1766년에 발표한 그의 최초 논문에서 Cavendish는 Stephen Hales와 Joseph Black의 기체 연구법을 써서 아연, 구리, 주석과 같은 금속들에

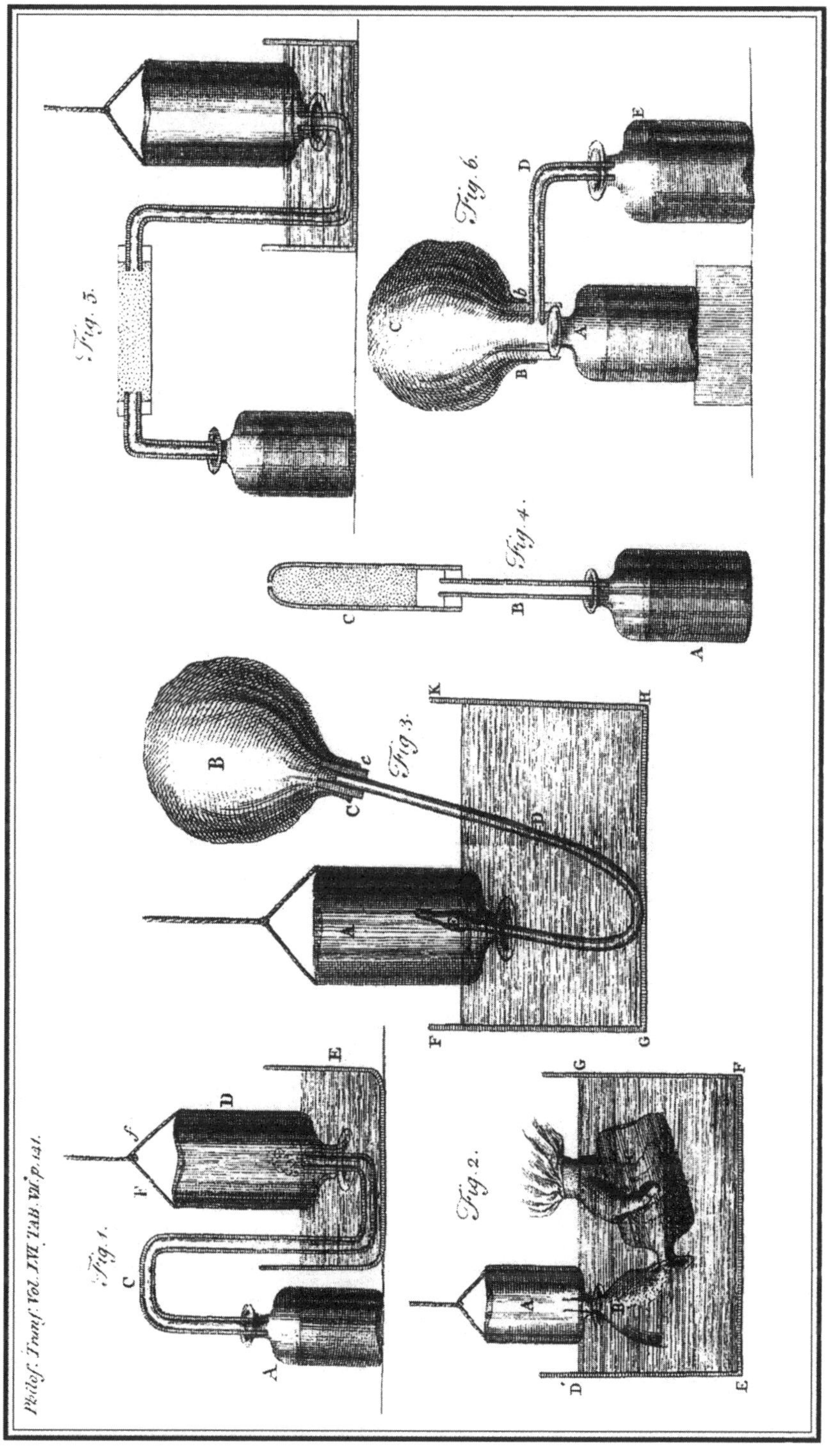

그림 81 ■ Henry Cavendish 가 수소를 발견하고 기체들을 다루는 데 사용한 장치 [*Philosophical Transactions of the Royal Society*, *London*, **LVI**: 141, 1766]. 그는 자신이 플로지스톤 자체를 분리시켰다고 생각했다.

그림 82 ■ Cavendish는 *Philosophical Transactions of the Royal Society*(*London*), **LXXV**: 392, 1785에 대기에서 탈플로지스톤화 공기 (산소)를 제거한 후, 남은 플로지스톤화 공기 (질소)에 산소를 주입해 전기 방전시키면, 이때 생긴 기체는 물과 결합하여 질산이 됨을 보고하였다. 그러나 질소가 모두 반응한 뒤에도 반응하지 않은 작은 방울이 남아 있었다. 즉, Cavendish는 희유 기체 (대부분이 아르곤임)를 분리한 것이다. 100년 후 아르곤을 발견한 Rayleigh와 Ramsay는 Cavendish의 놀랄만큼 정밀한 연구에 대해 깊은 경의를 표했다.

산을 부어 수소 기체를 분리시켰다. 산에 대한 이 값싼 (더 활성인) 금속들의 잘 알려진 친화력 (그림 76 및 77의 Geoffroy의 친화력 참조) 금속재를 만드는 데 오래전부터 쓰이고 있었다. 더욱이 수집된 기체의 양은 산이 무엇인지 (염산 또는 황산) 또는 산의 양에는 무관하고 오로지 금속의 양에만 의존했다. 따라서 금속들이 그들의 플로지스톤을 공기에 유리시키는 것으로 믿었다. Cavendish는 금속에서 탈출하는 것처럼 보이는 이 불붙는 수집된 기체를 '가연성 공기' 라고 명명했다. 이 기체는 대기 밀도의 십분의 일도 안 되었으며, Cavendish는 얼마 동안 플로지스톤 자체를 분리해 낸 것으로 느꼈다. 그림 81은 1766년 저서 ('Three papers containing experiments on factitious Airs'—인조 공기에 대한 실험들을 다룬 세 논문들) 에 수록된 것으로[2, 3], 그림 안의 *Fig. 1*에 '가연성 공기' 수상 포집을 나타냈다. 기체들은 수중의 깔대기를 통해 포집된다 (*Fig. 2*). *Fig. 3*에서는 기체를 방광으로 옮기고 있다 (관 안에 물이 들어오지 않도록 주석제 사이펀 관 끝에 밀랍을 바르고 병 위쪽 내벽을 긁어 떼어낸다). 병 *A*를 통 *FGHK*의 물 표면 밑으로 완전히 밀어 넣어 기체 전부를 방광 *B* 안으로 밀어 넣는다. 이 때 방광은 나무 고리 *Cc*에 꼭 끼우고, 나무 고리는 기체가 새지 않도록 사이펀 관에 봉니 (아몬드 가루에 풀을 섞어 반죽한 것) 로 밀봉한다. *Fig. 4*에는 금속을 가하고 산으로 채운 기체 발생 용기 *A*가 보인다. 유리관 *B*를 써서 *C*에 연결하는데, *C*에는 진주회 (마른 K_2CO_3, 산 수용액 에어로졸 제거용) 가 들어 있고 꼭대기에는 작은 구멍이 있다. *Fig. 4*의 장치로 *C*의 꼭대기에서 빠져 나간 수소의 무게를 잴 수 있다. *Fig. 5*는 아마도 사상 처음으로 건조관 (진주회가 들어 있음) 을 통과해 기체가 수집되는 것을 보여 주며, *Fig. 6*은 '고정된 공기' (이산화 탄소) 의 물에 대한 용해도를 조사하는 데 사용하는 장치이다.[2]

1784년에 Cavendish는 공기 중에서 수소를 발화시키는 실험에 바탕을 둔 물의 조성에 관한 그의 연구를 발표하였다 (궁극적으로 물은 원소가 아니라 혼합물임을 최초로 발견한 영광은 나중에 James Watt에게 주어졌다). 이때 그는 또한 화학 반응에 의해 산소 (탈플로지스톤 공기) 와 질소 (플로지스톤화 공기) 가 모두 흡수되어도 반응성이 없는 기체가 아주 약간, 그러나 재현 가능한 미량으로 남아 있음을 알았다. 장치는 그림 82 ('공기에 대한 실험') 에 나와 있다.[2] 그림 82의 *Fig. 1*은 Cavendish가 실험에 사용한 장치인데, 관 *M*과 두 잔들에는 초기에 수은이 채워져 있다. 기체들은 물속에 뒤집어 놓은 산소 또는 질소가 들어 있는 잔으로부터 *Fig. 2*의 j자관을 써서 수집한다. 관 *M*에는 뾰족한 끝 *A*를 통해 기체를 정확한 부피로 주입한다. 마찬가지로 관 *M*에는 염기와 리트머스 지시약이 들어 있는 액체도 주입한다. 수은은 용기의 역할도 하고, 관 *M*의 윗부분에 있는 양을 알고 있는 두 기체에 전기 스파크를 가하는 도체의 역할도 한다. *Fig. 3*은 반복적으로 일정량의 기체를 *A*를 통해 *M*에 주입하는 장치이다. 이 연구에서 Cavendish는 110년 후 Rayleigh와 Ramsay의 비활성 기체들 (예컨대 아르곤) 의 발견을 예견했다고 할 수 있다. 이 두 사람은 자신들의 수상 논문에서 Cavendish에게 심심한 경의와 존경을 표하면서 그의 연구를 광범위하게 인용했다.

1798년에 Cavendish는 두 개의 납 공들과 두 개의 작은 공들이 관련된 실험에

Newton의 중력 법칙을 적용하여 지구의 질량을 정확히 결정하였다.

이제 그의 종신 재직 교수 지원서를 조사해 보자. 그의 논문들은 18편에 불과하고 저서는 없다. 반면에 그는 수소를 발견했고, 물의 조성을 이해하는 데 결정적으로 기여했으며, 질소와 대기의 조성을 발견했고, 대기에서 비활성 기체를 분리했으며 지구의 무게를 쟀다. 학생 평가에 따르면 학생들은 그의 복장을 싫어했고 그와 친근하지 않았다. 그는 교내에서 별로 드러나지 않았고 위원회 일도 회피했다. 종신 재직권 결정은 어려워 보인다.

1. *Encyclopedia Brittanica*, 15th ed., Chicago, 1986, Vol. 2, pp. 974~975.
2. J.R. Partington, *A History of Chemistry*, MacMillan, London, 1962, Vol. 3, pp. 302~362.
3. '인조 공기 (factitious air)' 는 고체를 가열하거나 또는 고체에 가한 다른 화학 작용에 의해 발생된 기체를 말한다. 즉, 수소 기체는 활성 금속에 산을 가했을 때 '해방' 되는 것처럼 보이므로 '인조 공기' 이다.

소다수 제조

Joseph Priestley (1733~1804) 는 어려서부터 종교적 방랑을 시작했으며, 오늘날에는 유니테어리니즘 (Unitarinism, 삼위일체를 인정하지 않는 일신론자 교리) 의 창시자들 중의 하나로 인정받고 있다.[1, 2] 그는 19세기에 그의 숙모의 영향을 받아 비국교도의 목회 공부를 하기 위해 데이븐트리에 있는 Dissenting Academy (비국교도 신학원) 에 입학했다. 28세에 워링턴에 있는 명문 Dissenting Academy에서 언어 (히브리어 포함), 역사, 법, 논리학, 해부학을 가르쳤다. 그는 이때쯤 과학에 관심이 많았었다—이미 공기 펌프와 전기 기계를 구입했었다. 그의 학문은 1765년에 에딘버러에서 받은 법학박사 학위로 인정을 받았으며, Benjamin Franklin의 격려를 받았고 1769년에는 *History of Electricity* (전기의 역사) 를 출판하였다 (1772년에는 시각, 빛, 색에 대해 유사한 책을 출판하였다).

Priestley는 1770년에 '공기' (그는 Van Helmont의 기체라는 용어를 싫어했다) 에 관한 연구를 시작했다. 리츠의 그의 집은 양조장 근처에 있어서 그는 발효 중인 표면에서 직접 '고정된 공기' (CO_2) 를 수집해 그 성질들을 연구하였다. 그는 또한 천연 광천수를 가열해서도 이 기체를 얻었으며, 김빠진 맥주를 되살리는 데 이것을 추천했다. 그의 1772년작 팜플렛 (그림 83) 은 해군장관 Sandwich 백작 John에게 보낸 것이다. 오늘날의 연구비 신청자는 이 안에서 국방부 연구 계약에 대한 최종 보고서를 볼 수 있을 것이다. Priestley는 분필에 묽은 황산을 부어 '고정된 공기' 를 발생시키고 물에 주입했다. 이 인공 소다수는 광천—불행히도 많은 광천들은 미운 적국인 프랑스 국경에 있다—에서 나오는 탄산수보다 쉽게 만들 수 있고 값도 더 쌌다.

탄산수는 오래전부터 장기 항해 중에 생기는 '해상 괴혈병' 을 예방하고, 물의 부

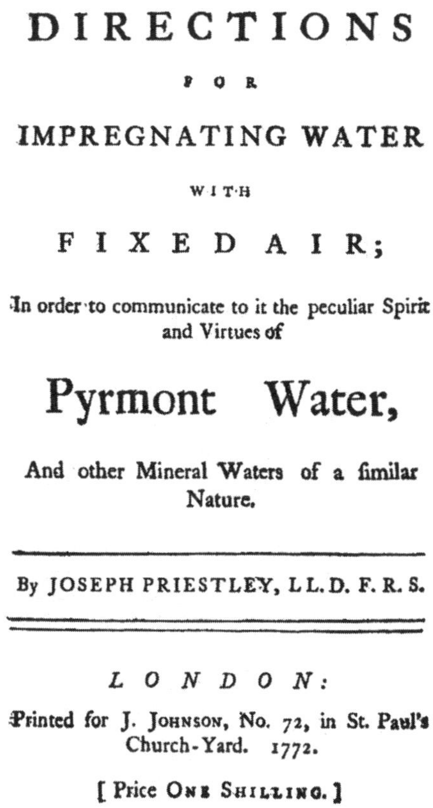

DIRECTIONS

FOR

IMPREGNATING WATER

WITH

FIXED AIR;

In order to communicate to it the peculiar Spirit and Virtues of

Pyrmont Water,

And other Mineral Waters of a similar Nature.

By JOSEPH PRIESTLEY, LL.D. F.R.S.

LONDON:

Printed for J. JOHNSON, No. 72, in St. Paul's Church-Yard. 1772.

[Price ONE SHILLING.]

그림 83 ■ Joseph Priestley는 화학적으로 발생시킨 이산화 탄소를 물에 가압 용해시킴으로써 인공 소다수를 만들었다. 탄산수는 생수보다 더 오랫동안 신선하게 유지되고 복통을 치료하는 데 효험이 있었으므로 이 연구는 영국 해군에게는 전략적으로 중요했다. 프랑스 스파이는 전략적 '소다수 갭'의 위협을 느껴 이 과학적 진보를 보고했고, 프랑스는 이에 대한 연구를 명령했다. 이 연구를 맡은 젊은 사람이 바로 화학 혁명을 촉발한 Antoine Laurent Lavoisier이다.

패를 지연시킨다고 알려져 있었다. 또한 이것은 복통을 가라앉히고 소화를 돕는 신선한 채소 대용품의 역할을 했다. 따라서 Priestly는 영국이 대양을 지배하는 데 도움을 주었다. 선원들이 소금에 절인 돼지고기를 삼키는 데 소다수만큼 도움되는 것은 없다. 이 간단한 팜플렛만으로는 고기를 빵 가운데에 넣었는지 아닌지는 확실하지 않다.

이때 영국에는 Joao Jacinto de Magalhaens (줄여서 Magellan, 바로 그 유명한 탐험가의 후손) 라는 포르투갈의 수도사가 프랑스의 스파이로 고용되어 있었는데, 그는 해상에서의 괴혈병 치료의 가능성을 알아채고 Preistley의 팜플렛 한 부를 프랑스로 보냈다. 명백히 영국과 프랑스 사이의 전략적 '소다수 갭' 은 견딜 수 없는 일이었다. 프랑스에서 이 화학을 연구하도록 요청, 즉 명령받은 사람이 바로 Antoine Laurent Lavoisier 인데, 이것이 궁극적으로 화학에 혁명을 일으킨 그의 공기 연구의 시발점이 되었다.

1. J.R. Partington, *A History of Chemistry*, MacMillan, London, 1962, Vol. 3, pp. 237~297.
2. A.J. Ihde, *The Development of Modern Chemistry*, Harper & Row, New York, 1964, pp. 40~50.
3. J.P. Poirier, *Lavoisier—Chemist, Biologist, Economist*, R. Balinski (translator), University of Pennsylvania Press, Philadelphia, 1996, pp. 51~54.

현자의 돌을 찾으면 제발 다시 잃어버려라—Benjamin Franklin

Benjamin Franklin (1706~1790)은 명석하고 세상사에 통달한 박식한 사람이였으며, 미국의 독립선언서와 헌법의 막후 인물이다. 그가 17세에 필라델피아에 도착할 때의 얘기는 잘 알려져 있다— 첫 날 큰 부푼 빵을 양 옆구리에 하나씩 끼고 또 하나는 먹으면서 Market가를 걸어가며, 장래 그의 부인이 될 Deborah Read를 만났다.[1] Franklin에 따르면 Read 양은 '내가 아주 우스꽝스러운 모양을 하고 있었다.' 라고 생각했다. 인쇄업에 종사하기 시작해 영국에서 2년을 보낸 후 식민지였던 미국에서 사업을 차렸다. 1730년경부터 *Poor Richard's Almanacs*의 인쇄와 펜실베니아, 뉴저지, 델라웨어, 메릴랜드의 화폐 인쇄 면허 등으로 돈을 벌기 시작했다. Franklin은 이때부터 1740년까지 부를 쌓았고, 정치에 뛰어 들었으며, 초창기의 펜실베니아 대학교 설립 등 여러 사업들을 성공적으로 추진했다. 1740년대에 Franklin은 점점 더 과학 탐구로 눈을 돌렸다.

전기에 대한 당시의 관심은 Franklin을 매료시켰다. 그는 천둥 번개 속으로 연을 날려 번개와 전기가 동일한 것임을 증명하였는데, 운 좋게 감전사를 모면하였다. 그는 전기란, 그것이 풍부한 물체에서 부족한 물체로 흐르는 유체라고 믿었으며, 이 믿음은 피뢰침의 발명으로 이어졌다. 전기 용어들인 *positive* (양), *negative* (음), *battery* (배터리), *conductor* (도체)는 Franklin이 만든 것이다. 그의 저서 *Experiments and Ovservation on Electricity* (전기 실험 및 관찰)은 1751년에 처음 출판되었는데, 영어로 네 번 더, 프랑스어, 독일어, 이탈리아어로 출판되었다 (그림 84 참조).

Franklin은 1765년경에 Priestley를 런던에서 만났고, 그를 격려해서 *The History and Present State of Electricty* (전기의 역사와 현황)을 저술하게 했다. 1777년 이 두 사람 간의 한 편지에서 Priestley는 Franklin에게 '아직도 현자의 돌을 발견할 희망을 버리지 않았다.' 고 썼는데, 이에 대한 Franklin에 대답은 만일 발견한다면 '제발 다시 잃어버려라.' 였다.[2] Franklin은 1770년대 말을 프랑스로부터 군사적 지원을 요청하고 수용하는 데 소비하였다. 그는 프랑스에서 인기 있는 인물로 거의 숭배의 대상이 되었고 미국 독립 직후에는 주 프랑스 외교관 및 사업 중개인이 되었다. 그는 Lavoisier의 과학 및 사교 써클과 아주 친밀하였고, Lavoisier 부인은 그의 초상화를 그렸는데, 그는 그 초상화를 아주 좋아하였다.[3, 4] Lavoisier 부인은 Duplessis의 초상화를 바탕으로 그의 초상화와 복사본 한 개를 그린 듯하다.[5] Franklin에게 기증한 그림은 오늘날까지 (1999년) 그의 후손이 가지고 있으나,[5, 6] Lavoisier 부인의 개인 소장본은 소재를 모른다.[5]

1. *Encyclopedia Brittanica*, Encyclopedia Brittanica, Chicago, 1986, Vol. 19, pp. 556~559.
2. J.R. Partington, *A History of Chemistry*, MacMillan, London, 1962, Vol.3, pp. 241, 245~246.
3. B.B. Fortune and D.J. Warner, *Franklin and His Friends—Portraying the Man of Science in Eighteenth-Century America*, Smithsonian Portrait Gallery and University of Pennsylvania Press,

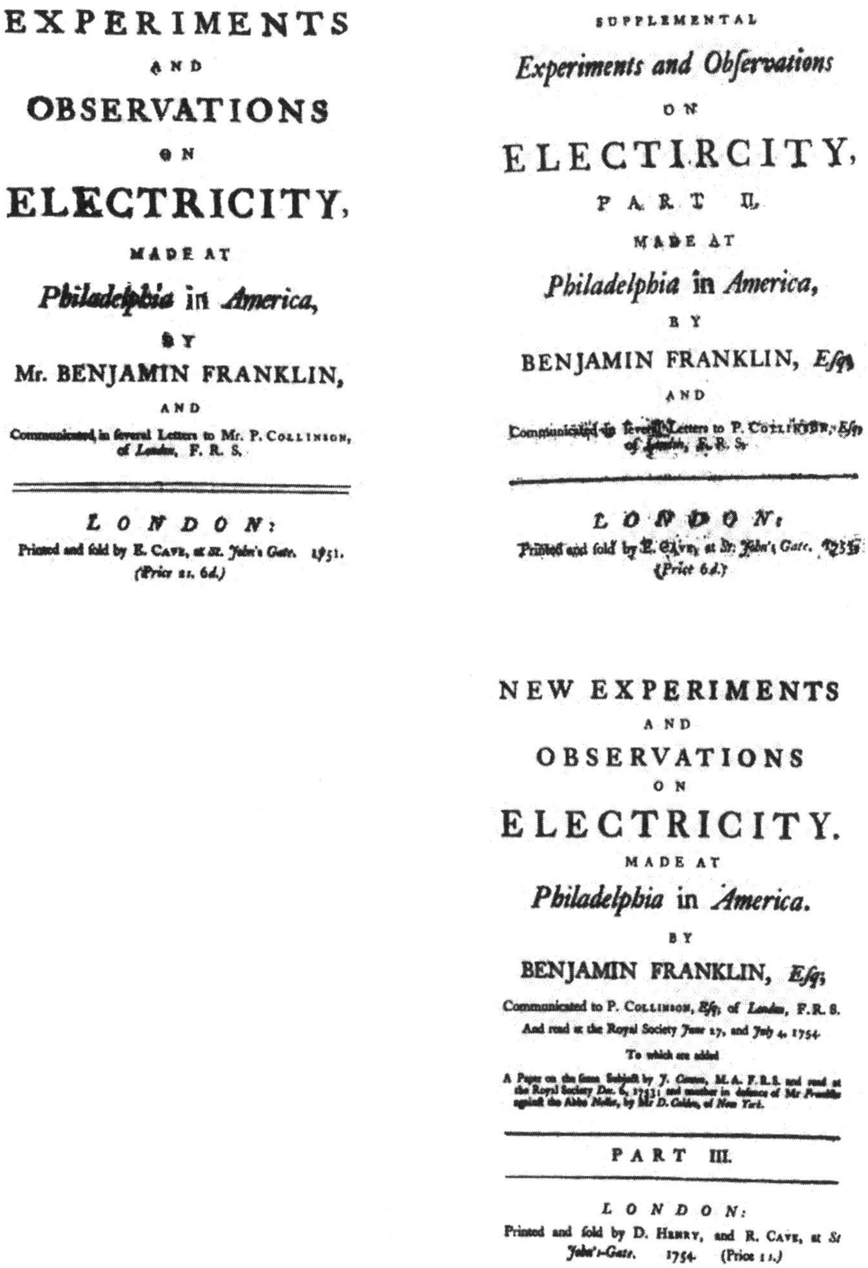

EXPERIMENTS
AND
OBSERVATIONS
ON
ELECTRICITY,
MADE AT
Philadelphia in *America*,
BY
Mr. BENJAMIN FRANKLIN,
AND
Communicated in several Letters to Mr. P. COLLINSON, of *London*, F. R. S.

LONDON:
Printed and sold by E. CAVE, at *St. John's Gate*. 1751.
(*Price* 2s. 6d.)

SUPPLEMENTAL
Experiments and Observations
ON
ELECTIRCITY,
PART II.
MADE AT
Philadelphia in *America*,
BY
BENJAMIN FRANKLIN, *Esq*;
AND
Communicated in several Letters to P. COLLINSON, *Esq*; of *London*, F. R. S.

LONDON:
Printed and sold by E. CAVE, at *St. John's Gate*. 1753.
(*Price* 6d.)

NEW EXPERIMENTS
AND
OBSERVATIONS
ON
ELECTRICITY.
MADE AT
Philadelphia in *America*.
BY
BENJAMIN FRANKLIN, *Esq*;
Communicated to P. COLLINSON, *Esq*; of *London*, F.R.S.
And read at the Royal Society *June* 27, and *July* 4. 1754.
To which are added
A Paper on the same Subject by *J. Canton*, M.A. F.R.S. and read at the Royal Society *Dec.* 6, 1753; and another in defence of Mr *Franklin* against the Abbé *Nollet*, by Mr *D. Colden*, of *New York*.

PART III.

LONDON:
Printed and sold by D. HENRY, and R. CAVE, at *St John's-Gate*. 1754. (Price 1s.)

그림 84 ■ 전기에 관한 Benjamin Franklin의 저서 표지. Franklin은 전기를 유체로 간주하고 전하를 표시하기 위하여 'positive(양)', 'negative(음)' 라는 용어를 만들었다 (Jeremy Norman & Co. 제공, Catalogue 5, 1978).

Washington, D.C. and Philadelphia, 1999.

4. D. Mckie, *Lavoisier–Scientist. Economist. Social Reformer*, Collier, New York, 1962, p. 68.

5. C. C. Sellars, *Benjamin Franklin in Portraiture*, Yale University Press, New Haven, 1962, pp 273~274.

6. 저자와 Franklin 후손 간의 사진.

초석, ABIGAIL

뮤지컬 '1776' 에는 John Adams와 Abigail Adams가 부르는 매력적인 이중창이 있는데, 식민지의 초석 (화약용) 수요를 노래하고 있다. 화약의 75%는 초석 (KNO_3) 이다. 독립전쟁이 가열되기 시작하자 영국은 유럽에서 식민지 미국에 화약 원료들이 공급되는 것을 차단하였다. 대륙의회는 1775년에 *Several Methods of Making Saltpetre; Recommended to the Inhabitants of the United Colonies, by their Representatives in Congress* (W. and T. Bradford, Philadelphia, 1775; 의회 대의원들이 식민지 미국 주민들에게 추천하는 몇 가지 초석 제조법)[1]이라는 팜플렛의 인쇄를 승인하였다. 모든 가정에서 화약 원료를 만들기를 바랬다. 이 팜플렛에는 Franklin의 '하노버 초석 제조법, 1776' 이라는 에세이와 이보다 긴 Benjamin Rush 박사의 '필라델피아 대학 화학 교수 Benjamin Rush, M.D.의 초석 제조법 설명' 이라는 에세이가 들어 있었다[1] (남북 전쟁 중 남부 신문 광고들은 계속해서 매일 요강 내용물을 바치라고 여인들을 압박했다).

Benjamin Rush는 1774년부터 1778년까지 대륙의회의 구성원이었고, Franklin과 마찬가지로 그도 독립선언서에 서명했다 (1776년 8월 2일).[1] Myles는 그를 '이 나라 최초의 탁월한 화학 선생님' 으로 간주한다. 그는 New Jersey 대학 (오늘날의 프린스턴 대학교) 에서 교육을 받고, 에딘버러 대학교에서 의학 학위를 받았으며, Joseph Black 박사의 화학 강의를 들었다. 1769년에 유럽에서 돌아오면서 Rush는 당시 펜실베니아의 지배자였던 Thomas Penn의 추천서와 화학 기자재 선물을 가지고 와 필라델피아 대학 (오늘날의 펜실베니아 대학교) 의학과의 화학 교수로 임명되었다.[1] 그의 강의는 Joseph Black의 강의에 바탕을 두었는데, Myles는 미국에서 필라델피아가 화학의 초기 중심지가 된 것은 바로 이 우수성 때문이라고 추측한다.

초석은 오랫동안 성욕을 감소시킨다고 알려져 왔다. 비록 이 가상의 성질을 뒷받침할 자료는 없지만 초석을 만들었던 가정과 그렇지 않았던 가정의 출산율을 도표화해 보는 것도 좋았었을 듯하다.

1. W. Myles, in *Chymia*, H.M. Leicester (ed.), University of Pennsylvania Press, Philadelphia, 1953, Vol. 4, pp. 37~77.

5

SECTION

현대화학의 탄생

불 공기 (산소): 그들이 언제 무엇을 알게 될는지 아무도 몰랐다

Carl Wilhelm Scheele (1742~1786) 은 매우 가난한 스웨덴 가정의 11남매 중 일곱째였다. 고등교육이란 그에게 그림의 떡이었고, 14살 때 Scheele는 예테보리에서 보쉬 (Bauch) 약국의 견습생이 되었다. 그는 기술을 배우고 Lemery, Kunckel, Boerhaave, Neumann, Rothe 등의 훌륭한 화학 교과서들을 읽기 시작했다.[1] 1765년에 말모로 이사했는데, 그의 주인 Kjellstrom은 젊은 Scheele가 항상 책을 뚫어져라 쳐다보며, '이건 아마 맞겠지? 아니 이것은 틀렸는데, 내가 한 번 해 봐야지.' 하면서 읽었다고 얘기했다.[1] 그는 1770년에 웁살라로 이사한 뒤 Torbern Olof Bergman (1735~1784) 를 만났다. Bergman은 웁살라 대학의 화학 및 약학의 교수였고, 웁살라, 스톡홀름, 베를린, 괴팅겐, 튜린, 파리 학원들의 회원이었으며, 또한 런던의 왕립학회 회원이었고, 한 때는 대학교 총장으로 근무하였다.[1] 이렇게 영향력 있던 Bergman은 젊은 Scheele를 지도하고 앞길을 열어 주었다. Partington[1]은 Scheele의 화학에 대한 공헌들이 '수에 있어서나 중요성에 있어서나 모두 대단했음' 을 주목하고, 19세기의 위대한 화학자인 Humphrey Davy의 말을 인용하고 있다. '그 어떤 것도 그의 열정을 식힐 수 없었으며 불타는 천재성을 식힐 수 없었다. 보잘 것 없는 수단들로 정말 큰 일들을 이루었다.'

오늘날 Scheele는 논쟁의 여지없이 산소의 발견자로 여겨지고 있다. Scheele는 그가 고용되어 있던 상점에서 구입한 초석 (KNO_3) 이 산과 닿게 되면 붉은 증기를 낸다는 Bergman의 불평을 듣고 연구를 시작했다. Scheele는 초석을 가열하면 다른 염을 생성한다는 걸 재빨리 알아차렸다. 이에 감명을 받은 Bergman은 Scheele에게 이산화 망가니즈 (MnO_2) 를 연구해 보라고 제안하였다.

Scheele는 Joseph Priestley와 마찬가지로 플로지스톤설을 죽을 때까지 믿었다. 그는 열이란 플로지스톤과 '불 공기' 의 조합이라고 생각했다. 이 믿음에 대한 그의 이론적 바탕은 Ihde가 간단명료하게 설명하고 있다.[2] Scheele는 물체가 탈 때 플로지스톤을 잃고, 플로지스톤은 공기와 결되어 어느 정도 질량은 늘어나고 부피는 줄어든다고 생각했다. 하지만 그는 남아 있는 '더러운 공기' ('유독 공기' 또는 질소) 가 공기보다 밀도가 높은 것이 아니라 오히려 낮다는 사실을 발견했다. 따라서 그는 공기의 성분 중에 '불 공기' 가 플로지스톤과 반응하여 일종의 아지랑이 같은 유체인 열을 생성하여 유리 용기를 빠져나간다고 생각했다. 따라서 Scheele는 초석을 사용하여 플로지스톤을 포집함으로써 열로부터 '불 공기' 를 분리하고자 하였다. [거의 100년 전 발표되었고 그림 67에 그려져 있는 Mayow의 실험—초석이 숯이나 황을 탈플로지스톤화 시켜 각각의 산을 생성하는—을 기억하는가?] Scheele의 연구는 초석의 가열과 '불 공기' 의 포집을 포함하고 있다.[2]

열 + 질산 → 불 공기 + 빨간 불꽃

여기에서 열은 불 공기와 플로지스톤으로 이루어졌으며, 빨간 불꽃은 질산과 플로지스톤이다.

그림 85는 Scheele의 전집 (*Opuscula Chemica et Physica*, 두 권, Leipzig, 1788, 1789) 에 있는 것이다. 그의 저서 *Chemische Abhandlung von den Luft und dem Feuer* (Leipzig, 1777) 의 초판은 오늘날 20,000달러 이상에 팔리고 있으며, 영어판인 *Chemical Observations and Experiments on Air and Fire* (London, 1780) 도 비슷한 가격에 팔리고 있다. *Fig. 3* (그림 85 좌하단부) 은 초석을 진한 황산으로 가열하는 것을 보여 준다. 빨간 불꽃은 잘 알려져 있는 반응인 진한 질산이 분해되면서 나오는 이산화 질소이다 ($2HNO_3 \rightarrow 2NO_2 + H_2O + 1/2_2O_2$). 수집용 주머니 (*Fig. 4*) 는 석회수 (수산화 칼슘의 콜로이드 용액) 로 채워져 있어서 산성 연기를 수집한다. 주머니는 불 공기 (산소) 로 채워지며, 유리병으로 전이된다. 이 새로운 기체는 불꽃과 생명을 지탱하였다. 그림 85의 *Fig. 1*은 대기 중에서 수소 기체—아래쪽 병에서 금속과 산을 혼합하여 얻어진—가 연소되는 것을 보여 준다. 연소가 끝나면 그릇은 *D*까지 원래 공기 부피의 약 20%가 물로 채워진다. 그림 85의 *Fig. 2*는 대기 중에서 양초가 타는 것을 보여 준다. 연소가 멈추고 그릇의 봉인을 푼 뒤, 입구를 아래쪽으로 해서 석회수 (CaO) 에 넣으면, 양초로부터 생성된 '고정 공기' (CO_2) 는 용액과 반응하여 석회암을 생성하고, 용액은 유리병 속으로 올라 온다. *Fig. 5*는 그릇 C 안에 있는 벌 (쥐가 아니라) 을 나타내고 있다—벌들도 '고정 기체' 를 생성한다는 것을 석회수 시험을 통해 나타내고 있다.

Poirier[3]는 1772년 11월 16일이나, 빠르다면 1771년에, Scheele가 이산화 망가니즈 (MnO_2) 를 가열하여 '불 공기' 를 생성했다고 기술하고 있다. 이와 같이 이른 시기에

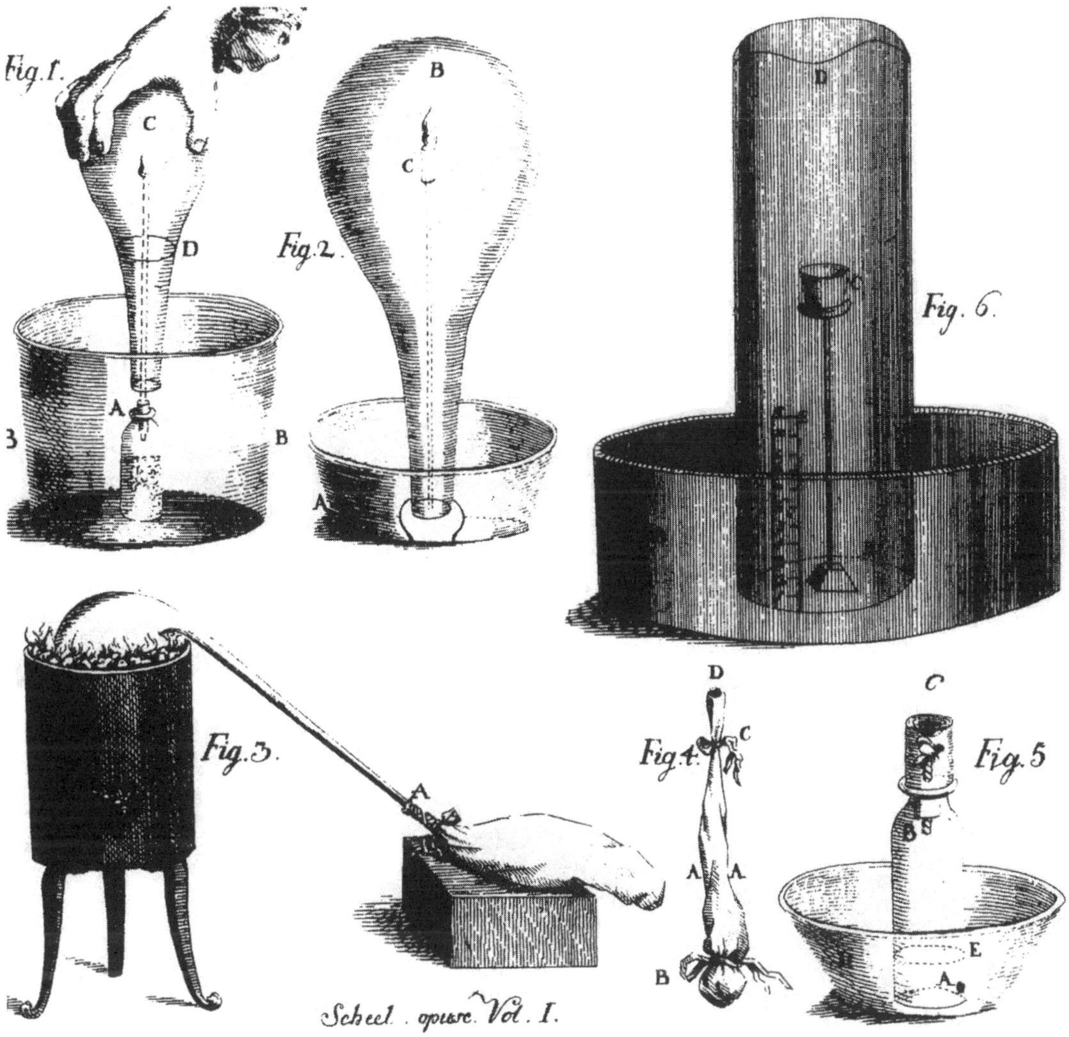

그림 85 ■ Carl Wilhelm Scheele가 최초로 산소 ('불 공기')를 발견한 압축 공기 실험. 이 발견은 극히 희귀본인 *Chemische Abhandlung von den Luft und dem Feuer* (Leipzig, 1777)에서 처음 발표되었다. 첫 영어판은 *Chemical Observations and Experiments on Air and Fire* (공기와 불에 관한 화학적 관찰과 실험) (London, 1780)이다. 이 그림은 *Opuscula Chemica et Physica* (Leipzig, 1788~1789)로부터 발췌한 것이다.

Scheel는 또한 산화 수은, 탄산은, 질산 마그네슘, 초석 등을 가열하여 산소를 얻었다.[3] 1774년 9월 30일에, 그는 Lavoisier에게 탄산은을 제조하여 Lavoisier의 강력한 확대경을 사용하여 가열하라고 제안하는 편지를 썼다. 이 편지는 1774년 10월 15일 Lavoisier에게 도착했다. Poirier는 이 편지에 대한 답장이 없었음을 지적하고 있다. '스웨덴 과학사가들은 아직도 그의 무례함에 대해 용서를 하지 않고 있는데, 그들의 견해에 동조하지 않을 수 없다.'[3] Joseph Priestley는 1774년 8월에 독자적으로 '탈플로지스톤화 공기', 즉 산소를 발견하였음을 발표하였고, Lavoisier는 그 해 말에 사실상 산소를 재발견하였다. Lavoisier의 발견은 산소가 아니라 금속과 산을 혼합하면 산소가 흡수되어 무게가 증가한다는 것이었다.[3]

1775년 11월경에 Scheele는 이미 책을 쓰고 있는 중이었다.[1] 그는 Priestley가 큰 발견을 했다는 사실을 1776년 8월에야 비로소 알았다. 출판사 때문에 오랜 세월 동안 출판이 미뤄졌던 이 책은 Bergman의 책 서문을 기다리다가 1777년에야 비로소 출판되었다. 이 시기에, 자기를 내세우지 않는 Scheele는 표절했다는 비난을 두려워하여 자기가 더 이상 최초라고 주장하지 않았다.[1] 그는 믿을 수 없을 만큼 생산적인 화학 연구를 계속 진행했고, '곤궁한 형편에서 연구하다가 생긴 류머티즘을 포함한 여러 가지 합병증으로 인해' 44세에 세상을 떠났다.[1]

1. J.R. Partington, *A History of Chemistry*, MacMillan, London, 1962, Vol. 3, pp. 205~234; pp. 179~199.
2. A.J. Ihde, *The Development of Modern Chemistry*, Harper and Row, New York, 1964, pp. 50~53.
3. J.-P. Poirier, *Lavoisier—Chemist, Biologist, Economist*, R. Balinski(번역자), University of Pennsylvania Press, Philadelphia, 1996, pp. 76~83.

그의 생쥐들에게 친절했다

Priestley의 첫 과학 논문(1770)은 숯에 관한 연구였으나 많은 오류들이 있었다.[1, 2] 하지만 1772년 논문 'Observations on Different Kinds of Air'[3]는 '원동력'이 되었으며, 1774년과 1786년 사이에 계속 출판된 책 여섯 권의 시작이었다. Priestley의 가스 채취용 물통[4](그림 86)은 Hales의 장치에서 발전하여 William Brownrigg의 개조를 거쳐 만들어졌다. Priestley는 Cavendish의 기술을 사용하여 이산화 탄소와 같은 물에 녹는 기체들을 물 대신 수은 위에서 수집했다.[1, 2]

1772년에 제출된 그의 대표 논문에서 Priestley는 다른 사람들이 처음으로 관찰한 기체의 분리와 특성을 설명하고 있으나 체계적이지는 않았다. 그는 이산화 탄소('고정 기체'—유해 공기), 질소(초를 공기 중에서 연소시키고 CO_2를 석회수에서 침전시킨 뒤 남은 공기— '플로지스톤화 공기' 또는 '유해 공기'), 수소(Cavendish의 '가열 공기'—Priestley는 종종 일산화 탄소와 혼동하였다), 염화 수소('산 공기'—나중에는 '해양성 공기'라고 불렀다) 및 산화 질소(NO—질소 공기)에 대해 설명하였다.

질소 공기는 청동, 철, 구리, 주석, 은, 수은, 비스무트, 또는 아연이 질산과 반응하여 생기는 기체이다.[5] Priestley는 질소 공기가 일반 공기와 순간적으로 반응하여 짙은 갈색 기체(NO_2)를 생성하며, NO_2는 물에 녹아 질산을 생성한다는 것을 발견하였다. Scheele가 산소를 발견한 2, 3년 뒤인 1774년에 Priestley는 산소를 발견한 후(Priestley는 양심적으로 정직했고 Scheele의 연구를 전혀 몰랐다), 그가 공기의 '좋고 나쁨'을 시험할 수 있는 간단하지만 믿을만한 기술을 개발하였다는 것을 깨달았다: '모든 사람들은 내가 질소 공기를 발견한 것을 함께 기뻐할 것이다. 이 기체는 동물들의 호흡과 관련된 많은 실험들을 대체할 것이다.'[6] 비록 그림 86(*Fig. 1* d 부분과 *Fig. 3* 참조)에 있는 거꾸로 엎어놓은 맥주병 안에 쥐를 놓아두었을지라도, Partrington은 'Priestley는 항상

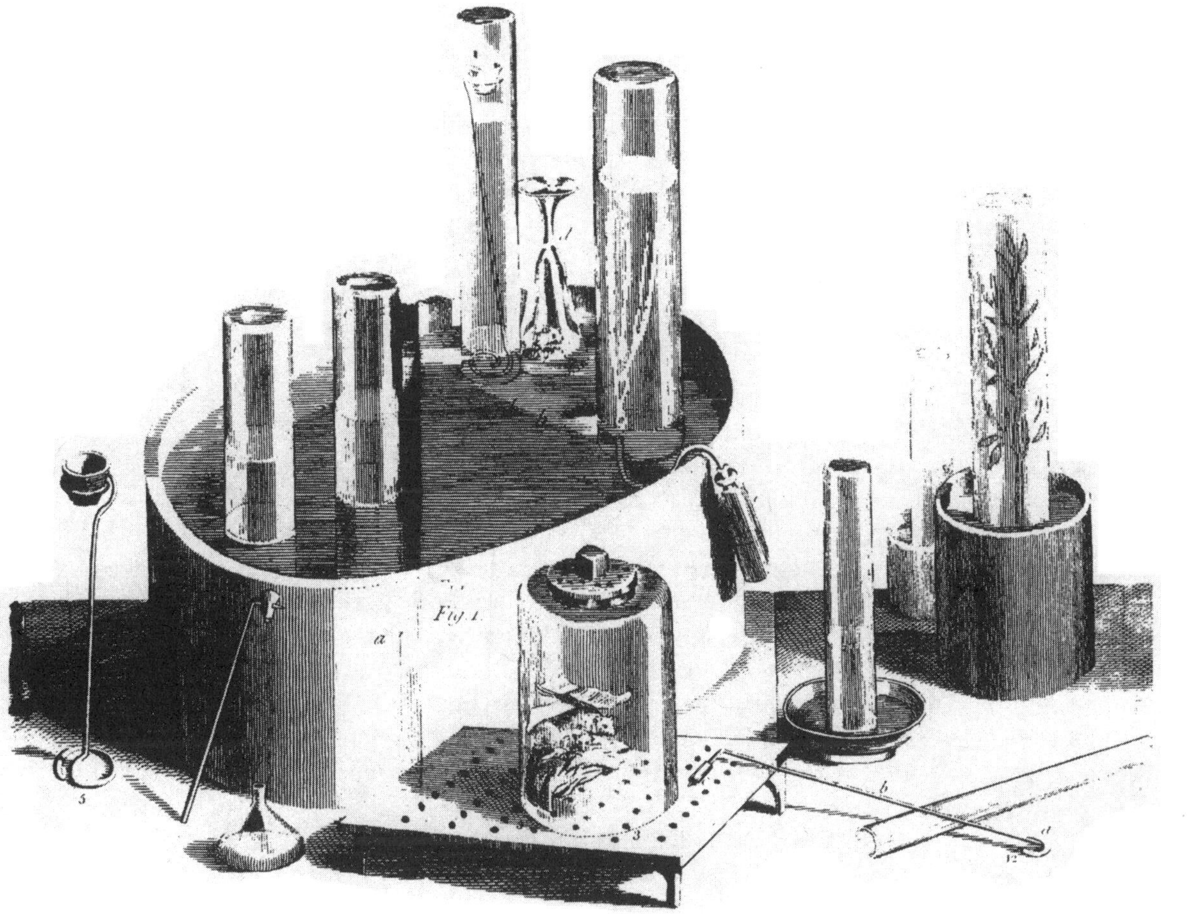

그림 86 ■ '인위적인 기체' (고체로부터 얻어낸 기체)를 분리하기 위한 Priestley의 가스 채취용 물통. 비록 처음 산소를 발견한 사람은 Scheele지만, 출판은 Priestley가 최초였다 (1774). 그는 생쥐에게 친절하였다 (나중 요약본 *Experiments and Observations on Different Kinds of Air*, Birmingham, 1790 에서 발췌).

그의 쥐들을 따뜻하고 편안하게 하기 위해 고생했다.' 고 얘기한다.

1774년 8월 1일, Priestley는 붉은 HgO를 가열함으로써 산소를 발견하였는데, 여기서 HgO은 수은을 공기 중에서 가열하거나 질산과 반응시켜 얻었다 (그림 67 Mayow의 연구 참조). 죽을 때까지 Stahl의 플로지스톤설을 굳게 믿었던 그는 연소와 호흡을 지탱하는 신기한 새로운 공기를 '탈플로지스톤 공기' 라고 불렀다. 예를 들면 초를 연소시키면 플로지스톤을 잃고, 이렇게 '탈플로지스톤' 된 어떤 것은 플로지스톤에 굶주리게 된다고 했다. 또한, 그는 '질소 공기' (NO) 가 쇳가루에 닿게 되면 불꽃을 지탱해 주는 새로운 기체를 생성하는데 이 기체를 '탈플로지스톤화 질소 공기' 라고 불렀다.[1, 2] 이 공기는 사실 일산화 이질소 (N_2O, '웃음 기체') 이며, 1756년에 Joseph Black이 질산 암모늄을 가열하여 나온 증기가 '호흡과 감각을 편하게 해준다.'[7]는 것을 알아차렸던 바로 그 기체였다. Priestley는 이 외에 암모니아 (NH_3, '알칼리 공기'), 이산화 황 (SO_2, '황산 공기'), 및 사플루오린화 규소 ('플루오린산 공기') 도 연구했다.

정치적으로 자유주의자였던 Priestley는 미국 식민지의 염원에 항상 동정을 느끼고 있었으며, Franklin과 자주 편지를 주고 받았다. 미국과 프랑스 혁명에 대한 두려움과 보수적인 반동 분위기 속에서 1791년 7월 14일 프랑스 혁명 기념일 날, 과격한 버어밍검 폭도들은 Priestley의 집을 태워버렸다 (그의 가족들은 그 전에 피신했었다). Jaffe는 그의 재미있는 책 *Crucibles*에서 18세기 비디오 기록물, 즉 어떤 폭도의 부르짖음을 담고 있는 'fly on the Church wall' 을 발견하였던 것 같다: 'Priestley의 가발에서 분을 좀 털어주자.'[8] 더 세계주의적인 런던에서조차 그를 홀대하였다. 1794년 Priestley는 미국으로 이주하여, 펜실베니아 대학교에서의 교수직과 뉴욕에서 유니테어리언교의 목사직을 겸손하게 거절하고, 펜실베니아 주 Northumberland에서의 평화로운 삶과 집필을 택하였다.

1. J.R. Partington, *A History of Chemistry*, MacMillan, London, 1962, Vol. 3, pp. 237~297.
2. A.L. Ihde, *The Development of Modern Chemistry*, Harper & Row, New York, 1964, pp. 40~50.
3. J. Priestley, *Philosophical Transactions of the Royal Society*, 62:147~267 (1772).
4. 이 그림은 1774년부터 1786년 사이에 출간된 6권의 책 중 1790년판 (*Experiments and Observations on Different Kinds of Air and other Branches of Natural Philosophy*, three volumes, Birmingham, 1790) 에서 따온 것이다. 똑같은 그림이 시리즈의 1권에도 나타나 있다.
5. 질산은 질산 이온 (NO_3^-) 이 하이드로늄 이온 (H_3O^+) 보다 더 강한 산화제라는 점에서 염산 같은 산과는 다르다. 따라서 구리와 철은 H_3O^+보다 환원 전위가 더 양의 값을 가지므로 HCl에서 산화되어 H_2를 생성하기가 쉽지 않다. 그러나 더 강한 산화제인 NO_3^-는 매우 높은 환원 전위를 가지므로 NO로 쉽게 환원되고, 따라서 구리와 철을 산화시킬 수 있다. 마그네슘은 매우 쉽게 산화되므로 (환원시키기가 매우 어렵다) 염산에서건 질산에서건 H_2를 생성한다.
6. J.R. Partington, op. cit., p. 253.
7. J.R. Partington, op. cit., p. 142.
8. B. Jaffe, *Crucibles*, Simon and Schuster, New York, 1930, p. 52.

왕년의 독설은 다 어디에 있는가?

몇 세기 전에는 과학 담화의 예술적 형태로서 독설이 사용되었다. Benjamin Wilson (1721~1788) 이 쓴 책 *Phosphori*[1]의 1776년판 서문에 좋은 예가 하나 있다. Priestley처럼, 그도 플로지스톤의 실재를 믿었으며 인광의 빛이 여러 가지 물질에 붙잡힌 불, 즉 플로지스톤의 가시적 증거라고 믿었다.

Wilson[2]은 20살이 되기 전까지 가난과 싸웠는데, 가난한 환경에서 일하며 이러한 상황에서도 예술 공부를 시작했고, 40대에는 어느 정도 성공을 거둬 1764년에 York 공작은 그를 William Hogarth의 후임으로 주재화가직에 임명했다. 그는 주식에 손을 대었는데 1766년에는 증권거래소에서 채무 불이행자 선고를 받았다. 1740년대에 전기에 흥미를 가지게 되었고, 후에는 Benjamin Franklin과 피뢰침의 모양에 대해서 격렬한 공개토론을 벌였다 (1759년에 Wilson은 Franklin의 초상화를 그렸다).[3] Franklin은 피뢰침의 끝이 뾰족해야 한다고 주장하였으나, Wilson은 꼭짓점을 둥글게 만들어야 번개를 끌어들이지 않는다고 옳게 주장하였다. 그는 토론에서는 이겼으나 그가 제시한 논거들은 너무 도가 지나쳐서 *Philosophical Transactions*에서는 다음과 같이 혹독한 비평을 받았다.[2]

> 그러나 그는 주로 겉만 번지르르한 사람으로 지목되었고, 번개 전도체에 대한 그의 괴팍한 행동은 왕립협회에 불화와 알력을 일으켰으며, 몇 년간 지속된 그의 태도는 과학에 큰 해를 끼쳤다.

*Phosphori*의 서문에 명백하게 나타나 있는 이런 경멸은 과학 담화에서는 볼 수 없는 것이다. 결국 Dr. X는 Dr. Y의 연구 제안서만 평가하게 될 수도 있다. 이러한 발췌된 글을 읽을 때 독자들은 Priestley 박사는 아주 정직한 영국 목사이자 Franklin의 친구였다 (또한 그는 미국 식민지의 독립투쟁에 대해 동조도 하고 있었다) 는 것을 주목해야 한다. Priestley은 과학 사회에 큰 입지가 있었으며 Wilson의 실험에 대해 다음과 같이 비평했다.

> 그렇다면 이전의 최고의 능력과 가장 존경할만한 인격을 갖춘 과학자들을 발견하지 못한 것을 어째서 평범한 과학자가 발견할 수—최소한 우연하게라도—있을까? 신께서 가장 위대한 그리고 이 세상에 가장 유용한 발견들을 하도록 은총을 베푸신 사람들이 항상 '폭넓고 종합적인 이해' 를 갖춘 사람들만이 아니라는 것은 잘 알려진 사실이다. 오히려 조물주께서는 영적인 세상뿐만 아니라 과학계에서도 약자를 선택해 강자를 좌절시킨 예가 흔하다.

1. B. Wilson, *Phosphori*, 2nd ed., London, 1776.
2. *Dictionary of Scientific Biography*, Chafles Scribner, New York, 1976, Vol. XIV, pp. 418~419.
3. B.B. Fortune and D.J. Warner, *Franklin and His Friends—Portraying the Man of Science in Eighteenth-Century America*, Smithsonian National Portrait Gallery and University of Pennsylvania Press, Washington, D.C. and Philadelphia, 1999, pp. 74~77.

화학 혁명이 시작되었다

Antoine Laurent Lavoisier[1-3] (1743~1794) 는 당연히 현대화학의 아버지라 불릴만하다. 그의 큰 공헌은 연소와 하소가 인화성 물질이나 금속이 연소 반응할 때 플로지스톤을 잃는 게 아니라, 대기 중의 산소와 결합함으로써 일어난 것을 깨달은 것이다. 그의 위대한 저서, *Traité Élémentaire de Chimie* (Paris, 1789; London, 1790; Philadelphia, 1796)은 확실히 현대 교과서이다. 그의 화학에 대한 공헌은 가장 처음으로 체계적인 명명법을 개발했다는 것뿐만 아니라, 이 개략적인 책 *Chemical History Tour*로는 다 쓸 수 없을 만큼 많다. 그는 부유한 집안에서 태어나, 부유한 부인과 결혼했으며, 귀족 생활을 하다 공포 시대에 1794년 5월 8일 단두대에서 처형되었다. Lavoisier는 죽기 전 화가 난 군중들에게 둘러싸였으며, 그가 초기에 교육받았던 세느 강 건너 마자랭 대학을 주시하며 운명하였을 것이다.[4] Lavoisier를 포함하여 28명의 수세조합 회원들이 35분 동안에 모두 처형당했다.[4] 머리들은 바구니에 놓여지고 28구의 시체들은 수레로 옮겨져, *Erranicis* ('불구자') 라는 곳에 파 놓은 큰 공동무덤에 묻혔다.[4] 5월 9일, 위대한 수학자 Joseph Louis Lagrange는 다음과 같이 말하였다: 'Lavoisier의 머리가 잘린 것은 한 순간이었지만 저런 똑똑한 머리가 다시 태어나려면 100년도 모자랄 것이다.'[4]

젊은 Lavoisier의 마음을 화학으로 완전히 끌어들인 건 Guillaume François Rouelle의 생생한 시범 실험이었다. 그는 총명함과 부로 말미암아 25세가 되는 해인 1768년에 왕립과학아케데미에 가입하였으며 1769년에 정회원이 되었다. 1768년에 그는 수세조합에서 세금을 걷는 일을 할 특권을 샀다. Ferme의 원로회원인 Jacques Paulze에게는 Marie-Anne Pierrette라는 아름답고 재능 있는 어린 딸이 있었는데, 나이 차이가 많이 나는 구혼자들이 많았다. 그는 Antoine와 Marie를 서로 소개시켜 주었으며, 그들은 1771년 그녀의 14번째 생일 직전에 결혼했다. 그들은 지적으로 서로 잘 어울렸는데, Marie는 화학을 충분히 배워 영어를 비롯한 다른 언어로 된 교과서를 효과적으로, 그리고 비판적으로 번역해 주었다. 따라서 Antoine은 여러 나라의 화학 문헌을 접할 수 있었다. 그녀의 예술적인 재능 또한 그의 교과서에 삽화를 그려 넣는 데 잘 사용하였다.

Lavoisier의 초기 연구들은 정밀한 측정에 크게 공을 들였다. 그는 다이아몬드가 강한 열에 의해 분해되지만 (이는 Boyle이 1세기 전에 이미 증명했었다) 공기가 꼭 필요하며, 분해된 생성물은 석회수를 뿌옇게 흐리게 하는 고정된 공기 (CO_2) 임을 증명하였다. 1772년에 그의 연구는 인과 황의 연소 반응까지 확장되었는데, 이들은 탄소와 마찬가지로 생성물로 '산 공기' 를 생성하였고, 그 무게는 원래의 고체 무게보다 더 무거웠다. 마찬가지로, 그는 Boyle뿐만 아니라 다른 과학자들도 확인하였던, Jean Rey가 1630년도에 관찰한 사실, 즉 금속을 가열하여 생성된 금속회는 금속들의 무게보다 더 무겁다는 것을 확인했다. 그의 첫 번째 책 (*Opuscules Chimiques et Physiques*, Paris, 1774; *Essays Physical and Chemical*, London, 1776) 에는 Lavoisier가 처음으로 제안하였던 개념, 즉 이러한 과정들이 공기 중으로 플로지스톤을 방출하는 것이 아니라 공기 중에 있는 '탄성 유체' 를 흡수한다는 것을 제안했다. 이 책에서 그는 탄성 유체와 고정 기체를 혼동하였다.[1, 2]

그림 87은 1776년도 *Essays Physical and Chemical*에서 발췌한 것이다. *Fig. 8*(그림 87) 에는 납이나 주석을 강력한 볼록렌즈로 하소할 때 흡수된 '공기' 의 양을 측정하는 기구를 볼 수 있다. 거꾸로 세워진 종모양 그릇은 물이 가득 찬 그릇 위에 엎어놓

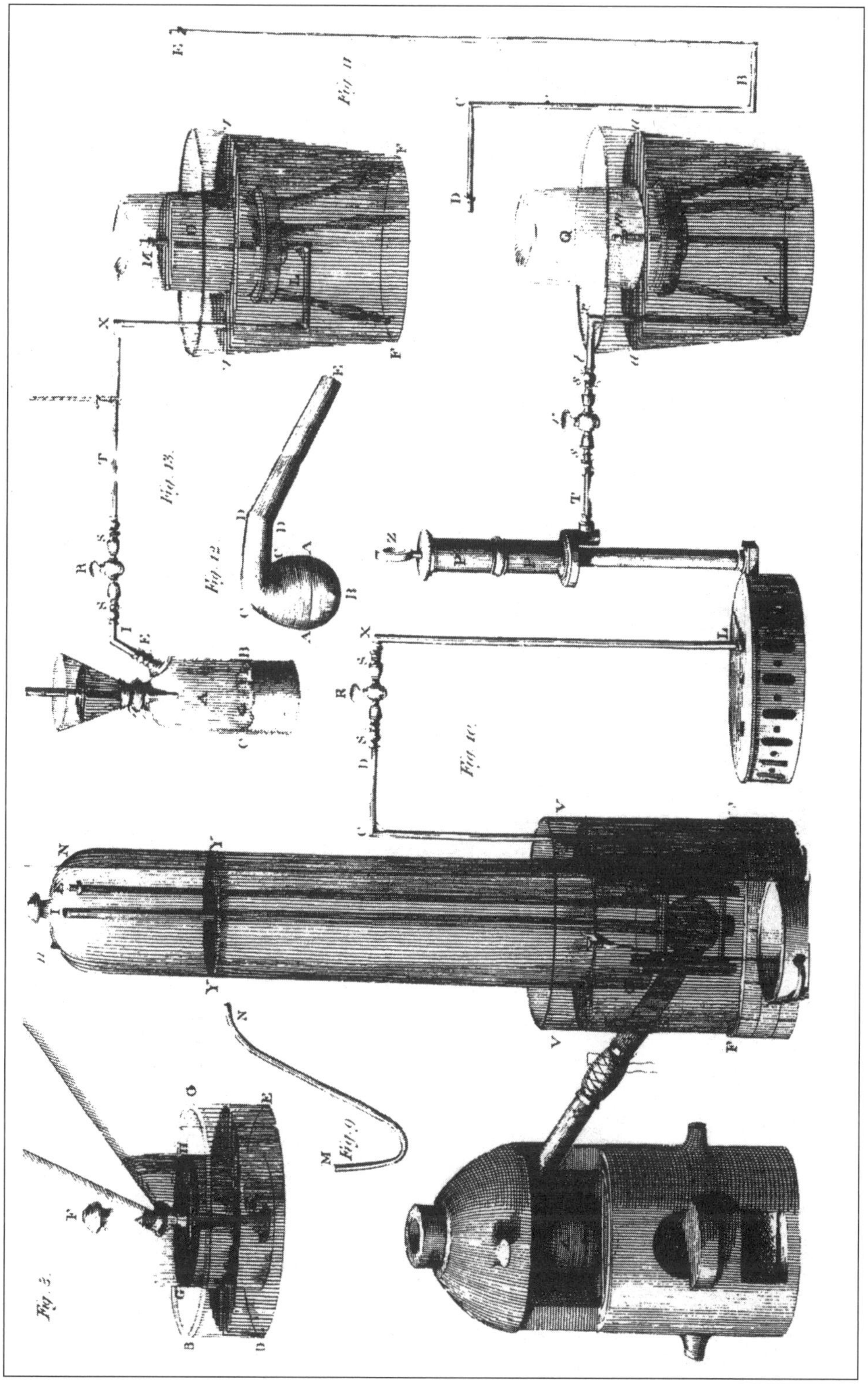

그림 87 ■ Antonie Laurent Lavoisier의 *Essays Physical and Chemical*, 1774년판에 실린 공기 실험; 프랑스어판은 1774년에 출판되었다.

았다. 가운데에는 꼭대기가 컵모양처럼 들어간 유리관이 있다. 납 또는 주석은 유리관 위에 놓여 있는 도가니에 놓는다. 사이펀 *MN*은 종모양 그릇 병 밑에 놓아서 물의 수위가 적당량 차오를 때까지 공기를 빼낸다. 금속을 가열하면 금속회가 생성되는데, 이때 소량의 '공기 유체'를 잃게 되고 그만큼 물이 차오른다. 불행히도, 환경이 너무 강력해서 금속을 녹여버렸고, 녹은 금속이 증발하거나 종모양 병 벽에 튀어서 확실한 결과는 구하기가 힘들었다.

그림 87의 *Fig. 10*에서는 소량의 산화납 (빨간 납, 즉 Pb_3O_4) 에 숯을 섞어 노에서 가열될 때 생기는 기체 (CO_2) 를 측정하는 기구를 보여 주고 있다. 이때 유리 그릇은 화학 혼합물의 공격을 받게 되므로 Lavoisier는 철 그릇을 제작하여 사용하였다 (*Fig. 12*). 거꾸로 세워진 큰 종모양 그릇 병 *nNoo*는 물로 채워진 나무통 또는 쇠통에 놓이게 된다. *n*에 삽입된 사이펀은 물을 *YY*까지 끌어 올린다. 다른 방법으로, 수동 펌프 *P*를 사이펀 *EBCD* (*Fig. 11*) 을 사용하여 연결할 수 있으며, 이렇게 하면 물을 상당히 높이 끌어 올릴 수 있다. 병 *nNOO*에 있는 물 위는 얇은 기름 막으로 덮는다. 이것은 수은을 사용하지 않고 CO_2와 같이 물에 녹는 기체를 수집할 수 있는 또 다른 방법이다. *Fig. 10* 우측에 보면 유리병 *nNoo*에 수집된 기체를 병 Q로 옮기는 기구를 볼 수 있다. 이 중요한 실험은 붉은 납이 가열될 때 '공기성 유체'가 방출됨을 보여 주었다.

그림 87의 *Fig. 13*은 묽은 황산을 분필가루에 부어 CO_2를 생성하는 기구를 보여 준다. 이 수용성 기체는 기름막으로 덮인 물 위에서 포집한다.

1. J.R. Partington, *A History of Chemistry*, MacMillan, London, 1962, Vol. 3, pp. 363~495.
2. A.J. Ihde, *The Development of Modern Chemistry*, Harper & Row, New York, 1964, pp. 57~88.
3. J.-P. Poirier, *Lavoisier—Chemist, Biologist, Economist*, R. Balinski, (translator), University of Pennsylvania Press, Philadelphia, 1996.
4. J.-P. Poitier, op. cit., pp. 381~382.

화학의 바벨탑을 정리하다

1563년에 Peter Bruegel은 바벨탑을 묘사했다. 구름을 향해 솟아 있는 이 큰 도시는 인간의 교만함을 나타낸다. 창세기 11장 9절에 따르면 '그러므로 그 이름을 바벨이라 하니 이는 여호와께서 거기서 온 땅의 언어를 혼잡하게 하셨음이니라.' 18세기 중에 화학이라는 건물이 세워짐에 따라 바벨탑과 같이 명명법의 혼란을 가져왔다. 감당할 수 없는 신조어들이 생겨나고 물체의 순수함의 정도가 달랐기 때문이다. 그 시대의 문헌을 보면 '유독 기체'는 주로 이산화 탄소를 지칭하는 데 사용되었지만, 가끔 '생명 공기'가 보통 공기로부터 완전히 소비되고 난 후 남아 있는 질소에 사용되기도 했다. Eklund의 유용한 연구[1]가 18세기의 명명법을 이해하는 데 큰 도움이 된다. 1787년

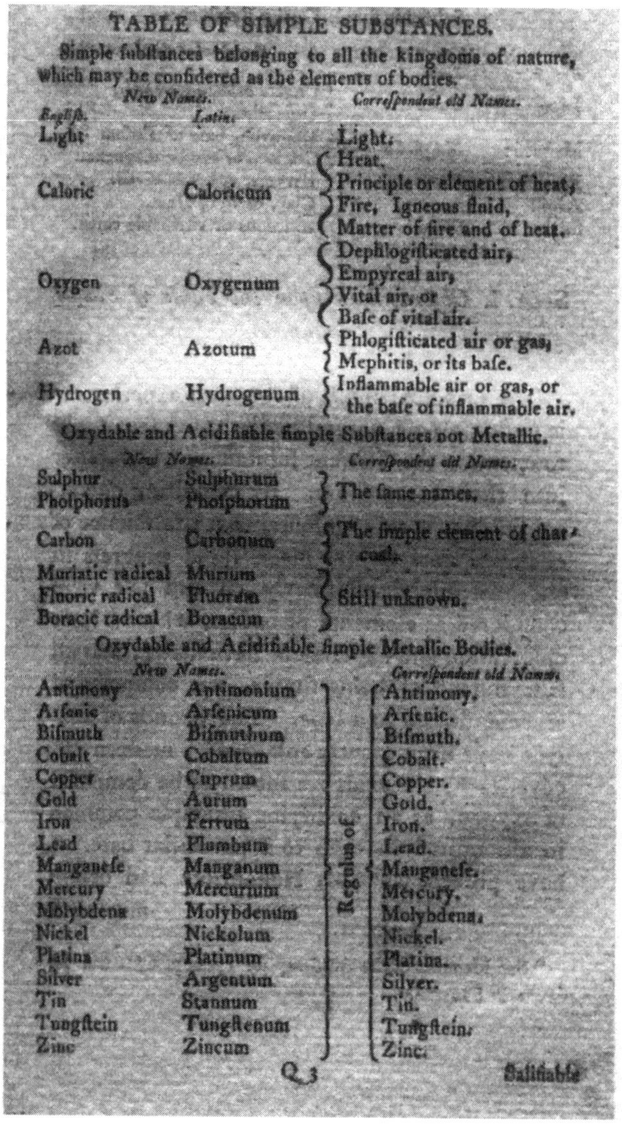

TABLE OF SIMPLE SUBSTANCES.

Simple fubftances belonging to all the kingdoms of nature, which may be confidered as the elements of bodies.

New Names. English.	Latin.	Correfpondent old Names.
Light		Light.
Caloric	Caloricum	Heat. Principle or element of heat. Fire. Igneous fluid. Matter of fire and of heat.
Oxygen	Oxygenum	Dephlogifticated air. Empyreal air. Vital air, or Bafe of vital air.
Azot	Azotum	Phlogifticated air or gas. Mephitis, or its bafe.
Hydrogen	Hydrogenum	Inflammable air or gas, or the bafe of inflammable air.

Oxydable and Acidifiable fimple Subftances not Metallic.

New Names.		Correfpondent old Names.
Sulphur	Sulphurum	The fame names.
Phofphorus	Phofphorum	The fame names.
Carbon	Carbonum	The fimple element of char-coal.
Muriatic radical	Murium	Still unknown.
Fluoric radical	Fluorum	Still unknown.
Boracic radical	Boracum	Still unknown.

Oxydable and Acidifiable fimple Metallic Bodies.

New Names.		Correfpondent old Names.
Antimony	Antimonium	Regulus of Antimony.
Arfenic	Arfenicum	Regulus of Arfenic.
Bifmuth	Bifmuthum	Regulus of Bifmuth.
Cobalt	Cobaltum	Regulus of Cobalt.
Copper	Cuprum	Regulus of Copper.
Gold	Aurum	Regulus of Gold.
Iron	Ferrum	Regulus of Iron.
Lead	Plumbum	Regulus of Lead.
Manganefe	Manganum	Regulus of Manganefe.
Mercury	Mercurium	Regulus of Mercury.
Molybdena	Molybdenum	Regulus of Molybdena.
Nickel	Nickolum	Regulus of Nickel.
Platina	Platinum	Regulus of Platina.
Silver	Argentum	Regulus of Silver.
Tin	Stannum	Regulus of Tin.
Tungftein	Tungftenum	Regulus of Tungftein.
Zinc	Zincum	Regulus of Zinc.

Q 3 Salifiable

그림 88 ■ 이것은 그의 기념비적인 책 *Traité Élémentaire de Chimie* (Paris, 1789) 의 영어판 *Elements of Chemistry* (화학의 원소) 에 있는 '간단한 물질' (즉 원소) 에 대한 Lavoisier의 목록이다. Caloric을 원소로 두고 있음을 주목하라. Rumford 백작은 약 10년 후 caloric을 논박하였고, Lavoisier 미망인 Marie-Anne Paulze Lavoisier와 결혼하였다.

Lavoisier, de Morveau, Berthollet, Fourcroy, Hassenfratz, 그리고 Adet는 서로 협력하여 *Méthode de Nomenclature Chimique* (Paris와 London, 1788)라는 책을 편찬하였다. 그림 88과 89는 이 책으로부터 인용한 것이지만, 실제로는 Lavoisier의 *Traité*의 두 번째 영어판 (1793) 에서 가져온 것이다.

그들이 한 일은 어마어마하게 중요했으나, Lavoisier라도 역시 틀릴 수 있음을 증명하는 작은 오점들을 남겼다. 먼저, '생명 공기' 를 산소 (oxygen) 라고 명명하였는데, 이 뜻은 '산 생성기' 라는 뜻이다. Lavoisier의 생각으로는 이것이 합당하게 생각되었는데, 그 이유는 탄소, 황, 인이 순수한 산소와 반응하여 산을 생성하였기 때문이다. 그의

	Names of the simple substances.	First degree of oxygenation.	
		New Names.	Old Names.
Combinations of oxygen with simple non-metallic substances.	Caloric	Oxygen gas	Vital or dephlogisticated air
	Hydrogen	Water *.	
	Azot	Nitrous oxyd, or base of nitrous gas	Nitrous gas or air
	Carbon	Oxyd of carbon, or carbonic oxyd	Unknown
	Sulphur	Oxyd of sulphur	Soft sulphur
	Phosphorus	Oxyd of phosphorus	Residuum from the combustion of phosphorus
	Muriatic radical	Muriatic oxyd	Unknown
	Fluoric radical	Fluoric oxyd	Unknown
	Boracic radical	Boracic oxyd	Unknown
Combinations of oxygen with the simple metallic substances †.	Antimony	Grey oxyd of antimony	Grey calx of antimony
	Silver	Oxyd of silver	Calx of silver
	Arsenic	Grey oxyd of arsenic	Grey calx of arsenic
	Bismuth	Grey oxyd of bismuth	Grey calx of bismuth
	Cobalt	Grey oxyd of cobalt	Grey calx of cobalt
	Copper	Brown oxyd of copper	Brown calx of copper
	Tin	Grey oxyd of tin	Grey calx of tin
	Iron	Black oxyd of iron	Martial ethiops
	Manganese	Black oxyd of manganese	Black calx of manganese
	Mercury	Black oxyd of mercury	Ethiops mineral ‡
	Molybdena	Oxyd of molybdena	Calx of molybdena
	Nickel	Oxyd of nickel	Calx of nickel
	Gold	Yellow oxyd of gold	Yellow calx of gold
	Platina	Yellow oxyd of platina	Yellow calx of platina
	Lead	Grey oxyd of lead	Grey calx of lead
	Tungstein	Oxyd of tungstein	Calx of tungstein
	Zinc	Grey oxyd of zinc	Grey calx of zinc

그림 89 ■ 이 표도 역시 Lavoisier의 책 *Traité* 1789년의 처음 영어판에서 가져온 것이다. 산소 기체가 산소와 caloric의 조합이라고 말하고 있다. 물질을 연소시키거나 탄소시키면 물질은 산소와 결합하고 열로서 caloric을 방출한다. 이것은 플로지스톤이 냄새가 난다. 탈플로지스톤화 공기 (산소)는 물질을 태우거나 탄소시킬 때 플로지스톤을 흡수한다.

산에 관한 산소 이론은 잘 받아들여졌다. 이 개념은 또한 염산도 산소를 포함하고 있다고 믿게 했다. 왜냐하면 염산의 전(前) 물질인 염소—1774년 Scheele가 분리한—도 반드시 산소를 포함하고 있어야 하기 때문이었다. 그러나 이것은 *Nomenclature* (명명법)가 출판된 후 약 20년 뒤에 Humphrey Davy에 의해 틀렸다는 것이 증명되었다.

Lavoisier의 두 번째 문제는 'caloric (열소)' —무게를 측정할 수 없는 일종의 열 유체—이라는 원소를 가정한 것이다. 어떤 방식으로든 caloric은 Lavoisier 자신이 종결시킨 플로지스톤의 대체역이었다. 이 관점에서 보면 산소 기체는 caloric—희박한 상태로 유지하는 데 도움을 주는—을 함유하고 있다. 물체가 타거나 금속 산화물을 생성할 때, 물질은 산소와 결합하고—따라서 무게가 증가한다—, 그 과정론에 caloric을 열로서 방출한다. 그림 88을 보면 caloric이 하나의 원소로 열거되어 있다. 그림 89에서는 수소가 산소와 반응하여 물을 생성하듯이, caloric도 또한 산소와 반응하여 산소 기체를 생성한다는 것을 볼 수 있다. 아이러니하게도—또는 그렇지 않을 수도 있지만—Lavoisier 부인의 두 번째 남편인 Rumford 백작은 궁극적으로 caloric이 존재하지 않는다는 것을 증명했다.

1. J. Eklund, *The Incompleat Chymist*, Smithsonian Institytion Press, Washingtion, D.C, 1975.

수소 + 산소 → 물. 물 → 산소 + 수소

Lavoisier가 질량 보존의 법칙을 만들지는 않았다. 그 전이나 동시대의 과학자들이 만든 신뢰성이 높은 가정에 불과할 뿐이었다. 하지만 그가 미리 무게를 측정해 놓은 액체에 공기를 주의 깊게 포집했을 뿐만 아니라, 화학 반응에서 모든 물질들은 반드시 계산되어야 한다는 그의 요구는 화학을 과학으로서—어떤 면에서는 물리라고도 부를 수 있는—새로운 단계로 이끌었다. 반응 전 무게와 반응 후 무게가 같지 않다면 화학을 분석하는 것은 별 의미가 없었다. 그것은 마치 수세조합이 회계장부를 신중하게 감사하는 것과 같았다.

Traité Élémentaire de Chimie (Paris, 1789) 의 명쾌함과 권위가 플로지스톤설의 종말을 초대했다. 아일랜드 화학자 Richard Kirwan[1] (1733~1812) 는 *An Essay on Phlogiston and the Constitution of Acids* (플로지스톤과 산의 조성에 대한 논문; London, 1787) 라는 책을 출판하였는데, 이 책은 플로지스톤을 강력하게 주장하였으며, 이는 영국 측 생각이었다. Lavoisier 부인은 이 책을 프랑스어로 번역했고 (Paris, 1788) 플로지스톤을 반대하는 프랑스학파의 논점의 초점이었다. Kirwan 책의 2판은 1789년에 런던에서 출판되었는데, 프랑스 화학자들의 1788년 논문들이 부록으로 수록되어 있다. 하지만 1792년에 Kirwan은 안티-플로지스톤설을 받아들였고, Berthollet에게 다음과 같이 편지를 보냈다. '마침내 나는 무기를 내려놓고 플로지스톤을 버립니다.'[2]

Traité 의 승리를 기념하기 위해서, Lavoisier 부인은 여사제의 옷차림을 하고 엄숙하게 Stahl의 저서를 태웠다 (플로지스톤의 사형).[3,4] 그녀는 그 전에 무기 연구소에서 일하는 Jean Henry Hassenfratz에게 이 성공을 기념할 방법에 대해 물어봤다. 그는 1788년 2월 20일자 편지에서 세 가지 방법을 제안했다: Lavoisier의 초상화, 플로지스톤과 산소와의 전쟁을 묘사하는 연극, 그리고 화학 혁명을 완전히 은유적으로 보여주기.[4] 이 초상화는 Lavoisier 부인에게 미술을 가르쳤던 Jacques Louis David라는 화가가 그렸다. Hassenfratz는 연극에 대해 두 가지 방법을 제안했다. 한 방법은 큰 전쟁에 대한 것이었다. 탄산염, 인산염, 황산염의 병력을 가진 산소와 *acidum pingue*와 *acide igne*의 동맹군인 플로지스톤과의 싸움이었다. 다른 방법은 잘생긴 산소 및 전우인 수소와 이미 한 팔이 잘려나간 부상병 플로지스톤과의 대결이었다. 플로지스톤 곁에는

*acidum pingue*이 이미 죽어 있고, *acid igne*는 하얗게 질린 채 패배해서 공포에 질려 죽고 있다. 산소는 플로지스톤의 남은 팔을 베어버리려고 하고 있다. 이 연극은 공연되었고, Dr. von E**가 Crell 학술지인 *Chemische Annalen*에 보고했다. 플로지스톤은 재판에 회부되어 Stahl이 변호하긴 했지만 화형에 처해졌다.[4] 이것을 생각하면 다음과 같은 생각이 드는데, 만일 연소가 플로지스톤을 방출하는 것이라면 플로지스톤의 연소는 아무 것도 남기지 않는 것이다.

그림 90은 Lavoisier의 *Traité*에서 가져온 것이다. *Fig. 1*은 아주 정교한 증류 기구를 보여 주고 있는데, 이 기구는 모든 생성된 물질을 포집하여 무게를 측정할 수 있도록 설계되었다. 시료는 레토르트 *A*에서 가열되고, 미리 무게를 재 둔 공 *C*에서 휘발성 또는 비휘발성 액체가 포집된다. *C* 다음의 첫 번째로 목이 세 개인 병—미리 무게가 측정됨—에는 물이 들어 있고, 나머지 세 개의 병—모두 미리 무게가 측정됨—은 산성 기체를 포집할 수 있도록 수산화 칼륨 (KOH) 용액으로 채워져 있다. 남아 있는 물에 용해되지도 않고, 비산성인 기체들 (즉, 산소) 은 물통 안의 병 또는 이와 유사한 포집 기구로 옮겨지게 된다. 각 병 중앙에 끼워 놓은 긴 관들은 작은 구멍들이 있다. 이 관들은 액체 바닥까지 닿아 있고 압력이 높아져야만 물이 샌다. 만약 진공 상태가 된다면 첨가된 공기의 질량은 유리 기구와 그 안의 내용물에 비해 무시해도 된다. Lavoisier는 플라스크 안에 남은 잔여물을 포함해서 모든 그릇 내 물질의 무게가 반응 전과 다르면 다시 실험을 수행하였다. 그림 91 (*Fig. 1*) 은 발효나 부패에서 나오는 기체들을 분리하는 장치를 보여 준다. 긴 목 플라스크 *A*는 황동 관과 밸브로 둥근바닥 플라스크 *B*와 연결되어 있다. *A*에서 나오는 거품의 양이 플라스크의 용량을 초과하게 되면 초과된 양은 *B*에 저장되게 되고 주기적으로 병 *C*로 빼내도록 되어 있다. 수증기는 염화 칼슘과 같은 건조제가 있는 유리관 h에서 제거된다. 발효에서 나온 이산화 탄소는 수산화 칼륨 용액이 담긴 병 *D*와 *E*에 수집된다. 부패는 가끔씩 수소도 생성하는데, 수소는 물통 GHIK에 있는 종 모양의 유리병 *F*에서 포집된다.

그림 90의 *Fig. 2*는 금속 수은을 공기 중에서 가열하는 유명한 기구이다. Lavoisier는 4온스의 수은을 레토르트 *A*에서 가열하였다.[5] 12일 뒤, 가열을 멈추고 수은 표면에 생성된 붉은 회 (HgO) 의 무게를 쟀다. 무게는 45그레인이었다. 공기의 부피는 50 in^3에서 42 in^3로 약 16%만큼 줄어들었다. 남은 공기는 '독성' 이었다 (실상은 질소였다). 수은회만을 작은 레토르트로 옮겨 가열하였더니 8 내지 9 in^3의 '호흡하기 좋은 공기' 와 41.5그레인의 수은이 얻어졌다. 이 기체는 바로 Scheele가 말한 '불 공기' 또는 '정화 공기' 이며, Priestley는 '탈플로지스톤화 공기' , Lavoisier는 '생명 공기' 그리고 궁극적으로는 산소라 명명하였다. 이 산소를 '독성' 공기에 첨가하면, 보통 공기가 다시 생성되었다. *Fig. 10*에서 볼 수 있는 흥미있는 기구는 맞춘 마트라스 (목이 긴 달걀모양의 플라스크) 이다 [그림 26(a) 참조; 타조는 무시해도 된다]. 둥근 부위를 불꽃에서 가열하여 납작하게 만들었다. 납작한 바닥에는 수은이 담겨져 있고, 이 수은은 모래 중탕에서 가열될 수 있다. 꼭대기의 구멍이 작기 때문에 공기 순환은 천천히 일어나지

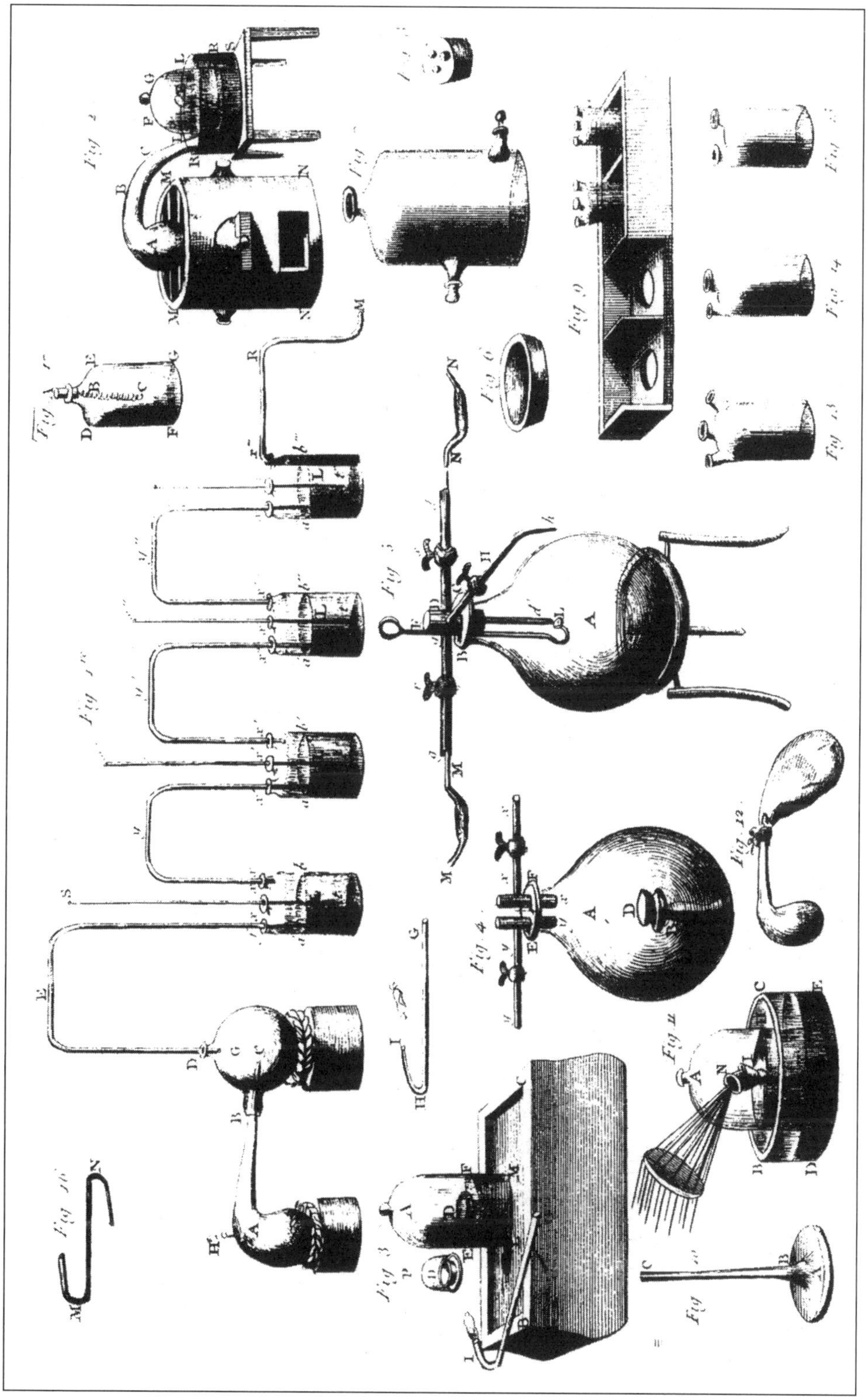

그림 90 ■ 이 그림은 Lavoisier의 책 *Traité*에서 가져온 것이다. Lavoisier 부인은 뛰어난 화가로서 프랑스어 책의 대한 그림의 원판을 팠다 (기구에 대한 설명은 본문 참조).

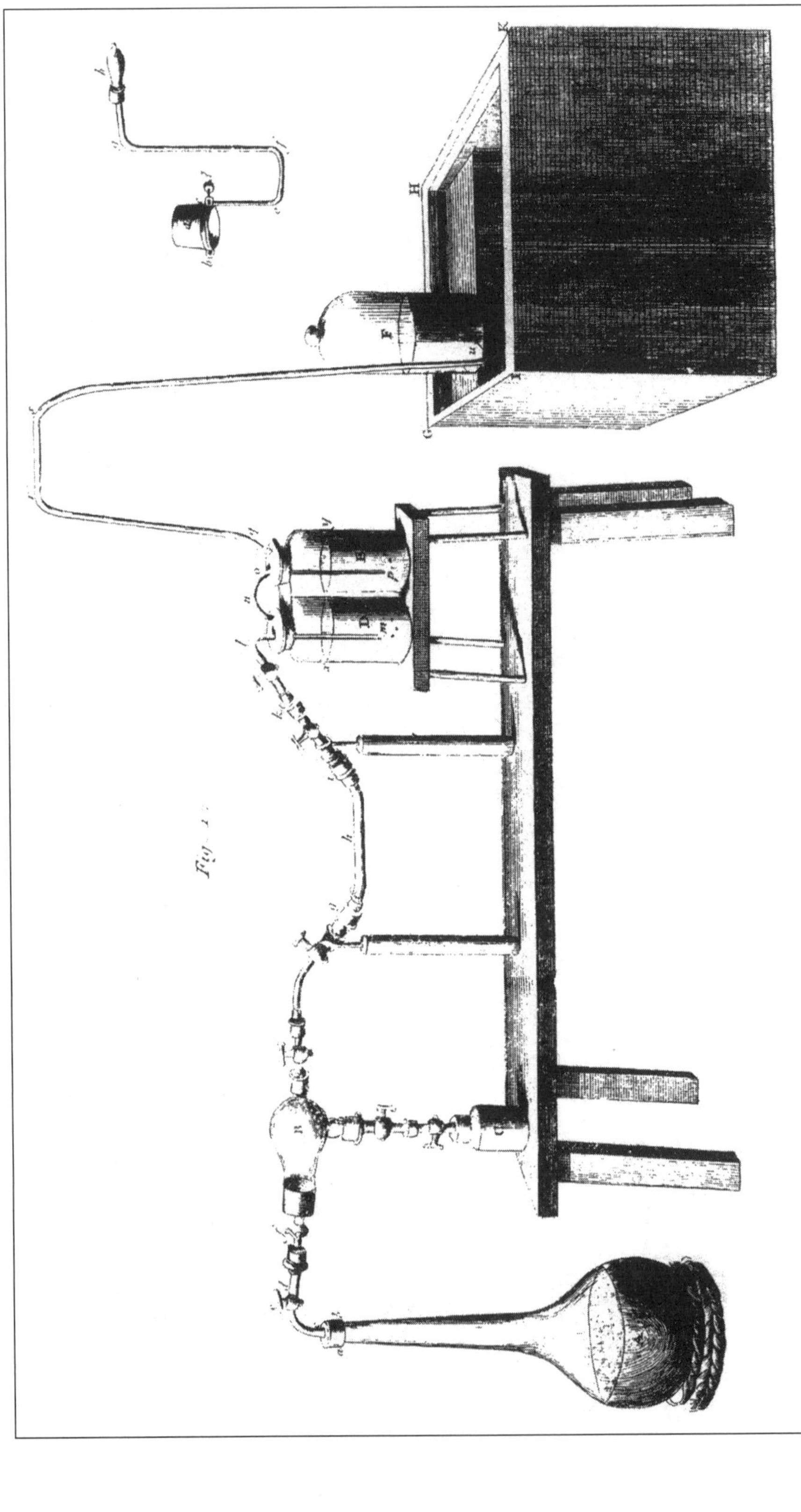

그림 91 ■ Lavoisier의 *Elements*에서 가져온 그림. 발효에서 생긴 기체를 수집하는 장치.

만 수은 증기의 손실은 최소화할 수 있다. 몇 달 뒤, 빨간 HgO가 잘 얻어졌다. 레토르트와 주머니 기구 (*Fig. 12*) 도 또한 주머니 절반을 산소로 채운 상태에서 수은을 가열하기 위해 사용된다. 여기서는 붉은 회가 소량만 생성되었다.

*Fig. 3*은 공기를 채운 종 모양 병 속의 수은 위에 놓인 자기 접시의 철을 점화시키는 작은 장치이다. Lavoisier는 사이펀으로 공기를 빼내어 수은의 높이를 올렸다. 그는 철선 시료에 붙어 있는 불쏘시개에 붙은 인 조각에 불을 붙이기 위해 붉고 뜨거운 철선 (*Fig. 16*) 을 사용하였다. *Fig. 17* (우측 상단) 은 마개에 붙어 있는 가는 스프링 철선을 그려놓았는데, *C* 지점에 작은 불쏘시개를 달아 나선형으로 구부려 놓았다. 마개와 철선을 빼내고 불쏘시개를 점화시켜 철선을 산소를 포함하고 있는 병으로 내리면, 선이 타 들어감에 따라 철은 회를 형성하여 바닥으로 떨어지게 되고, 이를 수집한 후 가루로 만들어 무게를 잰다.

그림 90의 *Fig. 4*는 인을 산소 중에서 연소시킬 때 사용하는 큰 용기 (입구 지름이 3인치나 된다)를 그린 것이다. 자기 접시 (porcelain dish) *D*에 인을 넣고 한 관으로는 공기를 빼고 다른 관으로는 산소를 주입시킨다. 볼록렌즈를 사용하여 연소 반응을 시작한다. 인이 연소함에 따라 오산화인의 백색 얇은 조각들이 유리벽에 달라 붙고 (백색 가루인 산화인 (P_4O_{10}) 은 360°C에서 승화한다), 이에 따라 볼록렌즈의 효능은 얼마간 감소한다 ($P_4O_{10} + 6H_2O \rightarrow 4H_3PO_4$, 인산).

수소를 공기중에서 연소시켜 물을 만든 사람은 Priestley가 최초이겠지만, 그는 이를 알아차리지 못했다. 자기 접시위의 물방울을 발견하고 물이 생성물임을 인식한 사람은 1776년 Pierre Macquer였다.[7, 8] 1783년 봄, Cavendish는 인화성 공기와 탈플로지스톤화 공기에 불을 붙여서 물을 생성하였고, 생성된 물의 무게를 측정하였다. 따라서 처음으로 물을 그 성분 원소들로부터 성공적으로 합성한 사람은 Cavendish로 여겨지고, 불행하게도 그는 플로지스톤 개념을 사용하여 해석하였다.[7, 8] 그림 90의 *Fig. 5*의 장치는 유명한 수학자인 Pierre Simon Laplace[8] (1749~1827) 와 Lavoisier가 발명한 것으로, Tube *NN*으로는 산소를, Tube *MM*으로는 수소를 주입시켜 정량적으로 물을 생성시키는 장치이다. 1783년 6월 24일, 양쪽의 관을 통해 산소와 수소를 조금씩 조금씩 주입시키면서 수소가 유입되는 *d'*와 바로 근처에 있는 도선 끝 *L*로 방전시켰다.[8] Laplace와 Lavoisier는 100의 물을 만들기 위해서는 85의 산소와 15의 수소가 사용된다고 설명하였다.[7] 그림 90에 나와 있지 않는 다른 장치를 써서 Lavoisier는 노를 관통하는 숯을 채운 유리관을 통과시켜 물을 증류하였다. 노 안의 유리관은 진흙을 바르고 쇠막대기를 대어 높은 온도에서 유리가 휘어지는 것을 방지한다. 수증기가 숯에 닿았을 경우, 이산화 탄소와 수소 기체로 되며 이 기체들을 모아서 무게를 측정한다. 이렇게 하여 Lavoisier는 순수한 산소와 수소를 사용해 물을 정량적으로 생성할 수 있었을 뿐만 아니라, 반대로 물을 구성 원소들로 다시 분해할 수 있었다. 하지만 물이 원소가 아닌 화합물이라는 것을 처음 깨달은 사람은 James Watt였다.

1. J.R. Partington, *A History of Chemistry*, MacMillan, London, 1962, Vol. 3, pp. 660~671.

2. A.J. Ihde, *The Development of Modern Chemistry*, Harper and Row, New York, 1964, p. 81.
3. J.R. Partington, op. cit., p. 491.
4. 저자는 Hassenfratz편지사본을 포함한 Jean-Pierre Poirier 박사의 동의와, Lavoisier의 연극에 대한 사의를 표한다. 연극의 몇 가지 토론을 Poirier의 책에서 찾을 수 있다 (Ref. 8 참조).
5. J.R. Partington, op. cit., p. 417.
6. F.A. Cotton and G. Wilkinson, *Advanced Inorganic Chemistry*, 5th ed., Wiley, New York, 1988, pp. 399~401.
7. J.R. Partington, op. cit., pp. 436~453.
8. J.-P. Poirier, *Lavoisier—Chemist, Biologist, Economist*, R. Balinski (translator), University of Pennsylavania Press, Philadelphia, 1996. pp. 140~144.

내연기관으로서의 기니 피그

Calorique (열소) 는 단순한 물질 (원소) 이므로 Lavoisier는 이것을 측정하고 싶었다. 그림 92는 Lavoisier와 Laplace가 고안한 얼음 열량계이다. *Fig. 1*은 조립된 열량계이고 *Fig. 3*은 단면도이다. *Fig. 3*의 맨 아래에 있는 바구니 *ffff*는 철 그물망으로 만들어져 있으며, 이 바구니 입구 *LM*은 뚜껑 *GH*로 덮는다. 이 바구니에는 caloric을 발생시키는 것, 즉 뜨거운 금속, 뜨거운 또는 혼합을 통한 발열 반응이나 연소 시료, 또는 살아 있는 기니 피그 등을 넣는다. 챔버 *bbbb*와 자켓 *aaaa* 안에는 부순 얼음을 넣는다. 챔버 *aaaa*는 단열 역할을 하며, 물은 관 *sT*를 통해 간편하게 배열할 수 있다. 챔버 *bbbb* 안에 있는 얼음은 스크린 *mm*과 체 *nn*으로 지지되어 있고, 이 얼음은 바구니 *ffff* 로부터 나오는 열을 흡수한다. 이때 생긴 물은 관꼭지 *xy*를 통해 모아 무게를 측정한다. 실험을 시작하기 전, 잘게 부순 얼음을 *aaaa*와 *bbbb*, 뚜껑 *GH*, 그리고 *Fig. 7*에 있는 장치의 덮개까지 가득 채우고 온도가 평형 상태에 도달할 때까지 기다린다. 실험에 가장 적합한 온도는 실물이 50°F보다 높지 않아야 되고, 32°F보다 낮아서는 안 된다. 많은 양의 시료를 온도계가 부착된 커다란 금속통 안에 넣는다 (*Fig. 8*; 부식성 액체는 *Fig. 9*의 온도계가 부착된 유리통에 넣음). 금속통이나 유리통은 끓는 물이 들어 있는 통 안에 넣는다. 옮기기 직전에 *xy*를 통해 물을 마지막 방울까지 다 빼어 버린다. 고온의 시료들은 최대한 빨리 옮겨야 한다. 얼음 열량계가 32°F로 다시 맞춰지려면 보통 10시간에서 12시간이 걸린다. 챔버 *bbbb*에서 나온 물의 무게를 조심스럽게 측정한다. 하지만, Lavoisier와 Laplace는 열 손실로 인하여, 실험 정확도에 한계가 있다는 사실을 알게 되었다.

Lavoisier와 Laplace는 열의 단위를 32°F에서 1파운드의 얼음이 녹는 데 필요한 양으로 정의했다. 그들은 1파운드의 얼음을 녹이려면 167°F에서 물 1파운드의 온도가 135°F만큼 32°F까지 떨어져야 함을 알았다. Lavoisier와 Laplace는 7.707파운드의 길고 가느다란 철 조각의 온도를 끓는 물통 속에 넣어서 207.5°F까지 올린 뒤, 바구니

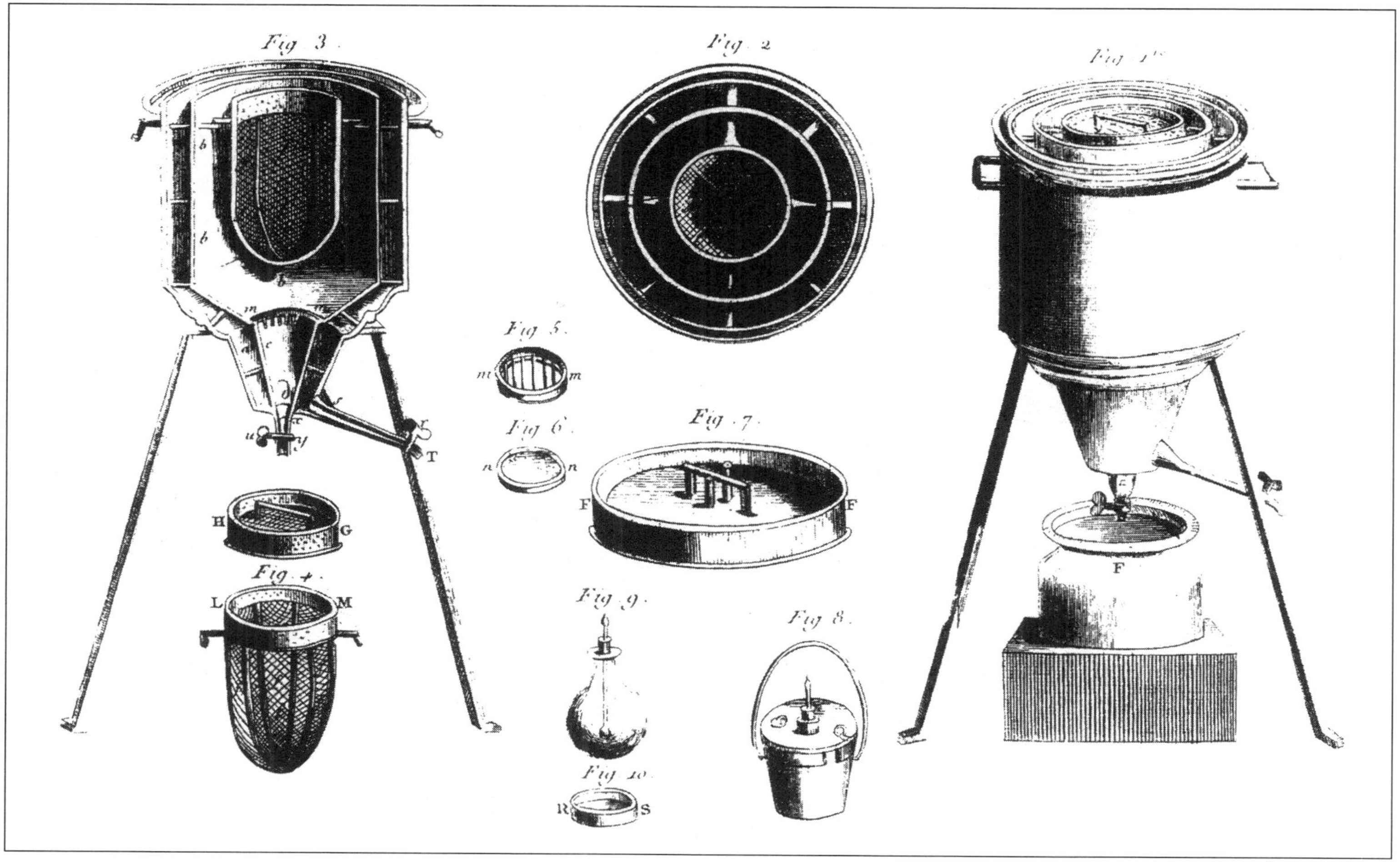

그림 92 ■ Lavoisier와 유명한 수학자 Laplace가 고안한 얼음 열량계. 열의 단위는 얼음이 녹는 양으로 정의하였다. 신진대사 반응이 연소 반응과 비슷하다는 영감은 동물들이 산소를 필요로 하고, 이산화 탄소와 물을 생성하며, 열을 발생한다는 지식에 기인하였다. 그러므로 Lavoisier는 연소, 하소, 신진대사 모두 다 산소를 사용함으로써, 서로 연관되어 있다는 사실을 알게 되었다.

*ffff*에 재빨리 넣고 얼음 열량계를 닫았다. 11시간 뒤, 1.109795파운드의 얼음이 녹았다. 철 조각들의 온도는 175.5°F만큼 낮아졌다. 계산을 해보면, 175.5/1.109975 = 135/*x*, 따라서 *x*는 0.85384이다. 0.85384를 7.707로 나누면 0.1109가 나오는데, 이 값이 바로 1파운드의 철 조각들의 온도를 135°F만큼 떨어뜨려서 녹은 얼음의 양이다. 다른 열 발생 과정에 대해서도, 이 계산법을 사용하면 된다.

기니 피그는 얼음 열량계 내에서 생쥐보다 더 잘 견딘다. 바구니 *ffff*를 드나드는 공기는 부순 얼음으로 둘러싸인 관을 지나가야 한다. 이전 10년 동안에 호흡과 연소에 산소가 필요하다는 것을 깨닫게 되자, 이것은 이 두 과정 중에 이산화 탄소가 발생한다는 예전 관측과 결부되었으며, 약간의 창의력을 발휘하여 이 두 가지를 동등하게 놓고 동물의 열을 느린 체내 연소과정으로 측정하게 되었다.

얼음 열량계 안에서 덜덜 떨고 있으며 (그림 92), 또 Priestley, Scheele, Lavoisier, Mayow의 장치 (그림 67) 안에서 '유해 공기 (mephitic air)' 를 견뎌내고 있는 한 마리의 쥐를 상상해보라. 이 작고 용감한 쥐가 과거와 현재에 인류 과학 발전에 기여한 공을 인정하게 된다. 앞에서 말했듯이 Priestley는 쥐들에게 다정했다 (134쪽 참조). Franklin이 Priestley에게 보낸 편지에 의하면, Franklin는 '정직하고 무해한 쥐들을 유해 공기로 살해했던 것을 굉장히 후회한다고.' [1] 했다. 스톡홀름에 있는 왕립연구소 (the Royal Institute) 에 쥐들을 칭송하는 동상을 세우는 것도 나쁘지는 않겠다.

1. W. C. Bruce, *Benjamin Franklin Self-Revealed*, Second Revised Edition, Vol. I, Putnam, New York, 1923, pp. 106~107. 그의 자료를 볼 수 있도록 허락해 준 Roald Hoffmann 교수와 쥐에게 경의를 표하도록 제안한 Susan Gardner 교수에게 감사를 전한다.

단일 선택적 끌림 (단일 치환)

스웨덴 화학자 Torbern Bergman (1735~1784) [1]은 그의 저서 '선택적 끌림에 관한 연구 (*A Dissertation on Elective Attraction*)' [2]에서 화학 친화도와 치환 반응 (단일 또는 이중)[2]을 '젖은 방식' 또는 '마른 방식'으로 체계화했다. 그림 93과 그림 94 (a) 에 확대시켜 놓은 항목 20을 보라. 황화 칼슘 [CaS 또는 (1)] 은 물 안에서 황산 [H_2SO_4 또는 (2)] 에 의해 분해되어 침전되는 원소 상태의 황 (4) (아래 방향 반-괄호 표시) 와 황산 칼슘 [석고, $CaSO_4$ 또는 (5)] (아래 방향 괄호 표시) 으로 침전된다. 따라서 황산 (2) 은 황 (4) 보다 칼슘의 원천인 순수한 석회 (6) 에게 더 강한 친화도를 가지고 있다.

1. J.R. Partington, *A History of Chemistry*, MacMillan, London, 1962, Vol. 3, pp. 179~199.
2. T. Bergman, *A Dissertation on Elective Attractions*, Edinburgh, 1785.

이중 선택적 끌림 (이중 치환)

그림 93과 그림 94(b)에 확대시켜 놓은 항목 26을 보라. 물(3) 속에서 질산은(1)과 염화 소듐 [(2), 소금]이 서로를 분해시켜, 염화은이 침전되고 (4)(아래 방향 괄호 표시), 질산 소듐 (5)(위 방향 괄호 표시)이 용액에 녹아 있다.

불사조는 '암컷'?

Laidler가 '잊혀진 천재'[1,2]로 부르는 Elizabeth Fulhame 부인은 1794년에 주목할 만한 책 (그림 95)을 출판하였다 (독일어판은 1798년, 미국판은 1810년에 출판되었음; 그림 96). 그 당시 사람들은 여자들이 과학에 관심 갖는 것을 고무하기는커녕 오히려 단념시키려 했다. 1794년 판은 아마도 남편 Fulham 박사의 도움으로 사비로 출판되었다. 그녀의 이 책 서문은 다음과 같다.[3]

> 내가 이런 일을 탐구하는 데 종사하는 것이 어떤 사람들에게는 주제 넘어 보일 수도 있을 것이다. 그러나 나는 게으른 것을 싫어하고 여유 시간도 많아 자연스럽게 이 즐거움을 좇아 재미를 느끼게 되었는데, 자유주의자들과 학자들이 불쾌해하지 않기를 희망한다. 하지만 아마 비난은 불가피할 것이리라. 왜냐하면 혹자들은 아주 무심해서 언짢아하고 말도 없어지며, 어떤 형태로든지 학식 비슷한 것이라도 보면 두려움에 얼어붙는다. 그리고 그 유령이 여자 모습으로 나타난다면 그들이 느끼는 고통은 정말로 비참하다.

Fulhame 부인은 두세 가지의 위대한 발견을 하였다. 그녀는 처음으로 포토이미징(photoimaging)을 보여주었는데, 금과 다른 금속의 염을 사용하였다. 유명한 Rumford 백작 (Benjamin Thompson, 158~160쪽 참조)의 해석은 그녀의 화학적 해석과 달랐는데, 이는 그의 순수 물리적 해석과 상반되었기 때문이었다.[4] 하지만 그가 틀렸다—금 또는 은이온이 광화학적으로 각각의 금속으로 환원하는 것은, 실온의 수용액 화학 반응이 고온 용융의 작업을 성취할 수 있다는 것을 처음으로 보여 준 사례로 간주된다.[3]

숯이 이산화 탄소로 산화될 때, 촉매로서 물이 사용된 그녀의 연구—후에 증명된—는 매우 중요한 것이었으며, 개념을 예견하는 것이었다 (촉매, '*catalysis*'라는 용어는 1836년에 Berzelius가 도입하였음. '*catalysis*'는 그리스어에서 왔으며 '완전히 풀어주는 (wholly loosening)'[2]의 의미를 가지고 있음). 또한 이것은 단계별로 '한 단

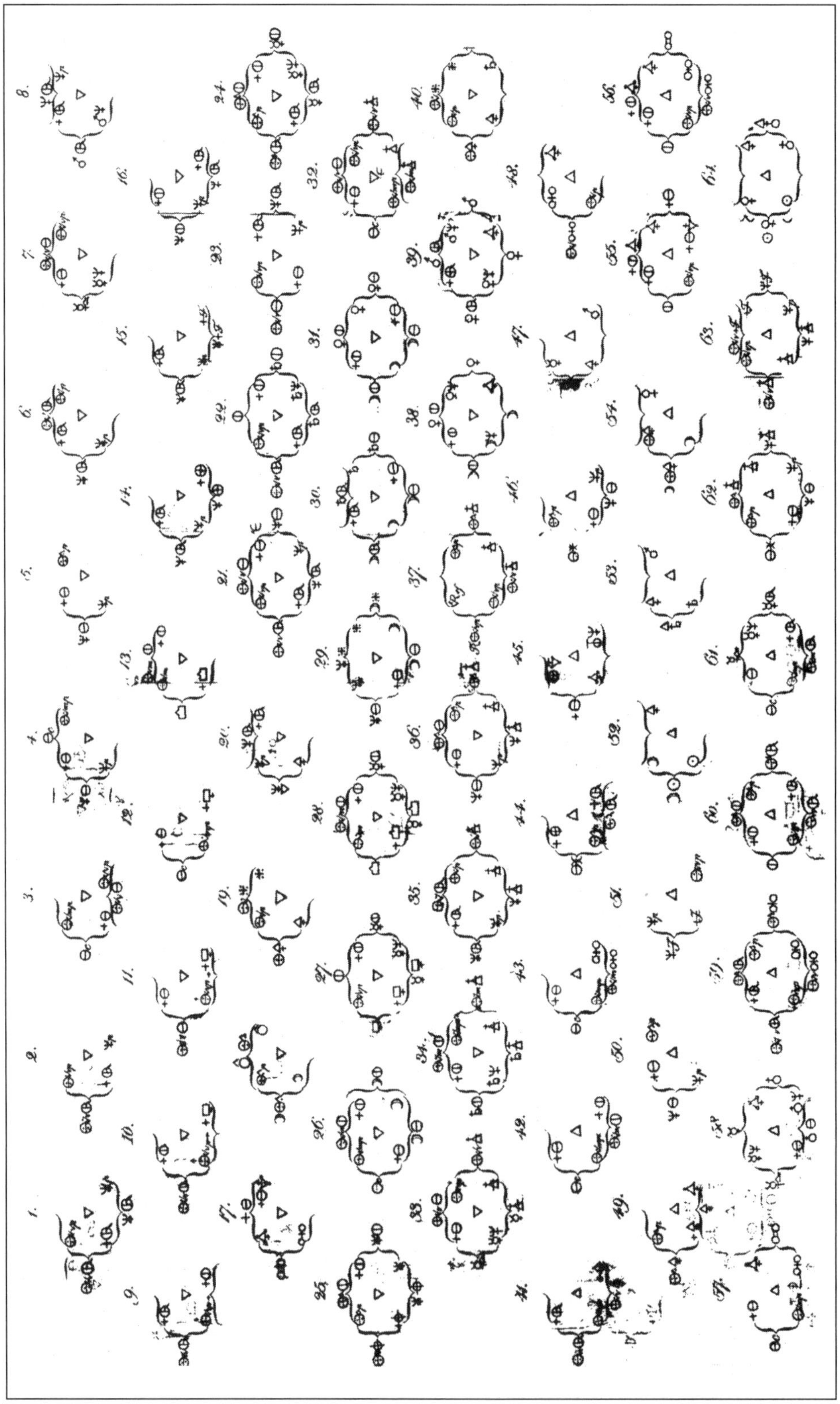

그림 93 ■ Torbern Bergman의 *A Dissertation on Elective Attractions* (London, 1785) 에서 발췌한 화학 친화도 표.

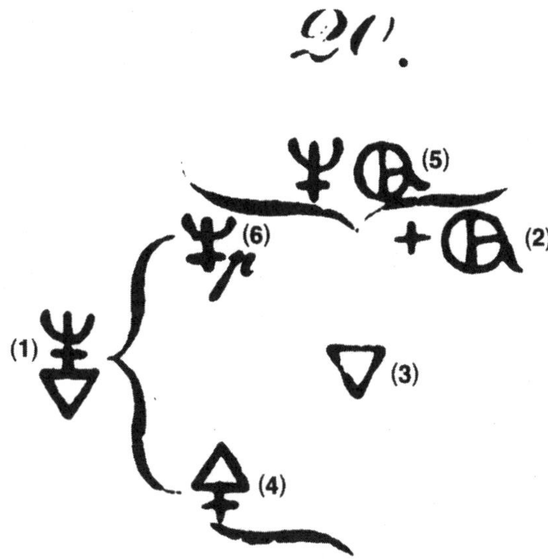

(a)

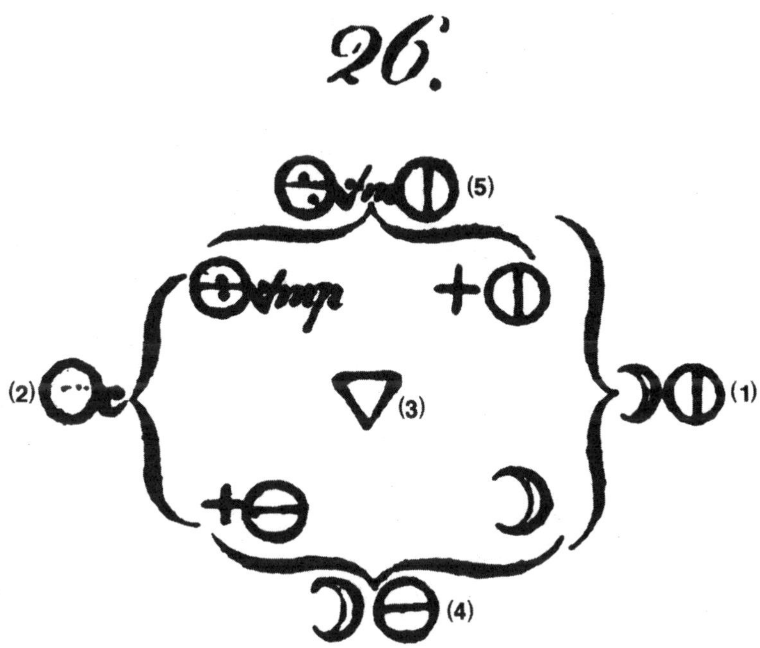

(b)

그림 94 ■ (a) Bergman의 표에서 발췌한 황화 칼슘의 단일 선택적 (single-elective) 끌림 (분해), (그림 93 참조). (b) 질산은과 염화 소듐 사이의 이중 선택적 (double-elective) 끌림 (본문 참조).

계 한 단계' 씩 화학 반응을 설명하는 화학 메커니즘의 현대적 개념을 함축하고 있다. 철이 녹스는 과정을 예로 들어보면, 아일랜드 화학자인 William Higgins는 이 과정에서 물의 역할을 처음 발견하였고, Fulhame 부인이 표절했다고 고소하였다 (하지만 그는 또한 Dalton이 자신의 원자론을 표절했다고 비난하였다)[4]. Fulhame 부인의 개념이 더 보편적이었고 그녀가 명백하게 그 개념을 발전시켰다.[2, 4]

철이 녹스는 과정에서 철과 산소의 반응으로 적갈색의 삼산화철(III), (Fe_2O_3)이

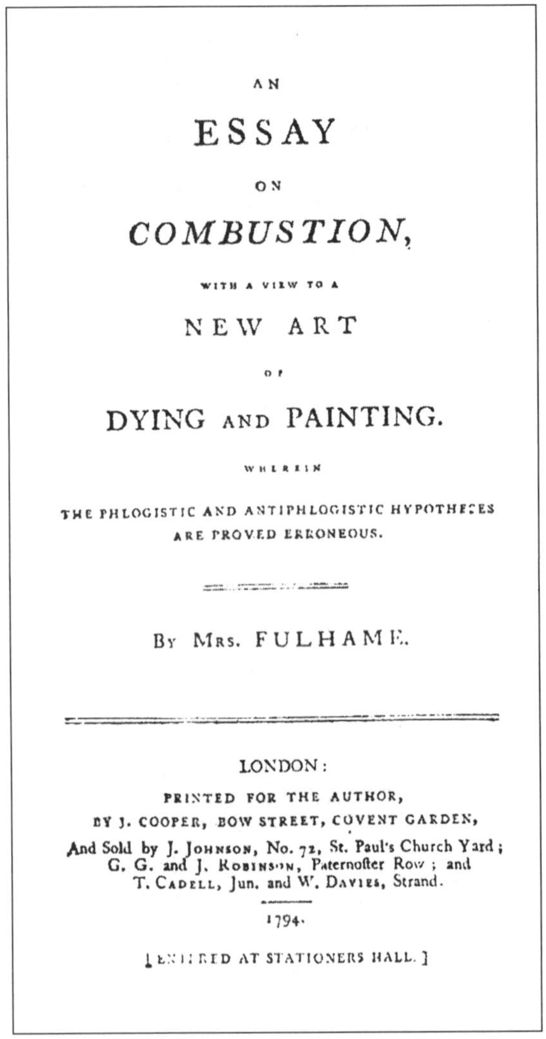
AN
ESSAY
ON
COMBUSTION,
WITH A VIEW TO A
NEW ART
OF
DYING AND PAINTING.
WHEREIN
THE PHLOGISTIC AND ANTIPHLOGISTIC HYPOTHESES ARE PROVED ERRONEOUS.

BY MRS. FULHAME.

LONDON:
PRINTED FOR THE AUTHOR,
BY J. COOPER, BOW STREET, COVENT GARDEN,
And Sold by J. JOHNSON, No. 72, St. Paul's Church Yard; G. G. and J. ROBINSON, Paternofter Row; and T. CADELL, Jun. and W. DAVIES, Strand.
1794.
[ENTERED AT STATIONERS HALL.]

그림 95 ■ Elizabeth Fulhame 부인의 연소 이론에 관한 책의 표지. Laidler는 그녀를 '잊혀진 천재'로 불렀다. 그녀는 처음으로 포토이미징을 보여주었으며, '메커니즘 화학의 어머니'로 불린다 (유명한 화학자 겸 서적 수집가인 Roy G. Neville 박사 제공).

생성되지만, 우리는 이 반응이 건조한 공기 중에서는 일어나지 않는다는 사실을 알고 있다. 물이 바로 촉매와 전해질 용매의 역할을 한다. 만약 철이 물에 젖은 상태에서 과량의 산소에 노출되면 다음과 같은 반응이 일어난다.[5]

반응 (1):

$$4Fe(s) + 4H_2O(l) + 2O_2(g) \rightarrow 4Fe(OH)_2(s)$$

반응 (2):

$$4Fe(OH)_2(s) + O_2(g) \rightarrow 2Fe_2O_3 \cdot H_2O(s) + 2H_2O(l)$$

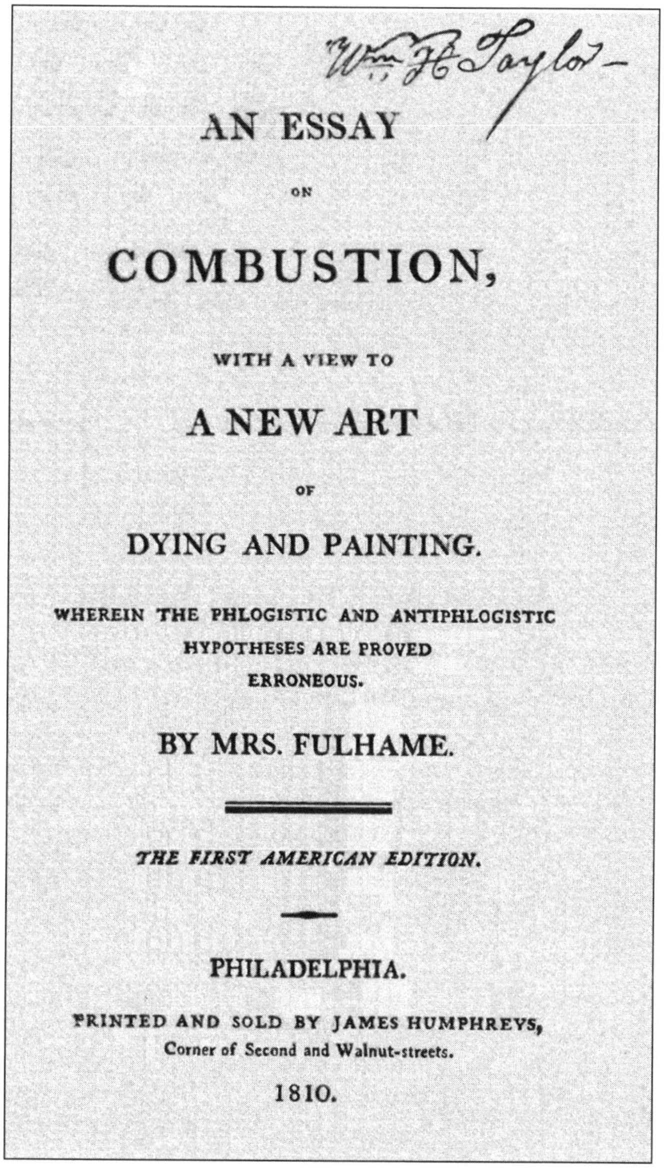
AN ESSAY

ON

COMBUSTION,

WITH A VIEW TO

A NEW ART

OF

DYING AND PAINTING.

WHEREIN THE PHLOGISTIC AND ANTIPHLOGISTIC
HYPOTHESES ARE PROVED
ERRONEOUS.

BY MRS. FULHAME.

THE FIRST AMERICAN EDITION.

PHILADELPHIA.

PRINTED AND SOLD BY JAMES HUMPHREYS,
Corner of Second and Walnut-streets.

1810.

그림 96 ■ Elizabeth Fulhame 부인의 책 미국 초판의 표지. 그녀는 플로지스톤 이론에 대해서는 의견이 다른 Priestley의 지명 추천으로 Philadelphia 화학회의 초기 회원이 되었다 (Edgar Fahs Smith Collection, Pennsylvaina 대학교의 희귀 서적 및 원고 도서관 제공).

알짜 반응:

$$4Fe(s) + 3O_2(g) + 2H_2O \rightarrow 2Fe_2O_3 \cdot H_2O(s)$$

반응 (1) 의 물 분자 중에서 두 개는 반응 (2) 에서 다시 생성된다. 그러므로 알짜 반응에서는 나타나지 않는다. 그들은 $Fe(OH)_2$ 중간체에 '일시적으로 결합되어' 있지만 중간체가 반응할 때 다시 생성된다.

Fulhame 부인은 비록 플로지스톤 이론에 반대하는 안티 플로지스톤지였고, 덕분에 Lavoisier와 더 가까웠지만, Laidler는 그녀를 필라델피아 화학회 (*The Philadelphia*

Chemical Society)[2]에 지명 추천한 사람은 Priestley였으리라고 추측하였다. Fulhame 부인은 재로부터의 부활 또는 재생을 상징하는 장엄한 새인 불사조[4]를 열광적으로 언급하면서 자신의 책을 끝맺고 있다—불사조는 미국 화학회 (*The American Chemical Society*) 문장에도 들어 있다.

> 연소의 관점에서 보면, 어떻게 자연이 항상 동일하고, 어떻게 우리 지구상에서 같은 양의 공기와 물이 보존되면서 평형을 유지하는지 보여 준다. 다양한 연소 과정에서 빠르게 소모되자마자 같은 양이 생성되는 현상은 재 속에서 부활하는 불사조와 유사하다.

위대한 권위자였던 Partington[4]은 신중하게 단언했다. '불사조는 성별이 없다고 여겨지는 전설적인 새였다.'

1. K.J. Laidler, *Accounts of Chemical Research*, 1995, Vol. 28, pp. 187~192.
2. K.J. Laidler, *The World of Physical Chemistry*, Oxford University Press, Oxford, 1993, pp. 250~252; 277~278.
3. M. Rayner-Canham and G. Rayner-Canham, *Womern in Chemistry: Their Changing Roles From Alchemical Times to the Mid-Twentieth Century*, American Chemical Society and Chemical Heritage Foundation, Washington, D.C. and Philadelphia,1998, pp. 28~31.
4. J.R. Partington, *A History of Chemistry*, MacMillan, London, 1962, Vol. 3, pp. 708~709.
5. J.C. Kotz and P.Treichel, Jr., *Chemistry and Chemical Reactibity*, 3rd ed., Saunders, Fort Worth, 1996, pp. 980~983.

총열 속의 화학

좋지 않은 환경에서는 숯이 굉장히 위험할 수 있다. 기체라는 용어를 만들었고 실내에서 숯을 태우다가 거의 중독사할 뻔 했던 Johann Baptist Von Helmont에게 물어보라.[1]

일산화 탄소 (CO) 는 산소의 양이 부족한 환경에서 연소 반응이 일어날 때 생기는 부산물이다. 산소가 충분히 있는 환경에서 가연성 물질들이 타면 (산화되면), 이산화 탄소와 물이 생성된다. 이런 환경에서 일산화 탄소는 생성되자마자 반응해 버리는 수명이 짧은 **중간체** 역할을 한다 [앞의 내용에서 언급된, 녹스는 과정에서 중간체인 $Fe(OH)_2$는 수명이 더 길다]. Fulhame 부인은 물이 숯[2]의 연소 반응을 가속시킨다고 정확하게 결론지었다. 그 원인은 매우 복잡한 연소 반응 메커니즘의 일부를 사용하면 명확하게 된다.[3] 수소를 포함하는 물질이 없는 환경에서 일어나는 중요한 사슬 개시 반응 (chain-initiating reaction) 은 다음과 같다.

$$CO + O_2 \rightarrow CO_2 + O \quad (1)$$

이 반응에 뒤이어 일어나는 수많은 사슬 반응 중 한 반응은 다음과 같다 (*M*은 충돌에 필요한 원자 또는 분자이다).

$$M + CO + O \rightarrow CO_2 + M \quad (2)$$

그러나 수소의 공급원이 존재할 때에는 [물, 메테인 (CH_4), 기타 등등], 전혀 다르고 훨씬 더 빠른 화학 반응들이 일어난다.[3]

$$CO + H_2O \rightarrow CO_2 + H_2 \quad (3)$$

$$H_2 + O_2 \rightarrow H_2O_2 \quad (4)$$

$$H_2O_2 \rightarrow 2OH \quad (5)$$

$$OH + CO \rightarrow CO_2 + H \quad (6)$$

$$H + O_2 \rightarrow OH + O \quad (7)$$

숯은 고체 구조 때문에 그리고, 수소 공급원이 없기 때문에 빠르게 타지 않는다. 후자는 상대적으로 일산화 탄소가 배출물로 많이 생성되는 이유이기도 하다. 일산화 탄소를 포집하거나 관찰하려면 정상적인 연소 조건이 아닌 상태가 되어야 한다. 식욕이 왕성한 물고기들이 살고 있는 수족관 안에서 갓 태어난 구피 (송사리과 열대어) 들을 상상해 보라. 다음으로, 어미가 부화기에서 직접 산란하여 태어난 구피들을 상상해 보라.

18세기 말에 T. Bergman, J. M. F. De Lassone, J. Priestley에 의해 독립적으로 발견된 일산화 탄소는 그들에게 '당혹 (puzzlement)' 그 자체였다.[4] 빨갛게 달구어진 숯 위로 수증기를 지나게 하면 '수성 가스 (water gas)' 가 생성하였고, 그 기체는 연소 에너지에는 유용하지만 인체에는 몹시 해롭다 (오늘날 이 기체는 CO, H_2와 CO_2의 혼합물임을 알고 있다). Priestley는 빨갛게 달군 총열 안에서 분필 ($CaCO_3$) 을 가열하면 비교적 무거운 '가연성 기체' 가 생기고, 이것도 '고정된 공기' (CO_2) 를 생성하면서 파란 불꽃을 내며 타는 것을 관찰하였다. 소석회 [$Ca(OH)_2$] 가 빨갛게 달군 총열 안에서 가열되면, 폭발적으로 타는 '가벼운 가연성 공기' 가 생성되었다. 반응 (8)과 (9)는 CO가 생성되는 처음 경우에 해당한다. 반응 (10)과 (11)은 H_2가 생성되는 두 번째 경우에 해당한다. 물론 혼돈스럽지만, '수성 가스' 는 '가볍고' '무거운 가연성 공기' 를 다 포함하고 있다.

$$CaCO_3 \rightarrow CaO + CO_2 \quad (8)$$

$$3CO_2 + 2Fe \rightarrow Fe_2O_3 + 3CO \quad (9)$$

여기 기체 생성물은 '무거운 가연성 공기' 이다.

$$Ca(OH)_2 \rightarrow CaO + H_2O \quad (10)$$

$$3H_2O + 2Fe \rightarrow Fe_2O_3 + 3H_2 \quad (11)$$

여기 기체 생성물은 '가벼운 가연성 공기' 이다.

만약에, 당신이 Priestley이고 플로지스톤 이론에 강하게 집착한다면, 결과는 뻔하다— '고정된 공기 (fixed air, CO_2)' 와 수증기는 총열의 철로부터 정도는 다를지라도 플로지스톤을 내놓게 한다. 1801년, 병기 화학자이자, 왕립 포병학교의 화학 교수이며, 포병 및 병기 금속과의 군의관인 W. Cruickshank는 마침내 수소와 일산화 탄소를 구별하는 데 성공했다. 곧 알겠지만, Rumford 백작 또한 대포를 사용하여 과학 연구를 했다. 18세기 영국 전쟁 때 만들어진 과잉의 무기들이 나중에 과학 실험 기구로써 사용된 셈이다.

1. J.R. Partington, *A History of Chemistry*, MacMillan, London, 1962, Vol. 2, p. 229.
2. 숯은 목재를 상당히 높은 온도까지 서서히 가열함으로써 얻을 수 있다. 결과는 질량비로 75%가 탄소이고, 20%는 휘발성 물질인데, 이는 빨갛게 달구어진 숯에서 끓어 나오고 나머지 5%는 재이다.
3. K.K. Kuo, *Principles of Combusion*, Wiley, New York, 1986, pp. 148~149.
4. J.R. Partington, op. cit., Vol. 3, pp. 271~276.

포신 천공 실험

Lavoisier가 플로지스톤설을 뒤집었을지라도, 그는 **열소** (caloric) — 열의 원소 (the element of heat) 라고 하는 새로운 기체 형태의 '간단한 물질' 또는 '원소' 개념을 가정하였다 (Lavoisier의 원소들의 목록표 참조, 그림 88). 열소는 더운 물체에서 찬 물체로 아무런 화학 변화 없이 전달된다. 하지만, Lavoisier는 산소가 열소를 함유하고 있으며 물질이 탈 때 열과 빛의 형태로 방출된다고 가정하였다 (그림 89 참조). 열소 개념과 플로지스톤 개념은 명백하게 유사하다.

그림 97은 Benjamin Thompson (Rumford 백작, 1753~1814) 의 저서인, *'Essays, Political, Economical and Philosophical* (3rd ed., 1798)' 의 제2권에서 발췌한 것이다. 놋쇠 (황동) 로 만들어진 대포에 구멍을 뚫을 때 사용되는 역학적 일로 물을 충분히 끓일 수 있고, 구멍을 뚫을 때 떨어져 나온 놋쇠 파편 조각의 열용량은 이 파편 조각이 대포의 부분일 때의 열용량과 같음을 증명하였다.[1] 열소의 손실은 질량의 손실 혹은 (and/or) 열용량의 감소를 초대하리라고 예상되었으나, 사실상 Rumford는 역학적 마찰에 의해 발생되는 열소의 양에는 제한이 없다는 사실을 보여주었다. 하지만, 이건 당연히 불가능하다. 또한, 그는 또 물이 얼 때는 질량에 변화가 없음을 증명하였다. 그

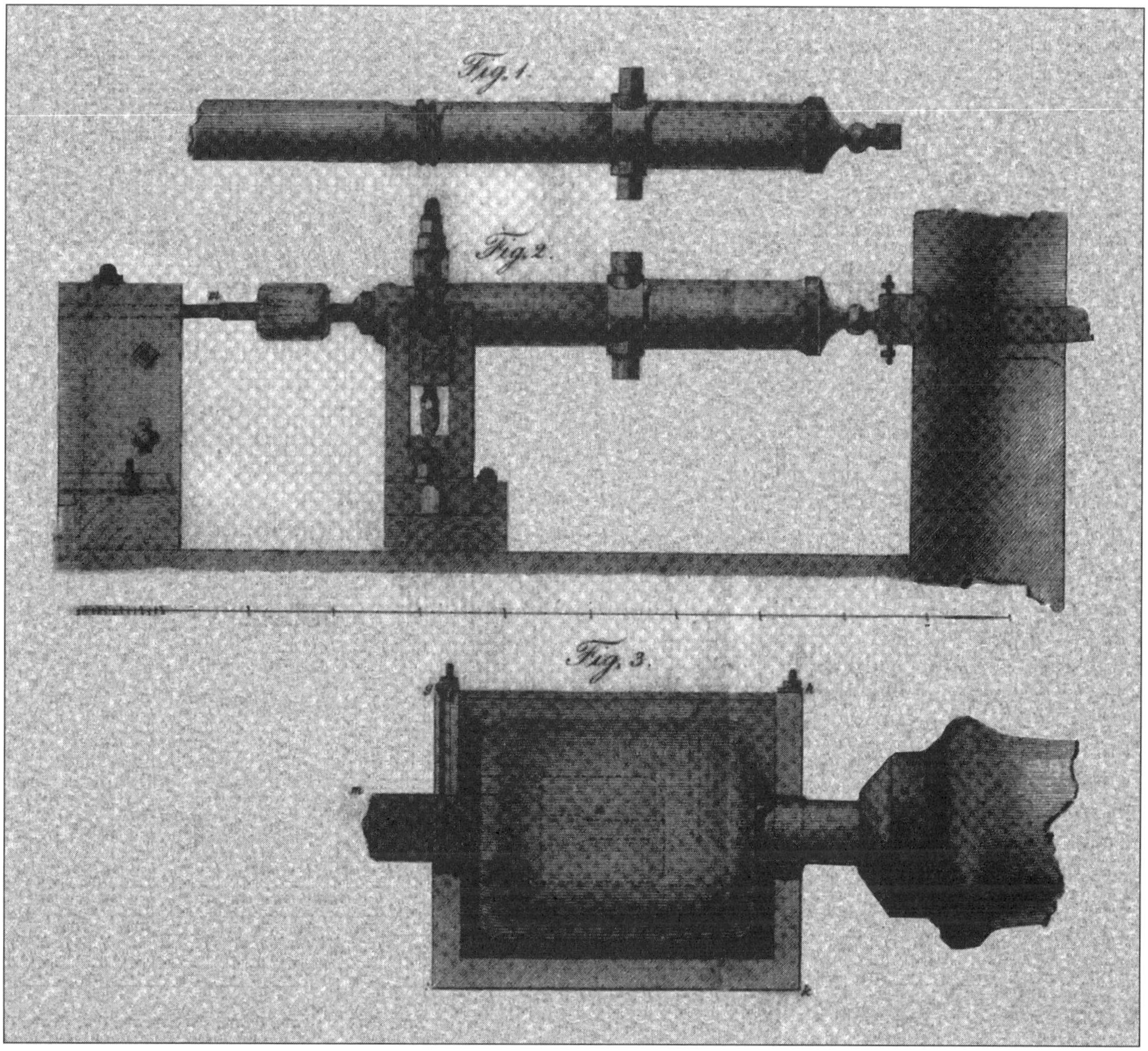

그림 97 ■ Benjamin Thompson (Rumford 백작)의 포신 천공 실험. 이 실험으로 열소 이론을 반증하였다 (*Essays*, *Political, Economical and Philosophical*; 3rd ed., London, 1798에서 발췌).

당시, Rumford의 결과는 큰 영향을 끼치지는 못했다. 대포 안에 있는 열소의 양은 어마어마하게 많고, Rumford가 한 실험에서는 거의 방출되지 않았으며, 열소는 무지하게 가볍기 때문이라고 설명했다.

이 연구는 열을 일에 해당하는 것으로 **열역학 제1법칙**을 확립하는 첫 번째의 정량적인 단계였다.

$$\text{에너지}_{\text{계}} = (\text{부가된 열})_{\text{계}} - (\text{주위에 한 일})_{\text{계}}$$

천공 실험에서는, 주위가 계 (놋쇠 대포)에게 일을 하고, 계의 에너지는 상승하며 열은 주위 (물중탕)로 방출된다.

Thompson은 1753년 매사추세츠 주에서 농사를 짓는 평범한 가정에서 태어났다.[2] 그는 정규 교육을 별로 받지 못하였지만 대부분 독학하였으며 뉴햄프셔에 있는 콩코드로 옮겨서 학생들을 가르쳤고, 19살에 자기보다 14살이 많은 한 부유한 과부와 결혼하였다. 1775년에 미국 독립 혁명이 시작될 때, 그들은 영원히 헤어졌고, Thompson은 영국의 간첩으로 일하다가 결국에는 영국으로 도망갔다. 그는 영국 군대에서 은퇴한 뒤 영국 왕 George 3세로부터 1784년에 기사 작위를 받았다. 그 뒤, 그는 독일로 가서 Bavarian 군대의 수장이 되었고, 1793년에 신성 로마 제국의 Rumford 백작으로 임명되었다. 초기 열역학 연구는 독일 군대에서 쌓은 경험에서부터 파생되었다. 1798년, Rumford 백작은 다시 영국으로 돌아간 뒤 1799년에 영국왕립연구소(*the Royal Institution*)를 설립하는 데 공헌을 했고, '웃음 기체(laughing gas)'에 대한 연구를 발표한 Humphrey Davy를 1801년에 화학 강사로 임명하였다.

Rumford 백작은 Lavoisier의 부인이었던 Marie-Paulze Lavoisier를 4년 동안이나 구애하여 1805년에 결혼하였다. 그렇지만 Rayner-Canham에 의하면, '그는 거만하고 재미없는 사람인 데다가 홀로 연구에 종사하면서 Marie-Paulze의 돈으로 잘 살기를 기대했다.' 고 하였다. 그들의 결혼은 두 달만에 악화되었고 1809년에 헤어졌다.[3]

1. W. Kauzmann, *Thermodynamics and Statistics: With Applications To Gases*, Vol. II of *Thermal Properties*, Benjamin, New York, 1967, pp. 33~35.
2. *Dictionary of Scientific Biography*, Scribner, New York, 1970, Vol. 13.
3. M. Rayner-Canham and G. Rayner-Canham, Womern in Chemistry: *Their Changing Roles From Alchemical Times to the Mid-Twentieth Century*, American Chemical Society and Chemical Heritage Foundation, Washington, D.C. and Philadelphia,1998, pp. 17~22.

모두를 웃게 하는 기체

1795년, 펜잔스의 한 외과 의사의 도제였던 Humphry Davy[1](1778~1829)는 Lavoisier의 '*Element of Chemistry*(화학 요점)' 과 플로지스톤설을 일부 수용하고 있었던 Nicholson의 '*Dictionary of Chemistry*(화학 사전)' 을 읽게 되었다. Thomas Beddoes는 Davy의 초기 연구에 관심을 갖게 되었고, 1798년에 Davy를 Beddoes의 공기 협회(Pneumatic Instituition)의 직원으로 임명하였다. 이 협회의 목적은 흡입할 수 있는 기체를 사용하여 병을 고치는 것이었다.

1772년, Priestley는 여러 종류들의 공기에 관한 연구에서 불순한 아산화 질소(N_2O)를 생성하였다. 1799년, Davy는 그림 98의 *Fig. 2*에 그려진 증류기에서 질산 암모늄을 가열하여 순수한 이 기체를 수상 포집하였다. 그의 실험과 생리학적 연구는 '*Researches, Chemical and Philosophical, Chiefly Concerning Nitrous Oxide, Or Dephlogisticated Nitrous Air and Its Respiration*(1800)' 에 발표되었다. 이 그림의 판

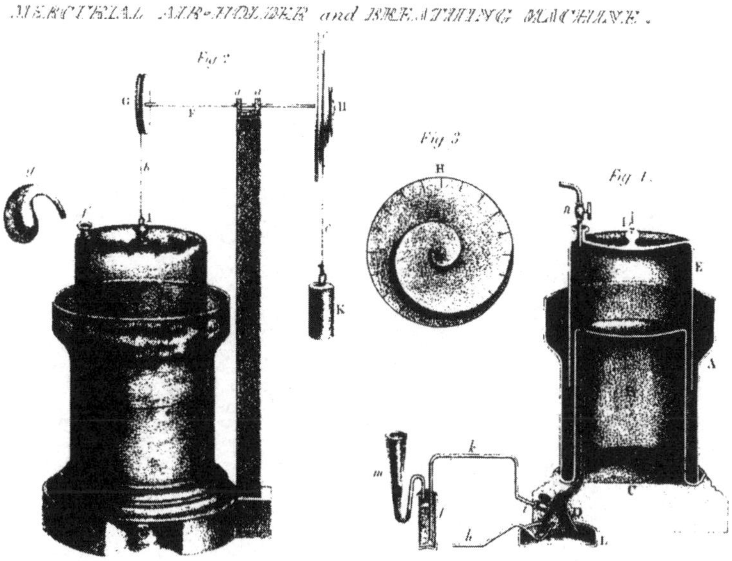

그림 98 ■ 아산화 질소를 저장하고 호흡하기 위한 Humphrey Davy의 장치 (*Researches, Chemical and Philosophical, Chiefly Concerning Nitrous Oxide, Or Dephlogisticated Nitrous Air and Its Respiration*에서 발췌; 1800년에 출판되었으며 아주 귀하다). Davy와 함께 웃음 기체를 마시고 그 과학적 관찰 결과를 기록한 시인 Samuel Coleridge와 Mark Roget(사전을 저술하여 명성이 있음) 등은 박사는 Davy의 예술가 친구들이었다.

화는 굉장히 구하기 어려운 이 책의 1839년도 재인쇄본 권두 삽화인데, 기체 통과 호흡 기구를 묘사하고 있다. 그 시절에 새롭게 발견된 기체를 무모하게 흡입하던 Davy는 드디어 아산화 질소로 보상받았다.

> 4월 16일, Kinglake 박사와 우연히 함께 있었을 때, 나는 비단 주머니 안에 있는 아산화 질소 3리터 정도를 코를 막거나 숨을 미리 내쉬지 않고 30초 이상 동안 호흡하였다. 처음 호흡할 때 약간의 현기증이 있었다. 그 다음에는 멍한 머리에 비정상적인 감각이 둔해지고 힘이 빠져 마치 술 취한 때의 시초와 같은 감이 들었으나 기분 좋은 감은 없었다. Kinglake 박사는 나의 맥박을 짚어보더니 더 빠르고 더 세졌다고 알려주었다.

좋은 시를 짓고 광적인 낚시꾼이었던[1] Davy에게는 아산화 질소를 시험적으로 마신 광범위하고 다양한 친구들과 기자들이 있었다. 그들 중 한 명이 의사이자 사전의 저자가 된 Peter Mark Roget 박사인데 당시 고작 20세에 불과했으며, 또 한 명인 Samuel Coleridge는 1년 후 옛 선원의 노래 (*The Rime of the Ancient Mariner*)를 지었는데, Coleridge의 묘사가 더 시적이다.

그림 99 ■ 화가인 C. James Gillray의 1802년 왕립학회 강연 풍자화; Davy가 풀무 모양의 기구를 들고서 웃음 기체를 흡입하고 있는 실험 대상을 보며 웃고 있다. 오른쪽에 서 있는 키가 큰 사람은 Rumford 백작이다 (Pennsylvania 대학교 Rare Book & Manuscript Library, Edgar Fahs Smith Collection 제공).

> 처음 아산화 질소를 흡입하였을 때, 추운 눈밭을 걷다가 따뜻한 방안으로 들어올 때 느낌과 비슷하게, 내 전신에 퍼지는 온기에 의해 고조된 쾌감을 느꼈다. 내가 하고 싶었던 유일한 행동은, 나를 바라보는 사람들에게 실실 웃는 것뿐이었다. 내 눈의 힘이 풀리기 시작했고, 나중에는 심장이 마치 쿵쾅쿵쾅 뛰는 듯 두근거렸다. 흡입 중에서 입술을 떼자마자 그 모든 느낌들이 즉시 사라졌다.

당시의 대학 기숙사에서 소동이 일어난 후 아산화 질소는 1846년에 처음으로 마취제로 사용되었다. James Gillray의 1802년 풍자화(그림 99)를 보면, Davy가 풀무 모양의 기구를 들고 강의실에서 웃음 기체 실연을 도와주고 있다. 오른쪽에 서 있는 사람은 Rumford 백작으로 칭찬의 미소를 짓고 있다.[2]

1. J.R. Parrington, *A History of Chemistry*, MacMillan, London, 1964, Vol. 4, pp. 29~73
2. J. Read, *Humour and Humanism in Chemistry*, G. Bell, London, 1947, p. 207.

사랑에 빠진 Lavoisier

영화 각본: '사랑에 빠진 Lavoisier'. 1998년 영화 '셰익스피어 인 러브'가 좋은 비평을 받고 상업적으로도 큰 성공을 거두었음에 주목하여, 우리는[1] 화학 혁명을 경험한 1772년에서 1805년 사이의 약 30년을 배경으로 대박 작품을 만들 수 있으리라고 생각한다.[2] 비록 농담으로 이러한 제안을 하는 것이지만, 적절한 제목의 서사시적 작품이 실제로 상당히 괜찮으리라고 느낀다. Kenneth Branagh가 감독과 Antoine 역을; Lavoisier 부인인 Marie의 어릴 때 역은 Gwyneth Paltrow; 성인은 Judy Dench가 어떨는지? 누구 돈을 댈 사람은 없을까?

우리가 위 제목을 고집하는 것도 아니다. 'Antoine와 징세 관리원의 딸 Marie'도 고려해 볼 수 있다.[3] '셰익스피어 인 러브'의 볼거리가 단지 칼싸움이라면, 우리 영화는 품질이 보증된 화약으로 실험실에서의 불꽃과, 거리 또는 공해상에서의 전투를 보여 줄 수 있다. 이 영화는 현대화학의 아버지 Antoine Lavoisier와 그 시대에 가장 세련되고 매력적인 여인인 그의 부인 Marie-Anne Piertte Paulze-Lavoisier의 일생을 중심으로 한 시대극이 될 것이다. 화면에 나타나지 않는 목소리의 나레이션[4]은 우리 드라마의 주인공 Paulze-Lavoisier 부인이고, 시대적 배경은 미국 독립 전쟁과 프랑스 혁명, 그리고 북미제국의 알짜 중의 알짜를 빼앗긴 영국의 무섭고 폭력적인 반응이다('George 왕의 분노'는 1995년도에 꽤 성공했지만 일반 대중이 아닌 브리-앤-메를롯(brie-and-merlot) 층을 목표로 하였다). 섹스, 폭력, 간통, 유기, 음란, 스파이 활동, 반역 등의 소재는 영화 '위험한 관계 (Les Liaisons Dangereues)'를 마치 '딩동댕 유치원 (Sesame Street)' 처럼 보이게 할 것이다.

때는 바야흐로 1766년이고, 연금술적 사고의 마지막 유물인 플로지스톤설은 거의 100년 동안 지배적이었다. 이 무렵 영국의 괴상한 천재 백만장자인 Henry Cavendish는 그토록 찾기 어렵다는 플로지스톤을 마침내 분리해냈다고 생각했지만, 사실은 폭발성이 강한 수소였다 (20년 후 미래의 장면—수소로 가득 채운 기구를 이용한 프랑스인의 탐험비행—인화되어 폭발하는 큰 재난이 일어남). 1770년 초 영국의 버어밍검으로 돌아가 보자: 거만한 유니테리언 목사인 Joseph Priestley는 산소를 발견했고, 그것이 동물을 일반 공기보다 다섯 배나 더 지탱한다는 사실을 알아냈다. 미국 독립 전쟁 초기에 그는 Benjamin Franklin과 편지를 주고받는 친구였다. 1775년 가을로 돌아가 보자. Franklin은 다음과 같이 조언을 했다.[5]

> 'Joseph , 영국은 이 전투에서 300만 파운드의 비용으로, 150명의 양키들을—즉, 한 명당 2만 파운드를 들여—죽였네. . . 그동안에 6만 명의 갓난 애기들이 미국에서 태어났네.'

부유하고 총명한 28세의 Antoine이 14세 소녀 Marie-Anne을 자신 및 Paulze씨와 함께 La Ferme Générale에서 근무하면서 치근덕거리는 호색한들로부터 구출하기 위해 등장한다 (La Ferme는 정부가 세금징수를 맡긴 개인 금융 회사였다. 뒤에 더 자세히 나와 있음). 하지만 회사의 크리스마스 파티 때, *choucroutes garnie*[6] 요리의 소시지 위에 칼날의 그림자가 떨어지는 불길한 전조가 나타난다. 1771년에 Marie와 Antoine은 결혼하고, 모든 사람들이 시기할 정도로 부부 금슬이 좋았다. Antoine은 집에서 과학 연구를 시작했다. Marie의 어학 재능은 Antoine에게 외국 화학 문헌에 쉽게 접근하게 하였다. 하지만, 그는 그가 읽은 것에 만족하지 않고 모든 것을 바꾸기로 한다. Marie도 화학을 충분히 배워 외국 문헌에 비평도 하고 번역도 하는 수준이 된다. 뿐만 아니라, 그녀의 타고난 예술적 감각으로 그녀는 그의 기념비적 저서 *Traité Élementaire de Chimie*에 넣을 삽화를 판각하고 Franklin이 귀중하게 간직한 그의 초상화를 그린다. Marie와 Antoine은 매주 토요일 살롱에서 *cogniscenti*와 함께 한 주의 실험에 대해서 토론한다.

후에 외딴 시골 지역 델라웨어 주에서 화학 회사를 시작하여 어느 정도 성공하는 Pierre du Pont과 그의 아들 Eleuthére Irénée가 등장한다. Pierre는 늠름하고 패기만만한 반면, Antoine은 분석적이며, 전적으로 비커, 플라스크, 천칭에 몰두한다. 1781년에 Pierre와 Marie는 10년이나 지속되는 연애를 시작하지만, Pierre와 Antoine은 우정의 손상 없이 지낸다 (Marie와 Antoine 사이도 마찬가지). —아, 역시 프랑스인들답다. 한 장면으로부터:

Antoine: 내 옷장에 Pierre의 가운이 26개나 있어요. 도대체 내 실험복은 어디 있어요?

Marie: 당신의 실험복과 깨끗한 속옷들은 실험실에 있어요. 다음 토요일에 살롱에서 봐요, 허니.

매사추세츠 주의 평범한 가정에서 태어나, 19살 때 14살 연상인 부유한 과부와 결혼한 Thompson 이야기로 돌아간다. 미국 독립 전쟁 당시 그는 영국 간첩으로 일하고, 거의 잡힐 뻔하기도 하며 그 부인을 버리고 재산을 챙겨 다시 영국으로 도망간 뒤, 1784년에 George 3세로부터 기사 작위를 받는다. 그는 다시 돌아올 것이다.

한편, 영국과 프랑스는 세계 지배권을 놓고 100년 동안 직접 또는 대리들을 내세워 싸우고 있다. 플로지스톤 논쟁은 그들에게 새로운 분야의 경쟁자가 되게 한다. 그들의 수사학적 논쟁은 영국해협을 사이에 두고 끊이질 않는다. 아일랜드에서 태어난, 독설가 Richard Kirwan은 Antoine Lavoisier를 공격한다 (인쇄물로). Marie는 Kirwan의 저술들을 번역하는데, 그것은 Antoine에게 필요한 공격 수단을 제공한 셈이고, 그의 주석들을 Marie의 출판된 번역본에 첨부한다. 제 발등을 찍고 치명상을 입게 된 Kirwan은 플로지스톤 이론을 포기한다. 그러나 Priestley는 일편단심이다—그는 플로지스톤 이론을 절대 버리지 않는다. 독립 전쟁이 미국의 승리로 돌아가고 영국은 불안과 분노로 가득 찬다. 프랑스 혁명의 과격함은 영국의 불안을 더하게 한다. 세금 징수원이었던 Lavoisier는 길로틴으로 목이 잘린다 (전조를 기억하는가?). Priestley는 성난 폭도가 그의 가발에 칠한 분가루를 털어버리겠다는 맹세와 함께 그의 교회를 완전히 불태우자 영국을 탈출한다 (그 뒤로부터 Priestley 초상화에는 가발이 없다).[7]

Lavoisier가 처형된 후, 유럽에서 부유하고 똑똑한 일등 신랑감들이 Marie에게 청혼한다. 신성로마제국의 Rumford 백작이자, 은퇴한 Bavaria군의 수장이자 Antoine의 열소 이론을 무너뜨린 Benjamin Thompson이 다시 등장한다. 미혼의 커플은 4년 동안 유럽을 같이 여행한다. 그는 다시 한 번 부유한 여자와의 혼인의 결과를 감내할 준비가 되어 있다. 그들은 1805년에 결혼하지만, 두 달만에 위기가 왔다. 하루는 Rumford 백작이 Marie의 손님들을 출입금지시켰는데, Marie는 펄펄 끓는 물을 그가 아끼는 꽃들에게 쏟아 붙는다 (이 두 사람의 행동이 상징하는 바는 많은 영화 전공 학생들의 박사 학위 논문감임). 이 흥미로운 배역들을 위해 Humphrey Davy와 예술을 사랑하는 그의 친구들이 웃음 기체를 코로 들어 마시는 파티들을 추가할 수 있다.

영화 끝 광고에서—개봉 박두:
보라! 파리의 살롱들을 돌아다니는 Franklin!
보라! 물을 만드는 Cavendish!
보라! Rumford의 꽃들을 데치는 Marie Paulze-Lavoisier!

1. 이 생각이 샬럿시의 노스캐롤라이나 대학교 Susan Gardner 교수에 의해 에세이로 구성되었다.
2. Roald Hoffmann 교수께서 친절하게도 Lavoisier를 극으로 꾸며보려는 그의 초기의 생각들을 나와 공유하였다. 이 책이 완성될 즈음 '산소' 라는 제목의 연극이 주변을 정리하였던 Carl Djerassi 교수와 Roald Hoffmann 교수에 의해 저작되었다(2001년 Retro-Nobel Prize의 개념).
3. 셰익스피어 작 '로미오와 해적의 딸 아텔' 영화에서.
4. Susan Gardner 교수가 성우로서 Lavoisier 부인역을 맡았다.
5. E. Wright, *Franklin of philadelphia*, Belknap Press of Harvard University Press, Cambridge, 1986, p. 239.
6. Jane Campion의 영화 '피아노' 에 경의를 표한다.
7. 적어도 Rembrandt Peale의 1808년 유화 초상화에는 가발이 없다.

원자론의 여명 바로 직전 마지막 순간의 몇 가지 돌발 문제들

입문 화학책들은 Dalton의 원자론을 향한 질서정연한 행군이 상당히 깔끔하게 묘사되어 있다. 질량 보존의 법칙, 일정 성분비의 법칙, 배수 비례의 법칙, 마지막으로 원자론. 그러나 전혀 그렇게 깔끔하지는 않다.

Lavoisier 수십 년 이전의 화학자들은 암묵적으로 물질은 생성되지도 파괴되지도 않는다고 추측하였다.[1] 그렇지 않다면 왜 금속이 타서 재가 될 때 질량이 증가하는 것을 설명하기 위해 불의 에플루븀이 발산하는 것을 부가적으로 가정하였을까? (Becher, Boyle, Freind 참조) 또는 동일한 현상을 설명하기 위하여 플로지스톤에 부력 (또는 음의 질량) 을 가정할 필요가 있었을까? 하지만, Lavoisier의 기체화학과 화학 저울을 사용한 그의 주의 깊은 연구는, 과학적 기반을 견고하게 하는 질량 보존의 법칙을 공고한 화학적 토대 위에 확립하게 하였다.[1] 마찬가지로, 일정 성분비의 법칙은 오랫동안 가정되어 왔었다. 예를 들면 흑색 산화 구리는 어느 나라에서건 어떤 방법이던지, 누가 하던지 상관없이 무게비로 항상 80%의 구리와 20%의 산소라는 것이다. Joseph Louis Proust (1754~1826) 의 연구를 통하여 이 법칙이 확립되었고, 화학 조성의 원리 (화학량론) 를 공고히 하는 데 도움이 되었다.

한편, Lavoisier와 함께 '화학 명명법 (Nomenclature Chimiques)' 에 대한 Lavoisier의 연구에 위대한 동료 연구자들 중의 한 사람이었던 Claude Louis Berthollet (1748~1822) 는 1803년에 발표한 '*Essai de Statique – Chimique*' (화학 통계 에세이) 에서 몇 가지 어려운 질문들을 제기하였다 (그림 100).[2] 그 당시 혼합물과 화합물에 대한 몇 가지 혼란이 있었지만 그는 불특정하고 다양하게 변할 수 있는 구성 성분을 가진 몇 가지 결정형 화합물이 존재한다고 언급하였다. 그는 옳았다. 예를 들면, 철광석 뷔스타이트 (wustite) 는 FeO라는 화학식으로 나타내지만, 오늘날 알려진 바에 의하면 이온 염에서 O^{2-} 이온과 전하 균형을 맞추기 위해 Fe^{2+} 이온과 Fe^{3+} 이온 사이의 전하 균형에 따라 $Fe_{0.95}O$ (76.8% 철) 에서 $Fe_{0.85}O$ (74.8% 철) 의 범위에 있게 된다. 세 개의 O^{2-}를 중화시키는 데 Fe^{3+} 이

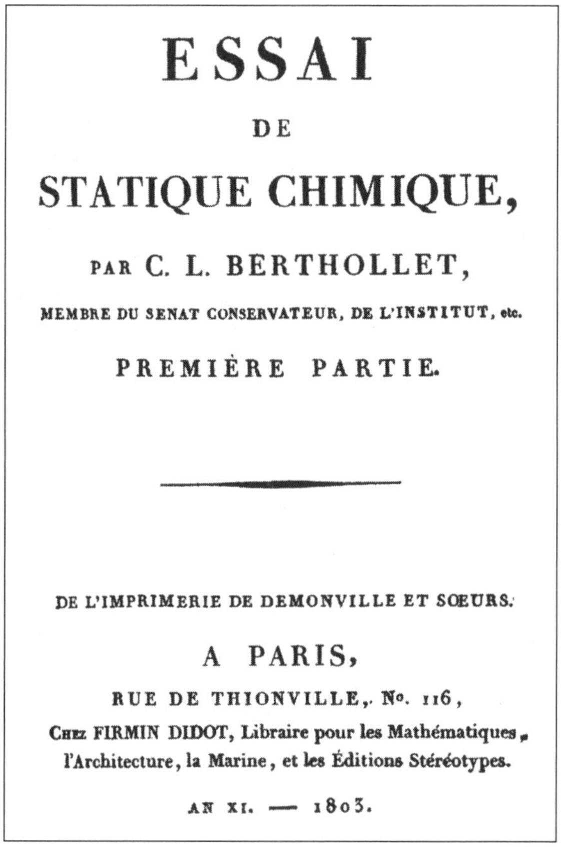
ESSAI
DE
STATIQUE CHIMIQUE,
PAR C. L. BERTHOLLET,
MEMBRE DU SENAT CONSERVATEUR, DE L'INSTITUT, etc.
PREMIÈRE PARTIE.

DE L'IMPRIMERIE DE DEMONVILLE ET SOEURS.
A PARIS,
RUE DE THIONVILLE, No. 116,
Chez FIRMIN DIDOT, Libraire pour les Mathématiques, l'Architecture, la Marine, et les Éditions Stéréotypes.
AN XI. — 1803.

그림 100 ■ Dalton의 원자설 직전에 출판된 Berthollet의 책 표지. Berthollet는 화학 조성이 항상 일정하지 않고 반응 조건에 따라 달라짐을 발견하였다. 그는 사실상 질량 작용의 법칙을 발견한 것이다.

온 두 개가 사용되는 반면, Fe^{2+}를 사용할 때에는 세 개가 필요하다. 따라서, Fe^{2+}를 Fe^{3+}로 교체할 때 결정형의 구조에 빈틈이 생기고, Fe/O 비율이 1:1보다 더 작아지고 값도 일정하지 않다. 뷔스타이트는 비화학량론적 (*nonstoichiometric*) 화합물의 한 가지 예이고, 때로는 베르톨라이드 (*berthollides*) 라고 부르기도 한다.

하지만 Berthollet는 더 심각한 문제를 발견하였다. 몇 가지 경우에서 화학 반응에서 얻어지는 생성물들은 반응 조건에 영향을 받는다는 사실이었다. 예를 들면, 아래와 같이 실험실에서 흔히 볼 수 있는 화학 반응을 보면,

$$CaCl_2 + Na_2CO_3 \rightarrow CaCO_3 + 2NaCl$$

$CaCl_2$는 석회 염화물, Na_2CO_3는 소다, $CaCO_3$는 석회석, NaCl은 소금이다. 고체 석회석이 침전할 때 이중의 선택적 인력 (double elective attraction) 을 만든다. 그러나 1798년에 Napolean의 이집트 여행에 동반했던 Berthollet는 염호 (鹽湖) 해변가에 있는 소다의 퇴적물을 발견하고는 놀라워했다.[4] 그는 호수의 높은 염 농도는 정상적인 친화성을 뒤집어 놓을 수 있으므로 반응의 생성물은 반응 조건에 의존한다고 추론하였다. 사실은 화학 반응의 가역성과 질량 작용의 법칙을 발견한 것을 나중에야 이해할 수 있었다.

$$CaCl_2 + Na_2CO_3 \rightleftarrows CaCO_3 + 2NaCl$$

여기에서, 우리는 과학적 방법에 대해서 배울 수 있다. 철학자 Karl Popper가 자주 인용한 예를 들어보자: 만약에 수십 년 동안 계속해서 하얀 백조만을 관찰할 수 있었다면, "모든 백조는 하얗다."라는 가설이 합리적으로 되고 몇십 년 동안 계속 사실로 확인되면 결국에는 확실한 이론 또는 법칙이 지위를 갖게 된다. 그러나 미래에 어떠한 현상이 관찰될지 알 수 없기 때문에 결코 진실로 증명될 수는 없다. 검은 백조 한 마리를 확실하게 관찰하기만 하면 그 이론은 반증되므로 폐기처분되어야 한다. Berthollet의 과학적 관찰은 일정성분비의 법칙이 틀렸음을 입증하는 데 쓰일 수도 있고 원자설을 뒤흔드는 데 쓰였을 수도 있다. 하지만, 소수의 '검은 백조' 들 때문에 그 확실한 이론을 던져 버릴 수 없듯이, 화학자들도 장래에 이런 비일관적인 사례들을 설명할 수 있을 것으로 기대하면서 이러한 이론들을 그대로 유지하였다.

1. F.L. Holes, *Chemical and Engineering News*, 72 (37): 38~45, 1994.
2. H.M. Leicester and H.S. Klickstein, *A Source Book in Chemistry* 1400~1900, McGraw-Hill, New York, 1952, pp. 192~201.
3. D.W. Oxtoby and N.H. Nachtreib, *Principles of Modern Chemistry*, 3rd ed., Saunders College Publishing, Fort Worth, 1996, p. 9.
4. W.H. Brock, *The Norton History of Chemistry*, Norton, New York, 1993, p. 144.

원자 패러다임

패러다임은 자주 남용되는 단어이다. 하지만, 원자의 존재는 화학을 이해하는 데 너무나 기본적인 것이어서 이것 없이는 과학적으로 의미 있는 얘기를 전혀 할 수 없다. 이것이 패러다임이다! 그림 101과 그림 102는 John Dalton (1766~1844) 이 1808~1810년에 발표한 저서 '*A New System of Chemical Philosophy* (화학 철학의 새로운 체계)' 에서 발췌한 것이다 (Vol. I, Parts I과 II; 1827년도에 나온 세 번째 책 Vol. II, Part I은 다른 책들보다 덜 중요하지만 아주 희귀하고 값이 비쌈). Dalton의 부모님들은 평범한 집안의 퀘이커 교도들이었고, 그는 대부분 독학으로 공부하였다. 12살 때 그는 학교 선생님이 되었고, 그 후 1793년에 맨체스터로 이사한 뒤 New College에서 한동안 철학과 수학을 가르쳤다. 1803년에 이 대학교는 맨체스터로부터 다른 곳으로 이전하였으며, 다양한 변화를 겪은 후에 1889년 옥스포드의 맨체스터 대학이 되었다. 그러나 Dalton은 맨체스터에 남아 개인지도, 강의, 상담으로 생계비를 벌면서 연구하였다. Partington은 '강건하고 근육질인' Dalton은 그의 '활동적이고 발랄한' 어머니를 빼 닮았다고 추측하였다.[1] 그는 결코 결혼하지 않았지만, 한 번은 '매력이 흘러 넘치고 지적인' 과부에게 잠깐 동안 마음을 빼앗긴 적이 있었다: "내 생애 일주일간 그녀에게 빠졌었고, 그

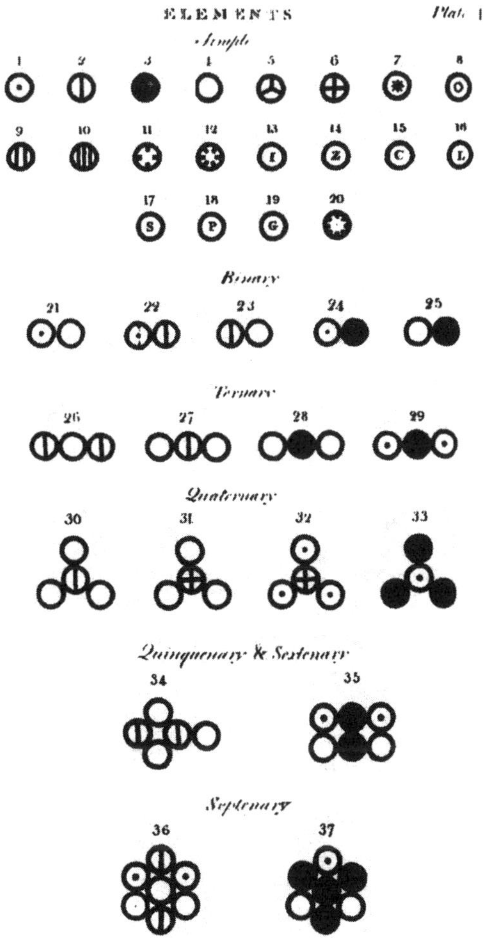

그림 101 ■ Dalton의 *A New System of Chemical Philosophy* (화학 철학의 새로운 체계, Manchester, 1808~1810) 에 묘사된 원자들. Dalton의 '최대 단순의 규칙' (아마도 인생뿐만 아니라 과학에서도 퀘이커 방식을 따른 듯) 은 물의 분자식을 H_2O보다 오히려 HO라고 하였다 (과산화 수소, H_2O_2는 1815년 Gay-Lussac과 Thenard에 의해 발견되었다).

동안 식욕도 없고 앞뒤가 맞지 않은 얘기를 하는 등 심각한 증상을 보였지만, 지금은 다시 내 자유를 찾았다."[1]

Dalton은 평생 동안 기상학에 큰 관심을 가졌었으며[1, 2] 1793년에 이 분야에 대한 책을 출판하였다. 대기의 구성 성분에 대한 연구는 그를 원자설로 이끌어 간 첫 번째 실마리를 주었다. Dalton은 대기의 구성 성분은 고도에 상관없이 일정함을 알아냈는데, 산소와 질소는 밀도가 다름에도, 이 둘은 두 개의 층으로 나누어져 있지 않다. 그 당시에 Dalton은 각 원자가 같은 원자들끼리는 밀어내고 다른 원자들은 끌어당기는 열소 (caloric) 봉투 (대기) 로 둘러싸여 있다고 생각하였으며, 대기의 혼합을 이런 방식으로 설명하였다. 1799년부터 1801년 사이에 그는 물의 증기압을 정의하였을 뿐 아니라, 물이 건조한 공기 중에 섞이면 전체 압력은 건조한 공기 압력과 물의 증기 압력의 합이 됨을 알았다. 즉, 기체들은 혼합되어도 서로 독립적으로 작용한다 (Dalton의 부분 압력의 법칙). 또한 Dalton은 Charles이 이전에 증명한 것과 같이, 공기의 부피는

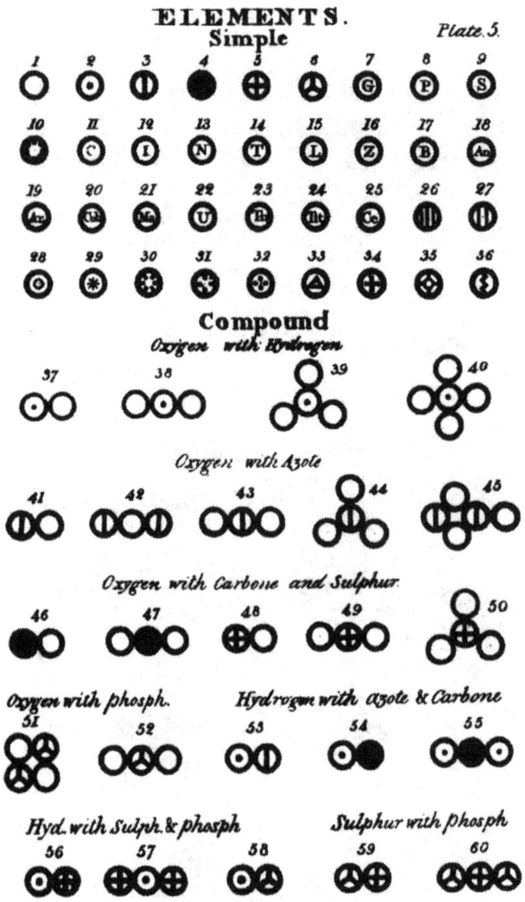

그림 102 ■ Dalton의 *A New System of Chemical Philosophy*(화학 철학의 새로운 체계, Manchester, 1808~1810)에 묘사된 원자들.

온도에 정비례한다는 것도 증명하였다.

18세기 말 화학자들이 물질은 일정한 성분비로 구성된다고 가정했음을 입증하는 증거들이 있지만,[2] Berthollet의 연구 결과(그림 100 참조)는 '물질'의 구성이 초기 조건에 영향을 받을 때도 있다는 것을 보여 주었다. 현재 우리는, Berthollet가 화학 평형 시에 지배적인 조건에 따라 성분비가 바뀌는 혼합물을 관찰하였음을 알고 있다. Joseph Louis Proust(1754~1826)는 파리에서 교육을 받았으나, 마드리드로 이사하여 그곳에서 가르쳤다.[2] 그는 수년 동안 Berthollet와 예의를 갖춘 논쟁을 벌였으며 결국엔 승리하였다. Proust는 각각 고유한 일정 성분비를 유지하는 두 개의 전혀 다른 주석의 산화물과 두 개의 전혀 다른 철의 황화물이 존재한다는 것을 증명해 보였다. 이전의 불확정성은 이 성분 화합물들이 혼합되어 있기 때문이었다.[2]

Dalton은 질량 보존의 법칙과 일정 성분비의 법칙을 적용하여 원자설을 설명하였다. 그는 1803년에 원자설을 개발하였고, 1804년에 Edinburgh 대학교의 Thomas Thomson에게 이에 관해 얘기했다. Thomson의 '*A System of Chemistry*(Edinburgh, 1807)' 세 번째 판은 제일 처음 Dalton의 원자설을 수록한 책이다. 이를 계기로, Dalton은 이성분계 화합물들의 다른 화학식을 설명하기 위하여, 세 번째 법칙인 배수 비례의 법칙을 개발하였다. 예를 들면, 산소와 질소로 구성된 이성분계 화합물 (그림 102의 41에서 45) 을 보자. 일산화 질소 (41, NO) 를 아산화 질소 (42, N_2O) 와 비교해 보면, '42' 화합물의 산소 원자의 질량과 결합하는 질소 원자의 질량이 '41' 의 두 배인 것을 볼 수 있다. Dalton의 원자들은 실존하며, 파괴될 수 없고, Lavoisier의 각 원소마다 유일무이한 것이다. 그 원자들의 연금술적 변환을 완전하게 부정한 Dalton은 그림 102에서 보는 것과 같이 분자 모형도 만들었다.

생활방식은 물론 과학하는 방식에서도 퀘이커 교도였던 Dalton은 '최대 단순의 규칙' 을 가정하였다.[2] 그는 비록 원자량이라는 개념을 창출했지만, 어떻게 원자량을 측정해야 할지 몰랐으며 원자량의 기초를 이해하지조차 못하였다. Dalton은 가장 가벼운 원소인 수소의 상대적인 무게를 1로 정하고, 수소의 화합물들은 최대한 간단한 조합을 이룬다고 가정하였다. 예를 들면, 지금은 물이 H_2O, 암모니아는 NH_3, 메테인은 CH_4라는 것을 안다. 하지만 Dalton은 이들이 각각 HO, NH, CH라고 가정했다. 결코 완전하지는 않았지만 쓸만하기도 했던 1803년의 화학 분석을 토대로 그는 원자량을 다음과 같이 정했다: 수소 1.0 (추정); 산소 5.5; 질소 4.2; 탄소 4.3. 1808년에 그는 가장 최근 자료들을 가지고 정수로 반올림하여 값들을 수정했다: 수소 1 (추정); 질소 5; 탄소 5; 산소 7.[3, 4] 그의 예측은 수십 년 동안 계속해서 혼란을 일으켰다. 수소를 1.0으로 가정한 것은 선견지명일지 모르지만, 전혀 아무런 근거가 없었다. 오늘날 우리는 수소의 원자량이 '1' 인 이유는, 양성자 개수가 한 개뿐이기 때문임을 알고 있다. 실제로는 수소 기체가 H_2이지만, 산소 (O_2), 질소 (N_2) 등 또 다른 이원자 분자들이 있으며, 그들의 상대적 밀도는 원자량과 직접적인 관계가 있다. 결국, 1815~1816년에 원자량이 정수이고 수소 원자량의 배수라는 가설을 세운 사람은 내과의사인 William Prout (1785~1850) 였다.[3, 4]

Patrington[1]은 다음과 같이 언급하였다. 'Dalton은 강의하는 것이 연구에 걸림돌이 된 척을 하지 않았고, '강의하는 것은 또 하나의 다른 여가 생활이고, 만약에 더 부유하더라도 이제까지 해 왔던 것보다 연구하는 데 시간을 더 보내지는 않았을 것이다.' 라고 말하였다.' 이는 자신들의 업적 중에 자기 분야의 패러다임을 발견한 것도 없는 때때로 자만심이 강한 교수들이 깊이 생각해 볼 일이다. 물론 Dalton의 제자 중의 한 명은, 유명한 물리학자인 James Prescott Joule인데, 바로 헌신적인 선생에게 걸맞는 '평생 학생' 의 표상이다.

1. J.R. Parrington, *A History of Chemistry*, MacMillan, London, 1962, Vol. 3, pp. 755~822.
2. A.J. Ihde, *The Development of Modern Chemistry*, Harper and Row, New York, 1964, pp. 98~111.
3. J.R. Parrington, op. cit., pp. 713~714.
4. W.H. Brock, *The Norton Histry of Chemistry*, Norton, New York, 1993, pp. 133~147; 160~162.

여기 있어요! 여기 있어요! 여기 있어요!

Seuss 박사 (미국의 인기 어린이 TV 프로그램인 Sesame Street 제작자) 의 매우 훌륭한 책 *'Horton Hears A Who'*[1]는 티끌 한 개 위에 있는 호빌 (Whoville) 마을의 Whos에 대한 얘기이다. 그들은 너무 작아서 보이지 않지만, Horton이란 코끼리만이 그들의 음성을 들을 수 있다. 티끌이 기름 속에서 펄펄 끓기 전, Horton은 마을 전체에게 빨리 합심하여 크게 소리쳐서 Whos의 존재를 알려 생명을 구하라고 촉구한다: '우리 여기 있어요! 우리 여기 있어요! 우리 여기 있어요!'

19세기 초에 사람들에게 보이지도 들리지도 않는 원자들은 다양한 방법으로 관심 가져 달라고 외치고 있었다. 그림 103은 Dalton이 1808년에 출판한 *'A New System of Chemical Philosophy'* 에 나오는 것이다. 삽화 1은 Dalton이 액체 물의 구조를 묘사한 것이다. Dalton은 물이 얼 때, 정사각형 배열에서 삽화 2의 나란히꼴 배열로 원자들의 층이 움직인다고 하였다. 그것은 Dalton이 눈송이들과 눈 결정들의 잘 알려진 육각 대칭 구조와 연관이 있다고 인지한 육각 배열이다 (삽화 5 참조). 이러한 구조를 사용해, 얼음 밀도가 물 밀도보다 낮다는 설명을 시도하였다 (얼음이 물 위에 뜸). 하지만 그의 논의 (삽화 3과 4를 사용) 는 올바르지 않다 (1812년에 Berzelius에 의해 부인되었음)[2]. 또한 액체 물은 삽화 1에서 묘사된 바와 같이 질서정연한 배열을 이루지 않는다. 그래도 얼음 구조에 대한 핵심 아이디어는 올바르다. 오늘날 우리는 물 분자들은 완벽한 구형체가 아니며, 모든 물 분자들 사이에 수소 결합이 형성됨으로 인해 물이 얼 때 밀도가 낮아짐을 알고 있다. 전반적으로, 얼음 분자의 격자 모양은 6겹의 대칭을 이루고, 이는 눈송이에서 쉽게 관찰할 수 있다.

1808년에 Jean Louis Gay-Lussac (1778~1850)[3]은 자신의 몇 가지 실험 결과와 다른 연구자들의 실험 결과를 요약 정리하다가 기체 부피 결합의 법칙을 발견하였다. 그는 기체들의 부피는 같은 온도와 압력에서만 서로 비교할 수 있음을 간파하였다 (첫 번째 문장은 Boyle의 법칙이고, 두 번째 문장은 처음 발견자인 Charles의 이름을 붙여 Charles의 법칙이라고 부르거나 처음 발표자인 Gay-Lussac의 이름을 붙여 Gay-Lussac의 법칙이라고도 한다). 같은 부피의 암모니아 (NH_3) 와 염화 수소 (HCl) 가 합쳐져서 고체 염을 만든다. 한 부피의 질소와 한 부피의 산소가 합쳐져서 두 부피의 '일산화 질소 (NO)' 를 생성한다. 한 부피의 질소와 세 부피의 수소가 합쳐져서 두 부피의 암모니아를 생성한다.

Dalton은 Gay-Lussac의 이론을 반대했다. Gay-Lussac의 이론들은 Dalton의 '최대 단순의 규칙' 에 어긋난다. 같은 부피의 수소가 같은 부피의 염소와 반응하면, 그 부피에는 동일한 수의 입자들이 있어야 하는 것은 합리적이다. 하지만, Gay-Lussac의 관찰대로 두 부피의 수소가 한 부피의 산소와 반응하면 물에 대한 Dalton의 화학식, HO와는 맞지 않는다 (과산화 수소 H_2O_2는 1815년까지도 발견되지 않았음).

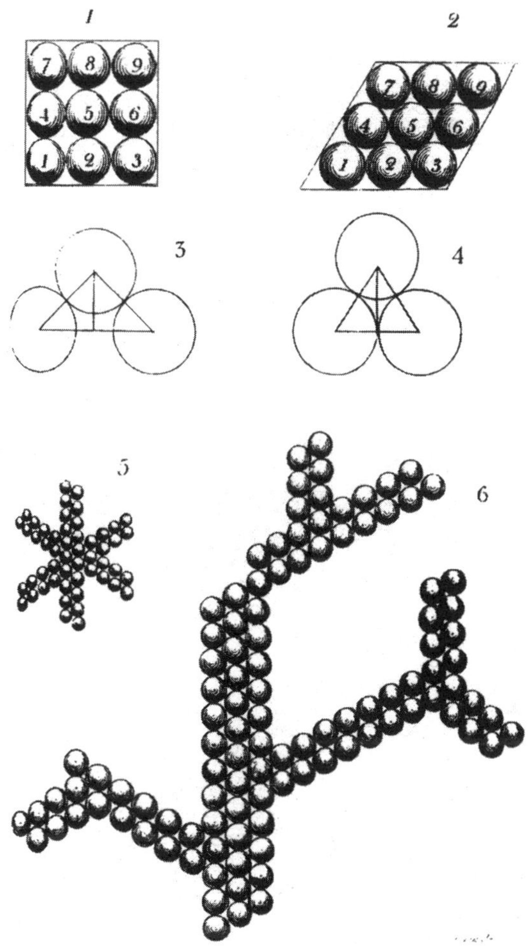

그림 103 ■ Dalton의 *'A New System of Chemical Philosophy'*에서 묘사된 물과 얼음의 구조. 원자설을 사용하여 물보다 얼음의 밀도가 왜 낮은가를 설명하고 있다. 세부 내용이 정확하지는 않지만 원래의 분자 수준에서 생기는 육각 대칭구조로 눈송이와 얼음 결정을 설명한 것은 믿기 어려울 만큼 깊은 그의 통찰력을 보여 준다. Berzelius 등은 물 (1) 이 얼음 (2) 이 될 때의 밀도 감소에 대한 Dalton의 설명에는 삼각법의 오류가 있음을 지적하였다.

1804년 8월 Biot와 Gay-Lussac은 1783년에 Charles이 그랬듯이, 수소로 가득 채운 기구로 하늘을 날아올라 지구의 자기장을 측정했다. 1804년 9월 Gay-Lussac은 파리의 7,000 m 상공으로 날아올라 수집한 공기가 해면상의 공기와 조성이 같음을 발견하였다.[3] 기체 법칙들에 대한 Charles과 Gay-Lussac의 믿음은 존중받아 마땅하다.

1811년 Avogadro[4] (정확히, Lorenzo Romano Amedeo Carlo Avogadro di Quaregua e di Cerreto, 1776~1856) 는 Gay-Lussac, Dalton, 그리고 다른 연구자들의 실험 결과를 사용하여 자신의 가설을 만들었다. 같은 부피의 기체 (같은 온도, 같은 압력에서) 는 같은 개수의 분자를 가지고 있다. 흥미롭게도 이 가설은 Cannizaro가 1858년에 다시 부활시키기 전까지 까맣게 잊혀져 있었다.[5]

원자에 대한 또 하나의 거시적인 증거는 1818년에서 1819년경에 Eilhardt Mitscherlich (1794~1863) 가 발표한 동형현상 (isomorphism) 개념이다. 그는 원자의 조성을 관찰

가능한 결정 구조와 연결 지어 설명하였다. 인산염과 비산염 (예를 들어, $Na_2HPO_4 \cdot 12H_2O$와 $Na_2HAsO_4 \cdot 12H_2O$) 및 황산염과 셀렌산염 (예를 들어, Na_2SO_4와 Na_2SeO_4)은 동일한 혹은 매우 비슷한 결정 구조를 가지고 있는데, 그 이유는 그들의 원자 조성이 매우 비슷하기 때문이다 (미래의 원자 주기율표의 탄생 소리가 들리는가?). Berzelius는 원자량을 부여하는 데 이 관계를 이용하였다.

Lavoisier와 Laplace 방식의 열량 측정 (그림 92) 연구는 Pierre Louis Dulong (1785~1838)과 Alexis Therese Petit (1791~1820)를 포함한 다른 과학자들이 계속 수행하였다. 그들은 그들의 이름이 붙여진 법칙을 발견하였다: 즉, 비열 (比熱)과 고체 원소 (예컨대, 납, 금, 주석, 은, 황)의 원자량의 곱은 일정하다. 이는 모든 원자들이 같은 열용량을 가지고 있음을 의미한다. 나중에 이는 고체 화합물에도 적용이 되었고, 결국에는 구리의 이성분계 산화물이 CuO와 CuO_2인지 또는 Cu_2O와 CuO인지에 관한 등의 혼란도 없앴다.

1. T.S. Geisel, *Horton Hears A Who* (By Dr. Suess), Random House, New York, 1954.
2. W.H. Brock, *The Norton Histry of Chemistry*, Norton, New York, 1993, pp. 158~162.
3. J.R. Parrington, A History of Chemistry, MacMillan, London, 1964, Vol. 4, pp. 77~90.
4. J.R. Parrington, op. cit., pp. 213~217.
5. J.R. Parrington, op. cit., pp. 489~494.
6. J.R. Parrington, op. cit., pp. 207~212.
7. A.J. Ihde, *The Development of Modern Chemistry*, Harper and Row, New York, 1964, pp. 147~149.

Avogadro의 가설은 시기상조의 발견이었는가?

Dalton의 원자설과 Gay-Lussac의 기체 부피결합의 법칙을 결합하여 1811년에 Avogadro가 같은 부피의 기체 (같은 온도, 같은 압력에서)는 같은 수의 입자를 가지고 있다고 결론지은 것은 옳았다. 한 가지 비판을 받을 점은 Avogadro가 말한 반분자 (*half-molecules*)란 용어인데, 이것은 사실 H_2, O_2, N_2, Cl_2와 같은 이원자 분자들에 대한 원자를 말하는 것이었다. Dalton은 결코 기체 부피결합의 법칙을 받아들이지 않았다. 예컨대 그는 질소의 '1.5배 산화물 (sesquioxide)'에 꽤 신경이 쓰였다 (1부피의 질소 원자들; 1.5 부피의 산소 원자들). 그는 퀘이커 교도식으로 다음과 같이 얘기했다[1]: '신은 알고 있다 … 아무도 원자를 반으로 쪼갤 수 없다는 것을.' Avogadro의 명명법은 좀 혼란스럽다. 예를 들면, 물의 '성분 분자 (integrant molecule)'에는 산소 반분자와 수소 한 분자 (또는 두 반 분자)가 들어 있다[2]: $1H_2 + 1/2O_2 \rightarrow 2H + 1O \rightarrow 1H_2O$. Avogadro의 가설은 Dalton을 괴롭혔다: 만약 두 기체가 단위 부피에 동일한 분자 수로 존재할 때 어떻게 질소 기체 (N)의 밀도가 암모니아 (NH)의 밀도보다 더 클까? 물론 정답은 질소 기체는 N_2이고, 암모니아는 NH_3이기 때문이다.

Andre M. Ampere, Jean B. A. Dumas 그리고 그들의 학생인 Marc A. Gaudin은 Avogadro의 가설을 바탕으로 30년간 연구를 계속했다.[3] Dumas 이전까지는 영구 기체들에 대해서만 기체 밀도를 측정할 수 있었다. Dumas는 휘발성이 강한 액체와 고체들의 밀도를 측정하는 기술을 개발하였고, 이상 기체의 법칙 ($PV = nRT$)을 사용하여 분자량과 원자량을 측정할 수 있는 범위를 넓혀갔다. 이 방법으로 Gaudin은 흰인이 실제로는 P_4임을 알아냈다.[2] 그럼에도 불구하고 Avogadro의 가설이 세상에 다시 알려진 것은 1858년 Cannizzaro에 의해서였다.

왜 Avogadro의 가설이 널리 받아들여지는 데 50년이라는 세월이 걸렸을까? Gunther S. Stent가 말한 다음과 같은 '시기상조의 발견(premature discovery)'의 개념이 의미가 있을지 모르겠다. '그 의미가 단순한 논리적 과정을 밟아서 일반적으로 인정되는 지식에 연결될 수 없다면 그 발견은 시기상조의 발견이다.'[3] Stent는 '시기상조의 발견'의 한 예로, 1944년 DNA가 유전 물질과 관계가 있다는 Oswald T. Avery의 실험적 증명을 들고 있다.[3] 그것의 개념적 문제는 무엇이었을까? DNA가 네 개의 뉴클레오타이드로 이루어졌다는 사실은 알려져 있었다. 어떻게 이 단순한 '알파벳' 암호가 상상할 수 없을 정도로 많은 유전 정보 창고가 될 수 있을까? 하지만 대조적으로, 단백질은 20개의 아미노산 '알파벳'으로 되어 있으므로 유전 정보 창고로 명백하게 더 나은 선택이 아닌가? 이 때문에 Avery의 실험 결과가 확실하고 명백했음에도 그 당시 과학자들은 Avery의 결론을 유전 정보 창고를 이해하는 개념적 틀로서 즉각 받아들일 수 없었다. 그래서 결국 5, 6년 동안 주목을 받지 못했다. 마찬가지로, 원자의 존재는 광범위하게 받아들여지지 않았고, Avogadro의 명명법은 다소 혼란스러웠다. 아울러 법학을 전공하였으며 튜린 대학교의 수학 교수였던 Avogadro는 '학식이 높고 겸손한 사람'이었지만, '이탈리아에서는 거의 알려져 있지 않았다.'[2] Avery 또한, '조용하고, 겸손하고, 논란을 싫어하는 신사였다.'[3] Avogadro에게 만약 좋은 홍보 대행회사가 있었다면, 아마 원자 주기율표는 10년 또는 20년 전에 세상에 문을 두드렸을 것이다.

1. J.R. Parrington, *A History of Chemistry*, MacMillan, London, 1962, Vol. 3, p. 806.
2. J.R. Parrington, *A History of Chemistry*, MacMillan, London, 1964, Vol. 4, p. 213~222.
3. G.S. *Stent, Scientific American*, Vol. 227, No. 6 84~93, 1972.

화학은 응용물리학이 아니다

Dalton의 원자들은 화학 실험들에서 유도되었고 여러 화학 법칙들을 설명하였다. 하지만 물리학자들은 몇십 년이 흐른 뒤에야 원자를 받아들였다.

실제로, 100년 전 당시의 물리학 Newton의 위대한 업적을 화학에 응용하려는 시도는 실패로 끝났다. 처음으로 시도한 사람들 중에 수학자 John Keill (1671~1721) 과 의사 John Freind (1675~1728) 가 있었다.[1] Newton은 두 물체 사이에 작용하는 만유인력의 법칙을 다음과 같은 공식으로 나타냈다:

$$F = \frac{Gm_1m_2}{d^2}$$

d는 두 물체의 중심 사이의 거리이고 (지구의 중심, 무게 m_1; 사과의 중심, 무게 m_2), 힘 F는 거리의 제곱에 반비례한다. 만약 거리가 두 배가 되면 힘은 원래의 1/4이 된다.

Keill과 Freind는 물체가 행성 정도의 크기가 아닌 이상 만유인력은 아주 약한 힘이라는 것을 인식하게 되었다. 매우 희귀한 Freind의 책인 *'Chymical Lectures'* 에는 (그림 104와 그림 105), 만유인력과 비슷한 또 다른 인력을 묘사하였다. 그 힘은 미세한 거리에서 굉장히 크고, 입자의 표면에 작용하며 (그림 105의 점 c와 d), 거리와는 더 큰 차수로 반비례 ($1/d^{10}$, $1/d^{100}$, ⋯, ?) 한다. 따라서 c와 d 사이의 거리가 가까워도 이 힘은 없어져 버린다.

Freind 또한 금속이 금속회 (calx, 금속 산화물) 보다 더 가볍다는 것을 인식하게

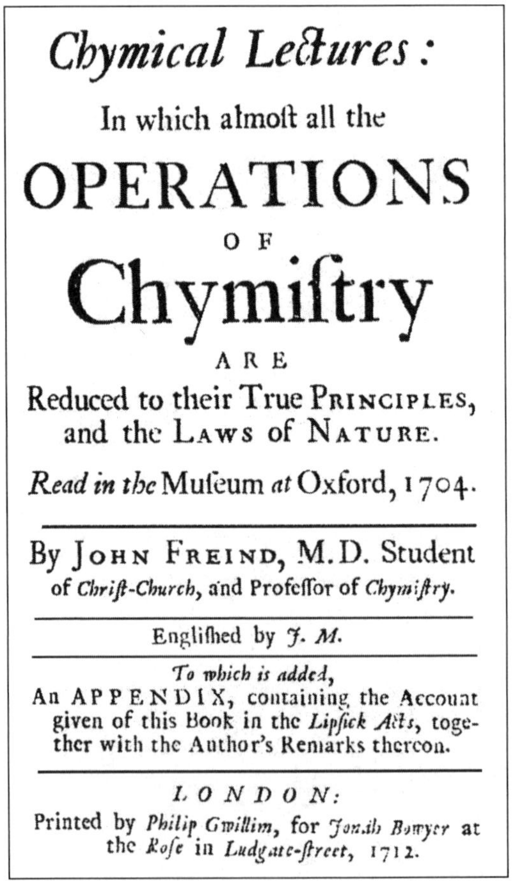

Chymical Lectures:
In which almoſt all the
OPERATIONS
OF
Chymiſtry
ARE
Reduced to their True PRINCIPLES, and the LAWS of NATURE.
Read in the Muſeum *at* Oxford, 1704.

By JOHN FREIND, M.D. Student of *Chriſt-Church*, and Profeſſor of *Chymiſtry*.

Engliſhed by *J. M.*

To which is added,
An APPENDIX, containing the Account given of this Book in the *Lipſick Acts*, together with the Author's Remarks thereon.

LONDON:
Printed by *Philip Gwillim*, for *Jonah Bowyer* at the *Roſe* in *Ludgate-ſtreet*, 1712.

그림 104 ■ Freind의 1712년판 책의 표지. 그는 Newton의 물리학을 이용하여 물질의 물리적 화학적 성질을 설명하려고 시도하였다. Newton은 물질을 서로 잡아당기는 힘은 전기적, 자기적 힘이라고 생각하였다.

Velocity they approach each other For the Attractive Force exerts it ſelf only in thoſe Particles which are very near one another; as for inſtance, in d and c; The Force of ſuch as are remote is next to nothing.

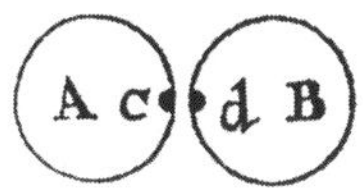

Therefore no greater Force is requir'd to move the Bodies A and B, than what would put into motion the Particles d and c, when diſengag'd from the reſt. But the Velocities of Bodies moving with the ſame Force are reciprocally, as the Bodies themſelves. Therefore the more the Body A exceeds the Particle d in Magnitude, the leſs is its Velocity; and this Motion is ſo languid, that oftentimes 'tis overcome by the Circumambient Medium, and other Bodies. Hence it is that this Attractive Force does ſcarce exert it ſelf, unleſs in the ſmalleſt Particles, ſeparated from the reſt.

그림 105 ■ 원자들 사이의 인력을 설명하고 있는 Freind의 책의 한 면.

되었다. 그는 이러한 현상이 일어난 이유는 화성입자 (불의 입자, Boyle의 '에플루븀 (effluviums)' 참조) 의 혼입에 금속의 입자들이 덜 멀어져서 입자들 간의 힘을 약화시킨다고 가정했다. 이렇게 되면 은의 녹는점은 962°C인데 비해, 산화은 (Ag_2O) 은 230°C에서 분해된다는 사실을 이해할 수 있게 된다. 이러한 금속 산화물은 물에 잘 녹지 않지만, 금속에 비하면 잘 녹는 편이다. 그러나 납은 327°C에서 녹는데 산화납 (PbO) 은 886°C에서 녹으며, 수은은 액체인데 산화 수은 (HgO) 은 고체이며 수은보다 물에 아주 약간 더 녹는다.

이러한 혼란에 덧붙여 실제로 쉽게 분해되는 성분을 가진 혼합물인 금속회들도 있다. 20세기 동안, Newton 역학은 투수가 던진 야구공처럼 크고, 느리게 움직이는 물체에만 적용된다는 사실을 알아냈다. 전자들은 원자를 붙드는 데 큰 역할을 하는데, 이 현상을 설명하기 위해서는 양자 역학이 필요하다. 양자 역학은 Newton 역학을 따르지 않는다. 아이러니하게도, Fe^{3+}와 O^{2-} 이온 (이온 개념은 19세기 말, Arrhenius에 의해 창시되었다) 으로 구성된 염은 고전 물리학인 Coulomb의 법칙을 전적으로 따른다. 하지만, 음전하를 띤 전자들이 양전하를 띤 핵 속으로 붕괴되지는 않는다.

1. J.R. Parrington, *A History of Chemistry*, MacMillan, London, 1962, Vol. 2, pp. 478~482.

6

SECTION

화학이 분화되기 시작하고 농업과 산업에 큰 도움이 되다

전기 메스

1799년에 영국 왕립연구소의 설립을 이끈 Rumford 백작은, 23살의 Davy의 업적과 열정을 인정하고 그를 1801년에 화학 강사로 임명했다.[1, 2] Davy가 Lavoisier의 열소 (caloric) 이론에 비판적이었다는 사실도 도움이 되었을 것이다.

Davy는 타고난 외모와 시적 감각으로 영국 왕립연구소에서 그의 강의는 남자들뿐만 아니라 여자들에게도 인기가 많았다. 그는 가축의 무두질과 농업에 관련된 화학을 포함한 실용적인 문제에 대한 연구도 했다 (*Elements of Agricultural Chemistry*, London, 1813). 그 당시, 과학계와 대중들의 관심은 Alessandro Volta (1745~1827) 의 '인공 전기메기 (artificial torpedo, *electric fish*)' 로 크게 고조되어 있었다. 이 인공 전기메기 안에서는 원형의 은판과 아연판이 교대로 쌓여져 있고, 각각의 쌍들은 소금물에 적셔진 마분지 층으로 분리되어 있다. 1776년에 Volta는 코모 호수에 있는 진흙탕을 저어서 생긴 거품을 물이 채워져 있는 병을 거꾸로 들고 수집하여 메테인을 발견하였다. 그는 처음으로 볼타전지 파일에 대해 설명한 편지를 왕립 협회의 회장인 Joseph Banks 경에게 1800년 3월 20일자로 보냈다.

17세기 후반 동안, 전기를 사용하여 다양한 화학 실험이 수행되었다.[3] Volta의 발표한 달만에, Anthony Carlisle과 William Nicholson은 36쌍의 은판과 아연판으로 구성된 볼타전지 파일을 만들었다 (은판으로는 때때로 0.5크라운짜리 은전들을 사용하기도 했다).[2, 3] 그들은 황동 (놋쇠, 구리-아연 합금) 으로 된 전선을 은으로 만든 전극 (Volta의

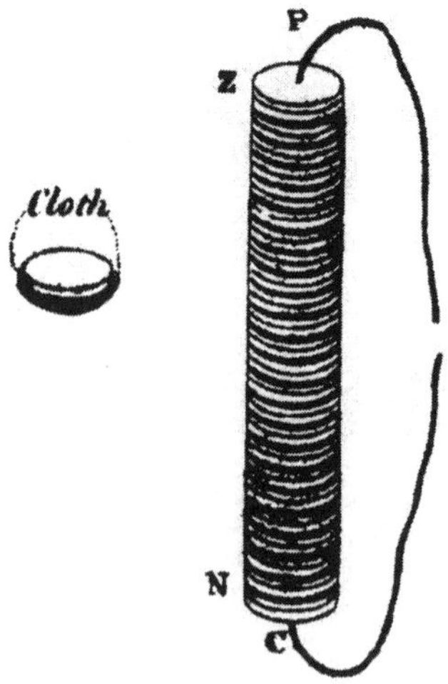

(a)

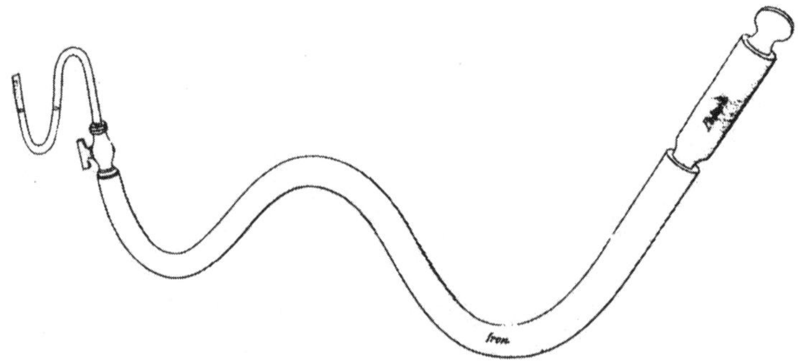

(b)

그림 106 ■ Davy가 출판한 '*Elements of Chemical Philosophy* (영어 초판 London, 1812; Philadelphia와 New York, 1812)' 에 수록된 그림. (a) 젖은 헝겊으로 분리된 아연판과 은판으로 구성된 Davy의 볼타전지 파일; (b) 또 하나의 포신 (gun barrel) 실험. 공기 없이 백열 상태로 달군 포신 속에서는 수산화 포타슘이 금속 포타슘으로 된다; 포타슘은 볼타전지 파일을 사용하여 처음으로 생성하였다. 포타슘을 발견하였을 때, Davy는 '. . . 실제로 환희에 가득차서 방안에서 뛰어 다녔다.'

음극) 에 연결하고, 또 다른 황동 전선은 아연 전극 (양극) 에 연결시킨 뒤, 두 전선을 물이 담긴 시험관에 담갔다. 음극에서는 수소 기체가 생성되었고, 양극에 연결된 전선은 부식되었다. 두 개의 선들이 백금으로 만들어졌을 경우에 음극에서는 수소가 생성되었고, 양극에서는 산소가 생성되었다.[3] Davy는 물의 전기분해를 포함한 전기화학 연구를 시작하였다. 그림 106은 Davy 저서 '*Elements of Chemical Philosophy* (London, 1812; Philadelphia, 1812)' 에 있는 그림이다. 이 그림의 (a)는 24쌍의 은판과 아연판 파일을 보여 주고 있는데, 각 쌍은 젖은 헝겊으로 분리되어져 있다. 1806년에 Davy는 화합물들을 끌어당기는 힘의 본성은 전기라고 공표하였다.[1, 2]

1807년에 Davy는 Lavoisier를 괴롭혔던 어떤 문제에 도전하였는데, 그는 수산화 포타슘 (potash, KOH) 이 더 이상 '단순화 (simplification)' 되지 않긴 하지만 화합물이리라고 확신했다.[1, 2] 그는 더 크고 센 볼타전지 파일 (4 및 6인치의 250의 힘을 가진 전지—한 변이 4인치인 정사각판 150쌍의 파일에 한변이 6인치인 정사각판 100쌍의 파일) 을 사용하였다.[4] 수산화 포타슘 수용액을 분해하려던 그의 시도는 단지 물을 전기분해 했을 뿐이었다. 그러나 고체 수산화 포타슘 조각을 백금판 (음극에 연결된) 위에 놓고 백금선 (양극에 연결된) 을 수산화 포타슘 윗부분에 대자, 양쪽 닿은 부분의 고체가 녹았다. 위쪽 표면 (양극) 에서 산소가 거칠게 생성되었다. 아래쪽 부분 (백금판) 은 은빛의 수은 비슷한 액체 방울이 보이더니, 일부는 폭발하고 밝은 불꽃을 내면서 타버렸다. 조수로 일하는 그의 사촌 Edmund Davy는 다음과 같이 말했다 (Davy의 형 John Davy가 적은 것이다):[4]

> [Davy]가 포타슘 방울들이 수산화 포타슘 표면을 뚫고 공기 중에 나오자마자 불이 붙는 것을 보았을 때, 그는 기쁨을 감출 수 없었다. 환희에 가득 차 방안을 뛰어 다녔다. 그가 마음을 진정시키고 실험을 계속하기까지는 시간이 걸렸다.

그로부터 며칠 뒤, Davy는 소듐을 분리하는 데 성공했다. 그는 또 볼타전지 파일을 통하여 알칼리 토금속 족인 바륨, 스트론튬, 칼슘, 마그네슘을 얻는 데 성공했다 (Lavoisier는 그들의 산화물들을 화합물로 정확하게 인식했지만, 금속으로 유리시킬 수는 없었다). 같은 시기에, Davy는 염소 기체 (1774년에 Scheele가 처음으로 분리) 가 산소 기체를 포함하지 않는다는 것을 증명하였다. 따라서 염산은 산소를 포함하지 않고, 모든 산은 산소를 포함한다는 Lavoisier의 가설이 틀렸음을 증명하였다.

Davy가 전기화학적으로 포타슘을 분리한 다음 해에 Gay-Lussac과 Thenard는 화학적으로 포타슘을 얻었다. 그림 106 (b) 는 다시 한 번 포신 안에서 했던 실험을 보여준다. 공기가 없는 환경에서 철이 백열 상태가 서면 위쪽 오른편 관속에 들어 있는 수산화 포타슘이 녹아서 철과 접촉할 때 포타슘이 생성된다.

1. J.R. Partington, *A History of Chemistry*, MacMillan, New York, 1964, Vol. 4, pp. 29~75.
2. W.H. Brock, *The Norton History of Chemistry*, Norton, New York, 1993, pp. 147~153.
3. J.R. Partington, op. cit., pp. 4~5; 12~19.
4. J.R. Partington, op. cit., p. 46.

시대별 화학 메스

20세기 중반까지, Davy는 가장 많은 화학 원소—여섯 개—를 발견한 기록을 보유하고 있었다.[1] Davy가 성공한 것은 새로운 형태의 메스(scalpel)인 볼타전지 파일을 체계적으로 화학 문제에 적용한 선구자였기 때문이다. 하지만 그는 겸손하게, 자신의 재능보다는 실험 도구가 좋았기 때문이라고 말했다.[2]

> 노력의 결과로 성공을 거두는 요인은 상이한 시대에 살던 사람의 활동적이고 지적인 능력에 있다기보다는 오히려 그들이 가지고 있던 수단과 자원에 있다.

가장 오래된 화학 메스는 불이다. Vulcan(로마의 불의 신이며 그리스 신화에서는 Prometheus)이 Athena를 결혼 전에 Zeus의 머리에서 풀어준 것(그림 36)은 화학 변화를 일으키는 불의 역할에 비유할 수 있다. 1600년 이전에, 불의 사용으로 결국 네 가지 새로운 원소(안티모니, 비소, 비스무트, 아연)가 고대로부터 알려져 있던 아홉 가지 원소(두 가지 비금속 원소인 탄소, 황과 일곱 가지 금속 원소인 철, 주석, 납, 구리, 수은, 은, 금—일주일 각 요일에 한 개씩)에 더해지게 되었다.[1] 불꽃 자체도 취관(blowpipe)에 의해 각 부분으로 나누어지고 18세기부터 스웨덴에서는 불꽃의 산화 부분과 환원 부분을 메스로 쓰기 시작했다. 불을 때서 증류하여 새로운 메스인 황산(녹색의 황산철($FeSO_4 \cdot 7H_2O$)을 증류하여 얻음), 질산(초석(saltpetre, KNO_3)에 황산을 부어서 생성된 물질을 증류하여 얻음), 그리고 왕수(질산과 염산)를 얻을 수 있었다. 또한 산소와 염소(Scheele가 분리해 냄), 그리고 플루오린(Moissan이 100년 뒤에 분리해 냄) 등도 강력한 메스였다.

α 입자와 중성자 등 방사선은 결국 실질적 변환(transmutation)을 일으키게 하였다. 시카고와 버클리에서 Glen Seaborg와 그의 동료들은 가장 많은 원소들을 발견한 기록을 가지고 있는데, 이는 이 입자들을 이용해서 새로운 원소들을 만들었기 때문이다. 한 시즌의 야구 경기를 153경기에서 162경기로 늘리듯, 주기율표를 확대시키는 것은 Davy에게는 공평하지 않아 보인다. 경기수가 늘어난 첫 시즌에서 Roger Maris가 Babe Ruth의 홈런 기록을 깼을 때 그랬던 것처럼,[3] 아마 기록책의 Seaborg의 그 이름에도 별표를 달아야 할 것 같다. 최근 20년간, 레이저와 원자힘 현미경(Atomic Force Microscope)은 한 번에 한 원자씩 반응을 일으키게 하는데 성공을 거두었는데, 이는 화학 해부의 절정이 아닐 수 없다.

1. A.J. Ihde, *The Development of Modern Chemisty*, Harper and Row, New York, 1964, pp. 747~749.
2. W.H. Brock, *The Norton History of Chemistry*, Norton, New York, 1993, pp. 187~188.

3. 절대 무례히 말씀드리고자 하는 뜻은 아니다. 나의 한창 젊었을 시절 핵 물리와 화학에 대한 관심으로 인해 Seaborg를 내가 알고 있었던 첫 번째 반열의 화학자로 여겼다. 그를 만나본 적은 없지만, 미국화학회 강연에 참석하고 있을 때 Seaborg가 조용히 우아하게 방에 들어왔던 기억이 아직도 생생하다.

산업혁명을 구출해 낸 Davy

'1815년, 영국을 경탄시킨 위대한 사건 두 가지: Napoleon을 패배시킨 Wellington의 승리와 광산의 기체를 이겨낸 Davy의 승리'[1], 19세기 초에 산업혁명은 당시 불꽃을 사용해 자주 폭발을 일으키던 램프로 인한 광산 사고의 위험 때문에 주춤거리게 되었다. 1812년, Newcastle 근처에서 101명의 광부들이 숨졌고, 영국의 탄광들 중 3분의 2 이상은 석탄 기체 (주로 메테인) 때문에 작업하기에는 너무나도 위험하다고 여겨지고

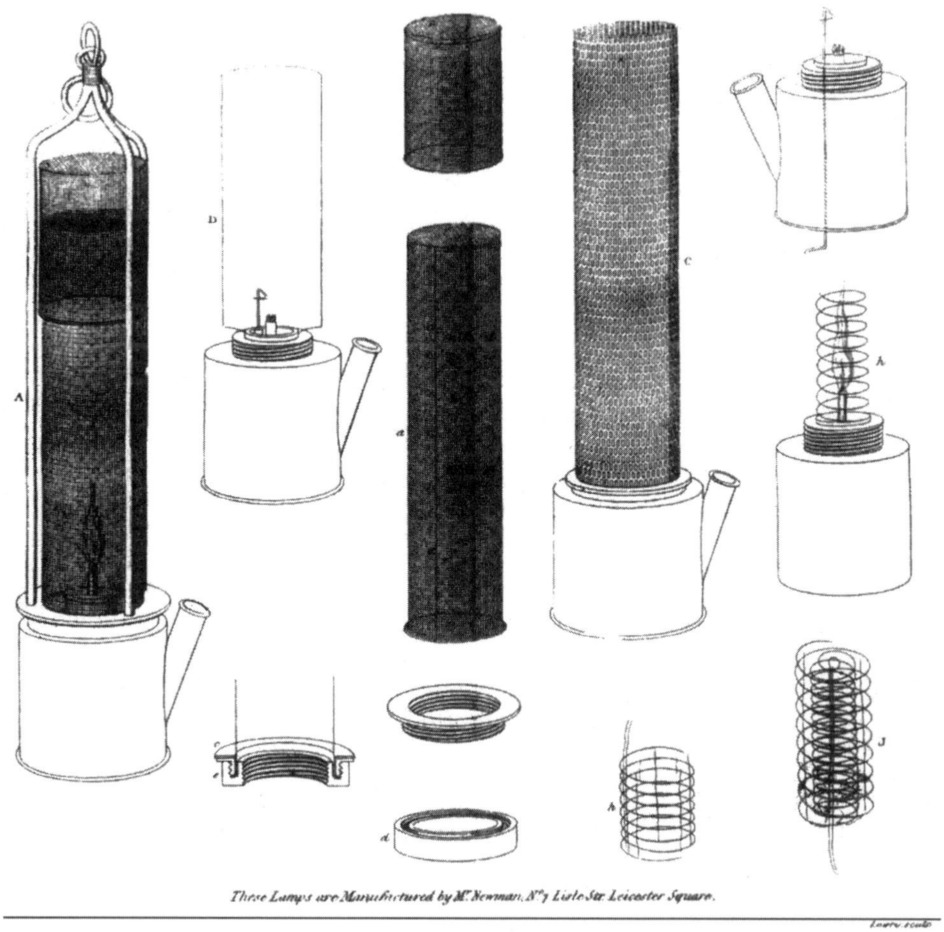

그림 107 ■ 탄광에서 사용한 Davy의 안전램프 상세도 (London, 1818). 석탄 기체에 불을 붙여 치명적 결과를 초래했던 램프의 문제를 독창적으로 해결한 방법은 믿을 수 없을 만큼 간단하였다. 가는 금속망은 석탄 기체의 온도를 발화점 아래로 낮추었다. 그러므로 불꽃과 가연성 기체가 서로 접촉하더라도 폭발이 일어나지 않는다.

있었다.[1]

1815년에 '탄광 사고 방지협회' 회장은 Davy에게 문제를 해결해 달라고 부탁했다.[2] Davy가 만든 정밀하고 단순한 발명품 (그림 107) 은 그가 1818년에 출판한 책 '*On The Safety Lamp For Coal Miners; With Some Researches On Flame* (탄광용 안전램프에 대하여; 불꽃에 대한 연구를 포함한)' 의 속표지에 나와 있다. Davy는 일찍이 화염과 화염의 전파에 대해서 연구했는데, 화염은 작은 구멍을 통과하지 못 한다는 사실을 알아냈다. 따라서 그는 그 문제를 단지 램프를 실린더 모양의 철망으로 감싸는 것으로써 해결하였다. 이렇게 하면 불꽃이 공기에 노출은 되나 철망이 열을 전도함으로써 불꽃의 온도가 내려가고 메테인이 램프와 만날 때는 온도가 발화점 이하가 된다. 불꽃 자체는 철망을 통과할 수 없었다.[2]

석탄 기체에 대해 얘기할 때 우리는 화학자 Friedrich Accum (1769~1838) 이 영국에 석탄 기체 조명등을 도입하는 데 중요한 역할을 했음을 유의하지 않을 수 없다. 이것이 널리 사용되었을 때 런던의 밤 문화를 상상하기는 쉽지 않다. '보름달이 뜬 밤, 연인들은 행복하다.' 하지만 나머지 스물 일곱 밤은 어떻게 하나? 달 없는 밤, 런던에서는 안개로 인하여 두 연인들이 서로 들을 수 있고, 만질 수는 있지만, 서로 볼 수는 없다. 석탄을 분해 증류시켜서 얻은 석탄 기체는 주로 수소와 메테인이고, 이들보다 적은 양의 일산화 탄소, 에틸렌, 그리고 약간의 아세틸렌과 이산화 탄소, 황화 수소, 그리고 암모니아도 들어 있다.

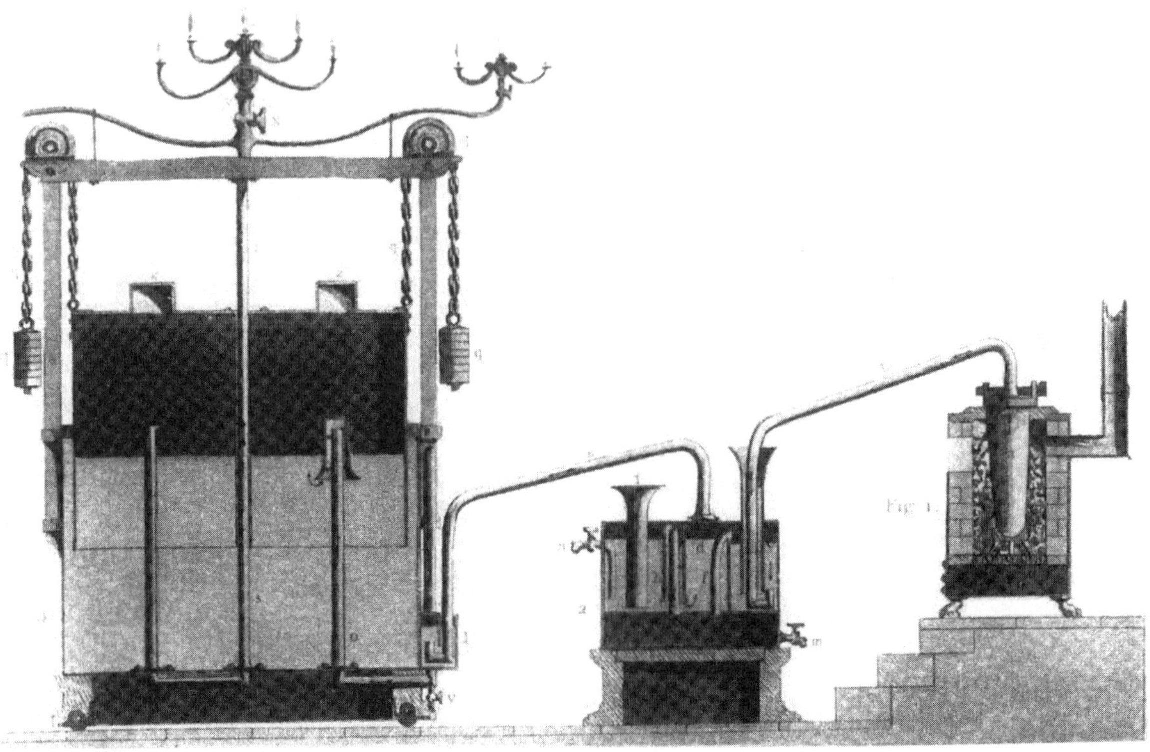

그림 108 ■ 석탄 기체 조명등 시스템의 시범 모형 (Friedrich Accum, *A Practical Treatise on Gas-Light*, *Third edition*, *London*, 1816)

그림 108은 Accum의 '*A Practical Treatise on Gas-Light*(3rd ed., London, 1816; 1st and 2nd eds., 1815)' 제3판에 있는 그림이다. 이 그림은 여러 다른 석탄들을 시험하는 시험용과 전시용 가스 장치를 보여 주고 있다. 오른쪽에는 석탄을 태울 때 사용하는 철 증류기가 달린 이동식 노가 있다. 가운데에 있는 것은 정화 장치인데 세 개의 챔버가 있다(암모니아를 걸러내기 위한 물을 채운 챔버; 이산화 탄소와 황화 수소를 걸러내기 위한 수산화 포타슘 수용액 챔버; 다른 액체 생성물을 받는 챔버). 왼쪽은 약간의 압력으로 석탄 기체를 물에 저장하는 탱크이다. 윗부분에는 우아한 램프가 있음을 주목하라. 1815년에 이미 런던 거리의 지하에는 26마일의 가스관이 있었다.

Accum은 '*A Practical Treatise on Gas-Light*'에 이어서, 화학 이론과 실용 그리고 화학 놀이에 관한 흥미로운 책들을 저술했다. 그 중, '*Death in the Pot: A Treatise of Food, and Culinary Poisons*(London, 1820)'은 많은 적들을 만들었다. 그들 중의 일부는 Accum에게 영국 왕립연구소의 도서관에서 책들을 훔치고 훼손했다는 죄를 뒤집어 씌웠다. 비록 무죄 선고를 받았지만, 그의 명예는 크게 훼손되었다. 따라서 그는 영국을 떠나 독일에서 교수 생활을 하였다.[4] 그의 아주 훌륭한 1824년 책, '*An Explanatory Dictionary of the Apparatus and Instruments Employed in the various Operations of Philosophical and Experimental Chemistry*'는 무명으로 출판되었다.

1. J.Stradins, *Chymia*, No.9, 125~145, 1964.
2. J.R. Partington, *A Short History of Chemistry*, 3rd ed., Dover, New York, 1989, pp. 189~190.
3. J.R. Partington, *A History of Chemistry*, MacMillan, London, 1962, Vol.3, pp. 29~75.
4. C.A. Browne, Chymia, No. 1, 1~9, 1948.

화학의 이원성 이론

초기 연금술사와 자연 철학자들은 물질의 이원적인 성질을 믿었다—태양과 달, 남자와 여자; 황(비휘발성)과 수은(휘발성). Davy가 순수한 수산화 포타슘을 전기분해했을 때 양극에서는 휘발성(여성) 영혼(산소)이, 음극에서는 폭발적이고 비휘발성(남성) 물질(포타슘)이 생성되었는데, 그들에게는 이것이 직관적으로 당연하였을 것이다.

Jons Jacob Berzelius[1, 2](1779~1848)는 Scheele가 상한 우유에서 젖산을 발견하기 1년 전 스톡홀름에서 태어났다. 그림 109는 Berzelius가 처음 출판한 책의 표지이다. 그는 근육(육즙)에서 젖산을 발견했는데, 이 내용은 Berzelius의 책의 두 권 전집 가운데 2권에 나와 있다(1806; 1808). 젖산은 75년 후 입체화학의 발전에 결정적인 역할을 하게 된다. Scheele와 마찬가지로, Berzelius도 그 시대의 화학에서뿐만 아니라 현대의 화학 교과서에서도 도처에 존재한다. 그는 우리가 사용하는 원소들의 약어를 개발했고

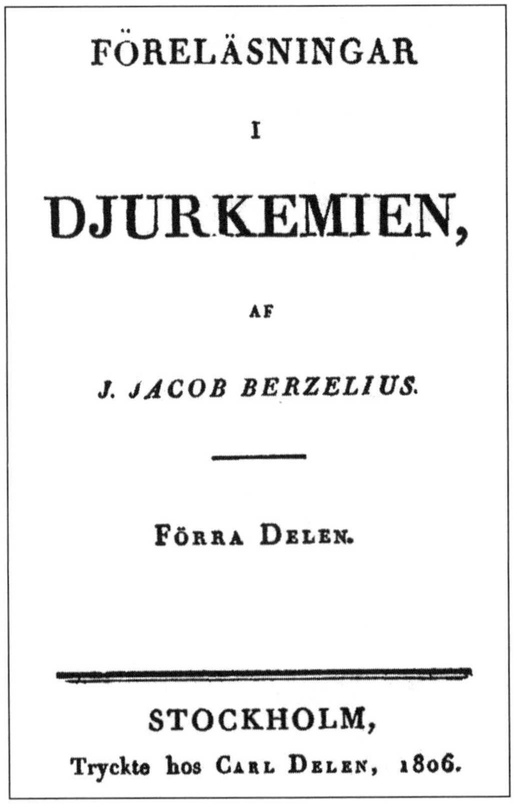
FÖRELÄSNINGAR

I

DJURKEMIEN,

AF

J. JACOB BERZELIUS.

FÖRRA DELEN.

STOCKHOLM,

Tryckte hos CARL DELÉN, 1806.

그림 109 ■ Berzelius의 첫 번째 책의 표지. 그는 육즙 (근육) 에서 젖산을 분리하여 보고하였다.

(H, C, Po는 K, Cl 등으로 바뀌었음), 원소의 수를 약어의 위 첨자로 붙여서 현재와 비슷한 화학식을 적었다. H_2O와 같이 숫자를 아래 첨자에 표기하는 현대 화학식은 1834년에 Liebig와 Poggendorff가 도입한 것이다.[1, 2] Berzelius는 화학을 훌륭하게 체계화시켰으며, 셀레늄과 토륨을 발견하였고, 세륨을 공동으로 발견하였으며, 규소를 처음으로 인지한 사람이다 (이전에 Gay-Lussac과 Thenard가 규소를 생성하였지만 인지하지는 못하였다). 그리고 처음으로 지르코늄과 타이타늄을 금속으로 분리하였다—전에는 두 금속이 결합된 상태에서 원소라고 인식되었다.[1, 3] 사실, 현재 '전체 주기율표상에서 가장 매력있는 원소' 인 타이타늄도 1910년에야 비로소 순수한 금속으로 얻을 수 있었다.[4] Berzelius는 유기 분석의 새롭고 복잡한 영역을 포함한 화학 분석에 많은 공헌을 하였고, 그의 뛰어나고 세밀한 연구에 의해 Dalton의 배수 비례의 법칙이 확증되었으며 원자설이 강화되었다. 그는 Dalton과 Berthollet의 발견은 서로 양립할 수 있는 상호 관계가 있다고 했을 뿐 아니라, 실험식 (예를 들어, C_2H_6O) 과 시성식 (예를 들어, $C_2H_4 + H_2O$) 의 차이점을 명백히 구분하였고, **이성질체** (isomers) 와 **동소체** (allotropes) 의 용어들을 정확하게 정의하였다. 1827년에, Berzelius는 "유기 화합물의 형성에 특별한 생명력이 작용되며, 실험실에서의 제조는 기대할 수 없다고 주장하였다."[1]

Berzelius 세계관의 중심적인 사상은 이원론에 바탕을 두었다—구체적으로, 염화 소듐과 같은 이온 화합물, 간단하게 설명하자면 염화 소듐은 양이온 (Na^+) 과 음이온 (Cl^-) 으로 구성되었다. 그러한 이원론은 30년 전에 이미 Lavoisier도 생각하고 있었다.[1]

산 = 라디칼 + 산소
염기 = 금속 + 산소
염 = 염기 + 산

de Morveau가 도입하고 Lavoisier가 사용한 라디칼이라는 용어는 '뿌리의, 또는 뿌리로부터'; '기초 또는 무엇의 원천' 으로 정의된다.[5] Berzelius는 물질을 전기적으로 음성인 것과 양성인 것으로 나누었다. 음성 물질들은 양극에 끌렸고 (Davy의 정의에 따라), 양성 물질들은 음극에 끌렸다 (Berzelius는 처음에는 극들을 다르게 정의했지만 널리 알려진 Davy의 정의를 따르기로 했다).[2] 비록 아세트산 소듐과 같은 유기 염들은 이원성 개념을 따르지만, 대부분의 유기물들은 그렇지 않다.

1. J.R. Partington, *A History of Chemistry*, MacMillan, London, 1964, Vol.4, pp. 142~177.
2. W.H. Brock, *The Norton History of Chemistry*, Norton, New York, 1993, pp. 150~159.
3. A.J. Ihde, *The Development of Modern Chemisty*, Harper and Row, New York, 1964.
4. D. Rabinovich, *Chemical Intelligencer*, October, 1999, pp. 60~62. Rabinovich 교수는 '타이타늄' 다음으로는 '이리듐' 이나 '팔라듐' 을 좋아한다.
5. J.R. Partington, op. cit., pp. 258~262.

원자를 반대하는 Adams

미국의 제2대 대통령인 John Adams와 제3대 대통령인 Thomas Jefferson은 각각 '최강 식민지' 였던 매사추세츠와 버지니아 주 출신이다. 그 둘은 같은 편이었으며, 미국 독립혁명에 추동력이었고, 나중엔 사이가 아주 안 좋게 되었지만 나이가 들어서 화해했다. 놀랍게도, 두 명 다 1826년 7월 4일, 정확하게 미국 독립 선언 50년 후에 세상을 떠났다. Adams는 그 친구의 운명을 모른 채 죽기 바로 직전 다음과 같이 말했다. 'Jefferson은 살아 있는데.'

훌륭한 두 지도자들은 역사가 깊지 않은 미국의 지성계에 공헌하였다. 그림 110은 미국 해군 군의관인 Thomas Ewall이 1806년도에 출판한 책, *'Plain Discourses on the Laws and properties of Matter: containing the elements or principles of Modern Chemistry'* 의 헌사 페이지에 있는 것이다. 1805년에 그는 Jefferson 대통령으로부터 다음과 같은 편지를 받았다.[2]

TO

THOMAS JEFFERSON, *Esq.*

OF VIRGINIA,

THE PRESIDENT OF THE UNITED STATES OF AMERICA.

SIR,

TO inscribe this work to you, I was incited by an impulse given from a view of your station, as well as a sense of favors received. Raised by your own qualities, and the will of a free people, to the first place among them, the legitimacy of your title will be questioned by none.

IN preparing the following plain discourses, I was stimulated by a desire to imitate you in doing good. I was anxious to revolutionize the habits of many of our countrymen; to lessen their difficulties, by acquainting them with important improvements, and to diffuse more widely that genuine happiness derived from the interesting study of the ways of nature.

YOU, sir, have long since enjoyed the luxury of serving your countrymen.

WITHOUT expressing sentiments concerning your services as a statesman, in affairs better suited to my opportunities of observing,

그림 110 ■ Thomas Ewall의 저서, '*Plain Discourses on the Laws and properties of Matter* (New York, 1806)' 의 헌사가 담긴 페이지. Jefferson 대통령은 '. . . 화학자들은 생활에 별로 중요하지 않은 천여 개의 물질들의 조성에 대한 얘기로 내용을 가득 채웠다고..' 고 불평을 하였다. 그는 쓸모 있는 책을 요청하였고, Ewall 박사는 이에 답하였다.

> 화학 지식을 살림살이의 목적으로 돌린 것은 중요하며, 이에 대해 크게 만족한다. 유명한 철학자들은 아무래도 자기들끼리를 위해 저술하는 것 같다. 화학자들은 생활에 별로 중요하지 않은 천여 개의 물질들의 조성에 대한 얘기로 책들을 가득 가득 채웠다. 반면에 빵, 버터, 치즈, 식초, 비누, 맥주, 사이다 등을 만드는 기술은 설명되지 않고 있다. 최근에 Chaptal은 포도주 제조 화학을 설명했다. 고인이 된 Penington 박사는 빵 제조 방법을 설명했고, 그의 지식을 일상생활에 유용하게 추구할 것을 약속했다.

하지만 죽음이 그의 노력을 우리에게서 빼앗아갔다. 이런 주제들에 관한 훌륭한 저작들은 대중의 호응을 받아야 한다.

John Gorham이 1817년에 하버드 대학교에서 'Erving 화학 교수직'에 취임하였을 때, 그는 Adams에게서 놀라운 축하 편지를 받았다. 은퇴한 Adams 대통령은 물체란 '단지 형이상학적인 추상일 뿐'이라고 하고, 원자들을 '전혀 이해하지 못하겠으며', 분자라는 것들에 대해서는 '그저 웃음밖에 안 나온다.' 고 했다. 애교 있는 그의 축하 편지의 말미에 다음과 같이 권고하고 있다:

화학자들이여! 실험을 할 때 절대 포기하지 않는 열정과 인내심을 가져라. 우리에게 가장 좋은 빵, 버터, 치즈, 포도주, 맥주, 사이다, 집, 배, 증기선, 정원, 과수원, 논밭, 재단사와 요리사를 주게. 만약 우연히 심오한 발견을 하게 될 경우 기쁨으로 '바로 이거다 (Eureka)!' 라고 외쳐라. 하지만, 어떤 실험에도 물체의 가장 작은 입자를 발견할 것이라는 생각이나 희망을 부여하지 말게.

1. J.J. Ellis, *American Sphinx*, Knopf, New York, 1997, pp. 12, 290, 292.
2. E.F.Smith, *Old Chemistries*, McGraw-Hill, New York, 1927, pp. 50~52; 60~64.

전류 속에 숨겨진 화학의 힘

19세기는 과학에 있어서 분화의 시기였다. 유기화학, 무기화학, 물리화학, 분석화학 모두 다 학문의 한 분야로 전문화되었다. Michael Faraday (1791~1867)는 1812년 처음으로 영국 왕립연구소에서 Davy의 강연을 들었고, 그의 실험실에 취직을 부탁해서 1813년에 실험 조수로 발탁되었다.[1] Davy는 1812년에 기사 작위를 수여 받았으며, 그 해에 부유한 과부와 결혼했다. 1813년에 왕립연구소의 교수직을 그만 두었지만, 계속해서 연구소를 방문하고 실험을 하였으며 Faraday와는 멘토 관계를 계속 유지하였다. 1813년에 Davy는 화학 실험 도구들을 챙겨서 여러 차례 유럽을 여행했다 (그는 머물던 호텔 방에서 실험을 했다).[1] 비록 영국과 프랑스는 전쟁 중이었지만, Davy의 강의를 열심히 듣는 청중들이 항상 있었다. 복잡한 전쟁 상황 때문에, Davy는 Faraday를 '임시 시종'으로 고용했다—콧대 높고 공적인 Davy의 부인은 이를 '곧이 곧대로'로 받아들였다. 1815년에 Faraday는 왕립연구소에서 더 높은 직위를 받았고, 대중 강연을 시작하였다. 1820년에 그는 처음으로 논문들을 쓰기 시작해, 존경하는 스승인

Davy에게 스스로 부탁해 수정을 받았다. Faraday는 화학의 많은 영역에서는 업적을 남겼지만, 그 중에서 가장 중요한 공헌을 한 분야는 전기화학이다. 이것은 물론 Davy와 Berzelius가 개척한 분야이다.

Faraday는 1831년부터 1855년 동안, '*Philosophical Transactions of Royal Society*'에 Faraday의 '전기의 실험적 연구 (Experimental Researches in Electricity)'에 관한 일련의 논문들을 발표하였다. Partington은 전기분해와 갈바니 전지에 대한 주요 연구들은 1833년에서 1840년 사이에 발표되었음에 주목한다.[1] 이들 중에서 가장 중요한 발견은 전기화학 당량이다.

> 화학적 힘은 자기력과 마찬가지로, 흘려 준 전기의 절대량에 정비례한다.

그림 111은 1832년 1월 9일 왕립연구소에 제출되어 1834년 1월 23일, 2월 6일 및 13일에 발표된 Faraday의 일곱 번째 연속 강좌에서 사용된 자료이다. 그림 111에 있는 *Fig. 64*부터 *Fig. 66*까지는 물의 **전기분해** (Faraday가 만든 용어)에서 생성되는 기체의 양을 측정하기 위해 Faraday가 발명한 다양한 실험 장치들이다. 상황에 따라, 기체들이 따로 수집될 때도 있고, 같이 수집될 때도 있다. Faraday는 이 장치를 사용하여 분해된 물의 양은 가해진 전기량에 비례한다는 것을 보여 주었으며 '전기도 (a degree of electricity)'를 건조 혼합 기체 0.01 in^3 (온도, 압력에 대한 보정을 마친)를 발생시키는 전기량으로 정의하였다.[1] 그는 이 장치가 전기량을 측정하는 데 유용함을 깨닫고 '볼타-전기량측정기 (Volta-electrometer)'라고 불렀다 (후에 Faraday가 볼타측정기 (*Voltameter*)로 불렀다가 1902년부터는 전기량측정기 (coulometer)로 불려진다).[1]

Faraday는 얼음과 고체 염이 둘 다 절연체이지만, 녹는 경우 전도체가 된다는 사실을 우연히 발견하였다. 그림 111의 *Fig. 69, 71, 72*는 Faraday가 용융염을 전기분해하기 위해 개발한 세 종류의 실험 도구들이다. *Fig. 69*에서는 한쪽 끝의 백금선이 구형으로 불룩하게 유리관에 연결되어 있고, 다른 백금선 P는 용융염 속에 놓여 있다. 이 실험 장치는 전기량계를 통해 전지와 연결된다. 실험을 용융 염화 주석 (II) ($SnCl_2$)으로 시작하면 염소가 방출되고, $SnCl_2$와 결합하여 기체 염화 주석 (IV) ($SnCl_4$, 끓는점 114°C)가 생성되어 수집된다. 금속 주석은 미리 무게를 측정해 둔 백금선 위에서 석출된다. 실험 장치의 온도가 충분히 내려가게 되면, 백금선에 붙어 있는 $SnCl_2$을 긁어내고, 주석으로 코팅된 백금선의 무게를 측정한다. Faraday가 수집한 주석의 무게는 3.2 grain (1 grain = 0.064 gram)이었고, 그가 수집한 기체 부피는 3.85 in^3이었다. 수소를 1로 정하고 상대 무게를 비교하면, 주석 [$SnCl_2$의 Sn (II)]의 무게는 58.53이 된다는 것을 알았다 (4번 측정).[1] 이 값은 현재 주석의 원자량의 반, 즉 118.7/2 = 59.35에 아주 가깝다. 비록, 스승 Davy처럼 Faraday도 원자의 실재성에 대해서 인정하기를 꺼려했지만, 그는 다음과 같은 결론을 내릴 수 밖에 없었다:[1]

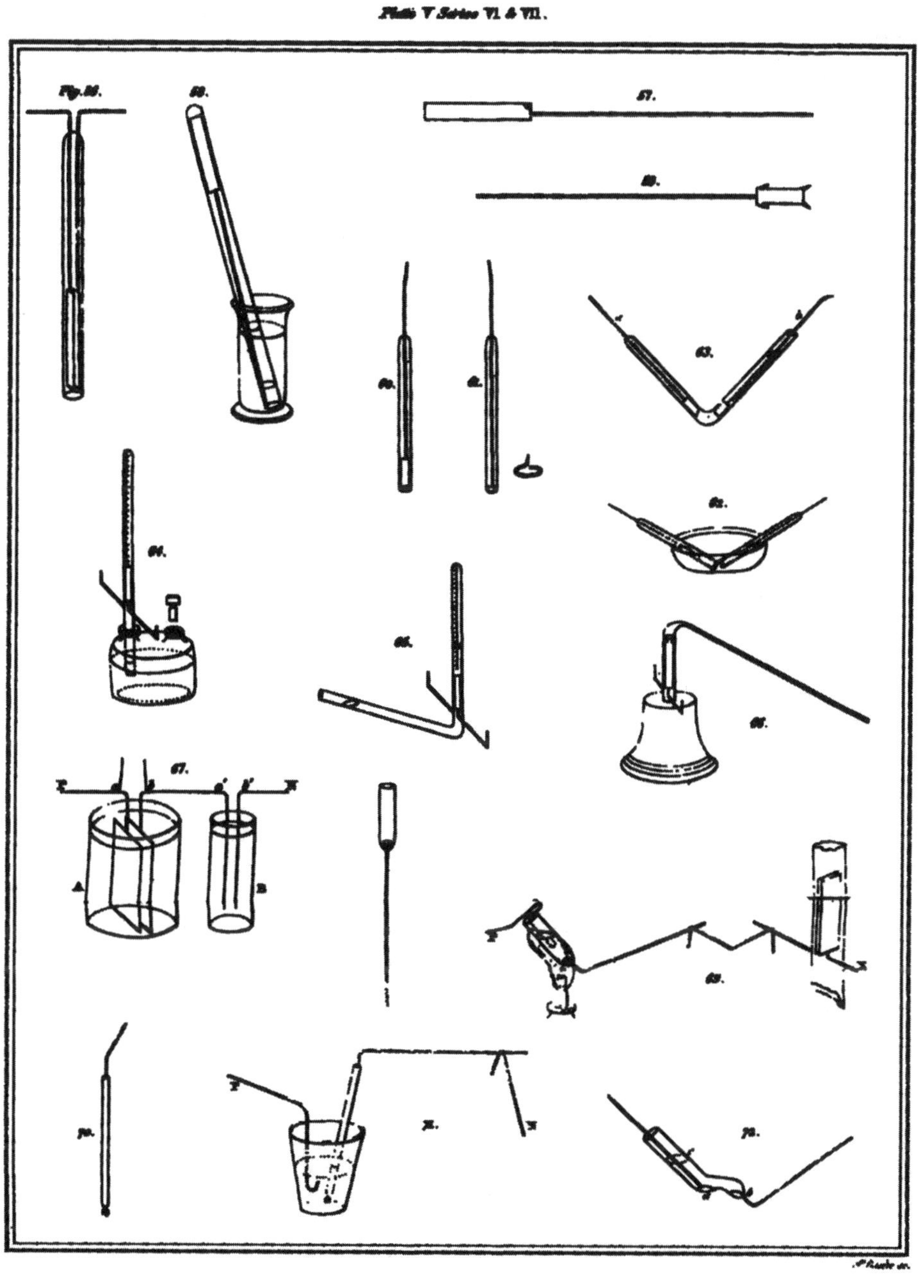

그림 111 ■ Michael Faraday의 왕립연구소 (1월~2월, 1834) 에서 일곱 번째 연속 강좌에 사용된 자료. 물 (64~66 참조) 을 전기분해 (Faraday의 용어) 하여 생성된 기체의 부피에 의해 전류를 측정할 수 있는 볼타 전기량계 (1902년부터는 전하량계) 의 그림. 69~72는 ~~용융~~ 전기분해 장치이다. Faraday는 전기분해에 의해 생성된 물질의 질량은 전류량에 비례함을 발견하고 물질의 전기당량를 실증하였다.

물질의 당량이란 단순히 말하자면 같은 전기량을 가지고 있는 양이다. 또는, 만약에 우리가 원자설을 받아들인다면 … 일반 화학 반응에서 서로 대등한 물질의 원자들은 연관하여 같은 전기량을 가지고 있다. 하지만, 나는 '원자' 라는 용어를 싫어함을 고백하지 않을 수 없다. 비록 원자를 얘기하는 건 쉬울 지라도, 그들의 본질에 대해 명백하게 이해하는—특히 화합물들을 고려할 때—것은 아주 어렵다.

전기분해 (*electrolysis*) 라는 용어뿐 아니라, Faraday는 여러 분야에 정통한 학자인 William Whewell과 함께 전극 (*electrode*), 양극 (*anode*), 이온 (*ion*), 음극 (*cathode*), 음이온 (*anion*), 양이온 (*cation*), 전해질 (*electrolyte*) 등의 용어를 개발하였다.[2] 그는 시험관의 발명자로도 알려져 있다.[3] 또한 기체 액화 연구의 선구자이기도 했다. 예를 들면, 주사기로 관속의 염소 기체를 압축하면, 소량의 기름 같은 녹색의 액체가 생성되었다. 그는 새로 발견된 고체 이산화 탄소를 아세톤 통 (1835년 Thilourier는 압력 증가로 액화된 CO_2를 재빨리 팽창하여 냉각시켜서 드라이 아이스를 제조하였다) 에 넣어서 온도를 −78℃까지 내릴 수 있었다. 따라서 Faraday는 고압을 가하고 냉각시킴으로써 에틸렌뿐 아니라 끓는점이 낮은 다른 기체들을 액화시킬 수 있었고, 수소 기체와 같은 특정한 기체들은 '영구 기체 (permanent gases)' 라는 결론을 내렸다. 예를 들면, 메테인은 임계 온도 (T_c) 가 −82.6℃이고, 이 온도에서 임계 압력(P_c) 45.4 atm (4.60 MPa) 이상을 가하면 액화시킬 수 있다. 하지만, −78℃에서는 어떠한 압력도 메테인을 액화시킬 수 없다. 따라서 이 온도에서는 더 높은 압력이 가해져도 액화되지 않으므로 '영구 기체' 가 된다.

1. J.R. Partington, *A History of Chemistry*, MacMillan, London, 1964, Vol.4, pp. 99~128.
2. A.J. Ihde, *The Development of Modern Chemisty*, Harper and Row, New York, 1964, pp. 133~138.
3. W.H. Brock, *The Norton History of Chemistry*, Norton, New York, 1993, pp. 191.

열대 지역의 원시림

1835년에 Friedrich Wöhler는 Berzelius에게 '유기화학은 나에게 가장 경이로운 것들로 덮여있는 열대 지역의 원시림 같아요.' 라고 편지를 썼다. 나는 유기화학 수업의 개강일 전날 밤에 아버지로부터 자신이 소장하고 있던 Karrar의 유기화학 (3rd ed., 1947) 책을 이 책 안에 있는 모든 것을 배워야 할 필요가 있다는 충고와 함께 받았던 것을 기억한다 (거의 1000페이지가 넘었다). 35년 뒤 나는 아버지가 나에 대해 좀 혼동하셨다는 것을 깨달았다. 그러나 내가 이 과목의 기초를 알아가는 데까지는 학기의 거의 절반이 소요되었다. 따라서 나는 지금 내 유기화학반의 학생들에 대해 잘 이해할 수 있다.

유기화학은 탄소 화합물의 화학이다. 우리는 탄산염과 같은 광물들과 이산화 탄소 (또는 일산화 탄소) 같은 기체들 또한 유기물에 포함시키지 않는다. 비록 Lavoisier는 이렇게 구분하지 않았지만, 유기화학은 나머지 화학과는 다르다고 생각했고, 19세기

초 화학 교과서에서는 '동물화학' 과 '식물화학' 등에 속하는 것으로 분류하였다. 혼합물의 복잡한 특징들, 화학식의 복잡성, 그리고 유기 화합물들은 물이나 염화 소듐 등의 무기물들과 같이 이원성을 따르지 않는다는 사실들은 많은 개념적 문제를 유발하였다.

그림 112 ■ Edward Youmans의 '*Chemical Atlas*' 1857년도 판에서 발췌한 아름다운 채색 그림 (원색 도판 참조) (New York, 1854년 초판 발행).

1999년 5월 24일에 나는 'Chemical Abstract Service (CAS)'의 웹페이지를 방문하였다. 미국 동부 표준 시간으로 오전 11시 17분 11초에 19,632,211개의 물질들이 등록되어 있었는데, 그 중 약 12,000,000개는 유기물이었다 (68%). 나머지는 생체 물질 (17%), 전이 금속 화합물 (6%), 고분자 (4%), 합금 (3%), 무기물 (2%) 이었다. 이 가운데 약 160,000개 물질은 국가 또는 국제 화학 물품 재고 목록에 올라 있는 실제적으로 매우 중요한 물질들이었다. 1997년 이후로, 매년 1,300,000개의 새로운 물질들이 CAS 목록에 더해지고 있다. 이 어마어마한 수와 믿을 수 없는 다양성이 생겨난 이유는 탄소 원자가 다른 탄소를 포함해 거의 모든 다른 원소들과 결합을 이룰 수 있기 때문이다. 단일, 이중, 삼중 결합이 가능하고, 사슬 (chain), 고리 (rings), 바구니 (cages) 모양 등도 가능하다. 2분 뒤 (오전 11:19:12), 19,632,221개의 물질들 (새로운 물질 10개가 늘어났다!) 이 CAS에 등록되었다.

Edward Youmans의 '*Chemical Atlas*' 1857년도 판에서 발췌한 그림 112는 식물과 동물을 포함한 대기 중의 탄소 순환을 묘사한 것이다. 그림의 오른쪽에서 동물들이 영양분이 들어 있는 음식과 함께 산소 (O_2가 아니라 O로 적혀 있다는 것에 주의) 를 마시고 (아래로 향한 화살표), 이산화 탄소와 물이 생성되는 것을 볼 수 있다. Youmans의 책을 보면 물의 화학식 (HO) 과 산소의 원자량 (8), 탄소 (6), 황 (16), 그리고 기타 등에 대한 50년 동안의 혼돈이 아직도 그대로임을 알 수 있다. 암모니아의 화학식 (NH_3) 은 정확하고, 질소의 원자량도 14로 정확했다. 왼편에는 식물들이 이산화 탄소와 물을 함께 마시고 (아래로 향한 화살표), 산소를 생성한다 (위로 향한 화살표).

Youmans의 책에 명백히 드러나 있는 화학식, 원자량, 이성질체 그리고 원자가 등에 대한 이러한 혼돈은 그후 10년 내에 전부 깨끗하게 정리될 것이다.

1. J.R. Partington, *A History of Chemistry*, MacMillan, London, 1964, Vol.4, p. 233.

원시림 길들이기

자연에서 유기 화합물들은 믿을 수 없을 정도로 복잡한 혼합물로 발견된다. 석탄 하나만 분해 증류시켜도 쉽게 측정할 수 있을 정도로는 수백 개의 화합물을 얻을 수 있고, 원한다면 흔적량 수준의 화합물도 수천 개를 얻을 수 있다. 만약 화학자가 화합물의 화학식을 알고 싶다면, 먼저 다른 화합물로부터 분리시키고 완벽하게 정제시켜야 한다. 오늘날에도, 화합물의 절대적 분리는 세기말 (*fin-de-millennium*) 의 첨단 기술로도 항상 가능하지는 않다.

Lavoisier는 유기 화합물이 정상적인 화학의 영역 밖에 있다고 믿지 않았다. 그는 일반적으로 사용되는 장치 (예를 들어, 그림 90의 *Fig. 1*) 를 가지고 숯의 연소 반응에서 소비된 산소의 양과 생성된 이산화 탄소의 양을 분석하였다. 그는 알코올, 지방, 왁스도 태웠다.[1] 하지만, H_2O와 CO_2의 조성 자료는 부정확했다.[1]

	Lavoisier	올바른 결과
CO_2	28% C; 72% O	27.2% C; 72.8% O
H_2O	13.1% H; 86% O	11.1% H; 88.9% O

얼핏 이 오차들을 무시할 만하다고 볼 수도 있다. CH_4와 같은 간단한 화학식에는 문제가 안 될 수도 있겠지만, 만약 $C_{18}H_{38}O$와 같은 화학식에서는 이 오차가 심각해질 수 있으며 탄소의 원자가를 이해하는 데 방해가 될 수 있다.

Gay-Lussac과 Thenard는 염소산 포타슘 ($KClO_3$) 을 산화제로 사용해 처음으로 유기 화합물에 있는 탄소 함유량을 정확히 측정하였다.[1] 분석 시료와 염소산 칼륨을 압축해 펠릿 (pellet) 으로 만든 다음, 숯으로 가열된 용기 속으로 조심스럽게 떨어뜨린다. 생성된 CO_2는 수산화 포타슘에 흡수된다. 그들은 나중에는 염소산 포타슘을 산화제이구리 (CuO) 로 교체하였는데, 이는 CuO가 더 안전하고 유기 질소를 산화시키지도 않기 때문이었다. 이 실험 장치는 Berzelius가 계속해서 크게 발전시켰다.

Justus Liebig (1803~1873) 는 오늘날에도 거의 그대로 사용되는 C, H, O 분석법을 개발하였다.[1-3] 유기 분석에 관한 그의 첫 책은 1837년에 출판되었는데 오늘날에는 아주 귀하다. 그림 113 (a)는 최초의 영어판인 '*Hand-Book of Organic Analysis* (London, 1853)' 에 있는 그림이다. Liebig는 유기 물질들은 흔히 물을 흡수하는 특성을 가지고 있으므로 분석하기 전에 먼저 물을 제거해야 함을 지적했다. 그림 113 (a) 는 건조 장치를 묘사한 것이다. 삼구 플라스크의 오른쪽 입구에 달린 사이펀을 통해 물을 빼내면 약간의 진공 상태가 만들어져서, 왼편에 있는 건조관 C (염화 칼슘이 채워져 있음) 를 통하여 공기가 빨려 들어온다. 시료는 관 A에 있는데, 용광로 (furnace) 위에 놓인 뜨거운 통 안에 있기 때문에 이 그림에서는 보이지 않는다. 관 A는 관 C와 D에 유리관으로 연결되어 있으며, 여기서 시료에서 나온 물이 응축하게 된다. 관 A는 주기적으로 꺼내 더 이상의 변화가 일어나지 않을 때까지 무게를 측정한다. 물 함량을 알기 위해서 필요하다면 관 D의 무게도 측정할 수 있다.

그림 113 (b)는 Liebig가 만든 칼리장치 (*kaliapparat*) 이다 (A, *kalia*란 그림에 있는 다섯 개의 유리구 가운데 아래 세 개의 구에 채워진 포타슘과 수산화 포타슘 수용액을 뜻함). 분석 시료는 불꽃으로 가열하는 철제 통 안에 있는 단단한 유리관 속에 넣는다.[1, 2] 연소 반응으로 생성된 물은 철제 통의 오른쪽에 있는 무게를 미리 측정해 놓은 건조관에 수집된다. 이산화 탄소는 칼리장치의 아래 세 개의 구에 채워진 수산화 포타슘 수용액에 모아지게 된다. 칼리장치 양끝에 있는 위쪽 두 개의 구는 두 가지 기능을 한다: 그림 113 (b) 에 나타낸 것처럼, 실험 전에 장치 내에 있는 소량의 공기를 입으로 빼내어 수산화 포타슘 수용액을 위쪽 유리 구 *m*으로 올려놓는다. 만약 진공 상태가 유지되고, *m* 안에 있는 액체의 수위가 떨어지지 않으면, 이는 그 장치에 새는 곳이 없다

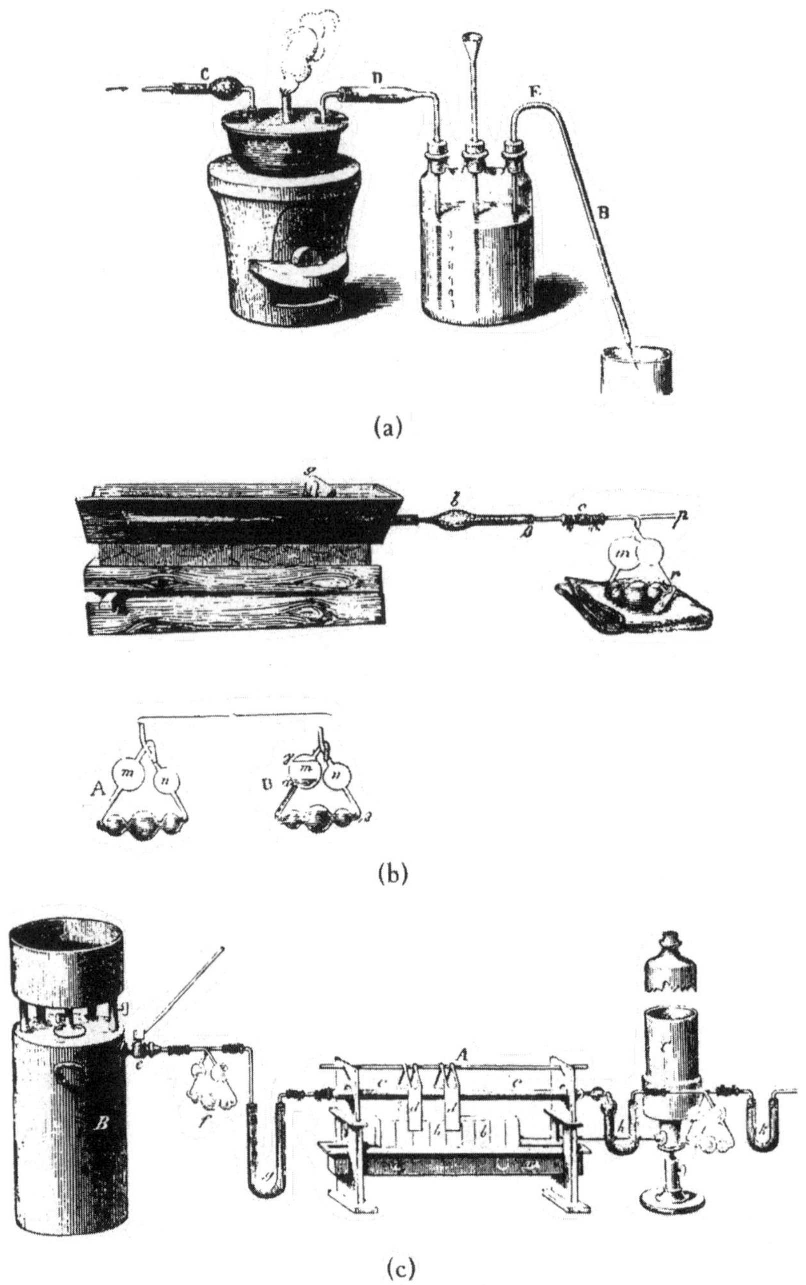

그림 113 ■ Liebig의 '*Handbook of Organic Analysis*(영어 초판본, London, 1853)' 에서 발췌한 그림. Liebig의 유기 분석에 과한 첫 번째 책은 Braunschweig에서 1837년에 출판되었으며 매우 희귀하다. (a) 분석하기 위한 유기 물질을 정량적으로 건조하는 장치. (b) 탄소와 수소 측정 장치; Liebig의 독창적인 **칼리장치**로 그림에서는 전체 장치에서 분리하여 그 부분만을 보여 준다. 이 장치는 이산화 탄소의 양을 측정하기 위하여 아래쪽 세 개의 유리구 속에는 수산화 포타슘 수용액이 채워져 있으며 위쪽 두 개를 포함하여 총 다섯 개의 유리구로 되어 있다. (c) 탄소/수소 분석용 장치로 순수 산소뿐 아니라 공기도 사용할 수 있다.

는 의미이다. 또한 이 유리구들은 수산화 포타슘 용액이 튀어 용액이 손실되는 것을 방지한다. **칼리장치**의 무게는 미리 측정되어 있으며, 이 장치에서 날아간 수증기는 미리 무게를 측정한 건조관에서 붙잡게 된다.[1, 2] 그림 113(c)는 연소 반응에 순수한 산소를 사용한다. 이 산소는 B에서 생성되며, 진한 황산을 담고 있는 칼리장치 f를 통과하고, 염화 칼슘으로 채워진 관 g를 통과한다. 건조된 산소는 철제 통 안의 산화마그네슘 층에 있는 연소관 cc에 주입된다. 이 연소관 왼쪽에는 굵은 구리 마개가 있고, 2/3가 산화 구리가 채워져 있다. 이산화 탄소가 없는 건조된 공기는 오른쪽에 있는 장치를 사용해서 주입된다.

1848년에 기센 대학교의 Liebig 연구실에서 일한 Adolph Strecker의 최첨단 분석 결과가 있다.[3] 담즙산 (cholic acid) 의 화학식은 $C_{48}H_{39}O_9$ (원자량: C = 6, O = 8) 로 밝혀졌다. 오날날의 화학식은 $C_{24}H_{40}O_5$ (C = 12, O = 16) 이다.[3] 그 당시 분석 결과는 정확했으나 '화학식을 알아 맞추는 데는' 충분하지 않았다. 그럼에도 불구하고 탄소의 원자가를 이해하려면 정밀한 결과가 꼭 필요한 것이다.

Liebig는 가난한 환경에서 자랐다. 항상 강렬하고 성질이 급한 편이었던 그는 학생 때 정치적 활동으로 체포된 적도 있었다. Liebig는 본 대학교에서, 그리고 후에 에를랑겐 대학교에서 Karl Wilhelm Kastner (1783~1857) 로부터 계속 후원을 받았다. Kastner는 에를랑겐 교수진을 설득해서 1822년에 Liebig가 부재 중에 명예 박사 학위를 받도록 하였다. Brock은 다음과 같이 얘기한다.[3] 'Liebig는 교육자의 길을 걸으면서 단 한 번도 자신의 박사 학위 논문을 쓰지 않았다는 것은 모순 중에 모순이다.' Liebig는 항상 신랄하게 토론하는 걸 좋아했고, 후에 친절한 후원자인 Kastner에 대한 평가에도 몰인정했다. 또한, Liebig가 발견한 뇌산은 (silver fulminate) 과 Friedrich Wöhler가 발견한 사이안산은 (silver cyanate) 이 동일한 화학식을 가지고 있다는 사실을 알았을 때, Wöhler를 공격하는 데 결코 주저하지 않았다. 하지만, 둘이서 함께 그 물질을 분석 연구하면서 그러한 논쟁이 가라앉게 되었으며 이성질체의 최초 사례를 발견하게 되었다. 그리고 둘 사이는 화학 역사상 가장 위대한 우정의 관계가 시작되었다. 항상 신사였고 현명했던 Wöhler는 '전형적 A형' 인 Liebig에게 다음과 같이 조언했다:[1]

> Marchand나 혹은 누구하고든지 다투는 것은 좋을 것이 하나도 없고 과학에도 쓸모가 없다. 그럴수록 너는 너의 힘만 낭비하는 꼴이 되고, 화가 나고, 간이 나빠지고, 신경이 예민해진다 — 결국에는 Morrison의 알약을 먹게 된다. 너 자신이 1900년에 있다고 상상해보자. 우리 둘 다 탄산, 물, 암모니아로 썩어 버리고, 우리의 재는 아마 우리 무덤을 파헤친 개들의 뼈에 섞여 있을 것이다. 과연 우리가 평화롭게 살았는지, 분노 속에서 살았는지 누가 상관하겠는가? 과학을 위해서 너의 마음의 평화와 건강까지 해치면서 논쟁했던 일에 대해서 누가 생각해 주겠는가? 아무도 없다. 하지만, 너의 훌륭한 생각들과 발견한 새로운 사실들은 무의미한 것들에서 걸러 알려질 것이고 영원히 기억될 것이다. 하지만 왜 내가 굳이 사자더러 설탕을 먹으라고 조언을 해야만 할까?

Liebig는 1824년에 기센 대학교의 교수가 되었고, '*Magazin fur Pharmazie*' 의 공동 편집자가 되었다. 1832년 화학 및 약학 연보에 그는 단독 편집자가 되었으며, 학술지의 명칭을 *'Annalen der Chemie und Pharmazie'* 로 바꾸었다. 거칠고 비꼬기를 좋아하는 '사자' 는 이것을 활기찬 화학 학술지로 만들었다. 또한 그는 기센에서 명성 있는 연구실과 학교를 설립했고, 1852년까지 700명이 넘는 화학과 약학 학생들에게도 큰 영향을 끼쳤다.[3] 같은 해에, 뮌헨 대학교로 옮겼지만, 그의 건강은 더 이상 실험실에서 연구하기 힘들 정도로 악화되었다. 아마 그의 강성이 건강 악화에 원인이 되었을 것이다. 그는 남은 20년의 여생을 격렬한 화학 논쟁을 하면서 보냈다.[3] 그의 친구 Wöhler는 S.C.H. Windler라는 필명으로 *'Annalen'* 에 발표한 1843년 논문에 그의 유머 감각을 보여 주고 있는데,[4] 그는 82세까지 살았다. Wöhler는 20명 이상의 미국 화학자들을 가르쳤다. 이 중에는 존스 홉킨스 대학교에서 최초로 미국 화학 박사 과정을 시작한 Ira Remsen과 펜실베니아 대학교의 Edgar Fahs Smith도 있다.[5] 1828년에 Wöhler가 요소를 합성하고, 1927년에 Smith는 흥미진진한 *'Old Chemistries'* 라는 책을 출판하였다.

1. A.J. Ihde, *The Development of Modern Chemisty*, Harper and Row, New York, 1964, pp. 173~183.
2. J.R. Partington, *A History of Chemistry*, MacMillan, London, 1964, Vol.4, p. 234~239.
3. W.H. Brock, *The Norton History of Chemistry*, Norton, New York, 1993, pp. 194~207.
4. W.H. Brock op. cit., p. 218.
5. A.J. Ihde, op. cit., p. 264.

탄소의 원자량과 이에 관한 혼란들

분자식과 원자량에 관한 혼란들은 초기 원자설의 유감스러운 부산물이라고 할 수 있다. Dalton의 '최대 단순의 규칙 (the Rule of Greatest Simplicity)' 은 물의 화학식이 HO, 암모니아가 NH라는 부정확한 화학식으로 유도한다. 비록 Gay-Lussac의 기체의 부피 결합의 법칙 (1808), Avogadro의 가설 (1811), Dulong과 Petit의 법칙 (1819), 그리고 다른 연구의 결과들이 이러한 혼란을 없애기 시작하였지만, 원자식, 당량, 그리고 원자량이 실제적으로 명확하게 정리된 것은 1858년에 발표된 Cannizzaro의 논문과 1860년의 칼스루헤 (Karlsruhe) 학회에서였다.

그림 114는 Youmans가 출판한 *'Chemical Atlas* (New York, 1854; 1857년 인쇄본)' 에서 일부 발췌한 것이다. 이 그림은 수소 (원자량을 1이라 가정) 를 기준으로 한 탄소와 산소의 상대적인 원자량에 관해 계속해서 혼란한 상태임을 보여 주는 사례이다. Dulong은 CO_2/O_2의 밀도의 비를 1.38218로 측정하였다.[1] 따라서, 100 g의 산소 기체와 CO_2 138.218 g은 동일한 부피를 차지한다. 하지만, 만약에 Avogadro의 가설을 받아들인다면, 산소와 탄소의 질량비는 100.00/38.218이다. Gay-Lussac과 Dumas의 가정을 사용하면, '고정된 공기' 의 화학식은 CO_2가 아닌 CO가 되며, 산소의 원자량이

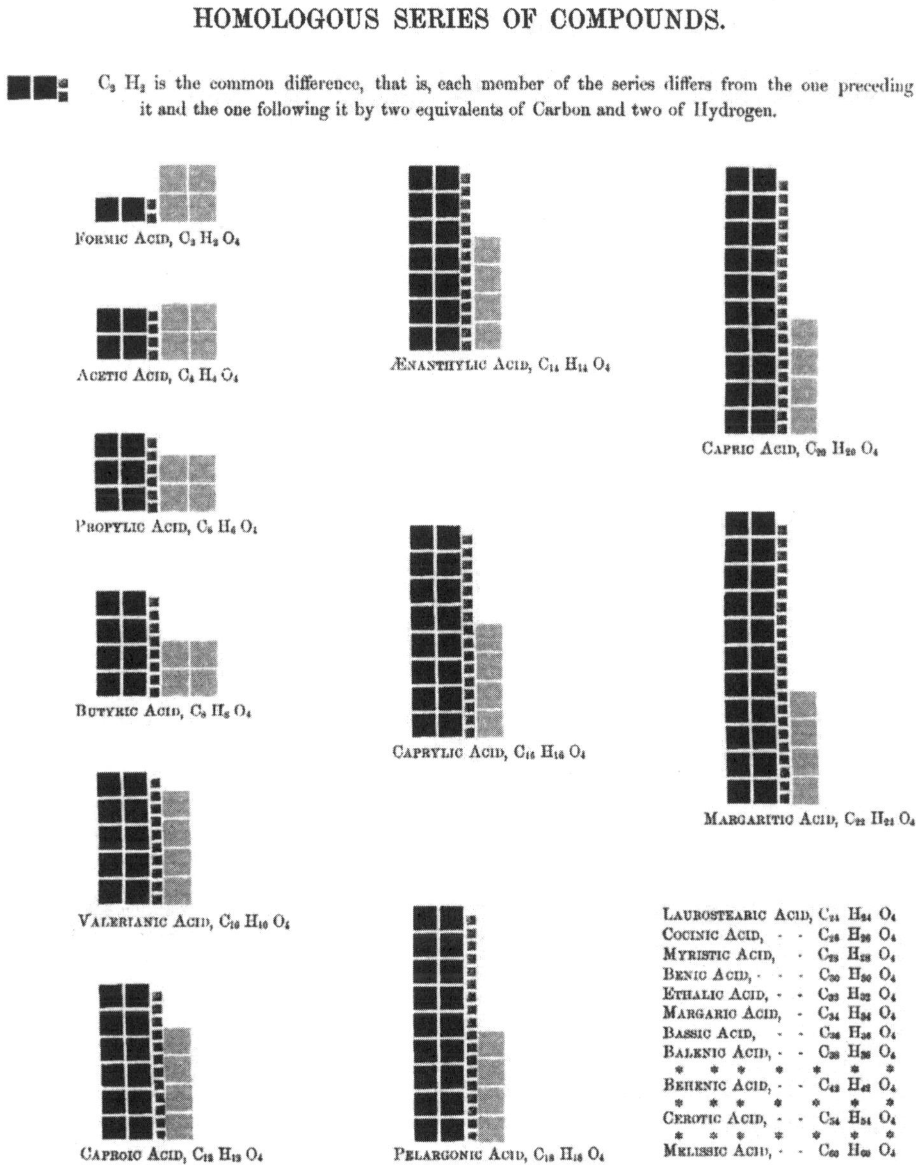

그림 114 ■ Youmans의 *'Chemical Atlas*(그림 112)' ; Laurent과 Gerhardt에 의한 유기화학 원시림의 조직화는 동족 계열의 개념을 포함한다. 동족의 단위는 C_2H_2가 아니라 CH_2이다. 원소의 원자량과 추정된 분자식에 대한 불일치의 결과로 혼란이 있었다. 이러한 문제는 곧 1860년 칼스루헤 학회에서 정리되었다.

16.0일 때 탄소의 원자량은 6.12가 되어버린다. Berzelius는 '고정 공기' 가 CO_2임을 밝혔으며 탄소의 원자량은 12.24라고 결정지었다. 하지만, 1840년에 Dumas와 Stas는 순수한 흑연을 순수한 산소 기체의 흐름 속에서 태운 정밀한 반응을 연구하였으며 그 결과를 발표하였다. 타지 않은 재의 무게를 측정하여 탄소의 원자량이 12.0(만약 산소가 16.0이고, 고정 공기가 CO_2일 경우)이라고 하였다. 그럼에도 불구하고 그림 114를 보면, 그 이후 20년 동안에도 혼란이 계속되었음을 알 수 있다. 원자량과 분자식에 관한 문제는 칼스루헤의 학회에 가서야 해결되었다. Youmans의 *'Chemical Atlas'* 에서 탄소

의 원자량 (6) 과 산소의 원자량 (8) 은 현재 공인된 (칼스루헤 이후) 원자량의 절반이지만, 질소의 원자량은 14로 맞게 나와 있다. 따라서 그림 114에서 $C_4H_4O_4$로 주어진 아세트산은 실제로는 $C_2H_4O_2$이고, 부티르산은 $C_4H_8O_2$이므로 동족계열의 공통적인 차이는 C_2H_2가 아니라 CH_2이다.

1. A.J. Ihde, *The Development of Modern Chemistry*, Harper and Row, New York, 1964, pp. 183~184.

엄마, 왜 질소 원자는 파란색이에요?

Youmans의 *'Chemical Atlas'* (예를 들어, 그림 114) 의 아름답게 손으로 색칠한 도판들에는 원자가 각각 고유한 색으로 표시되어 있다. Youmans의 설명을 보면, 산소는 폐안에 있는 피를 밝은 빨간색으로 변화시키므로 빨간색으로 나타냈고; 하늘은 파란색이며 80%가 질소이기 때문에 질소의 색은 파란색으로 나타냈고; 탄소, 황, 그리고 염소는 각 원소의 천연적인 색인 검은색, 노란색, 그리고 초록색으로 나타내었다. 나무, 금속, 또는 플라스틱으로 만들어진 대부분의 분자 모형들이 같은 체계를 가지고 있다는 사실은 흥미로운 일이다. 게다가 가장 현대적인 분자 모형을 그리는 컴퓨터 프로그램들도 산소는 빨간색으로 나타내고, 다른 원소들도 이미 사용된 전통적인 색을 그대로 유지하고 있다. 화학 학술회에서 어느 교수가 '모두가 *p* 궤도는 파란색과 초록색인 것을 안다.' 고 한 말이 기억나는데, 이는 Robert Burns Woodward와 Roald Hoffmann이 궤도 대칭에 관한 연구에서 사용했던 색의 영향을 지칭하는 것이다.[1]

1. R.B. Woodward and R. Hoffmann, *The Conservation of Orbital Symmetry*, Verlag Chemie, Weinheim, 1970.

나는 내 오줌을 참을 수 없다—난 요소를 만들 수 있다

그림 115는 Youmans가 출판한 *'Chemical Atlas'* [1]에 수록된 것으로 19세기 중반부의 이성질현상 개념을 묘사한 것이다. 유기화학의 분야는 광대하다. 2000년 현재 알려진 유기 화합물은 13,000,000개 이상에 달한다. 이렇게 엄청나게 다양한 것은 같은 화학식을 가지고 있지만 원자들의 배열이 다른 분자인 이성질체가 존재하기 때문이다.

1820년에, 두 명의 위대한 유기화학자 Liebig와 Wöhler는 두 개의 매우 다른 물질을 발견했는데, 동일한 조성을 가지고 있는 뇌산은 (silver fulminate) 과 사이안산은 (silver cyanate) 이었다. 처음에 Liebig는 Wöhler의 발견을 공격하였지만, 둘이 만나 결과를 비

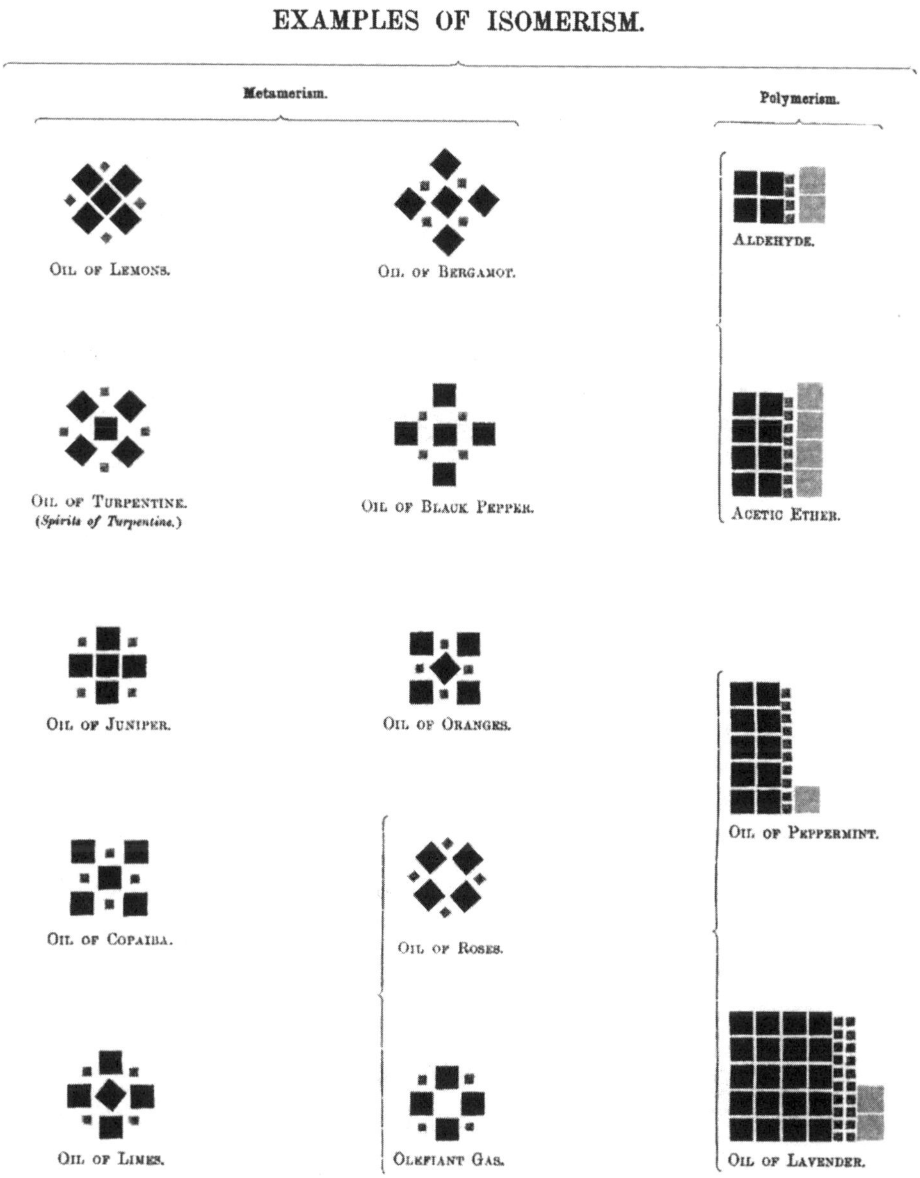

그림 115 ■ Youmans의 *'Chemical Atlas'* 에 수록된 도판. Wöhler와 Liebig는 뇌산은과 사이안산은이 이성질체 (이 용어는 1830년에 Berzelius가 만들어낸 것임) 라는 것을 발견하고 그 기원이 원자의 배열이 다름에 있다고 추정했다. 원자가 개념은 아직 발견되지 않았다. 이 도판에서 Youmans는 이성질체를 원자의 배열이 다른 것으로 그려 놓았다. 그러나 그는 각 분자의 화학적 역사도 한 몫을 한다고 가정했다. 예컨대 탄소 동소체인 다이아몬드와 흑연 내의 원자 배열이 다르므로, 탄화수소 이성질체들 (예컨대 뷰테인과 아이소뷰테인) 도 그들이 생겨난 동소체의 상이한 탄소 배열을 유리한다.

교했을 때 서로 모순이 없다는 것에 동의하였다—그렇지만 큰 혼란이 생겼다.[2, 3] 이러한 곤경은 1830년에 결국 Berzelius가 **메타머** (*metamers*) 라는 이성질체의 개념을 생각해냄으로써 해결되었다.[1] 그는 이성질체와 **중합체** (*polymer*) 를 구분하였다. 중합체는 같은 화학식을 사용하더라도 물질의 밀도가 다르다. 예를 들면, 동일한 조성 (85.7% C; 14.3% H 즉 CH_2) 를 가지고 있더라도, 기체 상태의 뷰틸렌 (C_4H_8) 의 밀도는 기체 상태 에틸렌 (C_2H_4) 의 두 배이다.[2] Youmans의 책에서는 이성질체가 탄소의 다른 동소체로부터 생기는 것으로 여겨지고 있다.

뇌산염 (fulminate) 에 관한 정보는 화학 교재보다는 화학 역사책에서 더 많이 찾을 수 있다는 사실이 흥미롭다. 쉽게 구할 수 있는 뇌산염[4]으로는 두 가지가 있는데, 뇌의 기폭제로 사용되는 뇌산 수은 (mercury fulminate) 과 아주 위험한 뇌산은 (유명한 Liebig에게 영광을!) 이 그것들이다. 고체 뇌산은은 Ag-CNO의 구조를 가지고 있다 (20세기 일부 기간에는 CNO-Ag로 여김).[5] 고체 사이안산은의 구조는 Ag-NCO이다.[5, 6] 여기에 흥미 있는 아이러니가 존재한다. 사이안기 리간드 (NCO^-) 는 원칙적으로 N 혹은 O에 금속이 결합할 수 있다. 고체 Ag-NCO는 아이소사이안산은 (silver *isocyanate*) 으로 불러야 하지만, D. Britin과 J.D. Dunitz[6]는 NCO-Ag (진짜 아이소사이안산은) 이성질체가 알려져 있지 않기 때문에 오직 사적 관습을 따라 Liebig의 명명법을 그대로 참고 따랐다.

1828년에 Wöhler는 사이안산 암모늄 (NH_4OCN) 합성을 시도했지만, 그 물질 대신에 같은 분자식을 가지지만 모든 특성이 요소 (H_2NCONH_2)와 동일한 물질을 얻었다. 요소는 포유류의 소변에서 찾을 수 있다. Wöhler는 그의 스승인 Berzelius에게 다음과 같이 얘기했다. '… 이런 말하는 것이 좀 꺼려지지만, 굳이 말하자면, 나는 신장이 없이도, 또는 사람이나 개 등, 아무런 동물 없이도 요소를 만들 수 있다….'[7] 이는 생기론 (vitalism) 의 종말의 시작이었다. 생기론에 의하면 모든 '유기물' 들은 생명력을 가지는데, 이는 살아 있는 유기체와 최소한 관련이 있거나 유기체로부터만 분리할 수 있기 때문이었다. 그러므로 유기물은 무기물로부터 합성할 수 없다고 여겼다.

실제로는 Wöhler가 의도한 대로 처음으로 사이안산 암모늄을 합성했었을지도 모른다.[8] 그러나 물을 가열하여 증발시킬 때 사이안산 암모늄은 용액 내에서 요소라는 이성질체로 변화된 것이다. 2년 뒤 1830년에 Liebig와 Wöhler는 건조한 암모니아와 사이안산을 반응시켜 고체 사이안산 암모늄을 실제로 합성하였다.[9] 암모니아가 들어 있는 밀폐된 용기 안의 결정들은 안정하다고 알려져 있다. 하지만, 그 용기가 열려지면 이틀 만에 요소로 완전히 변환된다.[9] Dunitz와 그의 동료들은[9] X선 결정학을 이용하여 사이안산 암모늄의 구조를 알아내었다. 그들은 20세기 후반의 첨단 기술을 사용해도 사이안산염 끝에 있는 N과 O를 X-ray로 구분하기가 어려움은 지적했다. 이 구조는 NH_4NCO임이 밝혀졌다. 은의 경우와 마찬가지로, 이 고체는 정식적으로는 아이소사이안산 암모늄으로 불러야 하나 실제로는 그렇지 않음이 밝혀졌다.

Wöhler는 생기론의 신봉자였다고 한다.[8] 플로지스톤 신봉자였던 Priestley가 플로지스톤설을 몰락시킨 산소를 발견한 것처럼, 생기론자였던 Wöhler는 생기론 몰락의 단초였던 요소를 합성하였다.[8] 1840년대에 독일 화학자 Hermann Kolbe가 아세트산을 그 구성 원소들로부터 다음 순서에 따라 효과적으로 합성해 보임으로써 생기론은 진정한 종말을 맞이하게 되었다 (아세트산은 식초의 성분이며, 식초는 포도주와, 포도주는 설탕과 관련이 있다—그러므로 유기물이며 모두 천연적인 것들이다).[10]

$$H_2 + O_2 \rightarrow H_2O$$
$$FeS_2 + C \rightarrow CS_2 + Fe$$
$$CS_2 + 2Cl_2 \rightarrow CCl_4 + 2S$$
$$2CCl_4 \rightarrow CCl_4 + 2Cl_2$$
$$C_2Cl_4 + 2H_2O + Cl_2 \rightarrow CCl_3CO_2H + 3HCl$$
$$CCl_3CO_2H + 3H_2 \rightarrow CH_3CO_2H + 3HCl$$

여기서 CH_3CO_2H가 아세트산이다.

구조화학에는 아직도 명확하게 해야 할 문제들이 남아 있었는데, 1841년에 Berzelius는 동소체—순수한 원소이나 원자 배열이 다름—현상에 대한 개념을 개발하였다.[2] 예를 들어, 산소 (O_2) 와 오존 (O_3) 이 동소체이며, 황은 보통 황 원자들이 8각형 구조를 이루고 있지만 가열하면 플라스틱 황 (plastic sulfur, 긴 사슬 구조) 을 형성하게 되는데, 이 둘이 동소체이다. 또한, 탄소는 세 개의 동소체가 있다고 여겨진다 (흑연: 탄소 원자들로 무한개 이루어진 평면들, 다이아몬드: 무한개의 탄소 원자들로 이루어진 삼차원 망상 구조, 풀러렌: C_{60} (벅스민스터풀러렌, 축구공 모양)). 각각의 주요한 풀러렌 (C_{60}, C_{70}, C_{84}) 들도 동소체로 볼 수 있다. 이와 같이, 동일한 물질의 다른 결정 배열 때문에 일어난 혼돈은 Berzelius가 다형체 (*polymorphs*) 라는 개념을 사용하여 해결하였다.[2]

이스트 앨라배마 대학의 화학 및 자연과학 교수인 John Darby는 1861년에 출판한 '*Text Book of Chemistry*' 에서 이성질체에 대해 자세히 설명하였다.[11] 그는 폼산 에틸 (ethyl formate) 과 아세트산 메틸 (methyl acetate) 은 '이성질체' 라고 정확하게 말하였다 (둘 다 동일한 분자식: $C_3H_6O_2$). "무기화학에서 원소 물질이 다른 상태에 있다고 추정하는 것처럼 두 물질이 서로 다른 원자 배열을 갖는다는 설명으로는 만족스럽지 못하다. 그와 같은 원인은 알 수 없어도 그것을 이성질현상이라고 부른다. 이런 현상을 현재로는 창조자의 뜻이라고 언급할 수밖에 없다."

1. E.L. Youmans, *Chemical Atlas*, Appleton, New York, 1857.
2. A.J. Ihde, *The Development of Modern Chemisty*, Harper and Row, New York, 1965, pp. 170~173.
3. W.H. Brock, *The Norton History of Chemistry*, Notton, New York, 1993, pp.201~202; 0214.
4. A.G. Sharpe, *Comprehensive Coofdination Chemistry*, G.Wilkinson, R.D. Gillard, and J.A. McCleverty (eds.), Pergamon, Oxford, 1987, Vol. 2, pp. 12~14.
5. K. Vrieze and G.Van Koten, *Comprehensive Coordination Chemistry*, G.Wilkinson, R.D. Gillard, and J.A.McCleverty (eds.), Pergamon, Oxford, 1987, Vol.2, pp. 227~236.
6. D. Brittin and J.D. Dumitz, *Acta Crystallographica*, **18**: 424~428, 1965.
7. P.S. Cohen and S.M.Cohen, *Journal of Chemical Education*, **73**: 883~886, 1996. 이 논문과 참고문헌 7에 있는 논문을 소개해 준 Daniel Rabinovich 박세에게 사의를 표한다.
8. G.B. Kauffman and S.H.Chooljian, *Journal of Chemical Education*, **56**: 197~200, 1979.
9. J.D. Duniz, K.D.M. Harris, R.L.Johnston, B.M.Kariuki, E.J.MacLean, K.Psalidas, W.B. Schweitzer, and R.R. Tykwinski, *Journal of the American Chemical Society*, Vol. **120**: 13 274~13 275, 1998.

10. W.H. Brock op. cit., pp. 620~621.
11. J.Darby, Text Book of *Chemistry—Theoretical and Practical*, Cooper, Sanannah and Barnes & Burr, New York, 1861, pp. 275~276.

원시림의 두 흐름

유기화학의 복잡성이 점점 더 뚜렸해짐에 따라 Wöhler의 '원시림' 의 어두움은 1840년대와 1850년대 초에 더 깊어만 갔다. 아이러니하게도 대부분의 유기 화합물들은 단지 네 개의 원소들—탄소, 수소, 산소, 질소—로만 구성되어 있다.

우선 H, C, O의 원자량에 대한 세 가지 조합이 있었다.[1, 2] Berzelius의 1, 12, 16; Liebig의 1, 6, 8; Dumas의 1, 6, 16 . Berzelius의 이원론 (dualistic theory) 은 큰 역할을 하였다. 오늘날 대부분의 유기 화합물들은, 예를 들어 에틸 알코올 (C_2H_6O) 은 공유 결합 (전자 공유) 으로 이루어졌다는 사실을 알고 있다. 염화 소듐과 같은 단순한 무기물들은 전기적 힘으로 결합된 이온들로 이루어져 있다. 하지만 1884년이 되어서야 비로소 Svante A. Arrhenius가 이온들이 전기화학과는 무관한 실체임을 밝혀내었다.[3]

Davy와 Berzelius의 연구는 염화 소듐과 물과 같은 화합물들을 서로 붙들 때 전기적 힘이 중요하다는 사실을 명백하게 밝혔다. 전기양성 (electropositive) 원소들은 다른 전기양성 원소 (예를 들어, HCl, KCl, $MgCl_2$) 와 치환한다. 마찬가지로 전기음성 (electronegative) 원소들은 다른 전기음성 원소 (Na_2O, NaCl, NaBr) 와 치환한다. 1815년에 Gay-Lussac은 사이안화 수소산 (HCN, 혹은 청산) 에 대한 연구도 사이아노젠 $(CN)_2$과 일련의 다른 화합물들, 즉 사이안화 포타슘 (KCN) 과 사이안화은 (AgCN) 등도 발견하게 되었는데 이 물질들에 있는 CN 라디칼은 떨어지지 않고 마치 한 개의 '원자' 처럼 유지되었다. 실제로 사이아노젠은 Cl_2와 같이 '원소 (elementary)' 처럼 보였다. 얼마 지나지 않아, 더 복잡한 라디칼들이 발견되었다. Liebig와 Wöhler는 벤즈알데하이드와 그 유도체의 연구 결과를 1832년에 발표하였는데, 이 연구에서 벤조일 라디칼을 발견하였다 (현대 분자식으로는 C_7H_5O) —세 가지 원소들로 이루어진 하나의 '변하지 않는' 단위로 나타난 것은 흥분되는 일이었다. 하지만 머리를 아프게 하는 문제들이 많이 나타났다. 예를 들면,

1. Gay-Lussac은 사이안화 수소산 (HCN) 이 염소 기체와 반응하여 사이안화 염소 (ClCN) 가 생성된다는 것을 발견하였다. 어떻게 전기음성 원소가 전기양성 원소들로 치환할까?
2. 마찬가지로, 어떻게 클로로폼 ($CHCl_3$) 에 있는 수소가 염소로 치환되어 CCl_4를 생성할 수 있을까?
3. 벤조일 라디칼이 염소와 결합하여 염화 벤조일을 생성하는 경우, 벤조일 라디칼은

전기양성이 되어야 하는데 어떻게 전기음성 원소인 산소를 포함하고 있는가?

4. $SO_3 + H_2O \rightarrow H_2SO_4$ 이 반응은 쉽게 이해할 수 있다. $C_2H_4 + H_2O \rightarrow C_2H_6O$과 그리고 C_2H_4('etherin' 라디칼) 는 HCl과 C_2H_5Cl (ethyl chloride) 를 생성한다는 것도 알고 있다. 하지만, 왜 에틸 알코올 (C_2H_6O) 이 황산과 반응하여 '황산 에터' 를 생성할 때, C_2H_5 라디칼이 생성되는가? 분자들이 제 마음대로 다른 라디칼들로 깨지는가?

그림 116은 Youmans의 *'Chemical Atlas'* 에 있는 것이다. 이 책이 출판된 1857년은 (초판은 1854년) 혼란의 시기가 끝나가는 무렵이었는데, 이 그림은 원자량과 여러 이론들의 혼란상을 보여 주고 있다.[1, 2, 4]

Brock의 책에서는 유기화학의 체계에 대한 두 흐름의 사고에 대해서 Fiedrich August Kekulé (1831~1892) 의 은유적 표현을 매우 잘 포착하여 설명하고 있다.[2] 그림 116의 제일 위쪽 삽화는 주로 Berzelius가 발전시킨 화합물 라디칼 이론을 보여 주고 있는데 독일과 영국 학파들이 마음에 들어 했다. 이러한 사고의 흐름에서, 독립적으로 존재하는 유기 라디칼들이 서로 결합하여 유기 화합물을 만든다. 이 라디칼들은 에틸기 (C_2H_5, C의 원자량을 6으로 사용할 경우 C_4H_5이며, 독일에서는 두 개의 탄소 원자 사용을 선호했고, Youmans의 책에서도 사용되었음) 와 수산기가 될 수 있다(OH, 산소의 원자량을 8로 해서 HO_2로 나타내있음). '포밀 (formyl)' 라디칼은, C_2H로 나와 있는데—사실은 CH—세 개의 염소 라디칼과 반응하여 클로로폼을 만들 수 있다.

그림 116의 중간 부분의 삽화는 사고의 또 다른 흐름을 묘사하고 있는데, 이는 Dumas가 개발한 '유형 이론 (theory of types)' 이다. 이 이론에 의하면 모든 화합물들은 화학적 유형 (chemical type (또는 부류(class)) 과 연관이 있다. 공통적으로 H를 가지고 있는 산들은 한 부류를 구성한다—HCl, HBr, HCN. 마찬가지로, NaCl, KCl, $MgCl_2$, NaBr, NaCN, Na_2O와 같은 염들도 또 다른 하나의 부류를 이룬다. 여기에 있는 화합물의 H가 Cl로 치환될 수 있다는 것에는 약간의 '불확실' 함이 있다. 1840년에 발행된 *'Annalen der Pharmacie und Chemie'* 에 S.C.H. Windler (실은 Wöhler의 필명) 가 풍자적인 논문을 발표하였다. 그 논문에 의하면 아세트산 망가니즈 ('$MnO + C_4H_6O_3$') 에 있는 모든 원자들은 논리적인 단계를 거쳐서, 염소와 치환하며 따라서 염인 아세트산 망가니즈와 기체인 염소가 같은 '유형 (type)' 임을 증명했다고 보고했다.[1] 전형적인 현대 유기화학책의 'Amines I' 단원을 공부한 학생들은 다음과 같은 물질들을 인식하는 데 전혀 문제가 없을 것이다. 에틸아민, 다이에틸아민, 트라이에틸아민 (그리고 수많은 다른 아민들) 들은 '암모니아-유형 부류' 이다. 왜냐하면, 이들은 암모니아로부터 직접 얻을 수 있기 때문이다. '물-유형 부류' 는 더 복잡하다. 알코올, 에터, 카복실산 (carboxylic acids), 에스터, 산무수물 (현대 유기화학 교과서의 최소한 다섯 단원 분량) 과 황산, 인산과 같은 산까지 확장하여 포함하기 때문이다. Gerhardt는 결국 네 개의 기본적인 유형으로 구분하였다. 질소-유형 (아민과 아마이드); 물-유형

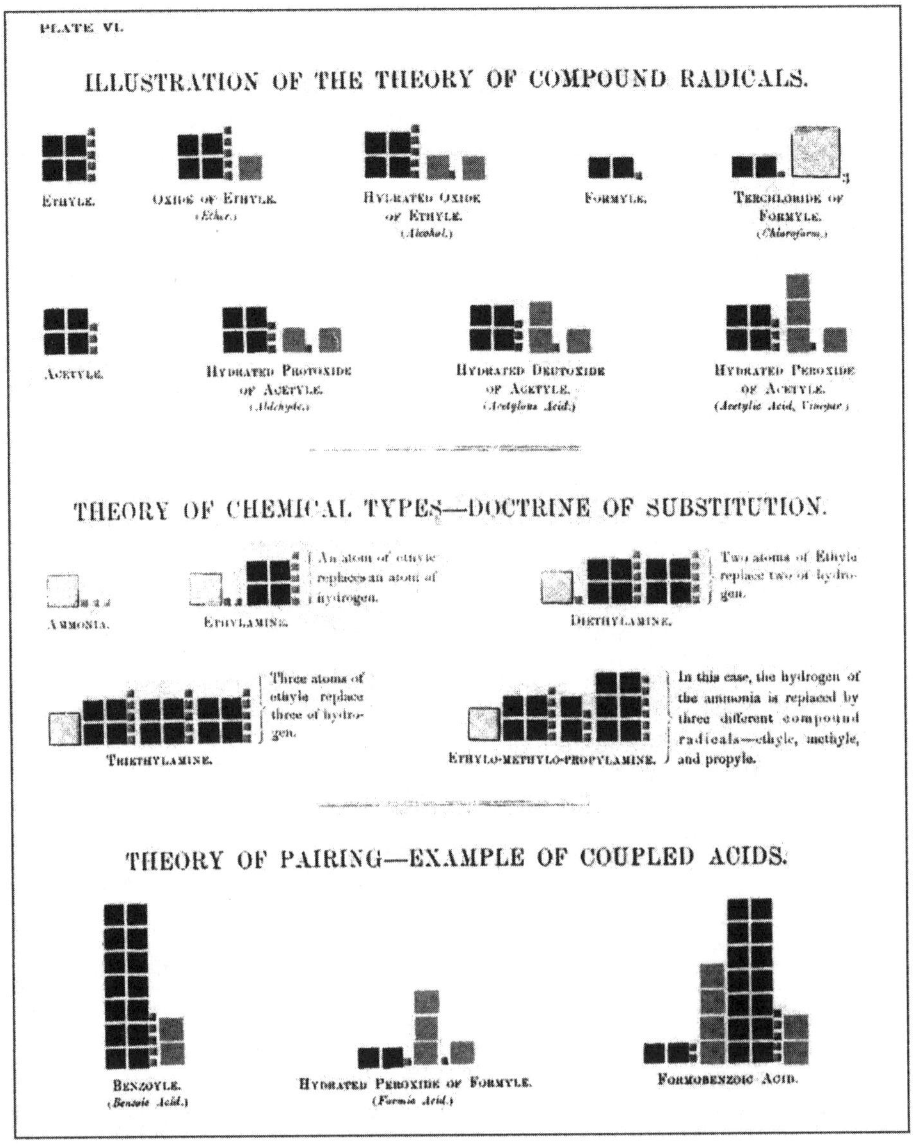

그림 116 ■ Youmans의 *'Chemical Atlas'* 에서 발췌한 도판 (원판은 채색되어 있음). 칼스루헤 이전에 반응성과 관련된 유기화학 구조에 대해 널리 퍼져 있던 세 가지 이론을 묘사하고 있다.

(위 참조); 수소-유형 (탄화수소, 케톤, 알데하이드); 그리고 염화수소-유형 (염화알킬, 산염화물; 연관된 브로민화물).

Berzelius는 짝짓기 이론 (theory of pairing) 을 도입하여 라디칼 이론을 수정하였다 (그림 116, 아래쪽). 짝짓기 이론이란 원래 화합물의 한 라디칼을 새로운 화합물에서도 본래의 성질을 잃지 않는 반면에, 다른 라디칼은 치환 또는 재배열을 거쳐 새 화합물에서 성질이 바뀐다는 것이다. 예를 들면, Dumas가 1838년에 아세트산의 염소화 반응은 이 반응의 결과 본질적으로 같은 성질을 가지고 있는 트라이클로로아세트산을 생성시킴을 발견했을 때 이 이론으로 설명하였다.[2] 산성 라디칼은 일정하게 본래의 성질을 유지하는 반면에, 다른 연관된 라디칼은 그 성질이 변화된다.

사실, 앙팡 테리블 (남에게 폐가되는 것을 고려하지 않는 분별없는 사람이라는 뜻, *'Les Enfants Terribles'* [2]) 인 Auguste Laurent과 Charles Frederic Gerhardt는 라디칼 이론과 유형 이론들의 견해를 의예과 학생들이 들고 다니는 10파운드 (약 4.5 kg) 나 되는 유기화학 교과서에 함께 모아 놓았다. 이 학생들은 내년에는 가벼운 CD ROM으로 들고 다닐 수 있게 된다.

1. A.J. Ihde, *The Development of Modern Chemistry*, Harper and Row, New York, 1964, pp. 203~216.
2. W.H. Brock, *The Norton History of Chemistry*, Notton, New York, pp. 210~240.
3. A.J. Ihde, op. cit., pp. 413~415.
4. J.R. Partington, *A History of Chemistry, MacMillan*, London, 1964, Vol. 4, pp. 352~464.

훌륭한 화학 이론을 원하는가? Kekulé에게 꿈꾸라 해라

1850년대 말경 '원시림' 을 길들이기 시작한 두 가지 중요한 진전이 있었다. 1858년에 Stanislao Cannizzaro는, 1811년에 처음으로 발표되었던 '같은 부피 (온도와 압력이 일정) 안에는 같은 개수의 궁극적 단위 (Cl_2, O_2, P_4의 분자; Hg 증기의 원자) 가 존재한다.' 는 Avogadro의 가설을 강조하였다. 이상 기체 법칙 ($PV = nRT$) 과 Dumas의 기술을 이용하여, 분자들을 구성하는 다른 원자들의 질량이 알려져 있으면 원소 상태에서 비휘발성인 원자의 원자량을 알 수 있었다. 따라서 50년대 말과 1860년 칼스루헤 학회에서 원자량 문제는 대부분 해결되었다. 이로써 주기율의 토대를 세웠을 뿐만 아니라 화학식의 일관성도 확립하게 되었다.

또 다른 중요한 진전은 탄소의 원자가가 4라는 사실이었다. 처음에는 1857년에 Kekulé가 특정 화합물의 탄소만 4가라고 했지만, 1858년에는 모든 화합물에 포함된 탄소는 전부 4가라는 것을 알았다.[1] Liebig에 의해 화학에 빠지기 이전에 Kekulé는 기센 대학교의 건축학과 학생이었다. 원자가 개념은 1854년에 Kekulé가 발표한 업적으로 돌려지지만, 그보다 앞서 William Odling과 다른 연구자들에 의해 제안되었던 것 같다.[1] 중요한 사실은, 탄소가 직접 연결되며 탄소들은 동등한 '친화도' 를 공유하고 있다는 그의 생각이었다. 하지만, 그의 생각은 전기화학적-이원적 이론과 충돌되었다.[1] Kekulé는 1854년에 런던의 버스 안에서 현존하는 자료들을 통합하여 어떻게 4가 이론에 도달하게 되었는지를 다음과 같이 회상했다.[2]

> 나는 잠시 몽상에 잠겼다. 원자들이 내 눈앞에서 뛰어 다녔다. 그렇게 작은 것들이 움직인다는 사실은 알고 있었지만, 움직임의 특성은 알지 못했다. 하지만, 지금 두 개의 작은 원자들이 어떻게 쌍을 이루는지 보았다. 어떻게 큰 것이 작은 것 두 개를 감싸고,

> 어떻게 더 큰 것이 서너 개의 원자들을 붙들고 다니는지, 어떻게 그것들이 어지럽게 빙빙 돌면서 춤을 출 수 있는지. 나는 큰 것들이 어떻게 사슬을 형성하는지, 그리고 작은 것들은 그 사슬의 끝에만 매달려 있는지 보았다.

역사에 따르면, Archibald Scott Couper (1831~1892) 가 Kekulé와는 독립적으로 탄소의 원자가가 4임 (그리고 탄소-탄소 결합이 이루어짐) 을 동시에 발견했다. 그러나 그의 출판은 기술적인 이유로 그의 상사였던 Adolph Wurtz에 의해 지연되었다. 그는 Kekulé에게 중요한 업적을 선점당하자 심하게 불평했으며, Wurtz는 즉시 그를 해고했다. 30살이 되기 전에 몸이 나빠져서 유망한 과학자로서 경력이 끝나게 되었다.

탄소의 원자가가 4가라는 사실은 구조 유기화학의 토대를 확립한 것이었다. 1861년에 Aleksandr Butlerov가 처음으로 분자내 원자들의 특정 배열이 물질의 물리적 · 화학적 성질을 결정한다는 사실을 발표하였다.[4]

> 각 화합물에는 단 하나의 합리적인 화학식만이 가능하고, 화학 구조가 화학적 성질들이 어떻게 화학 구조에 의존하는가 하는 일반 법칙들을 알면 화학식만으로 모든 특성들을 나타낼 수 있다.

이 문장은 현대의 유기화학 첫 강의에도 적용된다. 그림 117은 Butlerov의 책 '*Lehrbuch Der Organischen Chemie*' 의 1868년 라이프찌히판 (러시아어 원판, 1864) 에 수록된 것이다. 이 화학식들은 탄소의 원자가가 4임를 보여 주고 있으며, 이성질체의 서로 다른 구조를 확실하게 보여 주고 있다.

Benzene은 1825년 Faraday가 처음으로 압축된 석유가스에서 추출했는데, 흥미로운 수수께끼였다. 벤젠의 화학식은 C_6H_6인데, '불포화도가 큰' 화합물이고 에틸렌이나 다른 올레핀 화합물처럼 쉽게 첨가 반응을 할 것이라고 예상할 수 있다. 하지만 그 예상은 크게 빗나갔다. 다시 한번 Kekulé는 꿈에서 해결책을 찾았다고 주장한다.[5]

> 앉아서 교재에다 무엇인가를 적고 있었다. 하지만 그 일에 전혀 진전이 없었다. 나의 생각은 다른 곳에 있었다. 의자를 불꽃 쪽으로 돌리고 졸고 있었다. 다시 원자들은 내 눈앞에서 뛰놀고 있었다. 그때 더 작은 입자들이 주위의 먼 곳에 조용히 있는 것이 보였다. 그 쪽으로 시선이 머물렀다. 그 모습들이 반복해서 보이기 시작하여 더 정확하게 묘사할 수 있었으며 다양한 형태의 더 큰 구조들을 구별할 수가 있었다. 긴 줄을 이으며 때로는 서로 더 가깝게 꽉 붙잡았다. 그러면서 모두 비틀거리며 도는 모양이 마치 뱀의 움직임처럼 보였다. 보라! 저게 무엇인가? 뱀 가운데 한 마리가 자신의 꼬리를

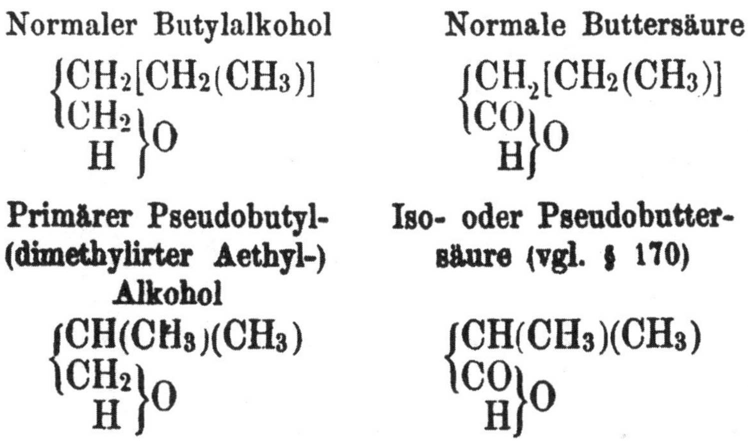
Normaler Butylalkohol
{CH2[CH2(CH3)] / CH2 / H} O
Normale Buttersäure
{CH2[CH2(CH3)] / CO / H} O
Primärer Pseudobutyl- (dimethylirter Aethyl-) Alkohol
{CH(CH3)(CH3) / CH2 / H} O
Iso- oder Pseudobuttersäure (vgl. § 170)
{CH(CH3)(CH3) / CO / H} O

그림 117 ■ Butlerov의 1868년 Leipzig 판의 *'Lehrbuch Der Organischen Chemie*(러시아어 원판, 1864)' 에서 발췌한 그림. Butlerov는 최초로 유기화학에 대한 현대적 구조적 기초를 발표하였다.

> 물고 눈앞에서 나를 비웃듯이 돌고 있었다. 번갯불에 놀라듯 잠에서 깨어났다. 그리고, 그 가설에 따르는 결과들을 해결하느라 밤을 지새웠다.

소시지같이 생긴 벤젠의 모형은, 1865년 *'Bulletin Société Chimiques'* 에 발표된 Kekulé의 논문에서 발췌한 그림 118의 여러 구조들 중에서 오른쪽 위에 있다. 벤젠, 클로로벤젠, 다이클로로벤젠은 아래쪽에 있다.[5] 후에, Ladenburg와 Körner의 연구 결과는 1872년에 Kekulé로 하여금 두 개의 서로 다른 동등한 벤젠 구조를 가정하게 하였다. 과연 그가 난로 앞에서 졸기 전에 무엇을 읽고 있었을까? 아마도 Libavius의 *'Alchymia*(그림 52)' 가 그의 뱀 꿈의 영감을 주었는지도 모른다. 아마도 Porta의 거북이 (그림 26(b))가 벤젠 구조를 푸는 데 필요한 실마리였는지도 모른다. 어쨌든 확신하건대, (1) 내가 깨어서 이룬 것보다 Kekulé는 졸면서 더 성취하였다. (2) 앞으로 강의 부담을 줄여 연간 활동 보고서에 졸음을 추가해야겠다.

그림 119는 Kekulé의 벤젠 구조를 밝힌 업적을 축하하기 위하여 1886년 '독일 화학회 (German Chemical Society)' 모임에서 배포했던 희귀한 팸플릿에 있는 그림이다.[6] 이 그림에서 원숭이들은 두 개의 빠르게 변형되는 구조를 이루었다 (꼬리가 엉킨 것과 그렇지 않은 것). 지금의 벤젠 구조 [육각형 안에 점선 또는 동그라미—그림 26(b)의 거북이 등껍질의 그림 참조] 는 1899년 Johannes Thiele와 1925년 Robert Robinson 경에 의해서 만들어졌다.[7]

벤젠의 구조가 밝혀짐에 따라 벤젠과 다른 방향족 유도체의 복잡한 치환 반응을 설명할 수 있다는 것은, 구조화학이 승리했다는 표시이다. Kekulé를 싫어했던 Kolbe는 1884년에 생을 마감했는데, 그와 함께 구조화학에 대한 저항도 사라졌다.[8] Brock의 설득력 있는 말에 의하면,[8]

ces principes permettra-t-elle de prévoir de nouvelles métamorphoses et de nouveaux cas d'isomérie.

Qu'il me soit permis, en terminant, de faire une observation sur les formules rationnelles par lesquelles on pourrait représenter la composition des substances aromatiques et sur la nomenclature qu'il conviendrait de leur appliquer.

Il est vrai que les substances aromatiques présentent sous plusieurs rapports une grande analogie avec les substances grasses, mais on ne peut pas manquer d'être frappé du fait que sous beaucoup d'autres rapports elles en diffèrent notablement. Jusqu'à présent, les chimistes ont insisté surtout sur ces analogies; ce sont elles qu'on s'est efforcé d'exprimer par les noms et par les formules rationnelles. La théorie que je viens d'exposer insiste plutôt sur les différences, sans toutefois négliger les analogies qu'elle fait découler, au contraire, là où elles existent réellement, du principe même.

Peut-être serait-il bon d'appliquer les mêmes principes à la notation des formules, et, quand on a de nouveaux noms à créer, aux principes de la nomenclature.

Dans les formules on pourrait écrire, comme substitution, toutes les métamorphoses qui se font dans la chaîne principale (noyau); on pourrait se servir du principe de la notation typique pour les métamorphoses qui se font dans la chaîne latérale, lorsque celle-ci contient du carbone. C'est ce que l'on a tenté dans ce Mémoire pour plusieurs formules, en supprimant toutefois des formules typiques la forme triangulaire que la plupart des chimistes ont acceptée, en suivant l'exemple de Gerhardt, et que l'on ferait bien, selon moi, d'abandonner complétement à cause des nombreux inconvénients qu'elle entraîne.

Je ne dirai rien sur les principes que l'on pourrait suivre en formant des noms. Il est toujours aisé de trouver des noms qui expriment une idée donnée, mais tant qu'on n'est pas d'accord sur les idées, il serait prématuré d'insister sur les noms.

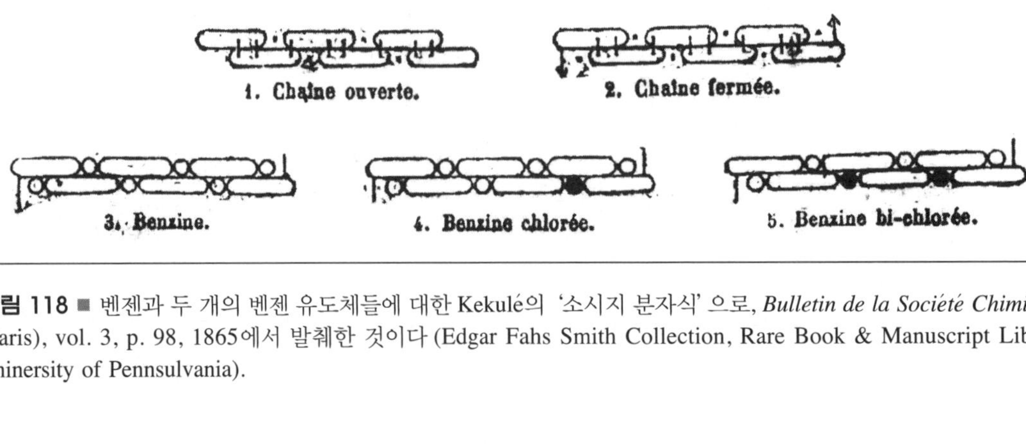

그림 118 ■ 벤젠과 두 개의 벤젠 유도체들에 대한 Kekulé의 '소시지 분자식'으로, *Bulletin de la Société Chimiques*, (Paris), vol. 3, p. 98, 1865에서 발췌한 것이다 (Edgar Fahs Smith Collection, Rare Book & Manuscript Library, Uninersity of Pennsulvania).

그림 119 ■ 1886년 독일 화학회에 의해서 발표된 Kekulé의 벤젠 구조에 대한 풍자적인 축하 그림. (E. Heilbronner and J.D. Dunitz, *Reflections on Symmetry*, VCH, Weinheim 1993, p. 52 참조; John Wiley-VCH 허가로 전재함).

> Picasso가 관람객들에게 사물의 내부 및 뒷면을 보게 하였듯이, Kekulé는 화학을 변화시켰다. 화학적 성질들은 분자의 내부 구조에서부터 오는데 오늘날, 분석 또는 합성 화학자들의 경험이 풍부한 눈은 이것들을 볼 수도 있고, 읽을 수도 있다.

1. J.R. Partington, *A History of Chemistry*, MacMillan, London, 1964, Vol. 4, pp. 533~565.
2. J.R. Partington, op. cit., p. 537.
3. A.J. Ihde, *The Development of Modern Chemistry*, Harper and Row, New York, 1964, pp. 222~225.
4. W.H. Brock, *The Norton History of Chemistry*, Notton, New York, 1993, p. 256.
5. A.J. Ihde, op. cit., pp. 310~319.
6. E. Heibronner and J.D. Dunitz, *Relections On Symmetry*, VCH, Weinheim, 1993, p. 52.
7. W.H. Brock, op. cit., p. 555.
8. W.H. Brock, op. cit., pp. 263~269.

'내 부모님은 칼스루헤까지 가셔서 내 선물로 고작 형편없는 티셔츠 하나 사오셨다!'

점잖은 독자들에게 전형적인 미국식의 기념 티셔츠를 얘기한 것에 대해 사과드린다. 아마 십중팔구, 1860년에 Rhineland 주의 쾌적한 칼스루헤 시를 방문했던 140명의 화학자들은 뱃놀이나 기념품 쇼핑을 거의 못했을 것이다. 과학과 같은 인간의 노력이란, 수고의 집합체이다. 우리는 서로 다투고, 상처 주며, 괴롭히면서도 서로 분투하고 노력하는 인간의 상호작용이 필요하다. 합은 부분보다 더 크다. 수많은 개체들이 먼저 함께 모여서 집단 아이디어를 개발하여 큰 집을 짓는 흰개미와 우리가 다른 점이 있는가? 솔직히 대답하자면, 그렇다. 우리는 크고 흰개미들은 작다. 우리는 커피를 마시며 TV 보는 시간을 갖지만 그들은 그렇지 않다. 그럼에도 불구하고 우리도 '안테나'를 건드린다. 전화를 걸며, 전자우편(e-mail)과 일반 우편도 보내고, 강연도 하며, 세미나와 심포지움에도 참석하고, 논문이나 책을 읽고, 아침을 먹으며 서로 대화도 하고, 전문가 모임에서는 심사 보고서에서 숨기도 한다. 멀리 떨어질수록 더 좋다.[1]

화학 원소들을 분류하고자 하는 시도는 19세기 초에 시작되었다. 1816년에서 1817년 동안, Johann Wolfgang Dobereiner(1780~1849)는 화학적 성질이 칼슘이나 바륨과 비슷한 스트론튬의 원자량은 이들 두 원자들의 원자량의 산술 평균값임을 알았다.[2] 1829년에 이르러서 그는 또 다른 '3인조'들에 유의하고 염소와 아이오딘의 원자량의 평균을 구해, 새로 발견한 브로민의 원자량을 정확하게 예측하였다.[2]

1860년 9월 3일에 원자, 분자, 당량, 명명법 그리고 원자량에 관한 혼돈을 해결하기 위해 칼스루헤 학회가 소집되었다.[3] Cannizzaro의 1858년의 팸플릿과 이 학회에서의 발표로 인해 원자량이 명확해지자 Julius Lothar Meyer는 감동을 받아 다음과 같이 얘기하였다.[2]

> 내 눈에서 비늘이 벗겨지는 듯하였다. 의심이 사라지고 그 자리는 확신으로 가득 찼다. 몇 년 뒤, 이와 같은 혼돈을 없애고 격렬한 논쟁들을 잠재우는 데 내 자신이 기여할 수 있었다면, 그 공적의 적지 않은 부분은 Cannizzaro의 팸플릿에 돌아가야 한다.

이탈리아의 팔레르모에서 태어난 Stanislao Cannizzaro(1826~1910)는 칼스루헤의 스타가 되었다. 그는 모인 사람들 모두에게 Avogadro의 가설의 중요함을 상기시키고, Dulong-Petit의 법칙과 다른 결과들을 Avogadro의 가설과 결합시켜 원자량을 명료하게 정리했다. 원자량은 미래의 주기율표에서 '*y*축'이 되고 화학적 성질들은 '*x*축'이 된다. 그림 120은 Cannizzaro가 원자, 분자, 그리고 원자량, 분자량을 구분했음을 볼 수 있다. '반 분자'의 개념은 Avogadro의 1811년 명명법에 의한 것이다. 그림 121에서는 Dulong-Petit의 법칙이 간단명료하게 설명되어 있다. 이 표에서 모든 3원자 고

	Simboli delle molecole dei corpi semplici e formule dei loro composti fatte con questi simboli, ossia simb. e form. rappresentanti i pesi di volumi eguali allo stato gassoso		Simboli degli atomi de'corpi semplici, e formule dei composti fatte con questi simboli		Numeri esprimenti pesi corrispondent
Atomo dell'idrogeno . . .	$\mathfrak{H}^{1/2}$	=	H	=	1
Molecola dell'idrogeno . .	$\mathfrak{H}$	=	H^2	=	2
Atomo del cloro	$\mathfrak{Cl}^{1/2}$	=	Cl	=	35,5
Molecola del cloro. . .	$\mathfrak{Cl}$	=	Cl^2	=	71
Atomo del bromo	$\mathfrak{Br}^{1/2}$	=	Ar	=	80
Molecola del bromo . . .	$\mathfrak{Br}$	=	Br^2	=	160
Atomo dell'iodo	$\mathfrak{J}^{1/2}$	=	I	=	127
Molecola dell'iodo. . . .	$\mathfrak{J}$	=	I^2	=	254
Atomo del mercurio . . .	$\mathfrak{Hg}$	=	Hg	=	200
Molecola del mercurio . .	$\mathfrak{Hg}$	=	Hg	=	200
Molec. dell'acido cloridrico	$\mathfrak{H}^{1/2}\mathfrak{Cl}^{1/2}$	=	HCl	=	36,5
Mol. dell'acido bromidrico.	$\mathfrak{H}^{1/2}\mathfrak{Br}^{1/2}$	=	HBr	=	81
Mol. dell'acido iodidrico .	$\mathfrak{H}^{1/2}\mathfrak{J}^{1/2}$	=	HI	=	128
Mol. del protocl. di merc.	$\mathfrak{Hg}\mathfrak{Cl}^{1/2}$	=	HgCl	=	235,5
Mol. del protobr. di merc.	$\mathfrak{Hg}\mathfrak{Br}^{1/2}$	=	HgBr	=	280
Mol. del protoiod. di merc.	$\mathfrak{Hg}\mathfrak{J}^{1/2}$	=	HgI	=	327
Mol. del deutoclor. di merc.	$\mathfrak{Hg}\mathfrak{Cl}$	=	$HgCl^2$	=	271
Mol. del deutobr. di merc.	$\mathfrak{Hg}\mathfrak{Br}$	=	$HgBr^2$	=	360
Mol. del deutoiod. di merc.	$\mathfrak{Hg}\mathfrak{J}$	=	HgI^2	=	454

그림 120 ■ Cannizzaro의 1858년의 논문과 1860년 칼스루헤 학회 발표에서 상기시킨 Avogadro의 가설 (1811) 을 기반으로 한 Cannizzaro의 원자량표. 이 그림은 Cannizzaro의 '*Scritti Intorno Alla Teoria Molecolare Ed Atomica ed alla Notazione Chimica Di S. Cannizzaro* (Palermo, 1896)' 에서 따온 것이다.

Formule dei composti	Pesi delle loro molecole $=p$	Calorici specifici dell'unità di peso $=c$	Calorici specifici delle molecole $=p\times c$	Numeri di atomi nelle molecole $=n$	Calorici specifici di ciascun atomo $=\frac{p\times c}{n}$
$HgCl^2$	271	0,06889	18,66919	3	6,22306
$ZnCl^2$	134	0,13618	18,65666	3	6,21888
$SnCl^2$	188,6	0,10161	19,163646	3	6,387882
$MnCl^2$	126	0,14255	17,96130	3	5,98710
$PbCl^2$	278	0,06641	18,46198	3	6,15399
$MgCl^2$	95	0,1946	18,4870	3	6,1623
$CaCl^2$	111	0,1642	18,2262	3	6,0754
$BaCl^2$	208	0,08957	18,63056	3	6,21018
HgI^2	454	0,04197	19,05438	3	6,35146
PbI^2	461	o,04267	19,67087	3	6,55695

그림 121 ■ Cannizzaro는 Dulong-Petit 법칙을 사용하여 자신의 원자량 체계를 뒷받침하고 있다.

체는 대부분 원자의 종류에 관계없이 거의 동일한 원자당 비열을 가지고 있다. 이것은 원자설뿐 아니라 사용된 원자량도 매우 타당하다는 것을 보여 준다.

1. 이 에세이에 영향을 준 Lewis Thomas의 책, 'Lives of a Cell, Viking Press, New York, 1974'에 감사드린다.
2. A.J. Ihde, *The Development of Modern Chemistry*, Harper and Row, New York, 1964, pp. 236~237.
3. A.J. Ihde, op. cit., pp. 228~229.

벽에 걸린 아이콘

독실한 모슬렘 가정에는 아름다운 필체로 손으로 쓴 코란의 구절 한 페이지가 벽을 장식하고 있다. 카톨릭 가정에서는 예수의 십자가상을 볼 수 있다. 유대인 가정에서는 출입구에 부착된, 신명기를 적어 넣은 양피지 조각인 메주자 (mezuzah)를 볼 수 있다. 불교 가정에서는 보살을 볼 수 있고, 힌두교 가정에서는 가족의 신상이 있다. 화학의 모든 집, 모든 교실, 강의실, 실험실에는 우리들의 아이콘인 주기율표가 걸려 있다.

그림 122(a)는 Mendeleev가 쓴 화학 교재의 독일어 초판 *'Grundlagen der Chemie* (1891)' 에서 발췌한 것으로 그 당시의 주기율표를 보여 준다. 희유 기체 (rare gas)와 내부 전이 금속 (란타넘족과 악티늄족) 의 '섬' 이 빠졌지만, 나머지는 현대 주기율표와 비슷하다.

칼스루헤 학회가 끝난 지 얼마 되지 않아, John Alexander Newlands (1837~1898)는 원자량의 규칙성에 관한 논문을 발표하였다.[1] 1864년에 그는 원소들의 주기율표를 출판하고 옥타브 법칙에 유의하였다. '…음악에서 한 옥타브의 여덟 번째 음처럼, 여덟 번째 원소는 첫 번째 원소의 성질을 반복한다.'[1] 1865년에 Newlands는 수정된 주기율표를 출판했으며, 1866년에는 이를 더 향상시켰다. William Odling (1829~1921)은 1865년에 원자량을 기준으로 순서를 정한 주기율표를 출판했다. Lothar Meyer는 1868년에 탄소, 질소, 산소, 플루오린, 리튬을 각 족의 맨 위에 위치시킨 주기율표를 만들었으나 출판하지는 않았다가 1869년에 수정된 주기율표를 처음으로 출판하였다.

주기율표에 대한 영예는 Dmitry Ivanovich Mendeleev (1834~1907, Mendeleeff라고도 함) 에게 주어진다.[2] 그의 어머니는 모든 점에서 영웅이셨다.[2] 남편이 갑자기 쓰러지고, 그녀가 운영했던 유리 공장이 불에 타버렸을 때, 14남매 중 과학 영재인 막내 아들을 데리고 모스크바로 떠났다. 그가 시베리아인이라는 이유로 대학에 입학하지 못하자, 그의 어머니는 그를 상트페테르부르크로 데리고 가서 1850년에 교육 대학 (Pedagogical School) 에 입학시켰다. 그리고 그 해에 생을 마감하였다. 1887년에 출판한 그의 논문의 헌사에 Mendeleev는 다음과 같이 적었다. '어머니는 나를 모범으로 가르치셨고, 사랑으로 잘못을 고치도록 하셨으며, 나에게 과학을 배우게 하기 위하여 시

GRUPPE:	I.	II.	III.	IV.	V.	VI.	VII.	VIII.
Reihe: 1	. H			RH^4 .	RH^3	RH^2	RH	Wasserstoffverbindungen.
» 2	Li	Be .	B	C .	N .	O .	F .	
» 3	. Na	Mg	. Al	. Si	. P	. S	Cl	
» 4	K .	Ca .	Sc .	Ti	V .	Cr .	Mn .	Fe. Co. Ni. Cu.
» 5	. (Cu)	. Zn	. Ga	Ge	. As	. Se	. Br	
» 6	Rb. .	Sr .	Y .	Zr .	Nb	Mo .	— .	Ru. Rh. Pd. Ag.
» 7	. (Ag)	Cd	. In	. Sn	. Sb	. Te	. J	
» 8	Cs .	Ba .	La	Ce	Di? .	— .	— .	— — — —
» 9	. —	. —	. —	. —	. —	. —	. —	
» 10	— .	— .	Yb .	— .	Ta	W .	— .	Os. Ir. Pt. Au.
» 11	. (Au)	. Hg	. Tl	. Pb	. Bi	. —	. —	
» 12	— .	— .	— .	Th .	— .	U .	— .	
	R^2O	R^2O^2 RO	R^2O^3	R^2O^4 RO^2	R^2O^5	R^2O^6 RO^3	R^2O^7	Höchste salzbildende Oxyde RO^4

(a)

Зная атомность радикаловъ, легко предугадать ихъ обыкновеннѣйшія соединенія, наблюдая всегда чтобы сумма атомностей всѣхъ радикаловъ была четное количество.

Простѣйшие виды соединеній будутъ:

R′R′, R′²R″, R′³R‴.

Потому водородъ образуетъ слѣдующія типическія соединенія:

Главные типы: H, H } , H, H } O и N { H, H, H

Производные типы: H, Cl } H, H } S P { H, H, H

H, Br } As { H, H., H

Орг. химія, Менделѣева. 2

(b)

그림 122 ■ (a) 1869년에 출판된 Mendeleev의 최초의 주기율표. 이 그림은 Mendeleev의 책인 1891년판 *'Grundlagen der Chemie* (St. Petersburg, 1891)' 에 있는 것이다. (b) 호기심을 자극하는 이 그림은 Mendeleev의 유기화학 교과서 러시아판 제2판 (*Organicheskaja Khimia*, St. Petersburg, 1863) 에서 발췌한 것이다. Partington이 Mendeleev가 1868년에 주기율표에 대하여 생각하기 시작했다고 지적하고 있지만 주기율표에 대한 생각은 더 이전에 떠오른 듯 하다. Mendeleev의 책을 모아서 목록을 만들어 분류한 네빌 박사는 Mendeleev의 1856년 석사 학위 논문에서 원소들을 조직화했던 증거를 감지하고 있다 (Greeanburg와의 개인적인 대화).

베리아를 떠나 마지막 자산과 힘을 다 쓰셨다.' [2]

교사로서의 훈련이 끝날 즈음, 상트페테르부르크 대학교에서 석사 학위 논문을 제출하고 그 대학에 취직하였다. 그 뒤, 파리와 하이델베르크에서 연구를 하고 1961년에 상트페테르부르크로 돌아온 다음, 기술원 (Technological Institue) 에서 교수가 되었으며, 후에 St. Petersburg 대학교의 교수가 되었다. 1868년에, *Principles of Chemistry* (화학의 원리) 를 저술하고 있을 무렵, Mendeleev는 주기적인 법칙에 대해 생각하기 시작했으며, 칼스루헤 학회에 참석하였지만 Newlands의 업적에 대해서는 잘 모르고 있었다.[2] 1869년 Meyer의 수정된 주기율표가 출판된 같은 해에 그의 첫 번째 주기율표가 출판되었으며, 1871년에 수정판이 출판되었다.[2]

Partington이 앞에서 언급한 역사적인 요약 내용을 염두에 두면, 주기율표에 대한 초기의 아이디어로 간주될 수 있는 것을 발견한다는 것은 참으로 흥미롭다. 그림 122(b)는 Mendeleev의 '*Organicheskaja Khimia* (St. Petersburg, 1863)'의 제2판에서 발췌한 것이다. 그는 분명하게 선견지명이 있었다.

Mendeleev의 주기율표가 훌륭하고 탁월한 이유는 대담하게 빈칸을 만들어, 그 빈칸에 들어갈 아직 알려지지 않고 빠져 있는 원소들을 예상했다는 것이다.[3] 그림 122(a)를 보면, 알루미늄 (Al) 아래에 갈륨 (Ga)을 볼 수 있다. 이 원소는 1871년까지는 알려지지 않았지만, Mendeleev는 이 원소의 존재를 예상하고 에카-알루미늄 (*eka*-aluminum)이라고 이름지었으며, 원자량, 밀도, 끓는점, 그리고 산화되었을 때의 화학식까지 예상하였다 (*eka*라는 용어는 무엇이 첨가되었다는 의미임). 이 원소는 1875년에 Paul Emile Lecoq de Boisbaudran이 발견했으며 보불 전쟁 (Franco-Prussian war)에서 패하여 민족의 자존심을 달래주려고 Gual의 이름을 따서 명명하였다. 1879년에 스웨덴의 Lars Frederik Nilson는 에카-붕소 (*eka*-Boron)를 발견했는데, Mendeleev가 예상한 성질들과 잘 맞았으며 스칸듐 (Sc)으로 명명하였다. 1886년에는 Clemens Winkler가 에카-실리콘 (*eka*-silicon)을 발견했으며, 이 또한 Mendeleev의 예상과 잘 맞았고, 게르마늄 (Ge)으로 명명하였다—이번에는 프랑스인들의 국수주의에 대한 되갚음으로.

Mendeleev의 예측은 항상 정확하지는 않았다. 그는 과감하게 아이오딘 (I)을 더 무거운 텔루륨 (Te) 뒤에 배치했는데, 새 실험을 통해 이들의 질량 순서가 정확하게 바뀌리라고 예측했다. 또한 그는 결코 존재하지 않는 새로운 원소를 예측했다. Mendeleev가 몰랐던 것은 주기율표의 순서의 기준이 원자량이 아니라, 원자 번호라는 것이었다. 이 사실은 Henry Moseley가 제1차 세계대전 바로 직전에 발견하게 되었다.

1999년, *Awakening* (지식에 대한 각성)으로 유명해진 의사 겸 작가인 Oliver Sacks가 쓴 아름다운 글을 발견한 것은 기쁘기 짝이 없는 일이다. 그는 주기율표에 대한 평생의 사랑을 고백했다.[4]

> 나의 부엌은 모든 크기와 종류별 주기율표로 도배되어 있다—직사각형, 나선형, 피라미드형, 바람개비형. 그리고 부엌의 식탁 위에는 내가 아주 아끼는 기도용 법륜처럼 돌릴 수 있는 매우 매혹적인 둥근 모양의 나무로 만든 주기율표가 있다.

분명하게 Sacks의 집에서는 '화학이 살아 있고', 그의 지갑에는 항상 조그마한 두 개의 주기율표를 넣고 다녔다. 아마도 Sacks 박사는 매일 지정된 시간에 상트페테르

부르크를 향해, 수염이 무성한, 예언자 같은 Mendeleev를 마음 속에 그리면서 명상에 잠기는지도 모른다.

1. J.R. Partington, *A History of Chemistry*, MacMillan, London, 1964, Vol. 4, pp. 886~891.
2. J.R. Partington, op. cit., pp. 891~899.
3. A.J. Ihde, *The Development of Modern Chemistry*, Harper and Row, New York, 1964, pp. 231~256.
4. O.Sacks, 'Enerything in its Place—One Man's Love Affair with the Periodic Table,' *New York Times Magazine*, April 18, 1999, pp. 126~130.

대중의 화학

'*A Muck Manual for Farmers*(그림 123)' 와 '*600 Receipts Worth Their Weight in Gold*(그림 124)' 는 16세기 초까지 거슬러 올라간 전통을 유지하고 있는 책으로, 19세기에 미국에서 출판된 것이다. Porta의 '*Natural Magick*' 과 같은 비결 책들은 화장품, 포도주, 그리고 다른 조제물들에 대한 조제법을 제시하고 있다. 요리책[2] 과 '가정 생활' 에 관련된 책들은 실용적인 민간요법에 관한 지식과 음식 보전 방법, 그리고 일상 생활에 도움이 되는 수천 개의 다양한 기술 정보를 제공하고 있다.

미국의 화학자 Samuel L. Dana(1795~1868)가 저술한 '*Muck Manual*' 에 광물, 암석, 토양, 거름, 퇴비에 대한, 지적이고 접근 가능하며 난척하지 않는 소개가 나와 있다. Dana는 존경받는 기술 화학자이자 '미국식' 표백법을 발명한 사람이다.[3] 그의 책에서는, Archibald Cochrane의 '*A Treatise Shewing the Intimate Connection that Subsists between Agriculture and Chemistry* (9th Earl of Dundonald, London, 1795)' 와 Davy의 '*Elements of Agricultural Chemistry* (London, 1813)' 와 같은 저술들로 대표되는 전통을 따르고 있다. Dana의 책의 흥미로운 점 하나는 황화 금속과 같은 광물들에 대해 *urets*라는 새 용어를 도입한 것이다. 그는 그의 대중 독자들에게 화학 전문 용어보다 새로운 용어를 도입한 필요성을 자세하게 설명했다. '*Muck Manual*' 에는 아직도 복잡하기 그지없는 부식토의 화학적 특성에 대한 논의가 들어 있다. 오늘날, 연방정부에서 무상으로 교지를 준 국립대학교에서는 Dana의 '*Muck Manual*' 에서 맡았던 농부들에 대한 실용 교육 역할을 수행하기 위해 농업 원격 교육(Agricultural Extension Service Program)을 운영하고 있다.

이 책을 저술하고 있는 저자는 노스캐롤라이나 주의 샬럿에 이주해 살고 있는 Brooklyn Yankee[4]이다. 이 지역에서 오랫동안 살고 있는 사람과 대화하면 참 흥미롭다. 한 친구는[5] 미국의 남북 전쟁에서 남부 연방군이 지고 있을 때, 긴박한 궁핍 상황에서 경험했던 음식을 보존하고 냉동시키는 소금의 엄청난 중요성에 대해서 알려 주었다. 소금으로 절이지 않은 고기들은 운반 도중에 자주 상해버린다. 너무 짜게 절인

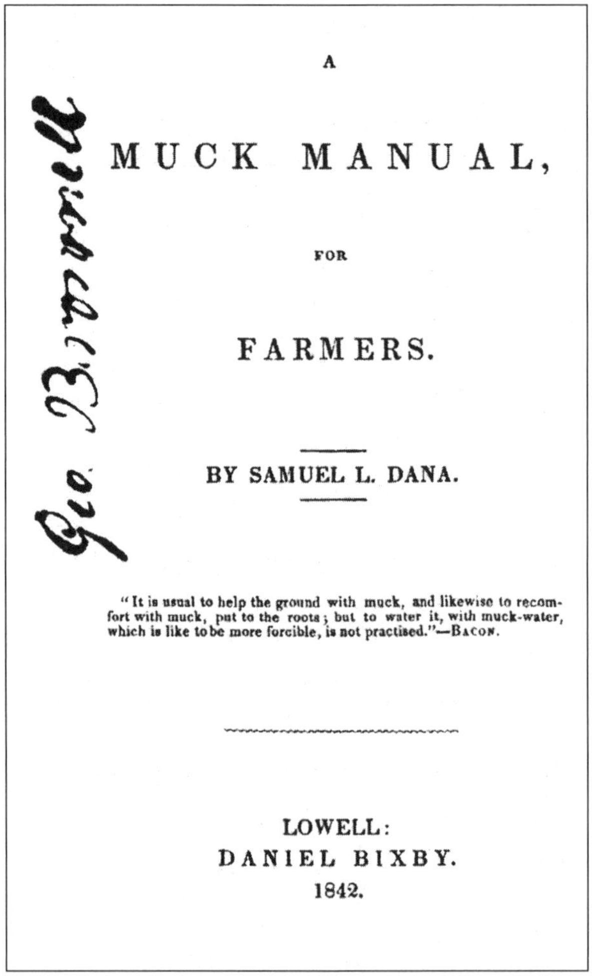

A

MUCK MANUAL,

FOR

FARMERS.

BY SAMUEL L. DANA.

"It is usual to help the ground with muck, and likewise to recomfort with muck, put to the roots; but to water it, with muck-water, which is like to be more forcible, is not practised."—BACON.

LOWELL:
DANIEL BIXBY.
1842.

그림 123 ■ 한 실용적인 미국 책의 멋있는 제목. Samuel L. Dana는 토양과 퇴비에 관한 농부들을 위한, 실용적이며 전혀 난척함 없는 책을 저술한 존경받는 미국 화학자이다.

고기는 썩지는 않았지만 여러 번 물에 끓여야만 겨우 먹을 수 있다. 소금을 구할 곳을 없애자 남부 연방 군인들은 결정적인 타격을 입었다. 전략적으로 천연 소금 산지인 버지니아 주의 솔트빌을 장악하기 위한 큰 전투가 1864년에 일어났다.[6] 남부의 사람들은 훈제소 아래에 있는 진흙 바닥에서 필사적으로 소금이 들어 있는 흙을 파내서 지난해에 생긴 소금을 얻기 위해 물에 넣고 '끓였다.' 이 사건은 아주 슬픈 죽기 살기식 대중 화학이었다.

이제 가볍기는 하나 유해하지는 않은 이야기로 끝내기로 하자. Marquart의 1867년판 책의 83번 비법에 '검은 치아 치료법' 이라는 것이 있다: 가루로 빻은 소금과 주석영 (酒石英, cream of tartar). 아침에 이 가루로 치아를 문지르고 씻으면 된다. 479번 비법, '급채한 소를 구하는 방법[소가 음식을 너무 많이 먹었을 경우, 첫 번째 위가 과식으로 인해 부풀게 되는데 배변을 할 수 없게 되어 생명이 위험하게 된다.]—480번 비법 참조'. 1파운드의 Glauber 염 ($Na_2SO_4 \cdot 10H_2O$— 배변 촉진제); 생강가루 2온스;

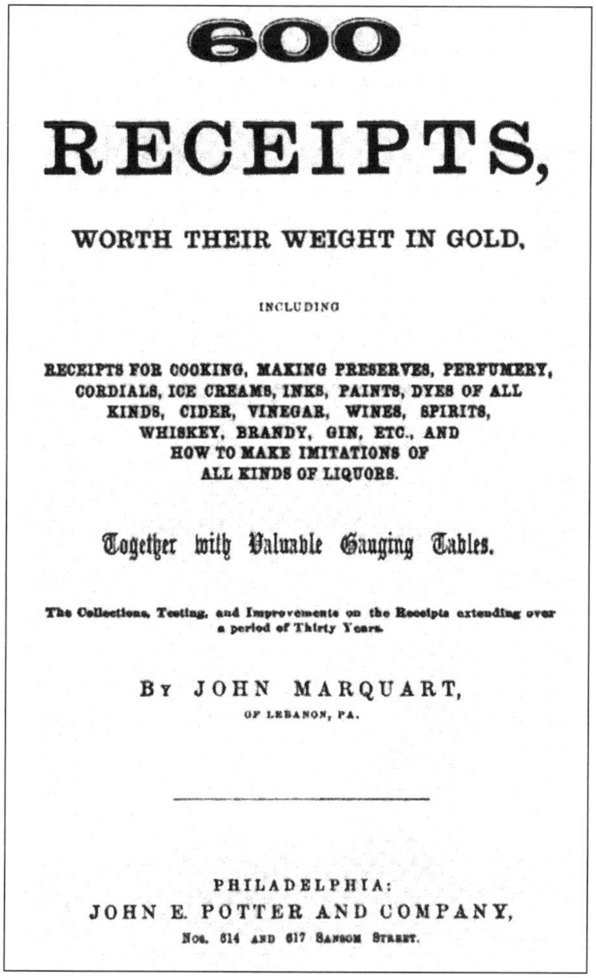

600

RECEIPTS,

WORTH THEIR WEIGHT IN GOLD,

INCLUDING

RECEIPTS FOR COOKING, MAKING PRESERVES, PERFUMERY, CORDIALS, ICE CREAMS, INKS, PAINTS, DYES OF ALL KINDS, CIDER, VINEGAR, WINES, SPIRITS, WHISKEY, BRANDY, GIN, ETC., AND HOW TO MAKE IMITATIONS OF ALL KINDS OF LIQUORS.

Together with Valuable Gauging Tables.

The Collections, Testing, and Improvements on the Receipts extending over a period of Thirty Years.

BY JOHN MARQUART,

OF LEBANON, PA.

PHILADELPHIA:

JOHN E. POTTER AND COMPANY,

Nos. 614 AND 617 SANSOM STREET.

그림 124 ■ 전통이 16세기 초의 '가정 매뉴얼 (home manual)' 까지 거슬러 올라가는 책: 잉크, 술, 그리고 과식으로 체한 소를 구하는 방법 등이 나와 있다.

당밀 4온스를 잘 섞고, 끓는 물 3파인트 정도를 부어서 만든다. '따뜻한 새로운 우유' 가 나오면 (젖에서 바로 나온 신선한 우유) 전부 마셔라 (귀를 막고 코를 잡은 상태에서).

1. J.R. Partington, *A History of Chemistry*, MacMillan, London, 1961, Vol. 2, pp. 27~31.
2. J.R. Partington, op. cit., pp. 68~69.
3. E.F. Smith, *Chemistry In America*, Appleton, New York, 1914, p. 222.
4. 에버츠 구장에서 있었던 야구경기에 간 누구에게 물어보더라도 Brooklyn Yankee는 '똑똑한 바보' 이다. 우리는 여느 캐롤라이나 사람과 마찬가지로 'Yankees' 를 싫어하였다.
5. 나는 은퇴한 노스캐롤라이나 주 경찰관인 Harold Eaker로부터 훈제소 아래에 있는 진흙 바닥에서 흙을 끓이게 된 역사를 배웠다. 그의 가족은 미국혁명 이래로 노스캐롤라이나 주 King's Mountain 근처에서 살고 있다. Charles Frazier, *Cold Mountain*, Vintage, New York, 1997, p. 103 참조.
6. G.G.Walker, *The War in Southwest Virginia: 1861-1865*, 6th ed., A & W Enterprise, Roanoke, 1985, pp. 10, 71~106. 이 책을 소개해 주고 유익한 논의를 해 주신 R. Stewart Lillard씨에게 감사한다.

땅콩에서 구한 잉크와 남쪽에서 구한 가장 좋은 설탕

노벨상 수상자인 Roald Hoffmann은 1947년에 열 살이었다. 독일에서 난민 생활을 할 때, 그는 Curie 부인과 George Washington Carver(1860~1943)의 전기(독일어 번역판)에 흠뻑 빠지게 되었다.[1] George Carver는 미국에서 남북 전쟁이 일어나기 직전에 Moses Carver의 노예로 태어났다.[2] 전쟁이 끝날 때, Moses Carver는 유일하게 살아 있는 전 노예가 백일해를 하면서 심하게 앓고 있는 5살짜리 George뿐이라는 것을 알았다. George는 전 주인집에 돌아온 후 10년 가까이 머물다가 떠나 여행을 하면서 식물과 동물에 대한 흥미와 음악과 미술에 대한 재능을 개발하였다. 그는 20대 후반에 고등학교를 마쳤으며, 오늘날의 아이오와 주립대학교에서 흑인으로는 최초로 학사 학위를 받고(1894년), 곧 이어 1896년에 석사 학위를 받았다. 농업에 관한 우수한 지식으로, 흑인 농부들에게 원격 자문인의 역할을 하였다. 이러한 공헌으로 인하여 그는 Booker T. Washington이 총장으로 있던 앨라배마의 Tuskegee 이공대학으로 가게 되었다.

Carver는 Tuskegee 대학의 신설된 농학과의 책임자로 근무하였는데, 관료적인 실무나 예산 관계 일은 잘하지 못하였다. 그러나 그의 진정한 소명은 응용 연구였으며, 작물의 교환 및 콩과 땅콩 등의 콩과식물 재배를 선도함으로써 토양의 영양분을 충분히 공급할 수 있게 하였다. Tuskegee에서 그와 그의 동료들은 땅콩에서 300개가 넘는 생산품(잉크, 플라스틱, 염료, 커피 등등)을 개발하였고, 고구마에서 100개가 넘는 생산품을 개발하였다. 남부 지방에서 '비작물'이었던 땅콩이 두 번째로 돈이 되는 작물로 진화되었다('왕좌를 차지했던 목화' 다음으로). 1990년에, Carver와 유기화학자 Percy L. Julian 박사(1899~1975)는 흑인으로서는 처음으로 국립 발명가 명예의 전당(National Inventors Hall of Fame)에 헌정되었다. Julian 박사는 처음으로 녹내장 치료제인 피소스티그민(physostigmine)을 합성하였고, 류마티즘 관절염에 아주 효과적인 스테로이드 코르티손(steroid cortisone)의 경제적인 합성법을 완성하였으며, 흑인으로서 최초로 대기업(시카고에 있는 Glidden 회사)의 연구부장이 되었다.[3]

Norbert Rillieux(1806~1894)는 발명가 Vincent Rillieux(화가 Edgar Degas의 종조부)와 Vincent이 오랜 관계를 유지했던 자유 흑인 Constant Vivant 사이에서 낳은 아들이다. 파리에서 화학 공학을 공부한 젊은 Rillieux는 1830년대에 설탕 정제용 삼중 효과 증발기(the triple-effect-evaporator)를 개발하였다. 그는 유대인 농장 주인 Judah P. Benjamine(후에 남부 Jefferson Davis 대통령의 전쟁 장관)과 합작하였으며, Rillieux의 증발기로 생산된 설탕은 많은 상과 함께 인정받았고, 이 증발기는 널리 사용되게 되었다. 아마 Degas는 2인 초상화들 가운데 하나에 이 두 남자들을 모델로 사용했을지도 모른다.[4]

1. R. Hoffmann and V. Torrence, *Chemistry Imagined—Reflections On Science*, Smithsonian Institution Press, Washington, D.C., 1993, pp. 30~32.
2. R. Holt, *George Washington Carver*: An American Biography, rev. ed., Doubleday, Doran and Co., Gardem City, 1963.
3. E.J. McMurray (ed.), *Notable Twentieth-Century Scientists*, Gale Research Inc., Detroit, MI,1995, Vol. 2, pp. 1045~1047.
4. *Chemical Heritage*, **16**(1):10, Summer, 1998.

7

SECTION

대중을 위한 화학 교육

Michael Faraday의 첫 번째 화학 교육

Jane Marcet(1769~1858)은 영국에서 태어났고 저명한 스위스 의사이자 존경받는 아마추어 화학자인 Alexander Marcet와 결혼했다.[1,2] 그녀는 Humphrey Davy의 대중 교육에 영향을 받아 여러 실험을 수행했고, 과학 현상을 설명하기 위한 책을 쓰기로 결심했다.

> 대중, 특히 여성에게 화학을 소개하려는 모험을 하면서, 자신이 여성인 저자는 설명이 좀 필요하리라고 생각한다. 또한 저자는 이 분야에 대한 지식도 최근에 접했을 뿐이며, 화학자라는 이름으로 불릴만한 근거도 없기 때문에 이 책을 지음에 있어 양해를 구할 필요를 더 느낀다.

(이 전략적인 외교적 '변명'을 앞에서 Fulhame의 1974년 책 [151쪽 참조]에서 인용했던 것과 비교해 보라. Fulhame은 여성의 역할을 제한하고자 했던 편협하고 무지한 자들을 공개적으로 경멸한다.) *Conversations*(그림 125)의 런던 초판은 1805년 (다른 의견으로는 1806년[2])에 발간되었다고 한다. Edgar Fahs Smith는 그녀의 여러 개정판들이 1853년 이전에 약 16만부가 판매되었다고 단언한다.[1]

제목 부분과 초기 개정판의 나머지 모든 부분을 읽는 데 있어 주의 깊게 봐야 할 것은 작가의 신원에 대한 암시가 없다는 것이다. 이에 대한 부분적인 이유는 Marcet 본인이 정규코스를 밟지 않았다는 겸손에서 비롯된 것이다. 그러나 당시의 에티켓도 그 이유가 되기도 한다. 말도 안되는 일이지만, 이후 개정판들(예로써, 1822, 1826, 1829, 1831년판, J. I. Comstock 박사 개정)은 남자들에 의해 출판되었고— '여성 저자' 를 언급하기는 했지만—그들 자신의 비평이 덧붙여졌다. Marcet의 옹호자들 중 한 사람은 다음과 같이 기록하였다.[1]

> 표지에 Jane Marcet 이름이 없는 이유를 이 책의 미국 편집자들 중 한 사람에게서 알게 되었다. 그가 말한 이유란 남성 과학자들이 그것이 지어낸 이야기라고 믿었다는 것이다!

Conversations on Chemistry(화학에 관한 대화)는 Mrs. B.(때때로 Mrs. Bryan[2]으로 칭하기도 한다), Caroline과 Emily[2] (13~15살) 사이의 이야기이다. 책에서 다루고 있는 화학적 원리의 범위는 전혀 피상적이지 않고, Marcet은 그녀와 교신했던 Davy와 다른 저명한 화학자들의 최신 연구업적들을 추가하여 개정판들에 포함시켰다. 다음은 1814년 미국판 198~199쪽에 있는 일부분이다.

Mrs. B.: 황산은 본래의 강력한 특성과 다양한 결합 때문에, 여러 예술 분야에서 매우 중요하다. 또한 아주 묽게 희석된 상태에서 의약품으로 사용되는데, 만일 진한 황산을 마시면 황산은 가장 위험한 독극물이 될 것이기 때문입니다.

Caroline: 황산은 틀림없이 목과 위를 태울 것입니다.

Mrs. B.: 황산을 해독시킬 수 있는 어떤 물질이 있다고 생각하나요?

Caroline: 엄청난 물을 마셔 묽혀야 되겠지요.

Mrs. B.: 그러면 확실히 황산은 약해지겠군요. 그러나 참을 수 없이 많은 열이 날텐데요. 황산의 유해한 성질을 제거할만한 좀 더 효과적인 다른 것은 떠오르지 않나요?

Emily: 황산에 알칼리를 섞으면 돼요. 그러나 순수한 알칼리는 부식성 때문에 그 자체로 독성을 띠어요.

Mrs. B.: 모든 알칼리가 다 부식성이진 않아요. 기름과 결합된 비누, 탄산 마그네슘이나 물에 섞은 산화 마그네슘이 가장 좋은 해독제가 될 수 있어요.

Emily: 이 경우 탄산 포타슘이나 산화 마그네슘이 황산과 결합하여 염을 만들겠네요.

Mrs. B.: 맞아요.

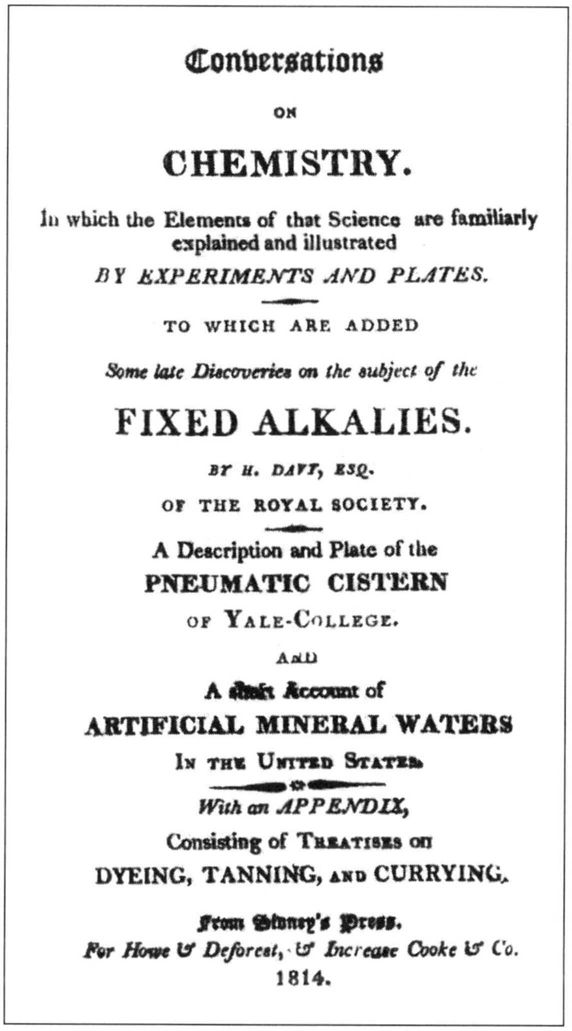
Conversations
ON
CHEMISTRY.
In which the Elements of that Science are familiarly explained and illustrated
BY EXPERIMENTS AND PLATES.
TO WHICH ARE ADDED
Some late Discoveries on the subject of the
FIXED ALKALIES.
BY H. DAVY, ESQ.
OF THE ROYAL SOCIETY.
A Description and Plate of the
PNEUMATIC CISTERN
OF YALE-COLLEGE.
AND
A [illegible] Account of
ARTIFICIAL MINERAL WATERS
IN THE UNITED STATES.
With an APPENDIX,
Consisting of TREATISES on
DYEING, TANNING, AND CURRYING.
From Sidney's Press.
For Howe & Deforest, & Increase Cooke & Co.
1814.

그림 125 ■ *Conversations on Chemistry*는 실은 Jane Marcet이 지은 것이다. 이 책은 Mrs. B.와 두 명의 사춘기 여자인 Caroline, Emily 사이의 문답식 대화로 구성되어 있다. 이 책은 어린 Michael Faraday에게 화학에 대한 흥미를 불러 일으켰고, 거의 50여 년이 넘는 기간 동안 많은 개정판들이 만들어졌으며, 16만 부 이상이 팔렸다.

Marcet의 책을 읽은 소설가 Maria Edgeworth는 산을 삼킨 그녀의 어린 동생에게 수산화 마그네슘 현탁액을 마시게 하여 동생의 목숨을 구했다.[2] 흥미롭게도 역사가인 Barbara Hambly가 자신의 1998년작 추리소설 속에서 자유 흑인 여교사에게 Mercer(아마 Mrs. Mercer) 라는 사람이 지은 *Conversationain Chemistry More speciaally for the Female Sex*(특히 여성을 위한 화학 대화) 라는 제목의 책을 주고 있다.

19세기의 위대한 과학자 Michael Faraday는 매우 가난한 가정 출신으로 13살이 되던 해인 1804년부터 책 제본 일을 시작했는데, 그는 Marcet의 책을 통해 처음으로 화학에 입문하게 되었다.[1]

> 내가 해 볼 수 있었던 보잘것없던 실험들도 Marcet의 책의 내용을 검증해보고 내가 이해한 내로 그것들이 사실이라는 것을 일게 되었을 때, 나는 화학 지식의 닻을 잡은 느낌이 들었고, 그것을 꼭 붙들었다. 그래서 Marcet에 대한 깊은 존경심이 들었다. 그녀는 첫째로 나에게 아주 큰 개인적 즐거움을 주었으며, 어리고 교육받지 못했지만 호기심 있는 젊은이의 마음에 자연에 관련된 다양한 분야의 진리와 원리들을 전해 줄 수 있는 능력을 가졌다.
>
> 당신은 내가 Marcet을 개인적으로 알게 되었을 때 나의 기쁨을 이해할 것이다. 내가 얼마나 자주 옛날 생각을 하면서 과거와 현재를 이으며 기뻐했는지, 감사의 표시로 그녀에게 논문을 보내면서 나의 첫 스승이라고 생각한 그녀를 얼마나 생각했는지, 그리고 이러한 것들이 나에게 영원히 남아 있을 것인지.

Marcet이 Faraday에게 끼친 영향은 두 가지로 매우 크다. Faraday는 과학에 대한 근본적인 공헌 외에도 대중 교육으로 명성을 얻었고, 그의 책 (*A Course of Six Lectures on the Chemical History of a Candle*, 1861) 은 화학 대중화의 고전이 되었다.

1. E.F. Smith, *Old Chemistries*, McGraw-Hill, New York, 1927, pp. 64~71.
2. M. Rayner-Canham and G. Rayner-Canham, *Women in Chemistry: Their Changing Roles from Alchemical Times to the Mid-Twentieth Century*, American Chemical Society and the Chmical Heritage Foundation, Washington, D.C. and Philadelphis, 1998, pp. 32~35.
3. B. Hambly, *Fever Season*, Bantam, New York, 1998, p. 292. 이 책을 소개해 준 Susan Gardner 교수에게 감사를 전한다.

'화학은 미스터리가 아니다'

Marcet의 *Conversations in Chemistry*의 첫 부분에서 Caroline은 다음과 같이 말한다. 'B 선생님 솔직히 말하면 저는 화학에 대해 좋게 생각할 수가 없어요. 물론 재미있을 거란 기대도 할 수 없고요. 저는 세세한 것들에 한정된 것들보다는 차라리 엄청난 규모의 자연을 보여 주는 그런 과학이 더 좋단 말이에요.' Dalton의 원자론이 발표된 지 4년만에 벌써 10대 학생들이 '지루해요.' 라고 하다니!

런던 병원[1]의 외과의사이자 가끔 화학 조수였던 John Scoffern은 젊은이와 나이 든 사람 모두에게 즐거움을 준 *Chemistry No Mystery*(London, 1839) 라는 책을 저술했다.

그림 126 ■ '신사 숙녀 여러분. 멋지고 신나는 화학을 느껴보세요!' George Cruikshank (*Oliver Twist*의 삽화를 그린) 가 그린 이 그림은 John Scoffern 박사의 *Chemistry No Mystery* (London, 1839)에 실려 있다. 화학의 한가지 응용 (악취탄 터트리기) 이 서커스 텐트 안에서 이루어졌다.

내가 당신에게 어떤 새로운 게임을 가르치겠다고 한다면 —만약 내가 당신에게 공 던지기, 연 날리기, 등 짚고 뛰어 넘기 게임의 개선된 방법에 대해 말한다면, 당신은 관심을 갖고 내가 하는 말을 들을 것이다. 자 이제, 나는 당신에게 많은 새 게임을 가르치려 한다. 당신에게 흥미와 놀라움과 아름다움이 가득한 과학; 당신에게 젊었을 때는 재미를, 늙었을 때는 부를 가져다 줄 과학을 가르치려 한다. 간단히 말해, 나는 당신에게 화학이라는 과학을 가르쳐 줄 것이다.

Laughing Gas.

"Some jumped over the tables and chairs; some were bent upon making speeches; some were very much inclined to fight; and one young gentleman persisted in an attempt to kiss the ladies."

Page 116.

그림 127 ■ *Chemistry No Mystery*의 화학 장난: 나이든 교수는 그의 학생들이 산화 질소 실험에 참여하도록 했다. 다음 대화를 상상할 수 있다. 학과장: '정년 보장 받은 것을 행운으로 알아.'; 교수: '학문의 자유라는 거지요.'; 학과장 (강의실 내에서 웃고 떠드는 것을 용납 못함, '운이 다 할 때도 있어!'

책의 표지 (그림 126) 에서 서커스 텐트 밖의 가상의 나레이터 ('늙은 교수') 가 잘못 보낸 청년 시절을 회상하는 장면은 아주 안성맞춤이다. 그는 짓궂은 장난을 즐겼고, 황화 수소 가스 (썩은 계란 냄새) 를 무대 바닥 밑에서 방출시켜 서커스의 거인과 난장이가 뛰어나가게 했다. 그는 곧 화가 난 거인에게 당해 이틀간을 병원에서 보내게 되었다.[1]

그림 127은 나이든 교수의 교육 중 한 장면을 묘사한 것인데 그는 웃음 기체를 만들어 강의실의 학생들에게 방출하였다. 이 그림을 그린 삽화가이자 만화가인 George Cruileshank (1792~1878) 는 아마 생동감이 넘치고, 유머러스한 그림들을 어린이용 책에 그려 넣은 최초의 화가일 것이다. 그는 Charles Dickens의 소설 *Oliver Twist* (1838)[2] 책에 삽화를 그렸다.

1. J. Read, *Humour and Humanism in Chemistry*, Bell, London, 1947, pp. 208~214.
2. *Encyclopedia Brittancia*, Chicago, 1986, Vol. 3, 763.

양초의 화학사

A Course of Six Lectures on the Chemical History of a Candle [양초의 화학사에 대한 6개의 강연록, London, 1861; New York, 1861—그림 128 (a)] 는 Faraday의 대중 교육 노트에서부터 나왔는데, 이 책은 세 사람 (Humphrey Davy, Marcet, Faraday) 의 화학 대중화에 대한 60년 동안의 유산의 결정판이다. 우리는 이미 Lavoisier의 열소 이론이 틀렸음을 입증한 '포신 천공 실험' (그림 97) 의 Rumford 백작을 접한 바 있다. 그는 미망인인 Lavoisier와 1805년에 결혼했고, 두 달만에 사실상 헤어졌다 (재미없는 남편?). 1799년에 중상층 교육과 예술 향상을 위한 Rumford의 아이디어는 영국의 왕립연구소에 인가를 받았다. 그는 어린 Humphrey Davy를 화학 강사, 연구실 책임자, 화학 저널의 편집자로 임명하였다. Davy의 대중 교육은 인기가 있었으며, 많은 사람들이 교육을 들었다. 그 중 한 명이 Jane Marcet이었다.

Davy의 강연은 Marcet에게 화학에 대한 관심을 불러 일으켰고 궁극적으로 그녀가 *Conversations on Chemistry*를 쓰도록 하는 자극제가 되었는데, 이 책은 판을 거듭하며 16만 부 이상이나 팔렸다. Marcet은 Davy의 최신 업적을 개정판에 포함시켰고, 그와 과학에 대한 교신을 지속하였다.

Faraday (1791~1867) 는 가난한 대장장이 가정에서 태어났다. 13살 되던 해에 그는 책 제본소의 도제가 되었다. 그는 주인의 허락을 받아 Marcet의 책을 읽었고 자극을 받았다. Faraday는 대중 화학 강연을 들으러 다니기 시작했고, 1812년에는 한 고객이 그에게 왕립연구소에서 Davy의 강연을 들을 수 있는 티켓을 주었다. 얼마 후에 Faraday는 자신이 작성한 Davy의 강의록을 Davy에게 보냈고, 그의 조수로 써 달라고 요청했다. Davy는 Faraday를 고용했고 1820년에 Faraday는 그의 첫 논문을 발표했다. Faraday는 평생 동안 Marcet에게 고마워했으며, 교신을 하고 친구 관계를 유지하였다. Faraday는 1818년 웅변술 코스를 밟았고 '뛰어난 강사' 가 되었다.

*Chemical History of the Candle*는 Faraday의 대중 강연들에서 발췌된 것이다. 이 책은 19세기 동안 많은 언어로 번역 출판되었다. 실제로 가장 최근에 다시 출판된 것

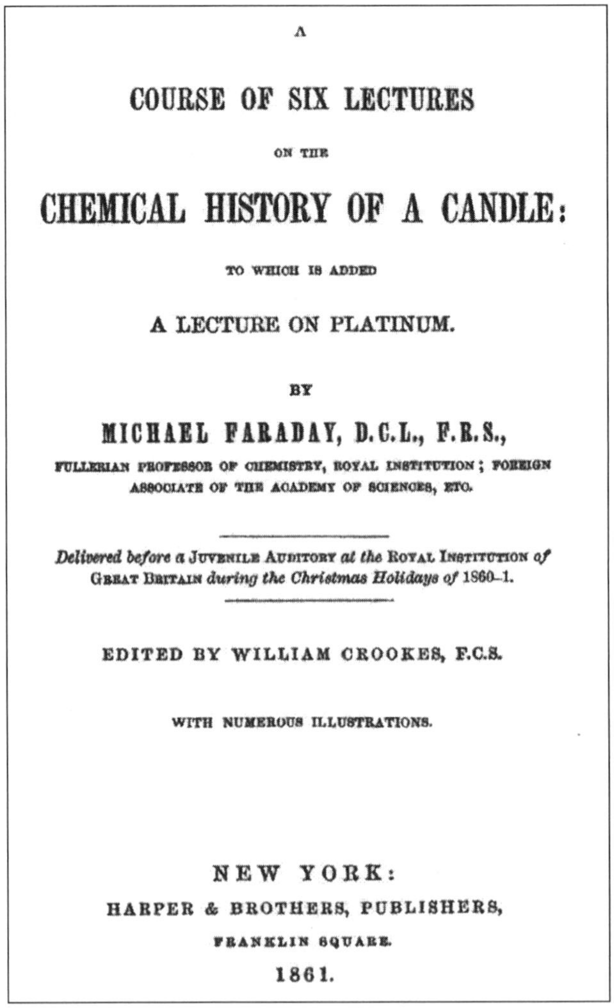

A

COURSE OF SIX LECTURES

ON THE

CHEMICAL HISTORY OF A CANDLE:

TO WHICH IS ADDED

A LECTURE ON PLATINUM.

BY

MICHAEL FARADAY, D.C.L., F.R.S.,

FULLERIAN PROFESSOR OF CHEMISTRY, ROYAL INSTITUTION; FOREIGN ASSOCIATE OF THE ACADEMY OF SCIENCES, ETC.

Delivered before a JUVENILE AUDITORY *at the* ROYAL INSTITUTION *of* GREAT BRITAIN *during the Christmas Holidays of* 1860–1.

EDITED BY WILLIAM CROOKES, F.C.S.

WITH NUMEROUS ILLUSTRATIONS.

NEW YORK:
HARPER & BROTHERS, PUBLISHERS,
FRANKLIN SQUARE.
1861.

(a)

그림 128 ■ (a) Faraday의 *Chemical History of a Candle*(London 판 또한 1860년에 출간되었다)의 표지. 이 책은 Faraday가 쓴 것이 아니라 왕립협회에서의 그의 대중 강연 노트에서 취한 것이다. 대중에게 화학을 가르치고자 하는 Faraday의 관심은 Davy로부터 Marcet을 거쳐 60년간 이어졌다.

(계속)

은 1993년 (Cherokee 출판사, Atlanta)이다. 다음은 강의 1에서 Faraday가 제시한 이유이다.

> 나는 일련의 강의들을 통해 양초의 화학사를 얘기하고자 한다. 자연철학 연구에 입문함에 있어 양초의 물리적 현상들을 고려하는 것보다 더 좋은, 더 열린 문은 없다. 이 현상들에는 우주를 지배하는 법칙들 중 관여되지 않는 것이 없고, 또 영향을 받지 않는 것이 없다. 따라서 나는 그 어떤 새로운 주제보다도 이것을 내 주제로 선택해도 여러분을 결코 실망시키지 않으리라고 확신한다.

Fig. 7.

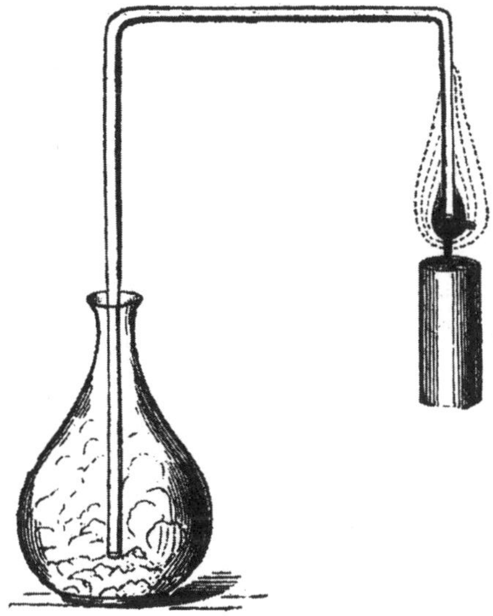

(b)

Fig. 8.

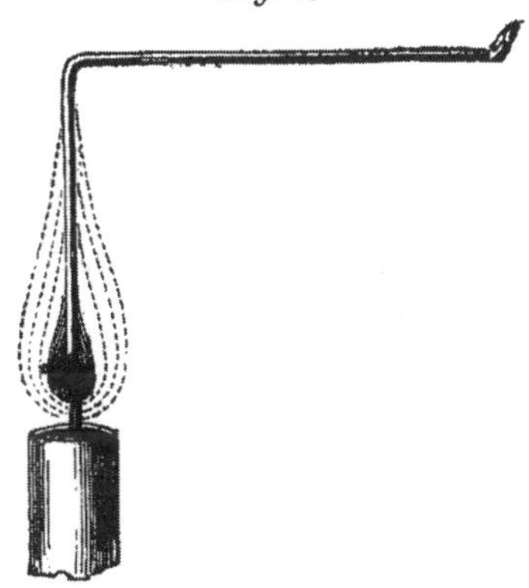

(c)

그림 128 ■ (b) 양초의 보이지 않는 증기를 모으는 과정 (c) 명료하게 표현된 양초

그림 128(b)는 강의 2에서 발췌한 것이다. 유리관의 열린 쪽이 양초 불꽃의 어두운 가운데 부분으로 연결되어 있다. 이 부분에서 발생한 양초 증기가 유리관의 다른 쪽 끝에서 응축되는 것을 볼 수 있다. Faraday는 청중을 위해 기체와 증기의 차이를 보여 준다. 그는 약간의 양초 왁스를 다른 플라스크 안에서, 가열해 나오는 증기를 다른 용기에 붓고 불을 붙였다. 다른 실연 [그림 128(c)] 에서 그는 유리관을 불꽃의 중앙 부분에 갖다 대고 유리관의 다른 쪽 끝부분에 불을 붙여 잘 조절된 불꽃을 만들었다. 만약 유리관이 불꽃의 중간 부분이 아니라 위쪽에 닿으면 위쪽 부분에서는 증기가 타기 때문에 유기관으로 흘러 나갈 증기가 없음을 강조한다. 즉, 그는 불꽃의 가운데에는 보이지 않는 가연성의 증기가 있지만 윗부분에는 없음을 실증했다. Faraday는 '가스를 끌어 오자고?—양초도 끌어 올 수 있는데.' 라고 농담하듯 말했다.

1. J.R. Partington, *A History of Chemistry*, MacMillan, London, 1964, Vol. 4, pp. 99~140.

불꽃의 중심을 향하여

그림 129는 Edward Youmans의 *Chemical Atlas*, 1857년 판에 수록된 엉뚱하나 경이롭게 형식화시켜 나타낸 양초 불꽃 그림이다. 작가는 이산화 탄소의 화학식은 정확하게 나타냈으나, 물의 화학식을 HO, 연료를 CH, 기체인 산소를 O_2 분자로 나타내는 대신 원자로 나타내는 잘못을 범했다 (그림 116의 논의 참조). 불꽃 내부의 아래 부분 (우리에게 파란색으로 보이는 부분) 은 연료는 풍부하지만 산소가 부족하게 그려져 있다. 오늘날 우리는 불꽃의 이 부분과 바로 위 및 주변의 백열 부분이 수명이 짧고 반응성이 매우 큰 탄소가 풍부한 분자들과 분자 조각들 및 입자들로 가득하다는 것을 알고 있다.[1] 이 부분들은 탄소가 풍부한 입자들이 산화 주석과 같은 금속 산화물로부터 산소 원자를 뺏어 금속을 생성하기 때문에 성질이 환원성이다 (일산화 탄소에서의 탄소-산소 결합은 모든 중성 화합물들 중에서 가장 강하다[2]). 반대로, 불꽃의 바깥 파란 가장자리에는 산화가 일어난다. 산소, 이산화 탄소, 물뿐만 아니라 반응성이 큰 HO• 라디칼도 풍부하다.[1] 이 부분에서 주석은 즉시 산화물로 산화될 것이다. 취관으로 불리는 '불꽃 메스'를 사용하여 이런 세부적인 것들이 거의 200년 가까이나 알려져 있었다.

The Use of the blowpipe in Chemical Analysis (화학 분석 및 미네랄 조사에서의 취관의 사용, Stockholm, 1820; London, 1822) 에서 Jons Jacob Berzelius는 취관의 역사적 기원을 보석 세공인에게서 찾았다. 그는 '건식' 화학의 맨 처음 적용을 1733년도 쯤으로 추정했다. 이상적인 취관은 황동관 한쪽 끝에는 상아 조각 (구멍의 지름이 대략 3/8인치) 이 달려서 사용자가 숨을 내쉬기 편리하고, 90°로 꺾어진 반대쪽 끝에는 작은 백금관 조각 (구멍의 지름이 1/16인치) 이 용접되어 있다. 백금관을 불꽃 속에 넣고 물질이 산화나 환원 부분과 접촉하도록 공기 불기를 강하고 꾸준하게 수행한다. 경험이 없는 사용자들은 폐활량의 증가가 필요할 것이다.— '그들은 바람 주머니가 달린 악기를 연주하는 것도 좋을 것이다.'[3] 양볼에 바람을 가득 채우고 계속해서 바람을 불고 다시 채워 강한 기류를 만드는 기술을 자세히 설명하고 있다. 취관은 광물을 분석하는 데 사용되는 민감한 장비로, 미량의 금속 불순물의 존재를 확인할 수 있었다. 예를 들어, 종이 조각의 재를 취관의 환원 불꽃에 대었더니, 구리 미립자들이 나왔다.

1. P.W. Atkins, Atoms, Electrons and Change, Scientific American Library, Freema, New York, 1991, pp. 105~109.
2. 이것을 알려준 Joel F. Liebman 교수에게 감사를 전한다.
3. J.J. Berzelius, The Use of the Blowpipe in Chemical Analysis, and in the Examination of Minerals(translated by J.G. Chidren), Baldwin, Cradock and Joy, London, 1822, pp. 5, 8.

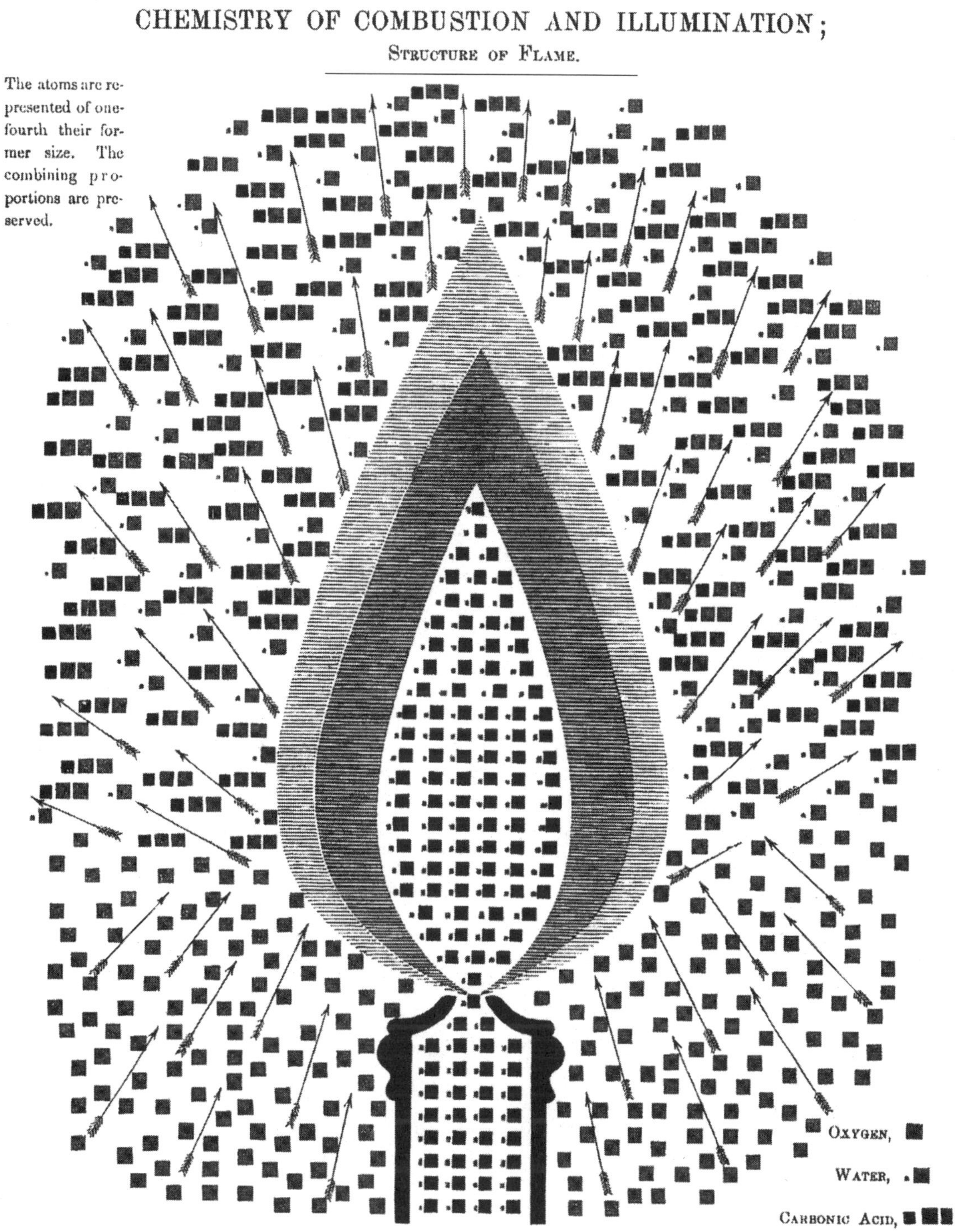

그림 129 ■ Youmans의 *Chemical Atlas* 1857년 판, 불꽃이 활활 타오르는 모습 (그림 112 참조; 물을 HO라고 표기하는 등의 실수는 본문에서 다루었다).

휙! 이제 냄새를 맡을 수 있겠군요! 아니 지금은 안돼요!

엄청난 상상력을 지닌 인물에서부터 화학을 가르치는 상상력이 풍부한 방법이 있다. Henri Decremps는 그의 1823년 책 *Diagrammes Chimiques* (화학 도식) 에서 물질을 부분들로 나누고, 그것들을 다시 재결합시키는 흐름도 (flow diagram) 에 대한 아이디어를 제시하였다. Decremps는 변호사였고, 아마추어 마술사였다. 1784년에 그는 *La Magia Blanche Devoilee* ('마술의 비밀') 이라는 책을 출간했다. 기사이자, 수학 및 자연과학의 교수라 주장하는 유명한 그의 라이벌 마술사였던 Pinetti는 출처도 밝히지 않고 *La Magia*에서부터 제 맘대로 인용했다. Decremps는 Pinetti의 정체를 폭로하기 위해 많은 책을 냈지만, 오히려 Pinetti의 명성만 높아졌다. 결국, 늙어서 Decremps는 화학 책을 쓰려고 노력했다.

그림 130은 어떻게 '두 개의 냄새가 없는 물체가 접촉하여 매우 강력한 냄새를 만들고, 또 두 개의 다른 물체가 재결합하여 눈에 보이고 만져지는 물체를 생성되는지' 를 나타낸다. 윗부분 왼쪽에는 황산이 석회석 ($CaCO_3$) 의 구성 성분들, 즉 열에 의해 해리된 생석회 (CaO) 와 이산화 탄소 (CO_2) 가 결합하는 것을 볼 수 있다. 황산 칼슘 ($CaSO_4$) 과 물은 꼭대기 증류기에 남고, 이산화 탄소와 '열' 은 맨 밑의 플라스크로 이동한다. 중간 왼쪽 부분에서 생석회와 열을 염화암모늄 (NH_4Cl) 에 가하면 진한 냄새의 암모니아 (NH_3) 를 방출하고, 염화 칼슘 ($CaCl_2$) 과 물이 중간의 왼쪽에 있는 증류기에 남게 된다. 암모니아와 '열' 은 약간의 물의 존재하에 이산화 탄소와 결합하여 눈에 보이며 만질 수 있는 물질인 탄산 암모늄 [$(NH_4)_2CO_3$] 을 형성한다.

그림 131의 마술: 제비꽃 즙은 산과 염기 지시약 (최초 지시약은 1675년에 Boyle이 처음 발견했다) 이다. 산성인 식초가 중성의 푸른색 제비꽃 즙 용액에 더해지면 용액은 붉은색으로 변한다. 암모니아 염기가 더해지면, 용액은 붉은색에서 점차 푸른색, 그리고 녹색으로 변한다. 사람이 입김을 세게 불면 처음에는 용액에 이산화 탄소가 들어가 탄산을 만들어 용액이 푸른색이 되도록 중화시킨다. 두 번째로 세게 불면 더 많은 탄산을 만들어 용액의 색이 붉게 되돌아가게 된다.

그림 132는 독자에게 황산 구리의 분자 구조를 보여 준다. 산소 원자 한 개가 부족한 이온 화합물은 19세기 후반 Arrhenius에 의해서야 밝혀졌다. 세 번째 그림은 금속 철이 황산 구리에 첨가되는 것을 나타낸다. 철 원자는 전자를 구리 이온에게 전달하여 산화되고, 구리 이온은 환원되어 구리가 석출된다.

그림 133은 플로지스톤을 폐기한 것이 프랑스 사람이라는 것을 상기시켜 준다. 위쪽 그림은 금속 납이 '납의 흙' (납의 재, 즉 산화납) 이 플로지스톤으로 된 것을 보여 준다. 금속 납을 가열하면 플로지스톤이 날라 가고 납의 재가 남게 된다. 그림은 금속 재가 금속보다 무겁고 이는 불가능하다 (만약 플로지스톤이 음의 질량을 갖지 않는 한) 는 것을 설명한다. 그러므로 프랑스에서 발전된 '열소 (calorique)' 이론이 독일에서 창

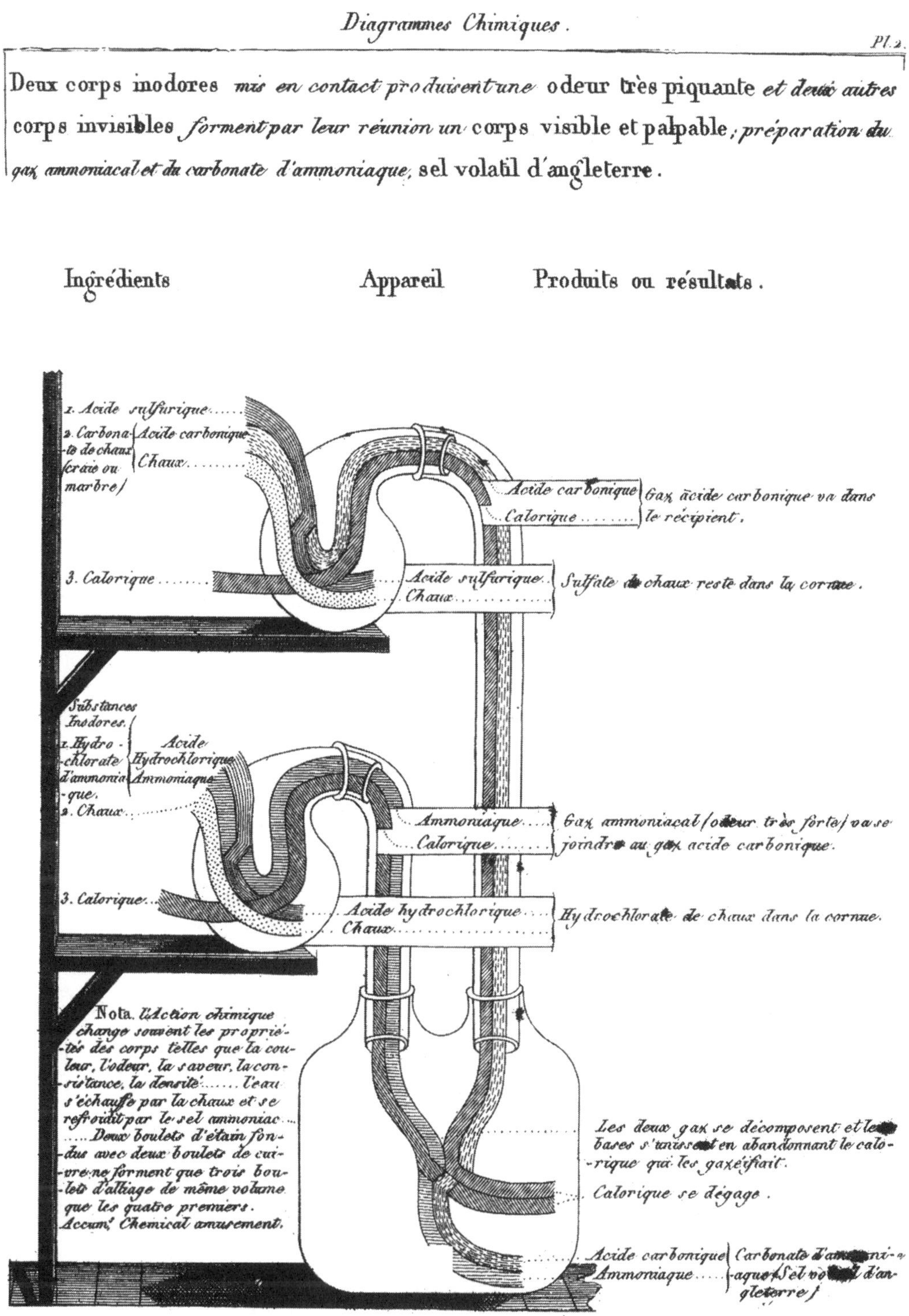

그림 130 ■ *Diagrammes Chimiques*의 저자 Henri Decremps(Paris, 1823)는 그의 생애 대부분을 유명한 마술가로 보냈다. 그의 책의 매력적인 그림들은 가상적 장치를 도입하여 화합물, 화합물의 분리, 그리고 뒤따르는 반응의 개념적 흐름을 보여준 이 그림에서는, 두 개의 냄새가 없는 물질이 '자극적인' 물질인 암모니아를 형성한다.

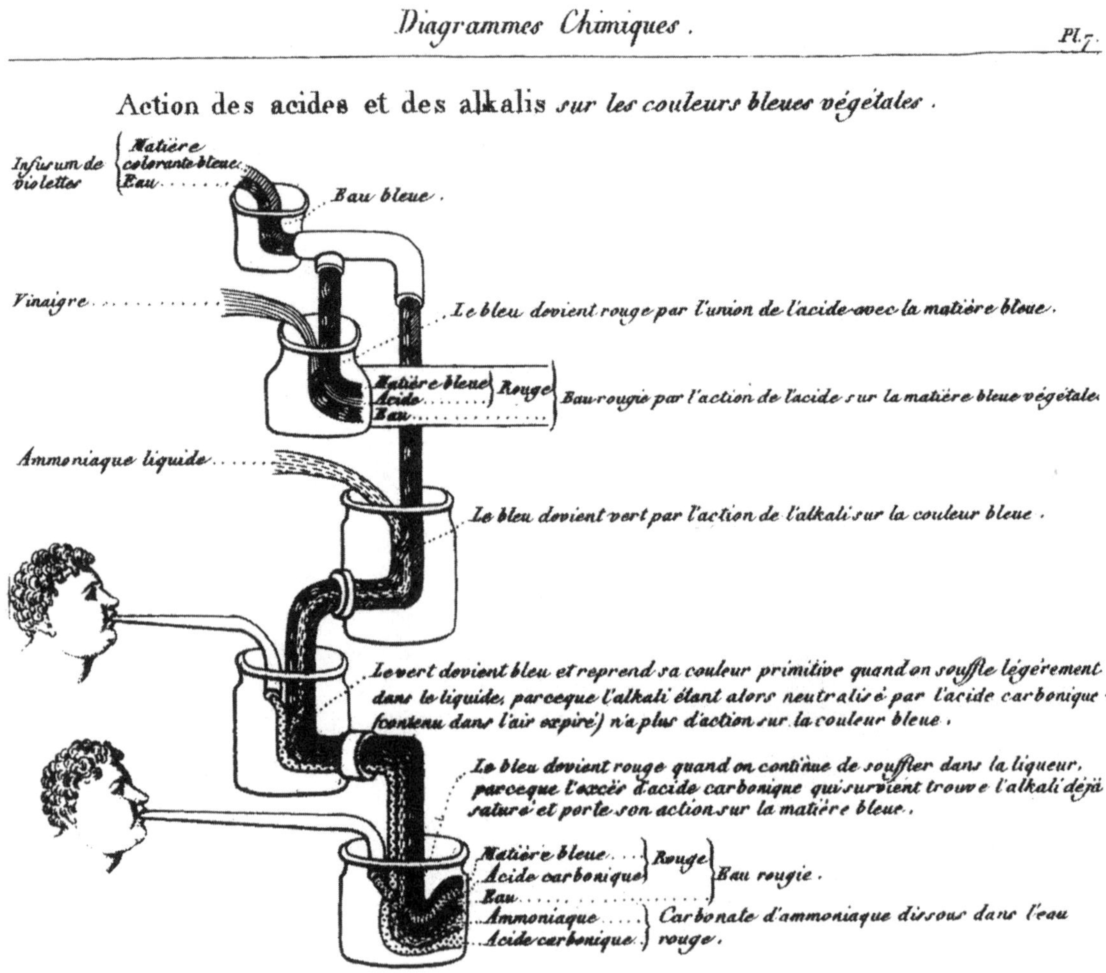

그림 131 ■ *Diagrammes Chimiques*에서 색의 변화는 중성 용액 (지시약을 넣어 푸른색임) 에 식초를 넣고 색이 붉게 변함을 용액을 관찰한다. 암모니아가 첨가되면 용액의 색은 다시 푸르게 그리고 녹색 (염기성) 으로 변한다. 이산화 탄소를 불어넣으면 중화되어 푸른색으로 된다. 이산화 탄소를 더 불어 넣어주면 다시 산성 (붉은 색) 이 된다.

안되고 영국에서 꽃 피운 플로지스톤보다 더 따뜻한 대접을 받고 있다.

1. C. Milbourne, Panorama of Magic, Dover, New York, 1962, pp. 27~31.

염소 요정

Real Fairy Folks or The Fairy Land of Chemistry (진짜 요정 또는 화학의 요정 나라; Lucy Rider Meyer, Boston, 1887) 은 80년 전에 첫 출간된 Marcet의 *Conversation on Chemistry*에 대한 흉내내기였다. 두 쌍둥이 (Joseph과 Josephine 또는 Joey와 Jessie—Sol(태양) 과 Cuna (달) 의 후예) 는 그들의 삼촌이자 '교수' 라고 알려진 James에게서

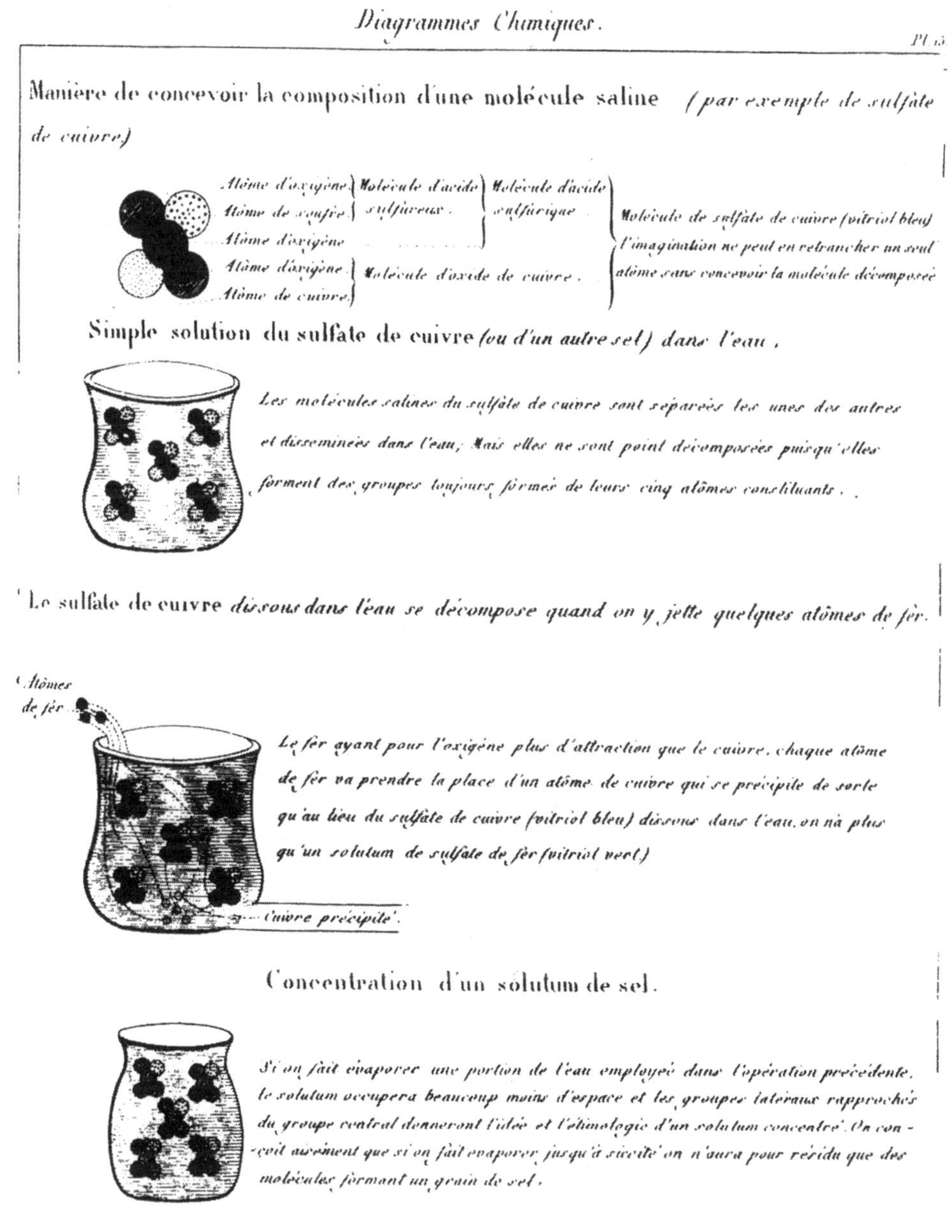

그림 132 ■ Decremps는 이온에 대해 알지 못했다. 또한, 황산 구리는 $CuSO_4$이다. 그러나 그의 그림은 철 원자가 산화되고 구리 이온이 금속으로 환원되는 것을 잘 나타내고 있다.

화학을 배웠다.

염소 요정 [그림 134 (a)] 은 염소 기체의 분자들이다. 염소 원자는 각각 하나의 팔이 있고 (1가), 녹색 옷을 입고 있다. 완전히 펼쳐진 날개들은 휘발성을 나타낸다 [Basil Valentine의 세 번째 열쇠—그림 17 (c) 날개 달린 용을 회상하라]. 액체 브로민은 팔이 하나인 요정인데, 빨간 옷을 입고 접힌 날개를 가지고 있다. 약간만 가열하면 브로민 요정은 날개를 활짝 펴고 날게 된다. 외팔의 고체 아이오딘 요정은 보라색 옷을 걸치고, 날개는 접혀 있고 다리도 굽혀져 있다. '이런, 이런!' Jessie가 소리친다. '그것들은 아마 사람으로 치면 작고도 작은 소인들이겠네요.' 소듐과 염소 요정은 결혼해 소금이

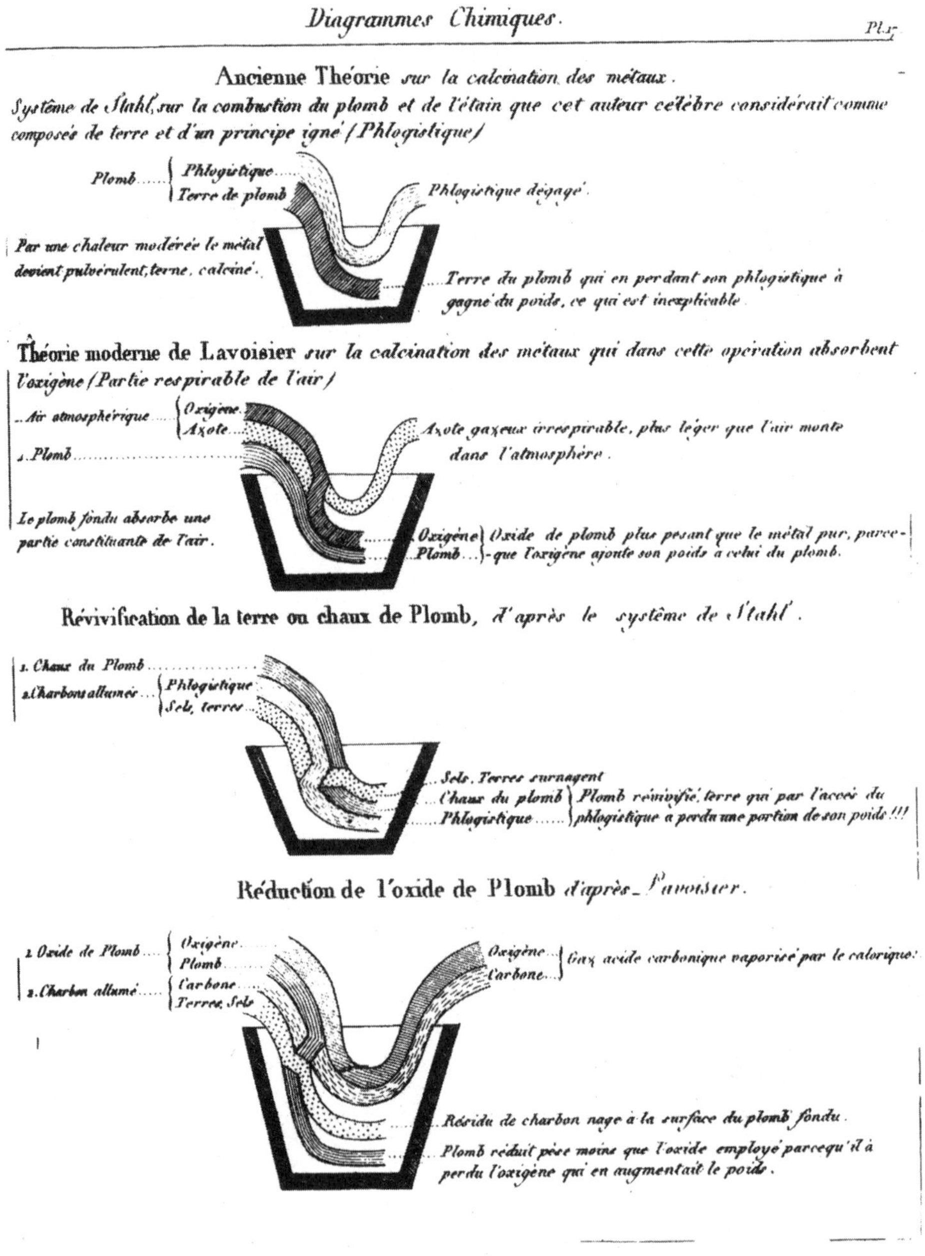

그림 133 ■ 잊어버렸을까 얘기하지만, 플로지스톤을 폐기한 것은 프랑스인이었다. 이 그림은 납의 하소에 기인한 무게의 증가는 금속이 플로지스톤을 잃어버림으로써가 아니라 질량의 증가 현상이라고 설명하고 있다.

되며 [그림 134(b)], 그들의 옷은 이제 하얗고 (다른 어떤 색이 가능하겠는가!), 그들의 날개와 다리는 접혀 있다. 수소 요정들과 염화 수소 요정들은 각각 그림 134(c)와 134(d)에 그려져 있다. 그림 135(a)는 대기의 모습을 정확히 묘사하고 있는데, 대기의 80%는 질소 요정이, 20%는 산소 요정이 차지하고 있다. 산소 요정들은 올바르게 두 개의 팔 [그림 135(b)의 물의 요정 참조]이 있지만, 질소 요정은 하나가 아니라 각각 세 개의 팔을 가지고 있어야 한다—어쩌면 좀 괴물 같지 않을까? 그런데, 어떻게

그림 134 ■ *Real Fairy Folks or The Fairy Land of Chemistry*(Lucy Rider Meyer, Boston, 1887): (a) 염소의 원자가는 1이므로, 한 팔로 연결된 두 염소 요정. (b) 염소 요정과 소듐 요정의 결혼—소금이 고체이기 때문에 그들의 날개와 다리는 접혀 있다. (c) 수소 요정들은 각각 팔을 하나씩 갖고 있다. (d) 염화 수소 요정은 날카로운 쌍을 형성한다.

Meyer가 요정 원자들을 연결하는 팔의 수를 달 수 있었을까? 옥텟 규칙은 30년 후에나 알려지는데 말이다.

Richard 삼촌은 여자 조카, 남자 조카와 그들의 이웃 친구들에게 염소, 브로민, 황화 수소의 냄새를 맡게 하였다. 그는 또 집안에 아이들에게 보여 주기 위해 신경흥분제인 스트리크닌 한 병을 가지고 있었다. 나라면 그가 내 아이들 옆에 있지 않게 하겠다. Faraday는 Marcet의 책에서 영감을 얻어 화학자가 되었다. 그가 *Fairy Land of*

(a)

(b)

그림 135 ■ (a) Meyer의 공기 요정들은 질소 대 산소의 비율이 정확히 4:1임을 주목하라. (b) 물에 대해서는 요정보다 인어가 더 어울리지 않을런지?

*Chemistry*를 읽었다면, 그는 아마 회계사가 되었을지도 모른다.

'무뢰배' 플루오린: 송곳니가 있는 요정?

Richard 아저씨는 플루오린에 대해 이야기하면서 할로젠에 대해 설명을 마쳤다.

> 플루오린은 사촌들 중에서 막내이다. 그 요정은 상당히 제멋대로여서 잡기가 쉽지 않고, 잡아서 그대로 가지고 있기는 더 어렵다. 아주 빠른 발과 날개를 가지고 있고, 눈에 보이지 않는 망토를 입고 있다. 개구쟁이 꼬마 녀석들이어서 어느 누구도 플루오린을 다른 것들에서 따로 떼어 잡은 적이 있었는지 자신이 없다.

Meyer 부인은 그녀가 책을 출판하기 1년 전에 Henri Moissan이 1886년에 플루오린 가스를 분리한 사실을 알았을까? 그랬을지도 모른다. 플루오린은 가장 반응성이 큰 원소이다—F_2 내의 두 플루오린 사이의 결합력은 약하지만, 탄소와 플루오린이나 HF 사이의 결합은 믿기 어려울 만큼 강하다. 분자는 거의 모든 것에서 전자를 뺏는다. 아르곤과는 반응하지 않지만, 제논과는 반응한다. F에 비해 더 안정하나, KrF_2는 Kr과 F_2에 비해 덜 안정하다.[1] 형석 (CaF_2) 광물은 수백 년 동안 사용되어 왔으나, 1830년에 이르러서 화합물에서 분리할 수 없는 네 번째 할로젠의 존재가 알려졌다. 1670년에는 황산을 첨가하여 유리를 녹일 수 있는 플루오린화 수소 기체를 생성하는 것도 알려졌다. 적어도 두 명 이상의 19세기 초 화학자들은 기체 상태의 플루오린 화합물을 연구하다가 죽었고, 많은 사람들이 심각한 병을 얻게 되었다. 우리는 플루오린을 송곳니를 가진 요정으로 가정하고 있지만, 이것은 사실 원소계의 티라노사우르스 왕으로 불린다. 사실 나는 그보다는 원소계의 태즈메이니아 악마로 부르고 싶지만 말이다.[3, 4] 마지막으로, Moissan은 비활성인 백금 용기에서 비활성 Pt-Ir 합금을 써서 전기분해 반응으로 영하 50°C의 액체 플루오린화 수소 용액 안에 존재하는 포타슘 산 플루오라이드 (KH · HF 또는 KHF_2) 로부터 플루오린 기체를 얻었다. 플루오린 화학에 대한 Moissan의 노력은 당연히 그의 건강을 크게 악화시켰다. 그는 55세의 나이로 사망하기 몇 달 전인 1906년에 노벨 화학상을 받았다. 그는 Mendeleev를 한 표 차로 눌렀으며, Mendeleev는 다음 해에 죽어서 결국 상을 받지 못했다.[4]

1. 이것을 깨닫게 해 준 Joel F. Liebman 교수에게 감사를 전한다.
2. A.J. Ihde, *The Development of Modern Chemistry*, Harper and Row, New York, 1964, pp. 366~369.
3. G. Rayner-Canham, *Descriptive Inorganic Chemistry*, Freeman, New York, 1996, pp. 349~352.
4. D. Rabinovich, *The Chemical Intelligencer*, 3: 64~65, October 1997.

학기 중간 어느 날 밤의 꿈

하버포드 대학의 연구실 요정들은 19살 먹은 Parrish(1970~1966)의 예술적 재능을 알아봤다. 그들은 그가 과정을 끝내고 그의 진정한 직업인 화가, 일러스트레이터, 디자이너가 되도록 최선을 다했다. Parrish는 나중에 이런 요정들을 데리고 다니면서 자신의 나무나라 장면에 종종 등장시키기도 했다.

그림 136은 하버포드 대학 도서관의 Quaker 문고 중 일부인 Parrish의 실험 노트이다. 교수는 이런 노트에 어떻게 반응해야 할까? 한편으로, 우리는 실험을 기술함에 있어 철저하게 정확할 것을 요구한다. 그러나 한 번에 한 명 이상의 요정이 하버포드의 한 학생을 도와주는 것은 거의 불가능하다. 정말로 요정들은 그들의 초상이 사용되는 데 동의했을까? 다른 한편으로, Lyman Beecher Hall 교수는 Parrish의 '관찰과 실험 요약은 간결하면서도 정확하게 쓰여 있다' 고 지적하였다. Hall 교수는 책에 아주 조금의 메모 밖에 남겨놓지 않았으며 (그리고 그것도 거의 흐린 연필로), Parrish는 그 노트를 20년쯤 후(1910년)에 Hall 교수에게 주었으므로, 우리는 그 과정이 젊은 예술가에게 우호적으로 끝났음을 예측할 수 있다.

1. J. Chesick, *Chemical Heritage*, Vol. 17, No. 2, p. 42(1999), 원 그림은 채색화이다.
2. J. Turner (ed), *The Dictionary of Art*, Vol. 24, 1996, p. 210, New York : Macmillan.
3. Parrish의 가족은 퀘이커 교도였지만 그는 비퀘이커 교도와 결혼했으며, 진정 남고 싶다고 선언했으면 퀘이커 교도로 남아 있을 수 있었겠지만, 그는 퀘이커로 남아 있지 않기로 한 것 같다. Haverford 대학 도서관의 Diana F.Peterson 및 1999년에 최초로 Maxfidol Parrish 최고점을 연 Pennsylvenia Academy of Fine Arts의 Beecher Katus에게 사의를 표한다.

우리의 화학 찬송가 3쪽으로 돌아가 보자

그림 137은 1873년 영어 기독교 찬송가 책 '*Chemistianity*'의 제목 표지이다.

이 책은 기억 회로인 것 같다.
십대의 젊은이 또는 80년대 노인에게
성냥이나 토치가 되고
무지에 불을 밝히기 위해

화학을 공부하라는 나팔 소리는 약간 '강제적'이다.

화학 지식은 이 땅과 바다에

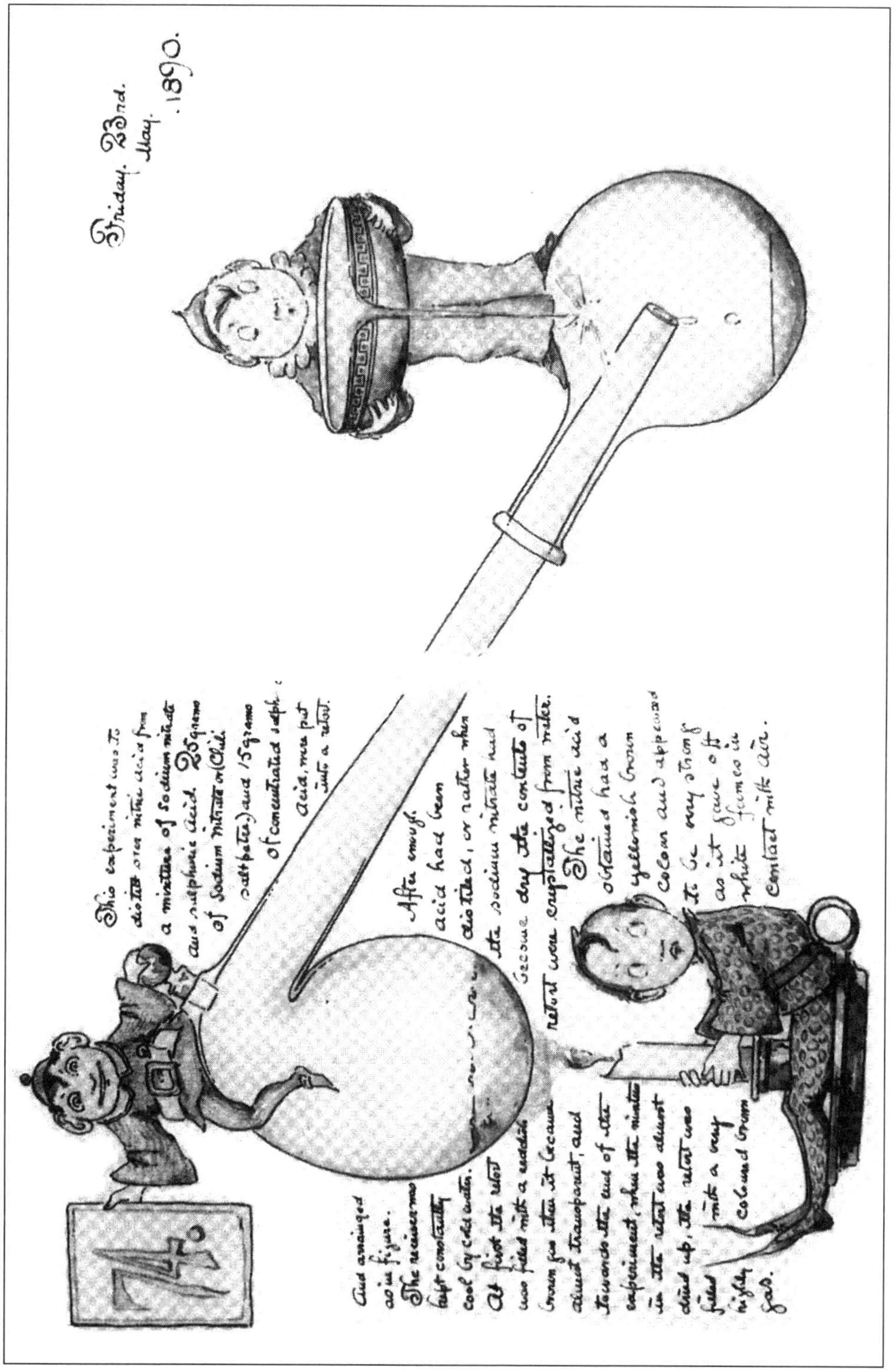

그림 136 ■ Parrish의 노트 중 일부 페이지. 하버포드 대학 도서관 퀘이커 문고 제공.

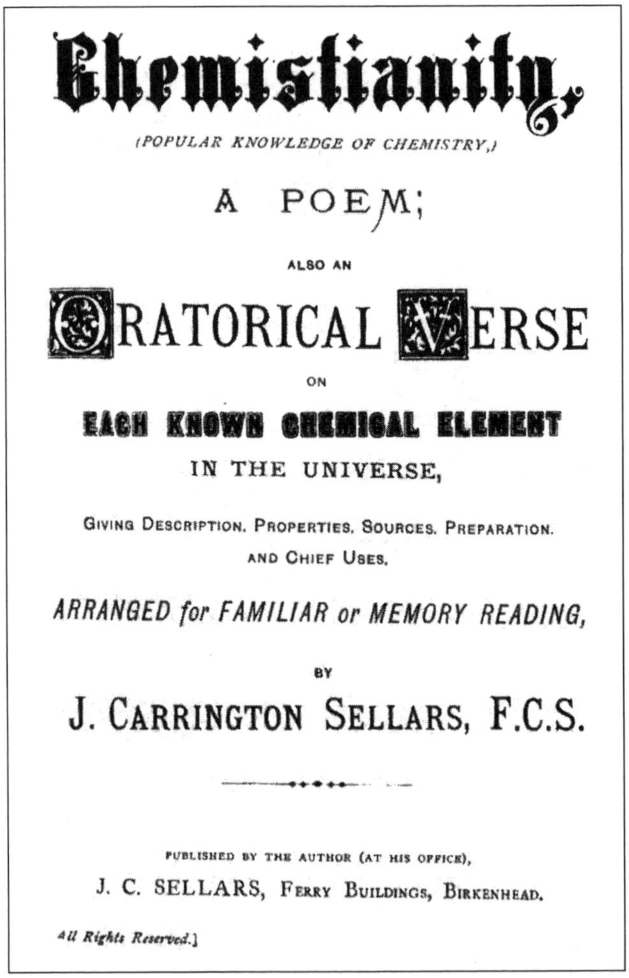

Chemistianity,

(POPULAR KNOWLEDGE OF CHEMISTRY,)

A POEM;

ALSO AN

ORATORICAL VERSE

ON

EACH KNOWN CHEMICAL ELEMENT

IN THE UNIVERSE,

GIVING DESCRIPTION, PROPERTIES, SOURCES, PREPARATION, AND CHIEF USES,

ARRANGED for FAMILIAR or MEMORY READING,

BY

J. CARRINGTON SELLARS, F.C.S.

PUBLISHED BY THE AUTHOR (AT HIS OFFICE),

J. C. SELLARS, FERRY BUILDINGS, BIRKENHEAD.

All Rights Reserved.]

그림 137 ■ 이 화학 찬송가 책의 중심 생각은 기억력이 모자라는 십대들과 80대 어르신들에게 찬송을 되뇌이게 함으로써 화학을 가르치자는 것이다. 이 책의 시는 출판된 최악의 시로, 만약 당신이 유리를 'die-bee-day' 라고 부르는 것이 더 좋다면, 이것은 당신을 위한 책이 될 것이다!

잘 알려져 있어야 한다.
화학의 씨를 뿌리기 위해, 더 높이, 높이, 높이

우리의 예배는 3쪽에서 시작한다 (일동 기립).

물질, 이것은 우주를 이루는 몸통이다.
그것은, 화학의 도움으로
가장 좋은 장비로
63개로 나누어졌네
(자유롭고 진짜 본질 상태로)
원소 또는 간단한 물질이라는 이름으로;
이것들은 우리가 쪼갤 수 없으리라.

좀 더 원시적인 것으로 나누어지는
결합 무게의 순으로 이름 붙여진
43개의 알려진, 증명된, 진짜 금속들
화학자 Roscoe의 시스템으로 정렬된,
10개의 족 또는 클란 (*Klan*) 으로 그룹화되어;
각 클란에 속하는 것들은
그들의 결합 무게 순서에 따라
혹은 그들의 화학 에너지 타입에 따라 쓰여져서.

이제 61쪽을 보면,

산소, 신체 감정의 여왕;
인간 생명의 지탱자;
모든 생명체에게 필요한 공기 숨결
동물이 살아가기 위한 연소,
나무나 석탄의 연소에서;
그리고 대부분의 열반응에서 주 추동력
무색의 기체 상태의 준금속
맛도 냄새도 내지 않는.

일동 착석

(저자는 화학 반응을 지칭하기 위해 *goception*이라는 용어를 새로 만들고, 신은 *The Great Goceptor*라고 명명했다.)

Sellars는, '화합물의 이름을 읽으면서, 많은 사람들은 이름이 너무 길고 무의미함에 실망한다.' (이것은 1학년 화학 강의 수강생들에게서 늘상 나오는 불평이기도 하다) 고 말한다. 그래서 그는 매우 간략하게 나타내는 간단한 알파벳 명명법을 개발하였다. 가장 가벼운 다섯 개의 원소를 저자는 이렇게 부르고 있다.

알파벳 이름	약칭		현재 이름
ABGEN	Ab	Abb	Hydrogen
AMYAN	Am	Amm	Boron
ATYAN	At	Att	Carbon
BAGEN	Ba	Bay	Nitrogen
BEGEN	Be	Bee	Oxygen

이 명명법을 이용하면, 물 (H_2O, 오늘날 산화 이수소로 부를 수도 있겠지만 그렇게 하지 않는다) 은 'die-abb-bee' 로 발음한다. 유리 (이산화 규소) 는 'die-bee-day', P_2O_3는

'try-bee-die-dee' 가 된다. 웃음 기체인 아산화 질소 (N_2O) 는 'die-bay-bee' 가 되어 치과 환자에게 용기를 주지 않지만, 다행히도 'try-bay-bee'로 발음되는 N_3O는 아니다. 운율이 맞지 않은 서투른 시q나 명명법이라고 할지 모르겠지만, 이러한 고상하고 정성어린 노력은 교권 (church) 과 국권 (state, 여기서는 산화 상태 (oxidation state) 의 비유로 사용됨) 의 분리에 대해 자신도 모르게 끌려들어간 논쟁이다.

1866년의 분자 역학

분자의 형태와 분자 사이의 상호작용을 수학적으로 계산하고 싶은 욕구는 Newton 물리학이 창안된 이래로 계속되어 왔다. *Chemical Lectures* (화학 강의) 라는 책으로 출

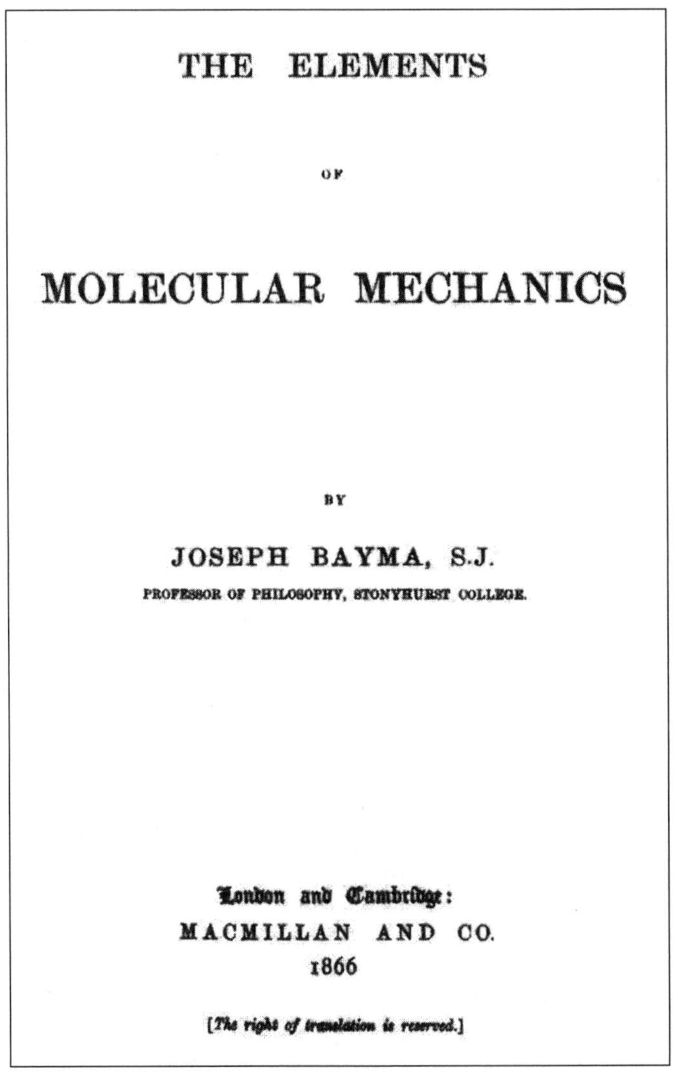

THE ELEMENTS

OF

MOLECULAR MECHANICS

BY

JOSEPH BAYMA, S.J.

PROFESSOR OF PHILOSOPHY, STONYHURST COLLEGE.

London and Cambridge:

MACMILLAN AND CO.

1866

[The right of translation is reserved.]

그림 138 ■ 1866년의 분자 역학.

판된 (London, 1712; 그림 104와 105) John Freind의 1704년 강의는 이러한 문제를 Newton 물리학으로 해결하고자 하는 초기 시도였다. 20세기가 시작되면서 이 문제를 해결하는 데는 양자 역학 (궁극적으로는, 1926년에 창안된 Schrödinger 방정식) 이 필요하다는 것이 분명해졌다. 고전 Newton 물리학은 원자에서 전자의 성질을 계산하는 데에는 적절하지 못했다. 그러나 관심 있는 분자 (아주 크지는 않아도 다섯 개의 원자 이상으로 구성된 흥미로운 분자) 의 정확한 양자 계산은 20세기 말 컴퓨터의 힘을 빌릴 때까지 기다려야 했다. 이러한 계산의 가치는 1998년에 John A. Pople과 Joachim Kohn이 노벨 화학상을 수상하면서 명백하게 인정되었다.

그러나 자연계에 존재하는 커다란 비대칭 분자들—모르핀 같은 알카로이드, 수많은 복잡한 단백질들은 어떠한가? 여기에는, Frank Westheimer이 처음 제시한 현재 **분자 역학**이라고 부르는 기법을 이용할 수 있다. 이것은 고전 물리학에 근거한 것이다. 결합은 Hooke의 법칙을 따르는 용수철로 다룬다. 매개변수는 실험에서 나온 것으로 아주 많다. 이 기술은 이론적으로는 방어할 수 없으나 믿을 수 없을 만큼 유용하며, 새로운 약물을 설계하는 제약 산업계에서 널리 이용되는 프로그램의 바탕이 되고 있다.

이제 우리는 Joseph Bayma가 Alinger와 Burkert를 '선수 치지도' 않았고 판권이나 특허권을 침해하지도 않았다는 사실을 명확히 하고자 한다. Bayma의 책 (그림 138) 은 수학과 물리학은 많이 다루고 있지만 화학은 거의 없다. 명백하게, 저자는 그의 연구를 왕립학회에서 발표하였지만, 청중의 반응은 회의적인 편이었다. 영국 서적상인 내 친구는 그것을 '미치광이' 라고 불렀다. 그럼에도 그 책은 흥미로웠다. 네 번째 책, *Dynamical Constitution of Primitive Poly-hedric Systems of Elements* (원소의 다면체계의 역동적 구성) 은 '문제 1. 동등한 반발력을 가진 네 개의 원소들이 인력이 작용하는 중심 주위로 정사면체를 형성하도록 배열되어 있다. 이 시스템의 역동적인 구성방식을 찾아라."는 것을 제시한다. 당신은 van't Hoff와 Le Bel이 이것을 읽었을 거라 생각하는가? 20세기 중반의 Nyholm과 Gillespie, VSEPR (원자가 전자쌍 반발) 이론에 대해서는 어떻게 생각하는가?

1. N.L. Allinger and I. Burkert, *Molecular Mechanics*, American Chemical Society, Washington, D.C., 1977.

화학 결합의 현대적 접근

SECTION 8

페가수스를 타고 우주에서의 화학 방문하기

거의 19세기 대부분에 걸쳐서 광학 활동은 물질의 근본적인 수수께끼였다. Jean Baptist Biot는 어떤 광물들이 광학 활성, 즉 편광면을 회전시킴을 발견하였다. 1815년에 그는 어떤 액체, 예를 들면 테레빈유와 알코올에 녹인 장뇌 또한 광학 활성이라는 것을 알게 되었다. 그러나 이성적인 구조화학은 15년쯤 후에나 알려졌음에도 불구하고, 1848년에 이 현상과 분자의 관련성이 밝혀진 것은 Louis Pasteur의 천재성에 기인한다.

자주 인용되는 문구인, '기회는 오직 준비된 자에게만 찾아온다.' 고 한 사람은 Pasteur가 처음이다. 그가 Dijon의 추운 연구실에서 소듐 암모늄 타르타르산염 결정을 얻었을 때 정말로 뜻밖의 행운이 그에게 찾아 왔다. 커다란 반면상 결정을 유심히 살펴보자. 그 결정들은 (인간의 손이나 발 같은) 서로 겹쳐지지는 않는 거울 이미지 그대로 '오른손잡이' 와 '왼손잡이' 모양을 나타내었다 (그림 139의 구조 VIII과 IX는 이 말레인산 암모늄 결정의 왼손잡이와 오른손잡이 모양의 평면도이다—3차원 구조는 서로 겹쳐지지 않는다). 세심하게 손으로 두 결정들을 분리하고, 분리된 결정을 따로 따로 용액에 녹이자, Pasteur는 각 용액이 광학적으로 활성—같은 크기이나 방향은 반대—이라는 것을 발견하였다. 한 용액은 편광면을 시계방향으로 회전시켰다 (우회전성 (*dextrorotatory*)), 다른 용액은 좌회전성이다. Pasteur는 라세미 혼합물로 불리는 동량의 거울상 이성질체쌍을 최초로 분리해 낸 것이다.

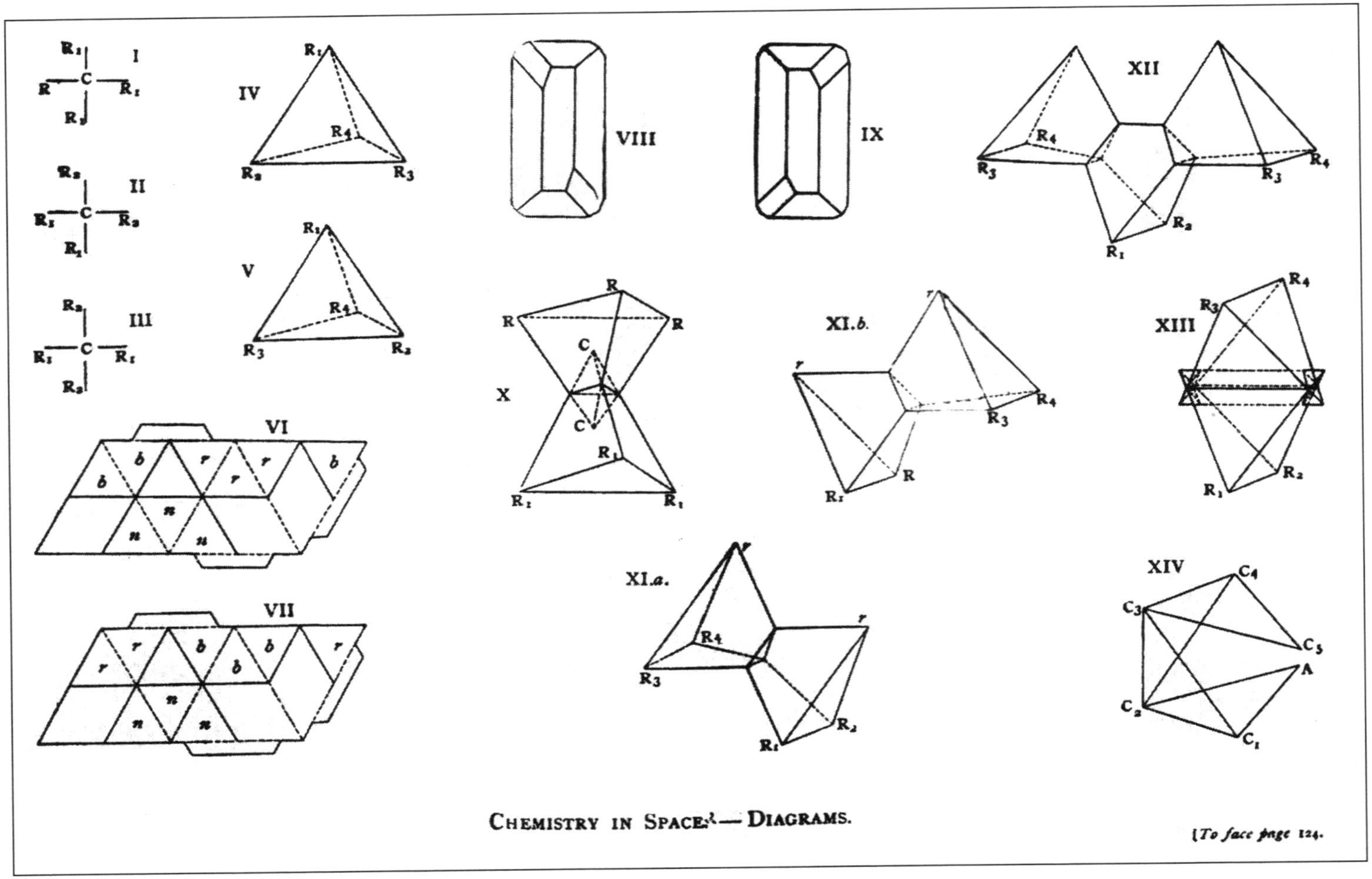

그림 139 ■ Van't Hoff의 공간에서의 화학의 첫 번째 영어판에 수록된 그림 (Oxford, 1891). LeBel과 같은 시기에 독립적으로 이루어진 그의 발견은 1901년에 노벨 화학상을 받는 데 어느 정도 기여했을 수도 있겠으나, 본질적으로는 용액의 삼투압 법칙 발견으로 받게 된 것이다.

Pasteur의 발견은 다른 것들과 연결되기 시작했다.[1] 예를 들면, 1770년에 Scheele는 발효 우유에서 젖산 [$CH_3CH(OH)COOH$] 을 분리하였다. 1807년에 Berzelius는 근육에서 젖산을 분리하였다. 그러자 우유에서 분리된 젖산은 광학적 비활성이나, 근육에서 분리된 젖산은 광학적 활성이라는 것도 밝혀졌다. 이러한 이분법적인 결과는 어디서 비롯된 것일까?

이 문제의 해결책은 1874년에 22살의 Jacobus Henricus van't Hoff와 27살의 Joseph Le Bel에 의해 발견되었다. 비록 둘 다 1874년 파리의 Adolph Wurtz의 연구실에서 일하긴 했지만, 그들의 발견은 전적으로 별개의 일이었다.[1, 2] Van't Hoff는 물리 화학의 발전에 큰 공헌을 계속했고 용액의 삼투압 법칙을 발견으로 제1회 노벨상 (1901) 을 탔다.

그림 139는 van't Hoff의 프랑스어 제2판을 번역한, 첫 번째 영어판 책에 인쇄된 도판이다. 두 젊은 화학자들은 사면체 꼭짓점에 있는 네 개의 서로 다른 원자 또는 그룹들과 결합된 사면체의 중심 탄소 원자는 비대칭이며, 거울상이 서로 겹치지 않게 존재한다고 가정했다. 이것들이 앞에서 설명된 거울상 이성질체이다. 그림 139의 구조 I과 II는 비대칭 탄소에 네 개의 다른 (R_1~R_4) 그룹이 결합된 이성질체의 평면 화학식이다. 구조 IV와 V는 서로 겹치지 않는 사면체들을 3차원으로 표현할 것이다 (구조 III은 두 개의 같은 그룹이 탄소 원자에 결합되어 광학적 이성질체가 아닌 탄소 원자를 나타내고 있다). 구조 VI과 VII은 구조 IV와 V를 만들기 위해 펼쳐 놓은 장면이다 (*n*은 검은색; *r*은 붉은색; *b*는 푸른색; 표시되지 않은 부분은 흰색; van't Hoff의 개인 소장용 수제 모델 사진이 있는 Heilbronner과 Dunitz의 책 참조).

두 가지 젖산에 대한 해답은 이제 명확해졌다. 즉 젖산은 비대칭 탄소 원자를 가지고 있는 것이다. 네 개의 다른 그룹 (그림 139의 구조 I, II, III, IV의 R_1부터 R_4) 은 H, CH_3, OH, COOH이다. Scheele가 우유에서 분리한 젖산은 같은 양의 두 이성질체를 모두 포함하고 있는 라세미 혼합물 광학적으로 비활성인 반면, Berzelius가 근육에서 분리한 젖산은 오직 하나의 이성질체만으로 되어 있기 때문에 광학적으로 활성이다.

1876년에 van't Hoff는 네덜란드 유트레히트 대학교 수의과 대학의 조교수로 임용되었다. 1877년에 1875년 프랑스어판 책이 독일어로 번역되자, 그는 부르츠부르크의 Johann Wislicenus로부터는 강력한 지원을 받았지만, 라이프찌히의 Hermann Kolbe 교수로부터는 아주 다른 대접을 받았다.

> 유트레히트 대학교 수의과 대학의 van't Hoff 박사라는 사람은 정확한 화학 연구에 대해서는 흥미가 없는 듯하다. 그는 그의 페가수스에 올라타 (수의과 대학에서 빌려왔겠지!) 화학적 파르나소스 산에 올라 'La Chimie dans L' Esace' 공간에서의 화학에 원자들이 공간에 어떻게 자리잡고 있는지 밝히는 것을 별로 어려운 일로 여기지 않는다.[5]

심술궂기는! 슬프게도 Kolbe는 뛰어난 과학자이며, 30여 년 전에 생기론 (202~203쪽 참조) 을 끝장냈음에도 불구하고 이것이 가장 많이 인용되는 구절일 것이다. 아이러니하게도, 1885년에 라이프찌히에서 Kolbe의 뒤를 이은 사람은 Wislicenus였다.

그림 139의 구조 X은 두 사면체들이 서로 침투하며, 두 중심 탄소들 간에는 단일 결합이 있음을 나타내고 있다. Van't Hoff는 정확하게 이 단일 결합 주위로는 자유 회전이 가능하다고 가정했다. 구조 XIa, XIb, XII, XIII은 *cis*와 *trans* 이성질체 (말레산과 푸마르산의 차이) 를 나타낸 것이다. 구조 XIV는 많이 발견되는 6각 고리와 Baeyer의 변형 이론을 설명한다.[6]

가끔은 시인이 되기도 하는, 전업은 이론가인 오랜 친구 Liebman의 시와 함께 분자의 3차원 여행을 마치려 한다.[7]

Van't Hoff와 Le Bel 송가

망원경과 마술 지팡이가 없이는
우리는 분자와 그 결합을 볼 수가 없어.
그렇지만 필요 없어, 너무나 당연히
4가 결합은 평면형 C*를 의미하니까.
(그밖에 뭐가 있겠어?)

Van't Hoff, Le Bel, 그리고 그들의 반론이 등장하네:
분자들은 보이지는 않아도 3차원이네.
어떻게? 너무나 당연히
결합이 네 개인 탄소는 사면체로 연결되네.**
(그밖에 뭐가 있겠어?)

* 그렇다고 꼭 정사각형을 의미하는 것은 아니네,
그것은, 물론 불공평한 일이지.
더 큰 그룹들은
더 넓은 공간을, 작은 것들은 남은 공간을 차지하지.
네 개의 그룹은 4변형을 형성하네;
이에 대한 논쟁은 잡소리일 뿐.

** 그렇다고 꼭 T_d(정사면체)를 의미하는 것도 아니네.
더 큰 그룹은 탐욕스럽지.
더 큰 그룹들은
더 넓은 공간을 이, 작은 것들은 남은 공간을 차지해.
모든 각들이 ($\mathrm{eos}^{-1} - 1/3$)은 아니지.
그게 다야, 다른 말은 더 이상 필요 없네.

Joel F. Liebman

1. J.R. Partington, *A History of Chemistry*, MacMillan, London, 1964, Vol. 4, pp. 749~759.
2. W.H.Brock, *The Norton History of Chemistry*, Norton, New York, 1993, pp. 257~264.
3. J.E.Marsh, *Chemistry In Space, from Professor J.H. van't Hoff's 'Dix Annees Dans L'Histoire D'Une Theorie,'* Clarendon, Oxford, 1891.
4. E.Heilbronner and J.D. Dunitz, *Reflections on Symmetry*, VCH, Weinheim, 1993.
5. J.E. Marsh, op. cit., p. 16.
6. 변형이론을 논의하기 위해서는 A. Greenberg and J.F.Liebman, *Strained Organic Molecules*, Academic, New York, 1978을 참고하기 바란다. 입체화학에 대해 자세히 알고 싶으면, E.L. Eliel and S.Wilen, *Stereochemistry*, Wiley, New York, 1996을 참조하라.
7. *Journal of Molecular Structure* (*Theochem*), Vol. 338 frontis matter(1995). Courtesy Professor Joel F. Liebman.

*Archeus*는 왼손잡이인가?

Pasteur의 거울상 이성질체와 라세미 혼합물에 관련된 빛나는 업적에는 어떤 물질의 한 거울상 이성질체 (예컨대 광학적 활성인 염기)를 써서 다른 물질 (예컨대 라세미 산)의 거울상 이성질체들을 분리할 수 있음을 알아낸 것도 있다. 손을 사용하면 유추가 간단하다. 우리는 거울상이 겹칠 수 없는 분자를 카이랄이라고 부른다. 오른쪽 장갑은 왼손과 오른손을 구분 ('분리') 할 수 있다. Pasteur와 다른 연구자들은 모든 광학적 활성 화합물들은 살아 있는 유기물로부터 온 것이라는 사실을 깨달았다. 근육의 젖산은 광학적 활성이지만, 합성 젖산은 그렇지 않다. 게다가, 유기체는 하나의 이성질체를 선택적으로 대사시킴으로써 라세미 혼합물을 쉽게 분리한다. 따라서, Pasteur는 광학적 비활성인 2차 아밀 알코올 (비대칭 탄소에 결합된 네 그룹은 H, OH, CH_3, C_3H_7) 3그램을 이스트 곰팡이가 들어 있는 현탁액과 섞어 인큐베이터에 넣었다. 한 달 후, 혼합물에서 증류된 알코올은 우회전성이었다.[1] 이스트는 선택적으로 좌회전성 이성질체만 신진대사했던 것이다.

유기체 내에는 이들이 광학적 활성 물질의 유일한 근원이 되게 하는 생명력이 있는가? 그리고 이 생명력이 라세미 혼합물을 분리하는 유일한 수단이었던가? 이전에 Paracelsus가 우리 위장 근처에 살고 있다고 여겼던 영적 연금술사, 생명의 정령인 *Archeus*에 대한 논의를 기억하는가? (그림 64 참조). *Archeus*는 하나의 머리와 두 개의 손으로만 되어 있고 대기와 음식의 독성 성분으로부터 영양소를 분리해내는 작용을 한다고 생각했다. 만약 *Archeus*가 왼손잡이였다면, 우리 몸이 어떻게 오른쪽과 왼쪽을 분리해내는지 벌써 이해했을 것이다. 다행히도, 과학자들은 생기론으로 되돌아가지 않았고, 다른 이성질체도 오염되지도 않고 *Archeus*들에게 월급을 주지 않으면서도, 순수한 광학 이성질체만의 약을 만드는 방법을 알아낸 회사들은 수십억 달러의 돈을 벌고 있다.

1. J.E. Marsh, *Chemistry In Space, from Professor J.H. van't Hoff's 'Dix Annees Dans L'Histoire D'Une Theorie,'* Clarendon, Oxford, 1891, p. 41.

John Read: 입체화학자

나는 이 책에서 연금술과 화학에 관한 3부작을 지은 John Read 박사에게 그의 엄청난 지혜와 학문적 업적 그리고 위트에 대해 존경을 표현한 바 있다. Read는 초기의 입체화학자로, 이 분야에서 적어도 두 번의 매우 중요한 발견의 현장에 있었다.

흥미롭게도, van't Hoff와 Le bel는 광학 활성의 필요 조건으로 단일 비대칭 탄소를 가정했지만, 19세기 말까지도 한 사슬에 탄소가 세 개 미만인 광학 활성인 화합물은 분리되지 않았다.[1] 이렇게 되자 노르웨이 화학자 F. Peckel Möller는 *'Cod-Liver Oil and Chemistry'*[2] (대구 간유와 화학) 이라는 책의 '공간내 원자들의 위치'[3]라는 장에서 자신의 '나사-이론'을 제안하였다. 1887년에 발표된 Michelson – Morley 실험에 의해 거짓으로 판명 났지만, 여전히 Mendeleev를 포함한 유명한 과학자들처럼 우주 에터를 믿고 있던 Möller는 3탄소 사슬이 광학 활성에 필요한 최소 조건이라고 가정했다. 지그재그 사슬로 된 세 개의 탄소들이 있어야만 에터에서 오른쪽 방향이나 왼쪽 방향의 소용돌이를 만들 수 있는 광학 타래송곳 (corkscrew) 이 될 수 있고, 이렇게 해서 우회전성 및 좌회전성 성질이 생긴다는 것이다. 아이러니하게도, Möller가 책을 쓰지 3년 후인 van't Hoff의 1898년 영어 2판에는[1] 이 새로운 세 개의 탄소 요건이 추가되었다. van't Hoff가 이 사실을 알았다면 얼굴이 어땠을까 보고 싶은 마음이 든다.

최초의 오직 하나의 탄소 원자를 포함하는 광학 활성 화합물 [$CHClI(SO_3H)$] 은 1914년에 보고되었다.[4] 이것은 위대한 입체화학자 William Jackson Pope와 케임브릿지 대학교의 John Read에 의해 합성되고 분리되었다.[3] Pope와 그의 동료들은 입체화학 개념을 탄소에서부터 질소, 인, 유황, 셀레늄, 실리콘, 그리고 주석으로까지만 확대했다.[3]

Read는 박사 학위를 쮜리히 대학의 Alfred Werner에게서 받았다. Werner는 광학 활성을 금속 화합물로 확장한 공로로 1913년에 노벨 화학상을 받았다. 엄밀히 얘기해서 1911년에 분리가 보고된 코발트 혼합물에는 여섯 개의 탄소가 있었다.[5] 그러나 분자의 광학 활성은 탄소 원자들 때문이 아니라 6배위 코발트의 공간 배치 때문이었다. Werner의 이 혁명적인 분리의 공동 연구자가 바로 John Read이다.[6]

그러나 이러한 발견의 역사는 그리 간단하지 않다. 100년 전에 여자가 박사 학위를 받는 것은 매우 드물며, 그 중 한명인 Edith Humphrey는 John Read보다 10년 전에 광학 활성 물질을 분리했던 것 같은데, 그 당시에는 그것을 알지 못했었다.[6] Humphrey 박사는 1977년에 102세의 나이로 세상을 떠났다. 그녀의 100번째 생일날, 그녀는 '쮜리히에는 여학생이 거의 없었지만, 곧 나는 교수님의 조수가 되었었다. 내가 영국인임이 도움이 되었다고 생각한다. 그리고 또 대부분의 거기 있었던 사람들보다 물리 화학을 더 많이 알았다.' 라고 했다.[6]

1. J.H. van't Hoff, *The Arrangement of Atoms in Space*, 2nd ed., A. Eiloart(translator), Longmans, Greem, London, 1898.
2. F.P. Möller, *Cod-Liver Oil and Chemistry*, Peter Möller, London, 1895.
3. A. Greenverg, *Journal of Chemical Education*, **70**: 287~286, 1993.
4. W.J. Pope and J. Read, *Journal of the Chemical Society* (*London*), **105-I**: 811, 1914.
5. A.Werver, *Berichte*, **44**: 2447, 1911.
6. I. Bernal, *The Chemical Intelligencer*, **5**, (1): 28~31, January, 1999.

보이지 않는 건초더미에서 보이지 않는 바늘 하나 찾기

미국 뉴저지 주 고속도로에서는 대기가 보이기도 하고 심지어 맛이 느껴지기도 하지만, 대기의 공기는 무색무취여야만 한다. 1770년대에 Scheele와 Priestley는 대기의 약 80%는 플로지톤화 공기 (질소) 이고 20%는 탈플로지스톤 공기 (산소) 로 되어 있음을 증명했다 [그림 135 (a) 에는 질소 요정 네 쌍과 산소 요정 한 쌍이 그려져 있다].

1890년대 동안, 물리학자 Rayleigh 경 (John William Strutt, 제3대 남작) 과 화학자 William Ramsay는 '화학 질소' 와 '대기 질소' 밀도가 다름을 주목하였다. 0℃, 760 mm Hg에서 '대기 질소' 의 밀도 (1.2572 g/L)는 '화학 질소' 의 밀도(1.2505 g/L)보다 약 0.6% 더 무겁다. '화학 질소' 는 NO 또는 N_2O와 수소의 반응, 질산 암모늄 (NH_2NO_2)의 가열, 또는 요소 (NH_2CONH_2)와 하이포아염소산 소듐 (NaOCl), 수영장 소독제의 반응 등에서 생성된다. 밀도의 차이는 '화학 질소' 에 포함된 미량의 남아 있는 수소 같은 가벼운 불순물, 또는 '대기 질소' 에 포함된 무거운 불순물의 존재일 수 있다. Rayleigh와 Ramsay는 이 불순물들은 약 1% 정도로 존재할 것이라 추정했다. 지금까지 알려지지 않은 물질 1%가 그들이 숨쉬었던 바로 그 공기 속에 포함되었다고 상상하는 것은 정말 어려운 일이었다.

> 여러 측면에서 가장 간단한 설명은 산소, 습기, 탄산 가스가 이미 제거된 공기 안에 또 다른 성분이 존재함을 인정하는 것이었다. 비율은 크지 않았다. … 그러나 이 사실을 임시라도 인정하게 되면, 우리를 둘러싸고 있는 엄청난 양의 공기에 대해 그토록 오랫동안 아무런 의심도 하지 않았었다는 불가능한 사실에 직면하게 된다.

Rayleigh와 Ramsay의 정밀한 연구 결과 그들은 1894년에 기체 원소 아르곤을 발견하였다. 그들은 대기와 관련된 가장 중요한 발견에 대해 수여하는 스미소니언(Smithsonian) 협회의 호지킨(Hodgkin)상을 타기 위해 논문을 투고하는 동안 발표를 보류하였다.[2] 그들은 이 발견을 1895년에 *Philosophical Transaction of the Royal Society*에 발표하였고, 스미소니언은 수상 논문을 1896년에 발표하였다.[1] 그들의 세심한 실험 가운데에는 석회수와 무수인를 이용하여 공기에서 이산화 탄소와 물을 제거하고, 가열된 구리를 이용하여 산소를 제거함으로써 '대기 질소'에서 '화학 질소'를 얻은 것이다. 남아 있는 '대기 질소'를 빨갛게 달군 마그네슘상에서 점화시키면, 질소화 마그네슘(Mg_3N_2) 가루가 얻어진다. 이 Mg_3N_2에 물을 첨가하면 암모니아(NH_3)가 생성되고, 이 생성물을 하이포아염소산 칼슘 [$Ca(OCl)_2$]으로 산화시키면 '화학 질소'가 얻어진다. 산소는 구리와 빠르게 반응하여 염을 생성한다. 산소보다 반응성이 훨씬 작은 질소는 달궈진 구리와 반응하지 않는다. 마그네슘은 구리보다 반응성이 훨씬 더 큰 금속이다. 실제로, 1808년에 Davy가 볼타전지를 써서 발견하기 전까지는 순수한 마그네슘 금속은 알려지지 않았었다.

그림 140(a)의 기구의 연소관 *A*에는 마그네슘이 들어 있고 버너로 가열하며, 연소관 *B*에는 산화 구리(연소관 *A*에서 잔여 수증기와 마그네슘이 반응하여 생성된 여분의 수소 기체를 제거하기 위해)가 들어 있으며, 역시 주둥이가 넓은 버너로 가열한다. 관 *CD*에는 석회수와 무수 인산이 들어 있고, *E*는 기체의 부피를 측정하는 용기이며, *F*는 '대기 질소' 기체 용기에 연결되어 있고, *G*는 각 단계 이후에 흡수되지 않은 기체를 저장한다. 그림 140(b)는 기체가 *C*를 경유하여 기체 용기 *A*로 들어가는 좀 더

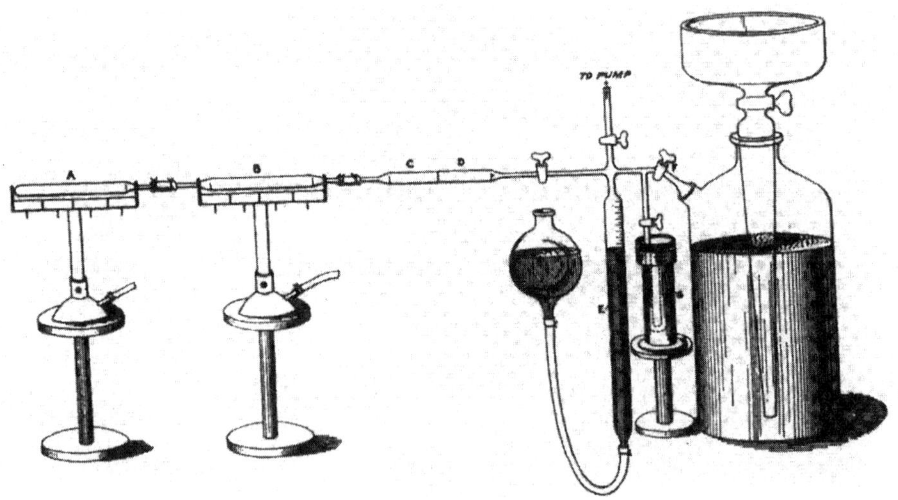

FIG. I.

(a)

그림 140 ■ (a) ~ (c)는 본문에 언급된 것으로 Rayleigh와 Ramsay가 출판한 수상 에세이(*New Constituent of the Atmosphere, Argon*)에서 발췌하였다. Rayleigh는 대기 질소는 '화학' 질소보다 약간 밀도가 큼을 알아냈다. 물과 이산화 탄소를 공기에서 제거한 이후에 산소가 빨갛게 달군 구리에 의해 제거되고, 남은 질소 안에서 마그네슘을 연소시킨다. 반응하지 않고 남아 있는 1% 미만의 기체는 대부분 아르곤이다.

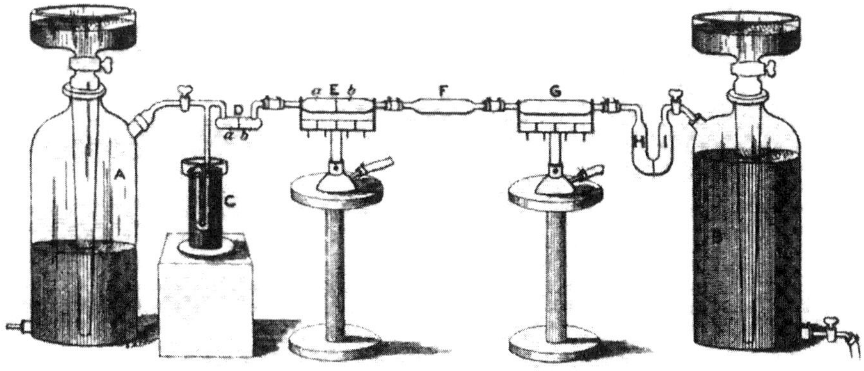

FIG. 2.

(b)

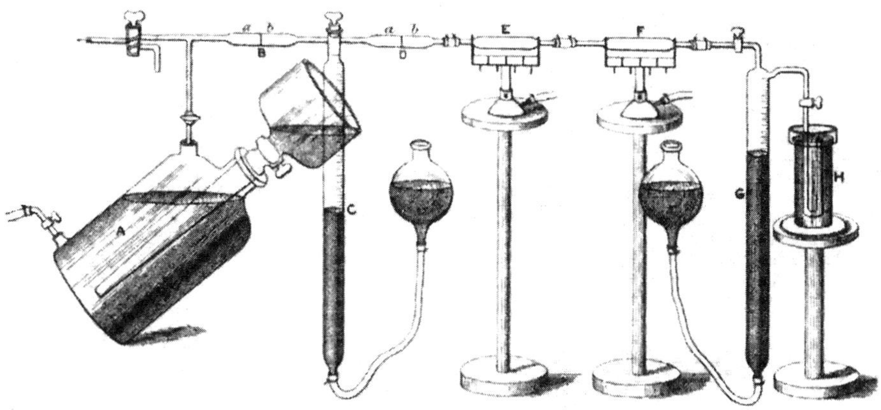

FIG. 3.

(c)

그림 140 ■ (계속)

큰 규모의 장비를 보여 준다. 관 *D*는 석회수 [그림 140 (a)] 와 인산 [그림 140 (b)] 으로 채워져 있다. 넓은 불꽃으로 가열되는 연소관 *E*는 다공성 구리와 알갱이형 산화 구리로 채워져 있다. 관 *F*에는 소다석회 알갱이들이 들어 있고, *G*에는 주둥이가 넓은 버너로 가열하여 빨갛게 달궈진 마그네슘이 들어 있다. *H*에는 인산이, *I*에는 소다석회가 들어 있다. 대기 공기가 빨갛게 달궈진 구리를 통과하여 얻어진 질소는 *C*를 경유하여 관 *A*로 들어간다. 10일 동안 이 질소는 천천히 *A*와 *B* 사이를 왔다갔다 이동하게 된다. 마그네슘은 필요한 만큼 다시 채운다. 남아 있는 소량의 기체는 그림 140 (c) 의 장치로 옮겨지는데, 이 장치는 다음 조작들에서 대기 공기를 제거하도록 고안되었다.

아르곤의 밀도를 정확하게 결정하는 일은 주로 질소같은 불순물이 존재하기 때문에 어려운 일이었다. 아르곤의 밀도는 1.75 ~ 1.82 g/L 정도였는데, 대략 수소의 20배 정도 값이었다. 수소의 분자 질량은 무게가 2.0 amu이므로 아르곤의 '분자' 질량은 약 40 amu정도가 되어야 한다.

Rayleigh와 Ramsay는 빛의 스펙트럼을 이용해 관찰한 새로운 기체의 특성을 다음과 같이 설명하였다: '이 관에서 관찰된 스펙트럼은 질소뿐만 아니라 우리가 알고 있는 어떤 물질의 스펙트럼과도 다르다.' 그들은 이 새 원소와 주변의 모든 화합물과의 반응성을 조사했으며, 이 원소는 반응성이 전혀 없다는 것을 발견하였다. 그들은 이 새로운 원소의 이름을 아르곤 (argon) 이라 하였는데, 라틴어 *a* (없다) 와 *ergon* (일, 작업) 에서 유래한 '게으른' 을 의미한다.

1785년에 처음으로 플로지스톤화 공기의 1/120에 해당하는 반응하지 않는 기체의 분리에 대해 보고한 Henry Cavendish에 대한 경의의 표현으로 Rayleigh와 Ramsay는 이렇게 썼다.

> Cavendish의 방법대로 실험을 반복하는 시도는 우리에게 이렇게 멋진 실험에 대한 경의로움을 느끼게 해주었다. 극소량의 물질을 며칠, 몇 주 동안 다루면서 그는 화학 분야에서 가장 중요한 사실 들 중의 하나를 확립했다. 그리고 더욱 중요한 것은 그가 앞에서 암시된 의문을 명백하게 제시하고 그것을 일정부분 해결했다는 것이다.

1. Lord Rayleigh and Professor William Ramsay, *Argon, A New Constituent of the Atmosphere*, Smithsonian, Institution, Washington, D.C., 1896.
2. W.H.Brock, *The Norton History of Chemistry*, Norton, New York, 1993, pp. 331~340. 이것은 특별히 즐겁고 이하해기 쉬운 논의이다.

그러나 아르곤은 단원자 기체이다—그리고 거기에는 다른 것들도 있다!

아르곤의 발견에는 화학적 비활성을 넘어서 또 다른 놀라운 사실이 있다. Rayleigh와 Ramsay는 아르곤 분위기에서 소리의 속도 측정을 보고하면서, 일정한 압력과 일정한 부피에서의 열용량 비율 (C_p/C_v) 이 2원자 기체로서는 너무 높다는 것을 지적하였다. 유일하게 다른 비슷한 관찰은 원자량이 알려진 단원자 수은 (증기) 인데, 이는 수은 원자가 화합물을 구성하기 때문이다. 일정한 부피에서, 질소 같은 2원자 분자에 가해진 열은 분자의 병진운동뿐만 아니라 결합의 진동 운동에도 이용된다. 단원자 물질에서는 진동 운동은 없으므로, 열을 흡수하는 용량이 작다.

아르곤이 단원자 기체이고 원자량이 40이라는 발견은 체계에 심각한 타격을 가했다.[2] 먼저, 만약 아르곤이 2원자 분자라면, 원자량은 20이 되므로, 플루오린 (19) 과 소듐 (23) 사이에 위치한다. 그러나 원자량이 40인 새로운 단원자 물질은 주기율표에서 새롭고 전혀 예상치 못한 족을 필요로 할 뿐만 아니라, 칼슘과 원자량이 같아서 Mendeleev가 처음 만든 주기율표의 순서를 엉망으로 만든다. 사실 이 발견은 Mendeleev와 그의 제자들을 당황스럽게 만들었다.[2] Rayleigh와 Ramsay는 다음과 같이 기록하였다. '만약 아르곤이 단원자라면 원소의 주기적 분류가 완벽한가에 대한 의심의 여지가 있다.'[1] 그들의 보고는 이렇게 마무리되어 있다.[1] '우리는 이 기체를 잠정적으로 혼합물이 아니라고 가정하고 기호 A라 하겠다.' (후에 이것은 Ar로 바뀐다).

19세기 말, 공기를 냉각 후 팽창시켜 액체로 만드는 기술이 개발되었다. 1900년 12월 30일 *Brooklin Daily Eagle*의 일요일판 표지에는 다음의 헤드라인이 실렸다. '액체 공기가 경이로운 새로운 세상의 문을 열 것이다.' 그리고 그 아래의 부표제에는 다음과 같이 나와 있다. 'Pictet은 이 액체를 불로장생의 영약으로 부르고 그것이 지구에서 가난을 사라지게 할 것이라고 선언하다.' 유사한 기술을 사용하여 공기를 응축시킴으로써 1898년에 Ramsay는 아르곤과 연관된 비활성 '귀족'[3,4] 기체인 네온(Ne), 크립톤(Kr), 제논(Ze)을 발견했다. 헬륨(He)은 그 이름대로 1868년에 월식이 진행되는 동안 태양 빛의 선스펙트럼의 측정을 통해 발견됐다. 1895년 Ramsay는 우라늄 광석을 가열하여 헬륨을 분리해냈다. 이러한 연구로, Rayleigh는 1904년 노벨 물리학상을 수상하였고 Ramsay는 같은 해에 노벨 화학상을 받았다. 1908년, Ramsay는 라듐을 함유하는 광물에서 마지막 비활성 기체 라돈(Rn)을 분리했다.

그의 흥미로운 책 *The Periodic Kingdom*[5]에서 Atkins는 주기율표를 산, 계곡, 호수, 해안들로 이루어진 대지로 묘사하였다. 귀족 기체들은 동쪽 해안 지역의 땅으로 나타나 있고, Atkins는 다음과 같이 기록하였다. '… 주기율표의 어느 다른 지역에서도 단 한 사람—Ramsay—의 기여가 이렇게 큰 곳은 없다.'

1. Lord Rayleigh and Professor William Ramsay, *Argon, A New Constituent of the Atmosphere*, Smithsonian, Institution, Washington, D.C., 1896.
2. W.H. Brock, *The Norton History of Chemistry*, Norton, New York, 1993, pp. 331~340. 이것은 특별히 즐겁고 이하해기 쉬운 논의이다.
3. Special Newsday reproduction of *The Brooklyn Daily Eagle*, Vol. 60, No. 360, Sunday, December 30, 1900.
4. 이에 대해 너무 심술궂은 구두쇠 같이 할 것까지는 없으나, 적어도 Brooklyn에서는 세기말은 적당히 축하를 받아야 했고, 1899년 말 슬그머니 도달하지는 않았다—Madison가가 참으로 있었다면 수학적 권위가 그 거리에서 여전히 휘날리고 있었으리라!
5. P.W. Atkins, *The Periodic Kingdom*, Basic Books, New York, 1995, pp. 53~54.

대기 중에는 도대체 얼마나 많은 다른 물질들이 있는 걸까?

얼마나 많은 물질이 공기에 존재하는가는 얼마나 낮은 농도까지 고려하느냐에 달려 있다. 백분율 정도까지로 보면, 공기에는 오직 질소(78.08%)와 산소(20.95%)가 존재한다.[1,2] 조금 더 확장하여 아르곤(0.93%)을 포함하면, 건조한 공기의 99.9% 이상이 단지 세 물질만으로 설명된다. 물의 농도는 지역에 따라 달라 10만 배까지 변하는데, 열대우림에서는 백분율 수준에 도달한다.[1] 이 백분율은 부피 대 부피 비(v/v)이고, 동일한 압력과 온도에서 같은 수의 기체 분자들은 같은 부피를 가지므로, 건조 공기 1000 분자들에는 평균 780개의 질소 분자, 210개의 산소 분자, 아홉 개의 아르곤 원자가 존재한다. 이산화 탄소는 약 100만 당 350개 (ppm) 정도 존재한다. 낮은 ppm 수준에는 네온, 헬륨, 메테인, 크립톤, 물을 포함한 총 아홉 가지 물질이 있다. 10억 개당 (ppb) 수준에서는, 수소, 일산화 탄소, 이산화황, 암모니아, 오존이 포함된다. 그 보다 아래인 ppb에서 ppt(1조개 당) 수준에는 질소 산화물들과 벤젠, 톨루엔, 사염화 에틸렌과 같은 수백 종의 유기 증기들이 있다. 극미량 수준의 유기 대기 오염 물질까지 고려하면 그 수는 수천 가지에 달한다.

십억 분의 비율은 무엇인가? 알코올 한 방울을 깊이 1.8미터, 가로 3.6미터, 세로 5.4미터의 물통에 떨어뜨리고 완전히 젓는 것이라고 생각해보면 된다. 또는, 골프 한 팀 40명을 세상 전부의 인구 숫자에 비교해 보는 것을 상상하면 된다.

1. T.E. Graedel and P.J. Crutzen, *Atmospheric Change: An Earth System Perspective*, Freeman, New York, 1993, p.8.
2. J.H. Seinfeld, *Atmospheric Chemistry and Physics of Air Pollution*, Wiley,New York, 1986, p.8.
3. B.B. Kebbekus and S. Mitra, *Environmental Chemical Analysis*, Blackie Acadimic and Professional, London, 1998, pp. 229~230.
4. T.E. Graedel, D.T. Hawkins, and L.D. Claxton, *Atmospheric Chemical Compounds: Sources, Occurrence, and Bioassay*, Academic, Orlando, 1986.
5. 이 제안에 대해 Joel F. Liebaman 교수에게 감사를 한다.

천상의 에터 원자

빛의 파동성에 대한 초기 실마리는 17세기 Hooke의 회절 발견과 간섭 징후들이었다. 연못에 돌을 떨어뜨리면 파동이 생기는 것은 당연했고, Boyle은 공기가 음파의 전파에 꼭 필요하다는 것을 밝혔다. 그러므로 빛의 파동이 전파되기 위해서는 매체가 필요하고, 그것은 일종의 '보편적인 에터'—어디에나 존재하지만 지각할 수 없는—로 인식되었다. 1880년대, 물리학자 Michaelson과 Morley는 실험적으로 에터의 존재를 부정했다. 그럼에도, 그 개념은 많은 저명한 과학자들에게 거의 20년 넘게 계속해서 영향을 끼쳤다. 1895년에 출간된 책 *Cod-Liver Oil and Chemistry*(대구 간유와 화학) 에서 저자 Friedrich Möller는 평면 편광빛의 회전이 시계방향 또는 반 시계방향으로 나타나는 이유는 분자 내에서 결합의 시계 또는 반시계 방향으로의 회전이 에터 내에서 시계 또는 반시계 방향으로 자극을 남기기 때문이라고 설명했다.

Mendeleev는 에터의 존재를 확실하게 믿고 있는 사람이었다. 그의 설명은 화학적인 것으로, 주기율표와 새로 발견된 비활성 기체에 근거한 것이었다.[1] 1904년 영어판 Mendeleev의 책 *An Attempt Toward a Chemical Conception of the Ether*(에터의 화학적 착상을 향한 시도)가 출간됐을 때 Mendeleev의 나이는 70이었다. 그는 에터가 그때까지 알려지지 않은 아주 가벼운 비활성 기체의 원자들로 이루어져 있다고 가정했다. 당연히 이 기체는 모든 물질을 반응하거나 흡수됨이 없이 통과해야 하기 때문에 비활성이어야 하고, 지각되지 않아야 하기 때문에 아주 가벼워야 한다.

그는 '에터 원소'를 그림 141에서와 같이 주기율표에 넣었다. Mendeleev는 비활성 기체들을 0족에 놓고, 수소와 알칼리 금속의 왼쪽에 두었다. 2주기에는 헬륨이 있고 1주기의 수소 왼쪽은 비워 두었다. 현대식 주기율표는 비활성 기체를 18족(또는 8A족)에 놓고, 헬륨은 이론적이며 실제적인 이유로 1주기에 놓는다. Mendeleev는 새로운 0족-1주기 원소(그림의 원소 *y*)를 가정하고, 이것의 상대적인 원자량(수소를 1.0으로 했을 때)을 0.4로 계산하고는 이 값이 에터 원자에 대한 값으로는 너무 크긴 하지만 태양 스펙트럼의 정해지지 않은 흡수선들에 해당할지고 모른다고 지적했다(헬륨이 이미 알려져 있었음을 기억하라). 그리고 그는 상대적인 질량이 0.00000096 ~ 0.000000000055의 범위에 있는 천상의 에터를 구성하는 원자인 0족 0주기의 또 다른 새 원소 *x*(그림 141)를 가정하였다.

에터 개념을 그의 주기율표에 끼워 넣으려는 Mendeleev의 너무나도 인간적인 시도는 우리 자신의 세계관을 사실에 끼워 맞추려는 인간의 한계에 대한 예시이다. 그림 142는 19세기 중반의 공룡 그림이다. 뼈들은 곰 혹은 소 같은 형상으로 끼워 맞추어졌

Series	Zero Group	Group I	Group II	Group III	Group IV	Group V	Group VI	Group VII	Group VIII
0	*x*								
1	*y*	Hydrogen H=1·008							
2	Helium He=4·0	Lithium Li=7·03	Beryllium Be=9·1	Boron B=11·0	Carbon C=12·0	Nitrogen N=14·04	Oxygen O=16·00	Fluorine F=19·0	
3	Neon Ne=19·9	Sodium Na=23·05	Magnesium Mg=24·1	Aluminium Al=27·0	Silicon Si=28·4	Phosphorus P=31·0	Sulphur S=32·06	Chlorine Cl=35·45	
4	Argon Ar=38	Potassium K=39·1	Calcium Ca=40·1	Scandium Sc=44·1	Titanium Ti=48·1	Vanadium V=51·4	Chromium Cr=52·1	Manganese Mn=55·0	Iron Fe=55·9 Cobalt Co=59 Nickel Ni=59 (Cu)
5		Copper Cu=63·6	Zinc Zn=65·4	Gallium Ga=70·0	Germanium Ge=72·3	Arsenic As=75·0	Selenium Se=79	Bromine Br=79·95	
6	Krypton Kr=81·8	Rubidium Rb=85·4	Strontium Sr=87·6	Yttrium Y=89·0	Zirconium Zr=90·6	Niobium Nb=94·0	Molybdenum Mo=96·0	—	Ruthenium Ru=101·7 Rhodium Rh=103·0 Palladium Pd=106·5 (Ag)
7		Silver Ag=107·9	Cadmium Cd=112·4	Indium In=114·0	Tin Sn=119·0	Antimony Sb=120·0	Tellurium Te=127	Iodine I=127	
8	Xenon Xe=128	Caesium Cs=132·9	Barium Ba=137·4	Lanthanum La=139	Cerium Ce=140	—	—		— — — (—)
9		—	—		—	—	—	—	
10	—	—	—	Ytterbium Yb=173	—	Tantalum Ta=183	Tungsten W=184	—	Osmium Os=191 Iridium Ir=193 Platinum Pt=194·9 (Au)
11		Gold Au=197·2	Mercury Hg=200·0	Thallium Tl=204·1	Lead Pb=206·9	Bismuth Bi=208	—	—	
12	—	—	Radium Rd=224	—	Thorium Th=232	—	Uranium U=239		

그림 141 ■ *An Attempt Towards A Chemical Conception of the Ether* (London, 1904)에서, Mendeleev는 '우주의 에터'가 그의 주기율표의 0족-0주기의 상상할 수 없이 가벼운 비활성 기체 원자들(*x*)로 구성되어 있다고 가정한다. *x* 아래에는 원자 질량이 0.4인 또 다른 새로운 비활성 기체(*y*)가 있어야 한다(수소 = 1.0).

A MASSIVE ANTEDILUVIAN ANIMAL—THE MEGALOSAURUS.

IMMENSE PRE-HISTORIC ANIMALS—THE IGUANODON AND MEGALOSAURUS.

그림 142 ■ Mendeleev의 주기율 법칙을 소멸된 에터 이론 설명에 '끼워맞추기' 위한 시도는, 19세기 고생물학자들이 공룡의 뼈들을 곰과 기타 알고 있는 다른 육식 동물의 형상으로 '끼워맞추려'는 시도와 너무나 유사하다.

는데, 왜냐하면 이들이 당시에 알려져 있던 지상의 가장 거대한 육식 동물과 초식 동물들이었기 때문이다. 1913년 Bohr에 의해 개발되었으나 후에 빛을 잃은 원자의 행성 모형은 우주의 통일성 및 태양계와의 유추에 대한 그의 갈망에 근거한 것일 것이다.

1. A. Greenberg, *The Chemical Intelligencer*, April, 1995, pp. 31~36.

비원자

나눌 수 없는 게 아니라니! 그리스 철학자들은 가장 작은 물질 단위를 원자(나눌 수 없는)라 생각했다. John Dalton은 다음과 같이 말하였다. '그래도 알다시피 … 인간은 원자를 쪼갤 수가 없소'. 하지만, 19세기 말엽에 이러한 견해는 완전히 수정되어야 했다.[1, 2] 1859년, Julius Plucker는 진공관의 눈에 보이는 방전이 자기장에 의해 휘어질 수 있다는 것을 알아냈다. 음극선이라는 명칭은 1883년에 붙여졌고, William Crookes는 음극선이 음전하를 띰을 증명하였다. Joseph John Thomson은 이러한 방출의 입자적 성질을 밝혔고, 이 입자의 전하/질량 비율 $(e/m) = 1.2 \times 10^7$ emu/g(현재 값 1.7×10^7 emu/g $= 5.1 \times 10^{17}$ esu/g)를 결정했다. G.J. Stoney는 Thomson의 반대에도 불구하고 전자라는 용어를 도입하였다. 또한 당시에 전자에 대한 e/m 값이 수소 이온에 대한 값의 약 1300배(현재 비율은 약 2000배)임도 알려져 있었다.

1908년 Robert Millikan(1923년 노벨 물리학상 수상)은 처음으로 기름 방울 실험을 수행하여 전자의 전하가 4.77×10^{10} esu(후에는 4.80×10^{10} esu)이라는 것을 밝혔다. 현대의 e/m값 $(1.7 \times 10^7$ esu/g)에 근거하면 전자의 무게는 수소 원자의 1/1837밖에 안 된다.

음극선관은 또한 전자의 반대 방향으로 양이온을 방출한다는 것도 알게 되었다. 이 양극선들은 훨씬 무거운 입자로 이루어져 있다. Thomson(1906년 노벨 물리학상 수상)은 자기장을 이용해 이 이온들의 경로를 휘게 해서 필름에 충돌을 기록했다. Thomson은 순수한 네온 기체가 동위원소 때문에 20과 22의 두 가지 질량을 나타낸다는 것을 밝혔다. 동위원소라는 용어는 Frederick Soddy(1921년 노벨 화학상)가 화학적 성질은 같지만 방사성 성질은 다른, 방사성 원소들을 연구하면서 붙인 것이다.[3] 자기장을 이용한 양이온들의 분리하고 사진판에 기록하는 것은 Francis W. Aston(1922년 노벨 화학상 수상)이 개발한 질량분광기의 기초가 되었다.[1]

1. J.R. Partington, *A History of Chemistry*, MacMillan, London, 1964, Vol. 4, pp. 929~934.
2. A.J. Ihde, *The Development of Modern Chemistry*, Harper & Row, New York, 1964, pp. 478~483; 486.
3. J.R. Partington, op. cit., pp. 941~947.

결정체는 X선을 회절시킬 수 있다

X선은 William Röntgen에 위해 1895년 우연히 발견되었다.[1] 그는 판지 박스 안에 있는 음극선관을 가지고 있었으며, 그 주변에 우연히 인광 물질로 코팅된 종이가 놓여

있었다. 음극선관이 켜져 있을 때 인광 물질은 어둠 속에서 빛을 냈다. Röntgen은 이 방사선이 사진판을 뿌옇게 한다는 것도 발견했다. 그는 이 방사선을 x선이라 이름 붙였고, x선을 이용해 자신의 손의 이미지를 찍기도 했다.[1] Röntgen은 제1회 노벨 물리학상을 받았다 (1901년).

19세기 말엽 빛의 회절성은 이미 잘 알려져 있었고 충분히 이해되는 현상이었다. 투명한 필름에 선 간격이 빛의 파장과 비슷한 경우 빛의 간섭 (회절) 이 일어난다는 것도 알려져 있었다. 예를 들면, 소듐 빛 (파장 = 589 nm) 은 센티미터 당 7000개 (선간격 0.000143 cm) 의 선을 가진 회절 격자에 의해 회절된다.[2] 그러나 x선은 빛과 같은 전자기 복사선이지만 회절 격자에 위해 회절되지 않는다. 1912년 Max von Laue (1879~1950) 는 약 $10^{-8} \sim 10^{-9}$cm (1×10^{-8}cm = 1 옹스트롬) 로 여겨지는 x선의 파장이 결정체 안의 원자들 간 (혹은 이온들 간) 의 거리와 비슷할 것이라고 정확하게 가정하였다.[3] 그는 이러한 결정 격자들이 x선을 회전시킬 수 있다는 것을 밝혔다. 그림 143의 윗부분은 NaCl (암염) 과 CaF_2 (형석) 의 결정 격자를 나타낸 것이다.[4] 그림 143의 아래쪽은 Laue 의 x선 장치를 나타낸 것이다. 접속시킨 x선이 결정 *C*를 만난 후 사진건판 *P*에 충돌한

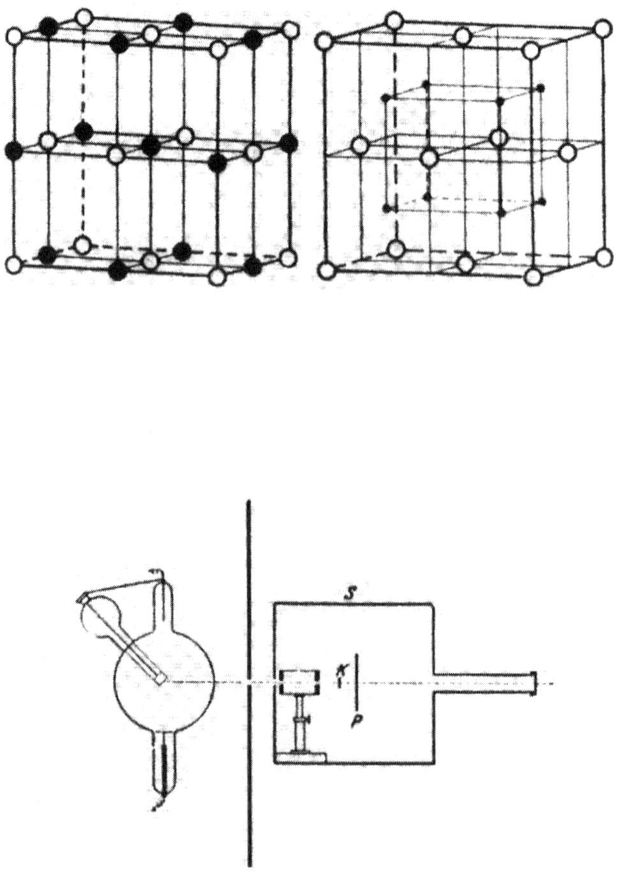

그림 143 ■ Röntgen이 x선을 발견한 후에 Max von Laue는 x선의 파장이 NaCl과 CaF_2같은 이온 결정내 원자간의 거리와 비슷할 것이라고 가정했다. 그의 x선 장치는 아랫부분에 그려져 있다 (Max Born, *The Constitytion of Matter* (물질의 구성, London, 1923).

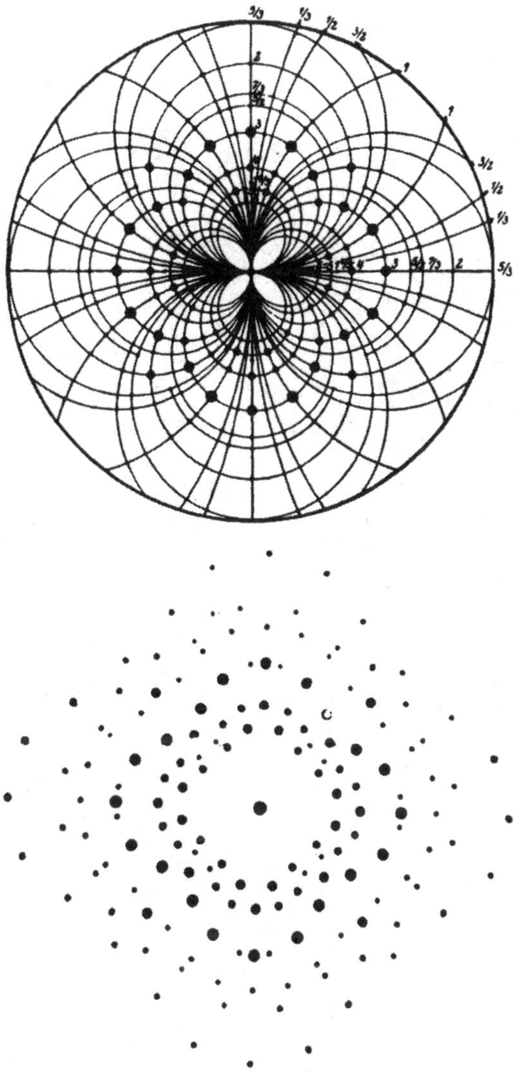

그림 144 ■ von Laue의 회절 실험으로 얻은 x선 패턴의 그림 (Born의 책에서 발췌, 그림 143 참조).

다. x선의 회절 (이론적 구성, 그림 144 위) 은 사진건판 (그림 144의 아래) 에 결정의 대칭성에 대한 단서를 주는 패턴을 만들어낸다. Von Laue는 1914년도 노벨 물리학상을 수상했다.

1. J.R. Partington, *A History of Chemistry*, MacMillan, London, 1964, Vol. 4, pp. 934~935.

2. W.H. Bragg and W.L. Bragg, *X-Rays and Crystal Structure*, 4th ed., Bell, London, 1924, pp. 1~5.

3. A.J. Ihde, *The Development of Modern Chemistry*, Harper & Row, New York, 1964, pp. 483~486.

4. M. Born, *The Constitution of Matter, Methuen*, London, 1923, pp. 12~19.

두 개의 노벨상도 과학 한림원 회원이 되기에는 부족?

Röntgen의 x선 발견에 자극을 받아, Henri Becquerel (1852~1908) 은 x선과 형광 사이의 관계에 대해 가정했다. 그는 다양한 형광 결정 시료를 잘 싸서 햇빛이 들어오지 않도록 보호한 사진건판에 접촉시켰다. 이 시료들을 태양빛에 노출시키면서 그는 $K_2(UO_2)(SO_2)_2$이 사진건판을 뿌옇게 만든다는 것을 발견했다. 고에너지 전자가 반-양극 (anti-cathode) 에서 x선을 방출시키듯 햇빛도 이 화합물들을 자극해 x선을 방출시키는 것 같았다. 그러나 Becquerel은 더욱 놀라운 사실을 알아냈다. $Zn(UO_2)(SO_2)_2$—사진건판 조합을 어둠 속에 두어도 필름이 뿌옇게 변하였다. Becquerel은 방사능을 발견한 것이다.[1, 2]

방사능이라는 용어는 명백하게[1] Marie와 Pierre Curie가 폴로늄 원소 (그림 145 참조) 의 발견을 보고한 *Comptes Rendus* 논문[3]에서 처음 소개되었다. Marya Sklodowska (1867~1934) 는 1891년 폴란드에서 수학과 물리학을 공부하러 파리로 왔다. 엄청난 경제적 궁핍에도 그녀는 소르본느에서 1893년 물리학에서 석사 학위를 (최고 성적으로), 1894년 수학에서 석사 학위를 받았다. 그 해에 그녀는 시립 공업 물리 및 화학 대학 (Municipal School of Industrial Physics and Chemistry) 교수였던 Pierre Curie (1859~1906) 를 만났다.[4] Marie는 그녀의 사랑하는 조국 폴란드로 돌아가서 가르칠 계획이어서 Pierre의 청혼을 거절했다. Pierre가 그의 연구를 포기하고 그녀와 함께 폴란드로 돌아가겠다고 하자 Marie는 그의 청혼을 받아들였다.[4] 1895년 결혼 후, 부부는 파리에 남기로 결정했다. Pierre는 그의 박사 학위를 끝냈고, 아내 Marie Sklodowska Curie도 교사 자격을 얻었다. 그들은 시립 학교 (Municipal School) 에서 같이 연구를 할 기회를 얻었다.

Pierre가 압전기에 대한 연구를 진행하는 동안에 Marie는 남편의 전위계 (electrometer) 를 검출기로 이용하여 방사능 분야의 새로운 연구를 시작했다. Curie 부인은 곧 토륨 (thorium) 도 (1829년 Berzelius에 의해 발견됨) 우라늄과 같은 방사성 물질이라는 것을 발견했는데, 그 발견은 Gerhardt Carl Schmidt에 의해서도 이루어졌다. 1898년 그녀는 역청 우라늄 광석이 그것의 우라늄 함량 (80% U_3O_8) 에서 예상되는 것보다 훨씬 더 많은 방사능을 띤다는 것을 발견했다. 그녀는 미지의 강력한 방사성 물질의 존재를 의심했다. 이 시점에서 Pierre는 Marie의 연구에 동참했다. 역청 우라늄은 매우 비싸서 Curie 부부는 보헤미야의 역청 우라늄 광산에서부터 받은 용해되지 않는 폐기물을 사용할 수밖에 없었다.[4] 역청우라늄 함량이 적은 여러 톤의 광물을 화학적으로 분리하기 위해 그들은 시립 학교의 버려진 해부실에서 일하였다. Pierre의 연구는 방사능 분야로 집중됐고, Marie의 일은 화학 물질의 분리와 분석이었다. 그녀는 '때때로 나는 나만큼 큰 쇠막대를 가지고 끓는 물질을 저으면서 하루를 보내야만 했습니다. 저녁 때가 되면 피로에 지쳐 파김치가 되기 일쑤였죠.'[4]라고 말했다. 몇 톤의 불순물

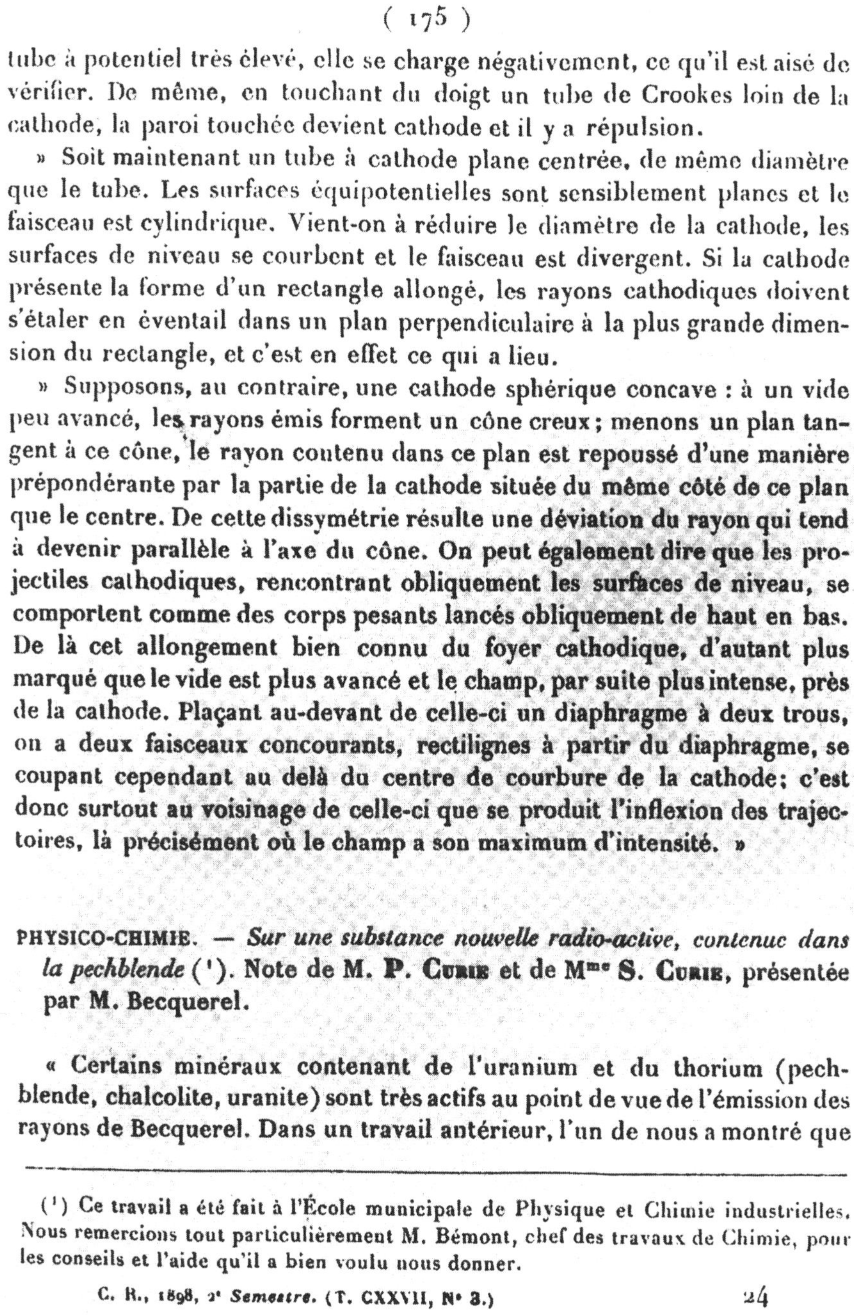

(175)

tube à potentiel très élevé, elle se charge négativement, ce qu'il est aisé de vérifier. De même, en touchant du doigt un tube de Crookes loin de la cathode, la paroi touchée devient cathode et il y a répulsion.

» Soit maintenant un tube à cathode plane centrée, de même diamètre que le tube. Les surfaces équipotentielles sont sensiblement planes et le faisceau est cylindrique. Vient-on à réduire le diamètre de la cathode, les surfaces de niveau se courbent et le faisceau est divergent. Si la cathode présente la forme d'un rectangle allongé, les rayons cathodiques doivent s'étaler en éventail dans un plan perpendiculaire à la plus grande dimension du rectangle, et c'est en effet ce qui a lieu.

» Supposons, au contraire, une cathode sphérique concave : à un vide peu avancé, les rayons émis forment un cône creux; menons un plan tangent à ce cône, le rayon contenu dans ce plan est repoussé d'une manière prépondérante par la partie de la cathode située du même côté de ce plan que le centre. De cette dissymétrie résulte une déviation du rayon qui tend à devenir parallèle à l'axe du cône. On peut également dire que les projectiles cathodiques, rencontrant obliquement les surfaces de niveau, se comportent comme des corps pesants lancés obliquement de haut en bas. De là cet allongement bien connu du foyer cathodique, d'autant plus marqué que le vide est plus avancé et le champ, par suite plus intense, près de la cathode. Plaçant au-devant de celle-ci un diaphragme à deux trous, on a deux faisceaux concourants, rectilignes à partir du diaphragme, se coupant cependant au delà du centre de courbure de la cathode; c'est donc surtout au voisinage de celle-ci que se produit l'inflexion des trajectoires, là précisément où le champ a son maximum d'intensité. »

PHYSICO-CHIMIE. — *Sur une substance nouvelle radio-active, contenue dans la pechblende* (¹). Note de M. P. CURIE et de Mme S. CURIE, présentée par M. Becquerel.

« Certains minéraux contenant de l'uranium et du thorium (pechblende, chalcolite, uranite) sont très actifs au point de vue de l'émission des rayons de Becquerel. Dans un travail antérieur, l'un de nous a montré que

(¹) Ce travail a été fait à l'École municipale de Physique et Chimie industrielles. Nous remercions tout particulièrement M. Bémont, chef des travaux de Chimie, pour les conseils et l'aide qu'il a bien voulu nous donner.

C. R., 1898, 2ᵉ *Semestre*. (T. CXXVII, N° 3.) 24

그림 145 ■ Pierre와 Marie Curie가 역청우라늄에서 폴로늄을 발견하고, 방사능이라는 용어를 만들었음을 보고하는 논문의 첫 페이지 (*Comptes Rendus*, **127**: 175, 1898).

역청 우라늄에서 고생스럽게 얻은 화학 물질 일부에서 Marie Curie는 1898년 7월 새로운 원소인 폴로늄 (polonium, 그녀의 조국의 이름을 붙였다)을 발견했다 (그림 145는 이 논문의 제목면이다).

하지만 바륨 (Ba) 과 기타 알칼리 토금속염이 포함된 또 다른 화학 물질 일부도 강한 방사능을 띠었다. Curie 부인이 이 물질들을 우라늄의 60배의 방사능 세기까지 정제하자, 새로운 스펙트럼선이 검출되었다. 분광기 (Robert Wilhelm Bunsen과 Gustav Robert Kirchoff가 1860년쯤 개발한 것[5]) 가 방출된 빛을 감지하는 만큼 예민하게, 전위계는 방사능 검출에 더 민감한 것이었다. 900배 수준으로 정제하자 새로운 스펙트럼 선의 세기도 마찬가지 비율로 증가하는 현상을 볼 수 있었다. 이것은 Curie에게 새로운 화학 물질 라듐 (Radium) 의 존재를 1898년 12월 *Comptes Rendus*에 발표하도록 확신을 주었다.[1, 2, 4] 1902년 7월에는 더 많은 분리 작업을 통하여 순수한 라듐이 나오게 되었다. 몇 톤의 역청우라늄 폐기물에서 순수한 염화 라듐 0.1 g을 얻을 수 있었다.[1] 그것의 알칼리토 오염 물질 바륨과의 화학적 유추를 이용하여, Mendeleev와 거의 같은 방식으로, Curie 부부는 염화물이 $RaCl_2$라고 가정하고 라듐의 원자량을 225로 할당하였고, 주기율표의 지루한 빈 칸을 채우게 되었다. Marie Curie는 1902년 박사 논문을 제출했고, 1903년 발간되었다 (*Recherches sur les Substances Radioactives*; 방사능 물질에 대한 연구).[1]

Curie 부부와 Becquerel은 1903년 나란히 노벨 물리상을 받았다. 프랑스 과학 한림원은 Pierre Curie와 Becquerel을 지명했었지만, 스웨덴 과학자 Magnus Gosta Mittag-Leffler는 Marie를 후보자로 추가하였다.[4] Pierre는 1904년 파리 대학의 교수로 임명되었고, Marie는 세브르의 여자 사범 대학의 교수로 승진하였다.[4] 방사성 물질 중독으로 고통 받던 Pierre는 1906년 거리에서 사고로 숨을 거두었다. 그 후에 Marie는 파리 대학에서 교수로 임명되었는데—650년 역사에서 최초의 여자 교수였다.[4] 놀랍게도 1911년 그녀는 프랑스 과학 한림원의 회원으로 추대되는 것에 실패하지만, 그해 하반기에 노벨 화학상을 받았다 —1963년에 Linus Pauling이 죽기 전까지는 두 번의 노벨상을 받은 유일한 사람이었다. 비록 그녀는 단 두 번의 추천밖에 못 받았지만, 그 중 한 번은 과학계의 여성에 대해 진보적인 옹호자였던 스웨덴의 과학자이자 1903년 노벨 수상자인 Svante Arrhenius에 의해서였다.[4]

Marie Curie의 이야기는 매우 극적이며, Rayner-Canhams[4]가 쓴 그녀에 대한 논의는 간결하고 감성적이며 균형이 잘 잡혀 있다. 1차 세계대전 동안, Marie Curie는 그녀의 연구를 중단하고 그녀의 딸 Irene (1897년 태어났음; Eve는 1904년 태어났다) 과 함께 전쟁터에서 x선 기술자로 활약했다. Marie는 이때쯤 암 치료를 포함한 방사성의 의학적 적용 연구를 시작했다. Irene Joliot-Curie[6]와 그녀의 남편 Frederic Joliot-Curie는 인공 방사성 물질의 발견으로, 1935년 노벨 화학상을 공동 수상하게 된다. Irene의 강력한 좌파적 정치 활동은 프랑스 과학 한림원 회원 선임 지명을 반대하는 한 가지 이유가 되었다. Rayner-Canhams는 그녀의 동료들에게서 방사성 물질 중독과 암의 증거가 명확했음에도 불구하고, Marie Curie는 건강 위험성에 관한 명백한 결론을 받아들이지 않았음에 주목한다. 딸 Irene은 백혈병으로 59세로 세상을 떠났다.[6] Marie도 67세에 백혈병으로 세상을 떠났다.[4] Rayner-Canhams는 지적으로 우수한 여성들이 핵화학과 핵물리에 빠져들도록 한 Marie Curie의 심대한 영향에 대해서도 주목한다. 이들 중 한 사람으로 Marguerite Perey는 87번 원소 프랑슘 (francium) 을 발견했고, 1962년에 프랑스 과학 한림원 회원으로 선출된 첫 번째 여성이 되었다.[6] 그녀는 암으로 65세에 세상을 떠났다.[6] Rayner-Canhams는 더 나아가 생화학뿐 아니라 결정학 분야의 여성 과학자들의 늘어나는 수에 대해서도 주목한다.[7] 이렇게 새로 확립된 놀라운 화학 분야에서의 '옛 여자들' 네트워크의 영향은 장래 과학 사회학자들에게 흥미로운 주제가 될 것이다.[8] 미국 과학 한림원(National Academy of Science)은 1863년에 생겼고, 최초 회원수는 50명이었다. 첫 여성은 1925년에 회원이 된 존스 홉킨스 대학의 조직학 교수인 Florence R. Sabin 박사이다. 1999년 4월 27일 현재 미국 과학 한림원의 회원은 2222명인데 그 중 여성은 132명이다.[9]

1. J.R. Partington, *A History of Chemistry*, MacMillan, London, 1964, Vol. 4, pp. 936~939.
2. A.J. Ihde, *The Development of Modern Chemistry*, Harper & Row, New York, 1964, pp. 487~490.
3. M. Curie and P. Curie, *Comptes Rendus*, 127:175, 1898.
4. M. Rayner-Canham and G. Rayner-Canham, *Women In Chemistry: Their Changing Roles from Alchemical Times to The Mid-Twentieth Century*, American Chemical Society and Chemical Heritage Foundation, Washington, D.C. and Philadelphia, 1998, pp. 97~107.
5. A.J. Ihde, op. cit., pp. 233~235.
6. M. Rayner-Canham, op. cit., pp. 112~116.
7. M. Rayner-Canham, op. cit., pp. 67~91.
8. M. Rayner-Canham, op. cit., pp. 135~164.
9. Public Information Office, National Academy of Sciences.

원자 번호야, Dmitry!

원자 번호를 명시적으로 처음 사용한 사람은 John Newlands로서 그는 자신의 1864년판 원소표를 Cannizzaro의 체계를 사용한 '당량' 순서인 '원소의 번호'에 의거해 배열했다.[1] 그 당시에 George Carey Foster 교수는 농담으로 Newlands에게 '원소들을 원소들의 이름 첫 글자 순서에 따라서 조사해보지는 않았는지' 물었다.[1]

원자들의 정체성이 핵 안에 있다는 사실은 20세기 초가 되어서야 비로소 알려졌다. Curie 부부는 처음으로 우라늄과 다른 방사성 물질로부터 방출된 방사선의 본질이 입자일 것이라고 가정했다.[2] 1906년 Rutherford와 Geiger는 알파 입자의 전하 대 질량비가 수소 양이온의 1/2값이라는 것을 측정하였다. 따라서 알파 입자는 H_2^+ 또는 He^{2+}일 터인데 He^{2+}임[2]이 1911년에 입증되었고, 물론 방사성 핵에서 나온 헬륨 가스와 일치하였다.[2] 1909년 Rutherford의 연구실에서 함께 일하던 Geiger와 Marsdon은 많은 알파 입자들은 두께가 0.01 mm인 두께의 얇은 금막을 그대로 통과하나, 아주 일부 알파 입자들은 굴절하거나 되튀어 나온다는 사실을 알아냈다.[2] 비슷한 결과는 Rutherford와 Geiger에 위해 1년 전에 이미 확인되었었다. 이 사실들과 Wilson의 새로운 구름 상자를 사용한 연구는 1911년 Rutherford로 하여금 원자들은 대부분 비어 있으며, 아주 작고 양전하를 띤 핵 (1912년 Rutherford가 명명) 이 중심에 있다는 결론에 도달하도록 하였다.[2, 3]

구름 상자를 이용한 굴절 각도 측정은 Geiger와 Mardson이 핵의 양전하 (전자 전하의 배수인 정수)는 원자량의 반 정도를 차지한다고 결론짓게 하였다.[2, 3] 1913년 A. Van Den Broek는 전자 전하 단위로 나타낸 핵전하는 주기율표 내 원소들의 순서와 같다고 주장했다.[2]

원자 번호라는 용어를 사용하고 그 중요성을 확립한 사람은 1913년 Henry G.J. Moseley (1887~1915) 이다.[2, 3] Moseley는 여러 가지 다른 금속에서 방출된 특정한 x 선 (*K* 계열) 의 진동수를 연구했다. 그림 146 (오른쪽) 에서 *K* 방사선의 진동수의 제곱근과 해당 원소의 원자량 사이에는 꽤 그럴듯한 상관 관계가 있음을 알 수 있다. 하지만 원자 번호와의 상관 관계 (그림 146 왼쪽) 는 실질적으로 완벽하다. 명백히 원자 번호는 단순히 순서를 세는 것 이상이다. 궁극적으로 그것은 몇 가지 난처한 불일치들—즉 Mendeleev를 당황케 한 텔루륨과 아이오딘의 배치 순서 역전, 그리고 최근에 밝혀진 아르곤 (칼슘과 원자량이 거의 비슷) 을 더 가벼운 포타슘보다 앞에 놓아야 하는 것—을 설명하였다. 이것은 원자량이 역전됨에도 불구하고 코발트가 화학적 특성에 근거하여 니켈보다 앞에 위치해야 함과, 주기율표에서 아직 발견하지 못한 금속들을 위해 자리를 비워 두어야 함을 입증했다.[3] Moseley는 1차 세계대전 동안에 징병되었고, 28살의 나이에 갈리폴리 (Gallipoli) 전투에서 전사했다.[2, 3]

1920년대 초쯤부터 원자량과 원자 번호의 차이는 전자와 함께 핵내에서 결합된 양성자 때문이라고 가정되었다. 따라서 염소-35는 핵 안의 17개의 양성자들, 18개의 핵 전자들과 결합되어 있는 18개의 양성자들, 핵 바깥쪽에 17개의 전자를 가지게 된다.[4] 이 개념은 Chadwick이 1932년 중성자를 발견했을 때 바뀌었다. 그러나 기억하라. 자유 중성자는 양성자와 전자 (그리고 반중성미자) 로 분해한다.

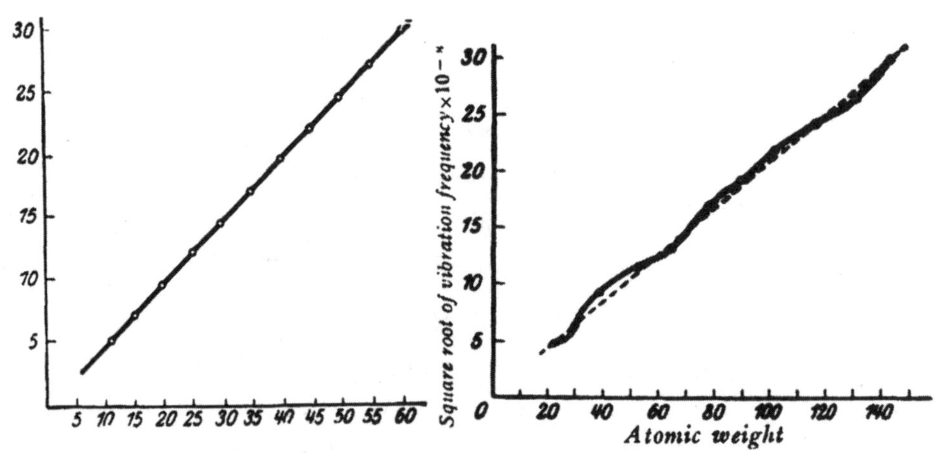

그림 146 ■ 주기율표의 근본적인 근거는 원자 번호이지 원자량이 아니다. 여러 금속 음극에서 방출된 x선의 진동수 제곱근은 원자량과는 상관 관계가 불완전하나, 원자 번호와는 정비례한다. 이것은 즉각 주기율표의 여러 불일치를 설명해주었다. 이 결정적인 발견을 한 Moseley는 1차 대전 중에 징병되어 28살의 나이로 갈리폴리에서 전사했다 (그림 143).

1. J.R. Partington, *A History of Chemistry*, MacMillan, London, 1964, Vol. 4, pp. 887~888.
2. J.R. Partington, op. cit., pp. 942~953.
3. A.J. Ihde, *The Development of Modern Chemistry*, Harper & Row, New York, 1964, pp. 485~486.
4. J.R. Partington, *Everyday Chemistry*, MacMillan, London, 1929. pp. 245~249.

X선은 원자들 간 또는 이온 간의 거리를 측정한다

Max von Laue가 결정을 사용하여 x선 실험을 한 반면에, William H. Bragg (1862~1942)와 그의 아들 William Lawrence Bragg (1890~1971) 는 x선을 사용하여 결정체의 구조를 결정하였다. 1912년과 1913년 Bragg 부자는 그들의 이름에서 딴 굴절 방정식을 만들었고 이를 적용했다.

$$nL = 2d \sin \theta$$

이 식에서 n은 1, 2, 3, . . . 이고, L은 x선의 파장, d는 원자들 (이온들) 의 층간 거리이며, θ는 표면에서의 입사각이다.

Bragg 부자의 책[1]에서 발췌한 그림 147 (a) 는 Bragg의 규칙을 따르는 x선 파장의 보강을 보여 준다. 그림 147 (b) 는 단결정 (또는 분말) 이 회전하는 판 위에 놓여 모든 각도에서의 반사를 모을수 있는 x선 회절 장치의 도식화 그림이다.

Bragg의 x선 회절 장치는 이 중요한 거리를 잴 수 있을 뿐 아니라, 산란 강도는 전자수에 비례한다는 J.J. Thomson의 원리에 따라 이온의 실존도 확인시켜 준다 (또한 원자 번호의 추가적인 확인이 되기도 한다).[2, 3]

X선 결정학은 곧 고체 상태에서 구조화학의 가장 중요한 '눈' 이 되었다. 이것은 또한 Linus Pauling이 그의 1939년 책 *The Nature of the Chemical Bond* (화학 결합의 본질)에서 자세히 설명한 통합된 원리를들로 이끈 결정학 연구들의 바탕이 되었다. 이 원리들은 그에 의해 적용되어 자체 제작한 간단한 분자 모델을 통해 단백질의 알파 나선 구조를 푸는 열쇠가 되었다. J.D. Watson과 Francis Crick는 Pauling의 모델 접근법을 x선 자료들과 결합하여, Pauling을 이기고 그보다 먼저 DNA 구조를 알아내었다. 저자가 1960년대 말 대학원생이었을 때는 x선 데이터로 결정 구조를 완벽히 해결하는 것은 비교적 드문 일이었다. 그리고서 정확한 결합 길이, 결합 각도, 그리고 다른 관련된 데이터에 대한 구조화학 연구에 주로 이용되었다. 발전된 실험장치들과 특히 놀랍게 증가한 컴퓨터의 성능은 이제 x선 결정학이 결정을 형성하는 꽤 큰 분자들의 구조를 확인하는 일상적인 도구가 되었다.

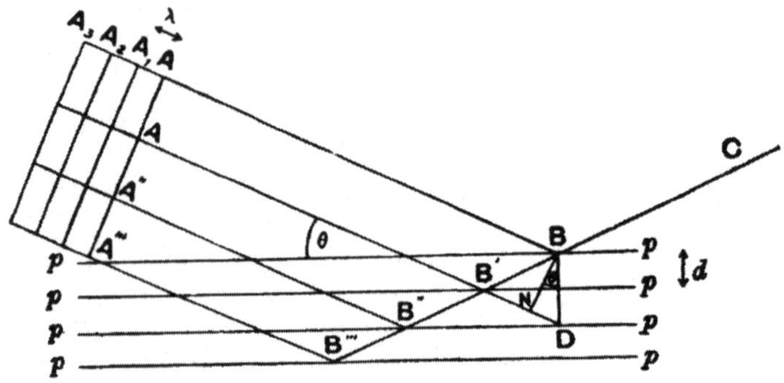

FIG. 3.

(a)

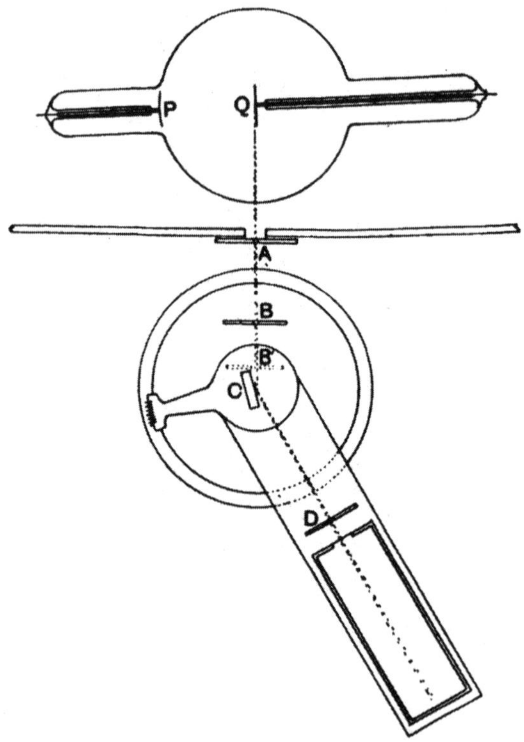

(b)

그림 147 ■ William H. Bragg (1862~1942) 와 그의 아들 William Lawrence Bragg (1890~1971) 는 Max von Laue의 실험을 역으로 해서 x선을 결정의 이온들 또는 원자 간의 거리를 재는 데 이용했다 (본문 참조). (a)는 Bragg의 법칙이라고 하는 x선의 보강 간섭 조건을 나타낸 것이다; (b)는 Bragg 부자의 x선 장치를 도식화한 것 (W.H. Bragg와 W.L. Bragg. X선과 결정 구조, 4판, London, 1924).

1. W.H. Bragg and W.L. Bragg, *X-Rays And Crystal Structure*, 4th ed., Bell, London, 1924.

2. J.R. Partington, *A History of Chemistry*, MacMillan, London, 1964, Vol. 4, pp. 934~936.

3. W.H. Brock, *The Norton History of Chemistry*, Norton, New York, 1993, pp. 393; 492~494.

우리는 어디서 몰(mole)을 파왔지?

현대의 원자가 개념은 1767년 Cavendish에 의해 처음으로 소개된 화학의 '당량' 개념을 설명해준다.[1] 염산 (HCl) 36.5 g은 KOH 56.0 g을 중화시키고, 황산 (H_2SO_2) 49.0 g이나 인산 (H_3PO_2) 32.7 g은 마찬가지로 KOH 56.0 g을 중화시킨다. 염산/황산/인산의 당량비는 항상 1.00/1.34/0.90이다. 마찬가지로 53.0 g의 Na_2CO_3는 36.5 g의 HCl 기체를 중화시킨다. KOH/ Na_2CO_3의 당량비는 항상 1.06이다. 36.5 g의 HCl이 $Mg(OH)_2$ 29.1 g을 중화시키면 $MgCl_2$ 47.6 g과 물 18 g을 만든다. 백금 전극을 용융 상태의 $MgCl_2$ 47.6g에 넣으면 12.1g의 마그네슘이 전기도금되고, 35.5 g의 염소 기체가 방출될 것이다 [표준 온도와 압력 섭씨 25°C, 1.00 atm에서 12.2 L]. 그러므로, Cl_2/Mg의 당량비는 항상 2.93이다.

당량 (그리고 관련된 개념 '노말 농도') 은 '입자들' (원자, 분자, 이온, 전자) 의 수에 직접 바탕을 둔 정의를 선호하는 현대 화학 교과서에서는 서서히 사라졌다.

몰 (*Mole*) 이라는 용어는 Wilhelm Ostwald에 의해 1901년 처음 소개되었나.[1] 이 용어는 라틴어 '덩어리, 뭉치, 더미' [1](17세기 초 Pierre Gassendi에 의해 도입된 분자 (*molecule*) 라는 용어도 같은 근원이다. 즉 원자 덩어리[2]라는 뜻일 것으로 추정된다) 에서 기원한다. Ostwald는 몰을 물질의 화학식량을 그램으로 나타내는 용어로 사용하였다. 즉 염소 36.5 g은 1 mol이다. 1971년 제14차 도량형 총회에서 채택된 몰의 공식 정의는, '12 g의 C-12에 있는 원자와 같은 수만큼의 기본 물체를 포함한 물질의 양' 이다.[1] 흥미로운 점은 Boltzmann이 자살을 했던 1906년 당시에 Ostwald는 원자의 개념에 대해 강력하게 반발했지만 그의 몰은 이제 명백히 원자의 관점에서 정의되고 있다.

C-12의 12 g에서 원자수는 Avogadro 수 ($6.02213670 \times 10^{23}$) 이다. Perrin은 1908년에 먼지 입자와 자황 입자, 물 안의 유향수를 이용한 실험에서 6×10^{23}이라는 값을 얻었다. Millikan이 전자의 전하를 결정하고 (현대 물리학 값은 $q = 1.6021773 \times 10^{-19}$쿨롱 또는 C), 이 값을 현대의 Faraday 상수 (1 F = 96,485.31 C 전자 1몰당 전체 전하량수) 와 결합하면 또 다른 독립적인 방법으로 Avogadro 상수를 결정할 수 있다. 또 한 가지를 더 들면, 라듐 1 g에서는 1년에 11.6×10^{17}개의 알파 입자를 만들고, 이는 표준 온도와 압력에서 헬륨 가스 0.043 L을 만든다. 하늘을 파랗게 만드는 Rayleigh의 산란으로도 Avogadro의 수를 계산할 수 있다. 현재 공인된 값은 순수한 실리콘 결정의 밀도, 원자량, x선 회절 측정을 기본으로 한다. 이 값의 불확실성은 단지 3.5×10^{17}이다! Avogadro 수는 6.023×10^{23}임을 기억하라.

1. J.J. Lagowski (ed.), *MacMillan Encyclopedia of Chemistry*, Simon & Schuster, MacMillan , New York, 1997, Vol. 1, pp. 198-199; Vol. 3, pp. 951~955.
2. J.R. Partington, *A History of Chemistry*, MacMillan, London, 1961, Vol. 2, p. 462.

제논은 체면을 구겼고, 크립톤도 천하무적이 아니다

Richard Abegg의 원자가와 반원자가 법칙만큼이나 불활성 기체들의 비활성은 원자가와 결합을 이해하는 데 중요한 길잡이가 되었다.[1] 1916년 Walther Kossel은 원자들이 원자가껍질 전자들을 사용하여 결합을 형성하고 바로 앞 (전기양성 원소) 또는 바로 뒤 (전기음성 원소) 불활성 기체의 전자 구조와 같아지려고 한다고 제안했다. Kossel의 이론은 그림 148에 나타나 있다.[2] Gilbert N. Lewis는 그의 논문 '원자와 분자'[3]에서 옥텟 규칙을 발표했다. 그림 149 (a) 는 IA에서 VIIA족까지 2주기 원소의 원자가 전자에 대한 Lewis의 표현이다.[3] 불활성 기체 (noble gas) 인 네온은 이 주기의 마지막에 있는데, 입방체의 각 모서리에 전자가 다 차있다. 그러므로 불활성은 채워진 옥텟에 해당되며 원자가 껍질의 채움으로 원자가를 설명한다. 불활성 기체의 비반응성은 믿음의 대상이 되었으며, Henry Moissan이 그의 새로운 발견인 '태즈메이니아 악마' 플루오린을 1894년 Ramsay가 보낸 아르곤 시료에 퍼부었을 때 완벽하게 입증되었다. 결과는, 아무것도 안 생겼다![4]

그러나 1962년 Neil Bartlett는 산소 분자가 육플루오린화 백금 (PtF_6) 에 의해 산화

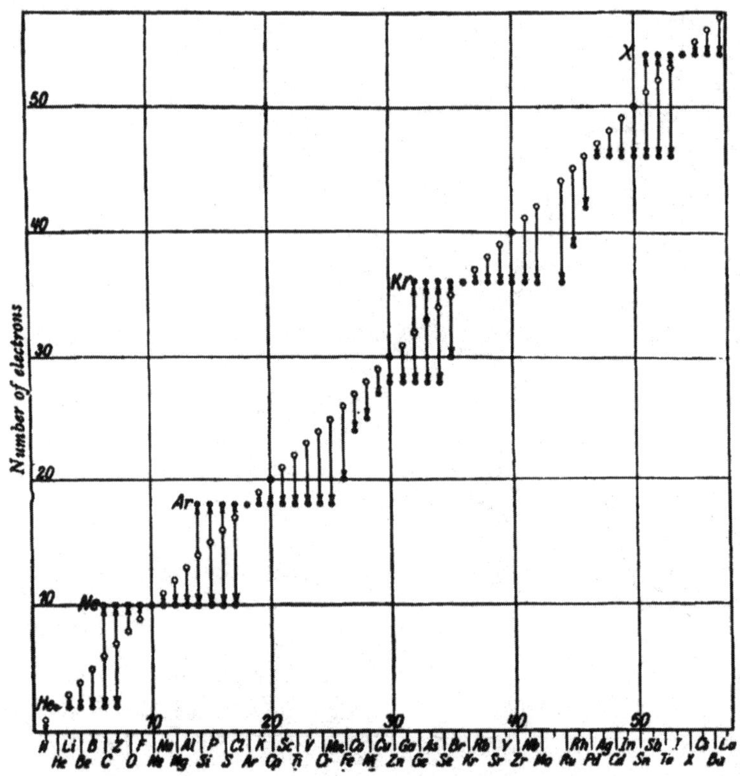

FIG. 20.—Electro-valencies (Kossel).

그림 148 ■ 원자는 전자를 잃거나 얻어서 가장 가까운 불활성 기체의 원자가 껍질과 같아진다는 Walther Kossel의 이론 (그림 143 참조).

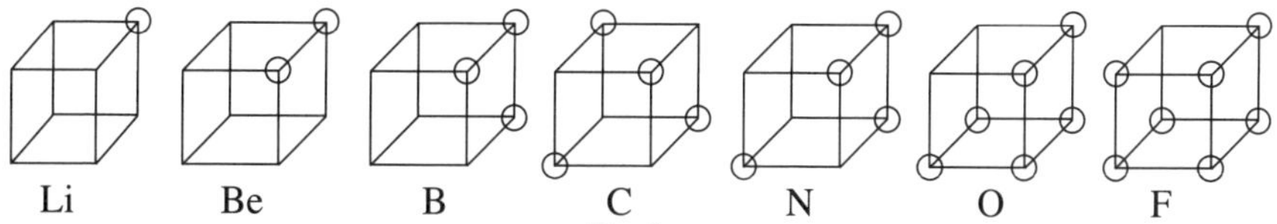

Fig. 2.

(a)

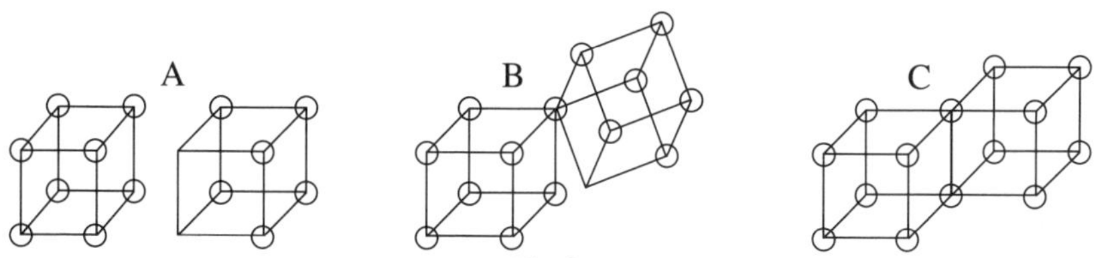

Fig. 3.

(b)

그림 149 ■ Gilbert N. Lewis의 원래의 점 구조 모형 (*Journal of American Chemical society*, 38:762, 1916).

되어 전자를 잃고 새로운 화합물 $O_2^+PtF_6^-$을 형성한다는 것을 알아냈다.[5] 그는 산소 분자가 전자를 붙들고 있는 힘이 제논 (xenon) 원자가 전자를 붙들고 있는 것만큼 강하다는 것을 깨달았다. 즉, 제논 또한 PtF_6에게 전자를 잃을 수도 있다는 것이다. 실험 결과 생긴 붉은 고체 결정은 처음에는 $Xe^+PtF_6^-$이라고 생각되었으나,[4] 지금은 $[XeF^+][Pt_2F_{11}^-]$라고 생각된다.[6]

어쨌든지 비활성이라는 개념의 문턱은 이미 넘어섰고, 이제는 플루오린을 포함하는 제논 화합물 집단이 알려지게 되었다. 예를 들면, Xe과 F_2기체의 비가 1:5인 혼합물을 니켈 용기에서 가열하면 녹는점이 117도인 XeF_2가 얻어진다. XeF_6은 고온과 고압에서 Xe과 F_2로부터 얻어지며 석영과 반응하고, 물과 격렬히 반응하여 그 자체로 폭발성이 높은 XeO_3가 만들어진다.[6] 이것은 당연히 '화학 이웃의 친근한 세상' 이 절대로 아니다.

크립톤 (krypton)은 플루오린과 영하 183도에서 전기 방전으로 고체 KrF_2을 생성하는데, 이것은 실온에서 천천히 분해된다.[6] $[KrF^+][SbF_6^-]$와 같은 KrF^+염들도 있다.[6] 라돈 (Rn) 은 제논보다 훨씬 더 쉽게 전자를 잃지만, Rn의 가장 안정한 동위원소의 반감기는 3.8일이고, RnF_2, $[RnF^+][TaF_6^-]$, RnO_3라고 생각되는 화합물이 알려져 있긴 하지만, Rn에 대한 화학 반응이 별로 연구되지 않았다.[6] 이른바 녹색 크립톤 광석에 대한 소문의 진상은? 믿기 어렵다!

그림 149 (b) 는 두 입방체 아이오딘 원자 사이의 단일 결합을 형성하기 위해 모서리 (두 개의 전자) 가 공유되는 '단계' 를 보여 준다. 만약 두 개의 원자가 두 입방체의 한 면을 공유하면 네 개의 전자를 공유하고, 이중 결합을 형성하게 된다. 메테인의 사면체 결합은 탄소가 입방체 윗면의 미주보는 두 모시리를 두 입방체 수소와 공유하고, 탄소의 아랫면의 두 모서리를 두 개의 입방체 수소와 공유하는 것으로 설명한다.

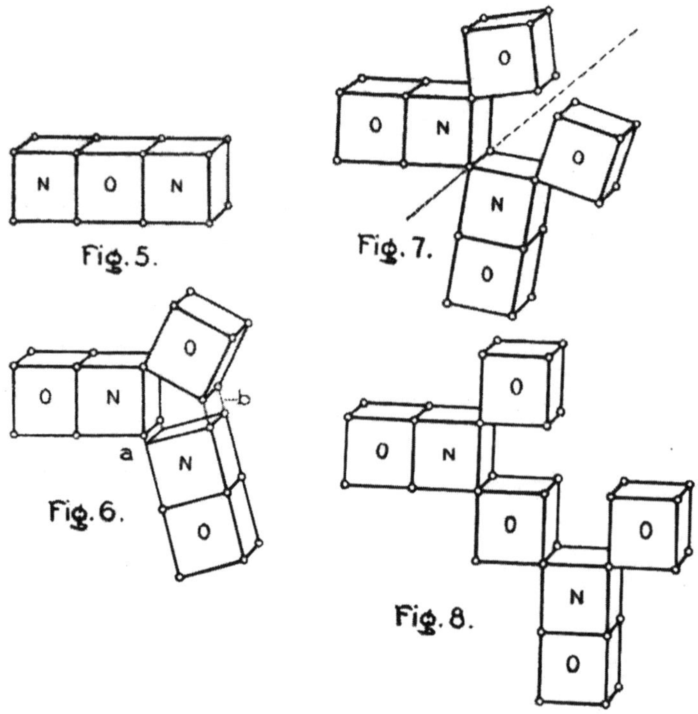

(a)

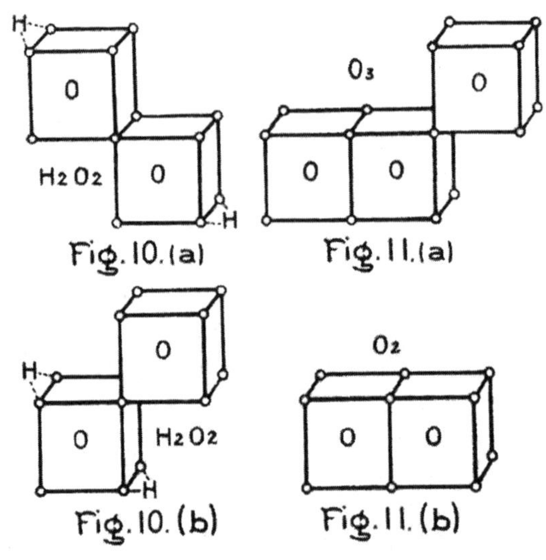

(b)

그림 150 ■ Irving Langmuir가 Lewis 구조를 수정한 것 [*Journal of American Chemical society*, **41**, 6호, 10호 (1919), **42** (2호) (1920)].

Van't Hoff가 두 사면체 면의 공유를 통해 삼중 결합을 설명하는 반면에, Lewis의 그림은 삼중 결합을 설명하는 데 많은 어려움이 있다. 1919년 Irving Langmuir는 Lewis의 그림을 다소 개정하여 전이 금속으로까지 범위를 확장시켰다. 그림 150은 질소 산화물, 두 산소 동소체, 과산화 수소의 가능한 이성질체 (발견된 적은 없음), 인의 산화물들을 나타낸 것이다. 수소가 입방체의 모서리를 따라 연결됨으로 원자가껍질 '2'를 완성시킨 Langmuir의 설명이 상당히 흥미롭다.

1960년대에는 $Re_2Cl_8^{2-}$와 같은 화합물에서 금속 원자 사이의 4중 결합이 발견되었다. 입방체나 사면체 원자에서 4중 결합을 설명할 방법은 아직 없다.

Lewis의 논문은 그의 이름에서 나온 전자점 구조를 제안했다. 화학에 막 입문한 학생에게 어떻게 Lewis 구조가 아주 단순하지만 강력하게 여러가지 예측을 할 수 있게 할까를 알려줄 수 있을까?

1. Lewis (Ref. 3)는 Abegg의 법칙을 다음과 같이 기술하였다: "음수 최대값과 양수 최대값 사이의 총 차이 즉 원소에서 가장 빈번하게 나타나는 수는 8이며 8보다 더 큰 경우는 없다."
2. M. Born, *The Constitution of Matter*, Methene, London, 1923, pp. 21~23
3. G. N. Lewis, *Journal of the American Chemical Society*, **38**:762~785, 1916.
4. W.H. Brock, *The Norton History of Chemistry*, Norton, New York, 1993, pp. 337.
5. See N. Bartlett, *American Scientist*, **51**:114, 1963.
6. A. Cotton, G. Wilkinson, C.A. Murillo and M. Bochmann, *Advanced Inorganic Chemistry*, 6th ed., Wiley, New York, 1999, pp. 588~597
7. F.A. Cotton, *Accounts of Chemical Research*, **2**:242, 1969.

태양계와 같은 원자

Bunsen은 원소들을 가열하고 프리즘을 통해 빛을 굴절시켜 얻은 선 스펙트럼을 이용하여 염들을 확인했다. 그의 기체 버너는 플라스크를 가열하려는 것이 아니라 염의 빛 방출을 연구하기 위해 무색의 불꽃을 얻기 위하여 처음으로 사용되었다.[1] Bunsen과 Kirchoff에 의해 고안된 분광기는 1860년 세슘과 1861년 루비듐의 발견을 이끌어 내었다.[1] 1868년 또 다른 새로운 원소인 헬륨의 방출 스펙트럼이 태양의 가스층의 스펙트럼에서 발견되었다.[2] 그러나 이 스펙트럼 선들—각 원소마다 고유한 아주 정확한 진동수 (또는 파장) 을 가진 빛—의 근원은 도대체 무엇인가? 광전자 효과의 근원은 무엇인가? 높은 에너지 (큰 진동수) 의 적은 양의 빛은 금속 표면의 전자를 제거할 수 있었지만, 진동수가 작은 많은 양의 빛은 전자를 제거할 수 없다? 명백히 말해 에너지의 질이지 양이 중요한 것이 아니다. Max Plank (1858~1947) 는 이런 현상들을 다루어 1900년경에 양자론을 창안했다.[3] 그가 제안한 간단한 방정식, $E = h\nu$은 들뜬 원자에서 방출하는 빛의 진동수는 방출된 원자의 에너지 감소량에 정비례한다는 것이다 (h는 Planck 상수).

Rutherford의 원자 모델이 확립되고 얼마 지나지 않아 당연히 전자가 어디에 있는지에 의문을 가지게 되었다. 1913년 Niel Bohr[3] (1885~1962) 는 Planck의 양자론과 수소의 선 스펙트럼 (가시광선, 자외선, 적외선) 을 사용하여 원자의 궤도 행성 모델을

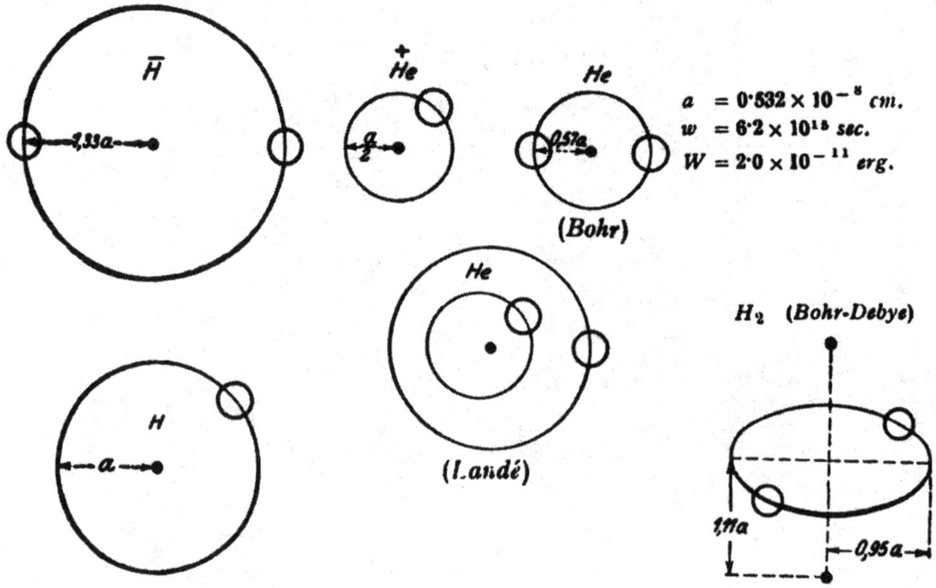

그림 151 ■ 보기보다 훨씬 더 '체제를 뒤엎는' Bohr의 원자 모델의 변천. 만약 전자가 궤도 사이에 존재하는 것이 금지된다면, 어떻게 한 궤도에서 다음으로 건너갈 수 있는 걸까? (그림 143).

가정했다. 만약 음전하를 띤 전자가 양전하를 띤 핵 주위를 돈다면, 고전 물리학에서는 전자가 나선형 운동을 하면서 핵으로 떨어진다. Bohr는 전자가 오직 특정한 불연속적인 에너지 (특정한 원 궤도만 존재) 만을 갖고 그 사이값은 갖지 않는다고 가정했다. 이러한 궤도는 양자수 $n = 1, 2, 3, . . .$ 에 해당했다. 이 모델은 혁신적이고 그 당시 이 분야를 흔들어 놓을만했다. 전자가 궤도 사이를 이동하는 동안 전자는 어디에 있을까? 그것들은 '궤도 사이' 에서는 절대 찾아볼 수 없었다. 이 모델은 수소 원자와 헬륨 이온의 스펙트럼은 아주 깨끗하게 잘 설명했지만, 다른 모든 원자들에 대해서는 실패했다. Arnold Sommerfeld는 Bohr의 이론을 원형과 타원형 궤도 모두에 맞도록 수정했다.[3] 그는 수소 스펙트럼의 미세 구조를 각운동량에 대해 두 번째 양자수를 추가함으로써 설명했다. 이렇게 되자 오비탈 (궤도함수, orbital)—부궤도 (suborbital)—가 언급되게 되었다. Sommerfeld의 이론은 수소와 헬륨 이온 그리고 다른 원자들의 스펙트럼을 설명하는 데에 성공했다. 1923년 출간된 Born의 책[4]에서 발췌한 그림 151은 H, He, He^+, He_2의 Bohr 모델을 나타낸 것이다. 1924년 출간된 Smith의 책에서 발췌한 그림 152, 153[5]은 1926년 양자 역학의 시대가 오기 직전의 구 양자론의 '황금기'를 나타낸 것이다. 4s 오비탈의 표면에서 나선 운동하는 전자의 이미지는 Heisenberg의 불확정성 원리에 위배되는 것처럼 보인다. 1926년에 나온 원자 개념은 단단한 과학이라기보다는 추상적인 예술에 좀 더 적합할 것으로 보인다.

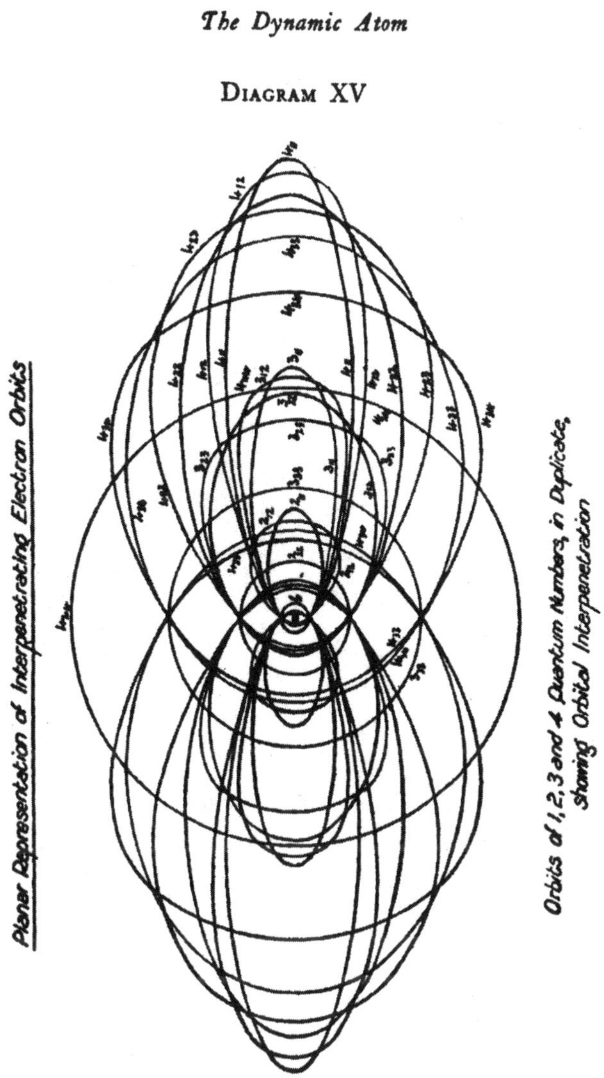

그림 152 ■ '구양자론'의 '황금기'가 막을 내린다 (J.D. Main Smith, *Chemistry and Atomic Structure*, New York, 1924).

1. A.J. Ihde, *The Development of Modern Chemistry*, Harper & Row, New York, 1964, pp. 231~235.
2. A.J. Ihde, op. cit., p. 373.
3. A.J. Ihde, op. cit., pp. 499~507.
4. M. Born, *The Constitution of Matter*, Methuen, London, 1923, pp. 24~32.
5. J.D. Main Smith, *Chemistry and Atomic Structure*, D. Van Nostrand, New York, 1924, pp. 160~176.

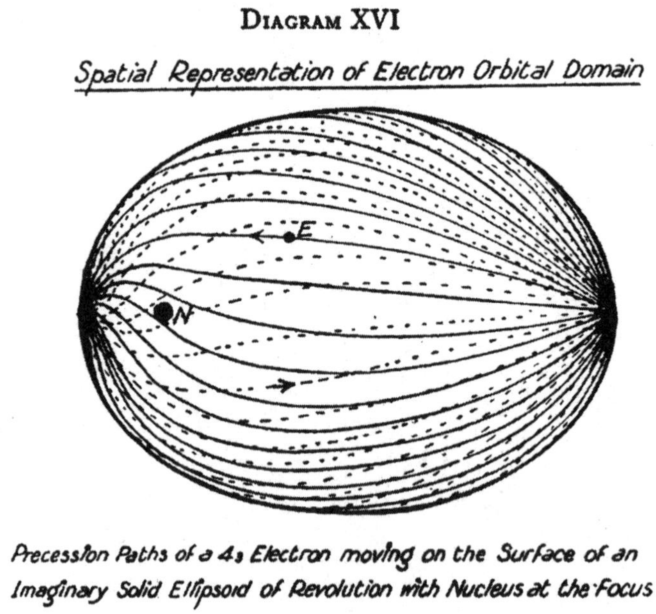

그림 153 ■ Heisenberg의 불확정성의 원리에 의해 퍼진 그림이 되기 전 4s 오비탈로 나선 운동하는 전자 그림 (출처: Main Smith, 그림 152 참조).

간단한 것이 선물이다

간단한 '셈법 법칙' 은 유용하고, 강력하고, 드러나지 않는 기본 구조를 암시한다. Gregor Mendel이 1865년 유전 법칙을 보고했을 때, '2의 성질 (two-ness)' 은 놀라우리만큼 간단하면서 강력하였으나, 초기의 영향력은 미미하였다. 그 출처는 아직 알려지지 않은 유전자였고, 궁극적인 근원은 DNA의 이중 구조였다. 1926년 양자 역학에서 나온 것은 네 개의 양자수들 (n, l, m_l, m_s) 이었다. 허용되는 이 양자수 값들은 원자에 존재하는 모든 전자의 에너지, 궤도함수, 스핀을 규정한다. 원소 특성의 주기성은 양자수의 표현이었다. 전이 금속들은 $3d$, $4d$, $5d$ 오비탈 궤도함수를, 란타넘족은 $4f$ 오비탈을, 악티늄족은 $5f$ 오비탈을 채우는 것에 해당한다. 수소와 플루오린이 단일 결합을 갖고 있는 이유와, 질소가 왜 삼중 결합을 갖는지, 산화 마그네슘이 Mg^{2+}과 O^{2-} 이온을 갖는 데 반해 염화 소듐이 왜 Na^{+}과 Cl^{-} 이온을 가지는지를 설명하는 옥텟 규칙은 양자 역학과 일치한다. 화학에서는 양자 역학이 중심에 있는 여러 '셈법 법칙' 이 있다. Nyholm과 Gillespie의 원자가껍질 전자쌍 반발 (VSEPR) 이론은 분자의 기하학적 구조 (이산화 탄소는 선형, 물은 굽은형) 를 예측하는 데 굉장히 믿을 수 없을 만큼 훌륭하다. 우리는 중심 원자의 Lewis 옥텟과 '확장된 옥텟' 으로부터 전자쌍을 세기만 하면 구조에 관한 정보를 얻을 수 있다. 벤젠의 안전성은 Hucekl의 $4n + 2$ 규칙으로 이해되었다. Woodward – Hoffmann의 규칙은 더 나아가 열화학과 광화학을 예측하는 능력으로 $4n + 2$와 $4n$ 대안 법칙을 따른다. 양자 역학 (또는 양자화학) 이 쉽다는 얘기는 아니다. 그러나 화학에 있어 간단한 셈법 규칙의 존재와 그 힘은 계속해서 나를 놀라게 하고 기쁘게 만든다.

양자 역학의 화학으로의 변화

20세기 화학계에 대한 Linus pauling (1901~1994) 의 기여는 18세기 말과 19세기 초 Lavoisier의 기여에 비길 만큼 중요하다고 할 수 있다. Pauling은 화학 분야에서 캘리포니아 공과 대학의 첫 번째 박사인 Roscoe Dickinson의 지도 아래 박사 학위를 수여받았는데, Dickinson은 직접 그에게 결정학을 지도했다.[1] Arthur Amos Noyes는 Pauling이 새롭게 활기를 띤 칼텍의 학생으로 입학하기 3년 전에 초빙되어 MIT에서 캘리포니아 공과 대학의 Gates 화학 연구실장으로 온 사람이었다. Pauling이 박사 학위를 마친 후, Noyes는 명석한 Pauling이 교수로 남아주길 바랬으며, Pauling이 버클리의 학과장인 Gilbert N. Lewis와 점점 더 가까워지는 것을 걱정했는데, 그 해결책은 Pauling을 유럽으로 보내는 것이었다. 그는 24살의 Pauling과 Guggenheim 재단의 소장 (Noyes의 친구) 의 저녁 모임을 주선하였으며, 유럽의 유명한 양자 이론 센터에서 연구하도록 장학금이 주선되었다. 유럽으로 가기 전까지 시간이 남아 있어 Pauling은 버클리의 방문을 계획하였다. Noyes는 '만약 일찍 떠난다면 마데이라 (Madeira), 알제이, 지브롤터를 경유하여 나폴리에 도착하고, 그러면 이탈리아 여행을 할 몇 주간의 시간이 있을 것이다.' 라고 하며 그가 빨리 출발하기를 바랬다. 이탈리아! Noyes는 로마의 영광과 파이스톰의 전설적 폐허에 대해 침이 마르도록 설명했다. Noyes는 '내가 자네에게 유럽에서 지낼 충분한 경비를 주도록 하지. 그리고 3월 말부터 Guggenheim 연구소에서 연구를 시작하는 때까지 쭉 자네를 지원하겠네.' [2]라고 제안했다. Noyes는 결국 그의 '동업자' 를 붙잡을 수 있었다.

1926년 봄 뮌헨에 도착한 Pauling은 즉시 Arnold Sommerfeld에게 연락했다. 그는 후에 코펜하겐에서 Niels Bohr와 함께 일했다. 하지만, Bohr-Sommerfeld 원자론의 바탕인 '구양자론' 은 1925년 말에 붕괴되기 시작했고, Pauling은 물리학자 Louis De Broglie, Erwin Schrödinger, Wolfgang Pauli, Paul Dirac, Max Born, Walther Heitler, 그리고 Fritz London의 연구를 접하게 되었다. 어느 날 Pauling은 Bohr-Sommerfeld 모델의 장점에 대한 그의 의견을 열성적으로 Pauli에게 설명했다. 대답은 무뚝뚝한 한마디 '흥미 없네.' 였다.[3] 하지만 Pauling은 새로운 양자 역학과 Schrodinger 방정식의 응용을 배우고 그것들을 화학자들이 접근할 수 있게 만들었다.

20세기 중반 화학의 경전은 Pauling의 *The Nature of the Chemical Bond* (화학 결합의 본질, Ithaca, 1939; 2판, 1940; 3판, 1960) 이었다. J.D. Watson은 책 *The Double Helix*에서 '내가 가장 많이 읽어본 책은 Francis가 가지고 있던 *The Nature of the*

April, 1931 THE NATURE OF THE CHEMICAL BOND 1367

[CONTRIBUTION FROM GATES CHEMICAL LABORATORY, CALIFORNIA INSTITUTE TECHNOLOGY, No. 280]

THE NATURE OF THE CHEMICAL BOND. APPLICATION OF RESULTS OBTAINED FROM THE QUANTUM MECHANICS AND FROM A THEORY OF PARAMAGNETIC SUSCEPTIBILITY TO THE STRUCTURE OF MOLECULES

BY LINUS PAULING

RECEIVED FEBRUARY 17, 1931 PUBLISHED APRIL 6, 1931

During the last four years the problem of the nature of the chemical bond has been attacked by theoretical physicists, especially Heitler and London, by the application of the quantum mechanics. This work has led to an approximate theoretical calculation of the energy of formation and of other properties of very simple molecules, such as H_2, and has also provided a formal justification of the rules set up in 1916 by G. N. Lewis for his electron-pair bond. In the following paper it will be shown that many more results of chemical significance can be obtained from the quantum mechanical equations, permitting the formulation of an extensive and powerful set of rules for the electron-pair bond supplementing those of Lewis. These rules provide information regarding the relative strengths of bonds formed by different atoms, the angles between bonds, free rotation or lack of free rotation about bond axes, the relation between the quantum numbers of bonding electrons and the number and spatial arrangement of the bonds, etc. A complete theory of the magnetic moments of molecules and complex ions is also developed, and it is shown that for many compounds involving elements of the transition groups this theory together with the rules for electron-pair bonds leads to a unique assignment of electron structures as well as a definite determination of the type of bonds involved.[1]

I. The Electron-Pair Bond

The Interaction of Simple Atoms.—The discussion of the wave equation for the hydrogen molecule by Heitler and London,[2] Sugiura,[3] and Wang[4] showed that two normal hydrogen atoms can interact in either of two ways, one of which gives rise to repulsion with no molecule formation, the other

[1] A preliminary announcement of some of these results was made three years ago [Linus Pauling, *Proc. Nat. Acad. Sci.*, 14, 359 (1928)]. Two of the results (90° bond angles for *p* eigenfunctions, and the existence, but not the stability, of tetrahedral eigenfunctions) have been independently discovered by Professor J. C. Slater and announced at meetings of the National Academy of Sciences (Washington, April, 1930) and the American Physical Society (Cleveland, December, 1930).

[2] W. Heitler and F. London, *Z. Physik*, 44, 455 (1927).

[3] Y. Sugiura, *ibid.*, 45, 484 (1927).

[4] S. C. Wang, *Phys. Rev.*, 31, 579 (1928).

그림 154 ■ Linus Pauling의 화학 결합의 본질 시리즈의 첫 번째 기사 (*Journal of American Chemical Society*, **53**:1367, 1931). 이 논문들은 20세기 구조화학의 핵심인 같은 제목 (Ithaca, 1939)의 그의 책의 바탕이 되었다.

*Chemical Bond*이었다. Francis가 중요한 결합 길이를 찾아 볼 필요가 있을 때, John이 내게 준 실험 공간의 실험대 위에서는 이 책이 놓여 있었다. Pauling의 이 걸작 어딘가에 진짜 비밀이 있지 않을까 희망했다' 라고 썼다.[4] Pauling의 책은 1931년부터 발표된 일련의 논문들 '화학 결합의 본질' 을 근거로 했다. 그림 154는 이 시리즈의 첫 번째 논문 제목 페이지이다. 우리가 1학년 화학에서 가르치는 많은 내용은 이 논문들에 제시되어 있다.

제목이 거의 마술적인 냄새를 풍기기는 하지만 실제로도 화학 결합의 본질은 Pauling이 탐구하기 시작한 영역이었다. 그는 혼성 개념을 창안하여 어떻게 편재된 원자 궤도함수들이 겹쳐 2전자 결합을 형성하는지를 설명했다. Kossel-Lewis-Langmuir

개념은 옥텟 규칙으로 이온 결합과 공유 결합을 설명한다. 흥미로운 질문은 공유 결합에서 이온 결합으로의 (화학 결합의 본질) 변화가 자연스럽고 연속적인 것인지 아니면 갑작스럽다는 것이었다. 그의 연구에서 Pauling은 3주기 플루오린 화합물의 녹는점의 갑작스런 변화를 조사했다:[5] NaF (995°C); MgF_2 (1263°C); AlF_3 (1257°C); SiF_2 (−90°C) ; PF_5 (−94°C) ; SF_6 (−51°C). 겉보기에 명백한 결론은 처음 세 화합물은 이온성이고 (전자가 이동하고, 공유되지 않음), 다음 세 화합물은 공유성 (전자를 공유) 이라는 것이다. 그러나 Pauling은 핵심은 구조이고 AlF_3은 고분자 구조인 데 반해, SiF_2는 독립적인 분자로 존재함을 유의했다. 그는 Al − F와 Si − F 결합이 모두 극성 공유 결합이며 다르지는 않다고 결론지었다. Pauling은 더 나아가 1전자 결합 (1951년에 Hedberg와 Schomakerrk 전자 회절법을 써서 보고한 '비고전적' 구조인 다이보레인 B_2H_6에 존재한다고 생각되던 결합; 이 분자의 3-중심 결합을 Lipscomb이 설명했다) 과 NO 같은 물질의 3전자 결합을 탐구했다. 그는 완전한 공유 결합에서 완전한 이온 결합으로 변화를 정량화하기 위하여 **전기음성도** 개념을 창안하였다. 그의 공명 개념은 HF (두 공명 구조 H^+F^-와 H − F의 기여가 비슷) 의 극성이 큰 공유 결합에서부터 극성이 작은 HI (H^+I^-의 기여는 더 작음) 결합까지의 전이를 합리적으로 설명하였다. 이것은 또한 70년간 설명하지 못했던 벤젠의 구조와 반응성 관계에 대한 난제를 설명할 수 있게 했다. 같은 나무통 안에 들어 있는 두 소리굽쇠가 진동을 교환하는 것—하나가 진동하고 전이된 후 다시 반대를 진동시키는 것—과 유사하게 벤젠도 공명 상태에 있는 두 개의 동등한 구조로 나타낼 수 있다. 이것은 비유에 불과하고 벤젠은 두 고전적인 Lewis 타입 구조의 공명 '혼성' 으로 생각한다. 여기서 오늘날에는 Robert Mulliken이 주창한 분자 궤도함수 이론이 컴퓨터의 도움을 받아 더 강력한 도구가 되었음을 언급할 필요가 있다.

Pauling의 대담한 과학 경력에는 기본적 원리와 분자 모형을 단백질 α-케라틴의 구조를 직관하는 데 사용한 것도 포함이 된다. 그는 또한 낫모양세포 적혈구 빈혈이라는 질병의 근원을 분자 수준—헤모글로빈의 한 단백질이 다른 단백질로 치환되어 발생—에서 처음으로 밝혀내었다. Pauling은 1954년에 노벨 화학상을 받았다.

1950년대 McCarthy 시절 좌파로 규정된 Pauling의 정치 활동들로 그는 캘리포니아 공대와 주정부에서 어려움을 겪게 되었다. 여권이 거부되어 DNA에 대한 중요한 정보가 주고 받아지던 1952년 영국 학회에 참석하지 못하였다. 결국, 그의 정치적 활동들은 핵무기 대기 실험 금지에 대한 협정을 이끌어내는 데 중요한 역할을 하였으며, 1963년 10월 1일에 노벨 평화상을 받았다. Pauling을 Rachel Carson과 함께 환경 운동의 대부들 중의 한 사람으로 꼽아도 무리가 없다. Pauling의 공명 이론은 Stalin 시절 소련에서는 '수정론자' 로 여겨졌고, 그는 완고한 공산주의자들로부터 비난을 받았다. 공산주의자들과 McCarthy 추종자들을 동시에 화나게 할 수 있는 사람은 누구라도 옳은 일을 했었을 것이다.

1. T. Hager, *Force of Nature: The Life of Linus Pauling*, Simon & Schuster, New York, 1995, pp. 82~85, 88~91.
2. T. Hager, op. cit., pp. 107~109.
3. T. Hager, op. cit., pp. 116~117.
4. J.D. Watson, The Double Helix, A Norton Critical Edition, edited by G.S. Stent, W.W. Norton & Co., New York, 1980.
5. L. Pauling, *The Nature of the Chemical Bond*, 3rd ed., Cornell University Press, Ithaca, 1960, pp. 71~73.
6. T. Hager, op. cit., pp. 400~407.

수은은 금으로 변환될 수 있다

변환은 일어난다! 그리고 수은은 금으로 바뀔 수 있다. 그러나 화학이나 연금술에 의해서는 아니다. 원자핵을 묶는 강력은 핵 입자 (양성자나 중성자) 당 수백만 전자볼트 (MeV) 크기이다. 핵에서 분리된 중성자는 양성자와 전자로 분리되기까지의 반감기가 17분에 불과하다. 중성자의 질량이 양성자에 전자 2.5개의 질량을 더한 값과 동등하기 때문에 1.5개 전자의 질량 결손은 0.78 MeV와 같다 (Einstein의 $E = mc^2$)[1]. 화학은 전자의 획득이나 손실만을 다루며, 따라서 화학 반응은 기껏해야 핵 결합력의 수백만 분의 1 정도인 수 eV 정도의 에너지로 일어난다. TNT가 폭발해서 화학적으로 대혼란이 발생해도 탄소, 수소, 질소, 산소 원자의 핵은 평화롭게 자고 있을 뿐이다.

원자핵이 불안정하고 자발적으로 구조를 바꾸는 과정에서 방사선이 방출된다. 1896년 Henri Becquerel은 황산 아연 우라닐 ($ZnUO_2(SO_2)_2 \cdot 2H_2O$) 조각을 종이에 싸서 사진건판 위에 두었을 때 처음으로 방사능을 발견했다. 2년 후에 Marie와 Pierre Curie는 역청 우라늄에서 두 가지 고도의 방사성 원소인 폴로늄 (Po) 과 라듐 (Ra) 을 발견했다.[2] 헬륨 원자의 핵인 α 입자는 자발적으로 변하는 이런 물질들에서 방출되는 방사선의 일종이다. 지구는 이미 수십억 년 전에 원래 가지고 있던 가볍고 비활성인 헬륨을 잃었으며 현재 우리 주변 환경에 존재하는 모든 헬륨은 방사성 붕괴에서 만들어진다. 태양은 수소 원자들을 융합시켜 매일 밤낮으로 헬륨을 새로 만든다. 1919년에 Rutherford는 질소 (^{14}N) 를 알파 입자와 함께 충돌시켜 산소 (^{17}O) 를 만듦으로써 최초의 인공 변환에 성공했다.[3] 1932년 Chadwick은 중성자를 발견하여 동위원소의 존재를 설명하였고 핵에 관한 지식을 통합시켰다.

중성자는 인공 변환에서 결정적인 역할을 하고 있다. Bronowski의 말에 의하면,[4] "창조가 이루어진 6일째 황혼 무렵, 구약성경 히브리인 주석자가 말하길, 신이 사람을 위해 창조의 능력을 지닌 수많은 도구를 만들어주셨다. 만약 주석자가 오늘날까지 살아 있다면, 그들은 아마 "신이 중성자를 만들었다."라고 썼을 것이다." 중성자를 현자의 돌 (그리고 입자 가속기를 현자의 알 부화기) 로 간주한 것이 억지일까? (솔직히 말해 그렇다) 1941년에 빠른 중성자를 사용하여 수은을 아주 적은 양의 금으로 변환시켰다. 고대의 오래된 꿈이 실현되었던 걸까? 로마 제국 Diocletian 황제의 현대 시대 버전으로 세계의 화폐를 그대로 유지하기 위해 모든 노트들과 학술 논문들을 불태워 버리고 입자 가속기를 부서뜨려 버려야 할까? 글쎄, 아마도 그렇진 않을 것이다. 이런 금 1온스는 지구의 가치보다 더 많은 비용이 든다. 또, 그렇게 얻은 금은 방사성[6]을 가지고 기껏해야 며칠만 존재한다.[5] 그러나 우리는 금을 마주하게 되면 언제나 논리적이지만은 않다. 사우스다코다 주 파인릿지 (Pine Ridge) 인디아나 보호 구역의 Oglala Lakota–Sioux족의 신성한 사람인 Black Elk의 말을 빌리자면,[7]

> 후에 나는 그해 여름 자신의 병사들을 찾기 위해 블랙힐스로 이끌었던 사람이 바로 Pahuska[8]라는 사실을 알았다. 그는 그곳에 갈 권리가 없었는데 그곳은 모두 우리 것이기 때문이었다. 게다가 Wasichus[8]는 Red Cloud(붉은 구름, 1868)와 그곳에 풀이 자라고 물이 흐르는 한 그곳은 우리의 것이라는 조약을 맺었었다. 후에 나는 Pahuska가 그곳에서 Wasichus를 미쳐 날뛰게 만드는 많은 노란 금속을 찾아냈다는 사실도 알게 되었다. 그리고 바로 이것이 전과 마찬가지로 100명이 몰살당한 나쁜 사건이 생기게 한 원인이었다.
>
> 우리 민족은 거기에 작은 노란 금속 덩어리들이 있다는 것을 알고 있었다. 그러나 그것들은 아무짝에도 쓸모없는 것이었기 때문에 우리들은 전혀 그것들에 개의치 않았다.

1. *Encyclopedia Brittanica*, 15th ed., Chicago, 1986, Vol. 14, p. 332.
2. J.R. Partington, *A History of Chemistry*, MacMillan, London, 1964, Vol. 4, pp. 936~947, 953~955.
3. P.W. Atkins and L.L. Jones, *Chemistry: Molecules, Matter and Change*, 3rd ed., Freeman, Mew York, 1997, pp. 858~860.
4. J. Bronowski, *The Ascent of Man*, Little, Brown, Boston, 1973, p. 341.
5. R. Sherr, K.T. Bainbridge, and H.H. Anderson, *The Physical Review*, **60**:473~479, 1941.
6. 1964년판 James Bond 영화 *Goldfinger*에서 대악당 Auric Goldfinger는 Fort Knox에서 핵폭탄을 터뜨려 미국 보유금을 방사능에 오염시킴으로써 자신이 숨겨 놓은 금의 가치를 폭등시키려고 한다. 명백히 소설가 Ian Fleming은 금은 안정한 동위원소 한 가지밖에 없음을 알고 있었다.
7. P. Riley (ed.), *Growing Up Native American*, William Morrow, New York, 1993, p. 99. Thanks to Professor Susan Gardner for this suggestion.
8. Pahuska는 'Long Hair(긴 머리)'—George Armstrong Custer 장군이다. *Wasichus*는 백인 이주자와 군인들을 지칭하는 말로 '욕심쟁이들'로 번역된다(이 얘기를 제안하고 배경을 설명해 준 Susan Gardner 교수에게 감사를 전한다).

† 역자 주: 이 얘기는 1876년 7월 Montana 주의 Little Bighorn 강 근처에서 일어난 인디언 원주민과 미국 제7기병대 간의 전투에 관한 것이다. 금광을 둘러싼 백인과 인디언들 간의 충돌에서 인디언을 평정하기 위해 출동한 Custer 장군의 제7기병대는 인디언들에게 참패를 당해 Custer 장군을 포함해 300명에 달하는 사상자를 냈다.

근대 연금술사들은 아틀란티스에 도달했다

그림 155는 1944년에 Glenn T. Seaborg가 작성한 주기율표이다.[1] 흔히 자연계에는 92개의 원소가 존재한다고 들어왔다. 논리적으로 우라늄 (원자 번호 92) 이 주기율표의 끝이 되어야 하고, 자연적으로 존재하는 양이 어느 정도 되는 것 중에서 우라늄이 가장 큰 원자 번호를 갖고 있으며, 극미세량의 넵투늄과 플루토늄이 우라늄 광석에서 발견된 것도 사실이다. 하지만 여기에는 빈자리가 존재하는데, 이를 테면 원소 43번의 경우이다. 이 원소 테크네튬 (Tc) 은 첫 번째 합성 원소였는데, 후에 아주 미량이 우라늄 붕괴 결과 자연적으로 존재함이 발견되었다.[2, 3] Perrier와 Ségré는 1937년 몰리브데넘 (Mo) 에 중수소의 핵을 충동시켜 테크네튬을 얻는 데 성공했다. 테크네튬의 반감기는 260만 년이다. 오늘날 테크네튬-99m (m = metastable, 준안정($t_{1/2} \sim 6$시간)) 동위원소는 심장 영상을 얻는 데 이용되고 있다.[3] 원소 87번 프랑슘은 Marguerite Perey에 의해 1939년 악티늄에서 합성되었다.[2] 이것의 가장 안정한 동위원소인 ^{223}Fr의 반감기는 21.8분이다. 이것은 또 우라늄 광석에서 (2×10^{-18} ppm) 만큼 아주 극미량만 발견되는데, 이는 '오래된' 붕괴가 미량의 정상 상태 농도를 남김에 따라 새 프랑슘이 만들어지기 때문이다.[3] 이 원소의 성질에 대한 연구는 거의 이루어지지 않았지만 루비듐과 세슘의 성질과 유사하다. 85번 원소 아스타틴은 가속된 알파 입자를 비스무트에 충돌시켜 얻었다.[2] 가장 안정한 동위원소인 ^{210}As의 반감기는 8.3시간이고, 역시 우라늄 광석에서 극미량만 발견되었다. 만들어진 최대량의 아스타틴 (500억분의 1 그램) 은 제한된 범위의 연구만을 허용하였는데, 아이오딘처럼 갑상선에 농축되어 있고, AtI_2^-는 흔한 I_3^-보다 더 안정하다.[3] 61번 원소 프로메튬은 1947년에 우라늄 분열의 미량 부산물로 ($<1 \times 10^{-11}$ ppm) 확실하게 보고되었다.[2, 3] 보고된 동위원소 (^{147}Pm) 의 반감기는 2.6년이다. 후에 ^{145}Pm은 17.7년의 반감기를 가진다고 알게 되었다.[3]

그러니까 92개의 '천연' 원소 중 오직 88개의 원소만이 자연적으로 존재하고, 위에서 언급된 네 개의 원소는 방사성 붕괴로 새롭게 만들어지는 일시적인 원소이다. 넵투늄과 플루토늄도 새로운 합성과 빠른 붕괴로 극미량만 발견될 수 있다. 지구상의 모든 헬륨이 또한 새롭게 형성됨에 유의하면 이 관점을 더 확장시킬 수 있다. 비록 새 헬륨 원자들이 우주 공간으로 사라지긴 하지만 그 핵들은 전적으로 안정하다.

1944년판 Seaborg 주기율표의 진정한 스타들은 우라늄 이후 원소들인 넵투늄 (Np) 과 플루토늄 (Pu) 및 89번에서 92번까지의 원소들 (악티늄, 토륨, 프로트악티늄, 우라늄) 이다. 넵투늄은 McMillan과 Abelson이 버클리에서 1940년에 합성한 것이다.[1] 1940년 말에서 1941년 초에는 McMillan과 Kennedy, Wahl, Seaborg는 우라늄과 중양자 (deuteron)의 충돌로 ^{238}Pu를 1941년 초에 만들었고, ^{239}Pu는 우라늄과 중성자의 충돌로 얻어졌다.[1] 1944년에 주기율표에서 새 원소 계열—악티늄족 (희토류 금속들, 즉 란타넘족과 유사하게)—을 주장한 것은 바로 Seaborg였다. 자신의 저서 *The Periodic*

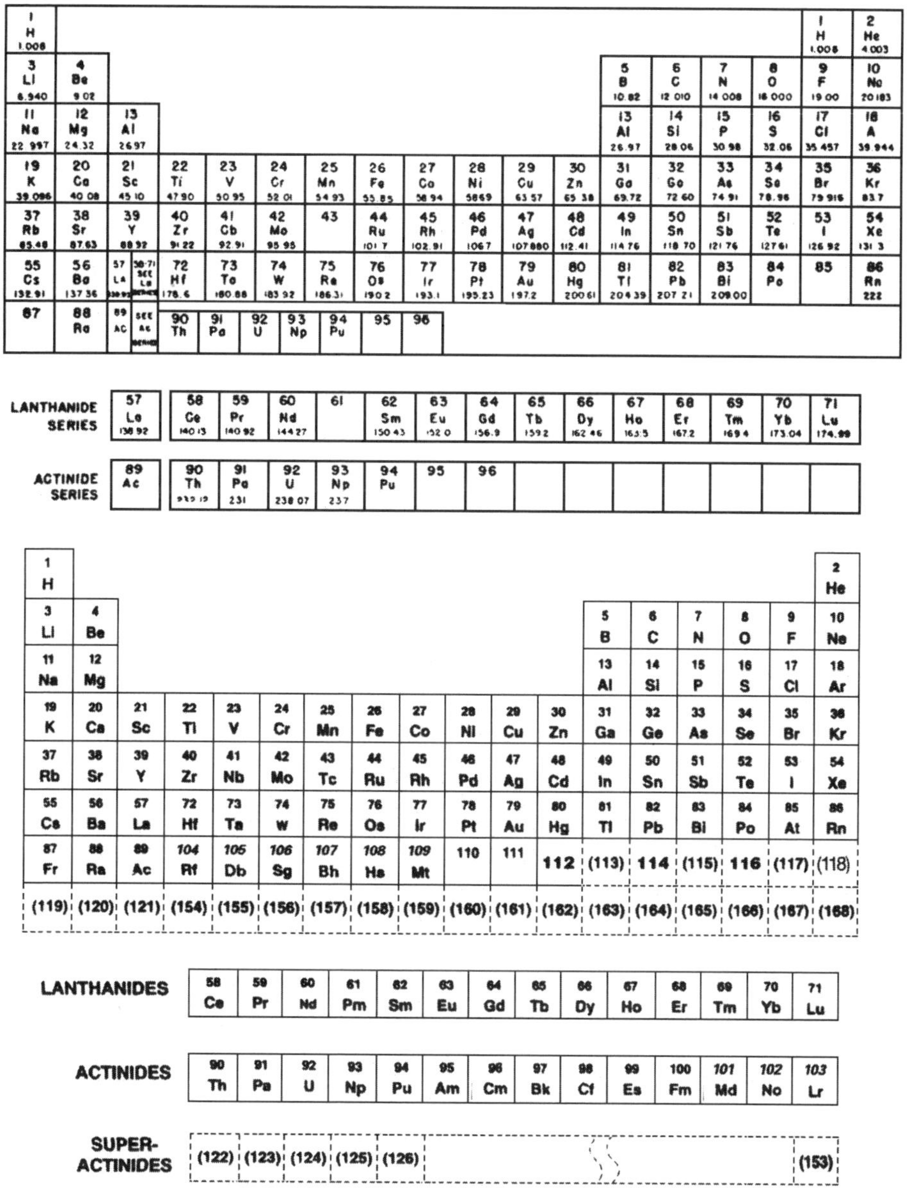

그림 155 ■ 위쪽 그림은 Glenn Seaborg가 1944년에 출판한 주기율표이고, 아래쪽은 미래의 표이다 (*Accounts of Chemical Research*, 28:257,1995 에 나온 그의 표를 다소 개정한 것임). Seaborg는 6개월 전에 뇌졸중을 앓고, 1999년 3월 세상을 떠났다. 안타깝게도 그는 러시아 그룹이 1999년 1월에 발표한 원소 114번과 1999년 6월 Lawrence Berkeley 연구소에서 발표한 116번, 118번의 발견으로 예상되었던 '안정섬' 에 도달했음을 알지 못했다.

Kingdom (주기율 왕국) 에서 Atkins는 주기율 왕국의 남쪽 해안에서 떨어져 있는 섬의 북쪽 해변으로 란타넘족을 묘사하였다.[4] 즉 Seaborg는 이 섬의 남쪽 해변을 발견한 것이다.

여기에 언급된 변환은 핵물리학이지 화학이나 연금술이 아니다. 하지만 만약 우리가 이전의 은유를 되새기고 중성자를 현자의 돌로 상징한다면, ^{239}Pu는 축복과 서주 두 가지의 금으로 비유될 수 있을 것이다. 이것은 나가사키 시민들을 살상시키고 제2

차 세계대전에 종지부를 찍은 나가사키에 투하된 원자 폭탄의 원료이다. 냉전 기간 동안 엄청나게 쌓인 재고는 지금 지구상에 수백 톤에 달하는, 이 무섭지만 유용한 물질을 남겨두고 있다. 한 손에는 마이더스 왕의 저주를 다른 손에는 에너지원을.

그림 155에서 우리는 Seaborg가 1995년에 발표한 미래형 주기율표의 개정판을 볼 수 있다.[5] 해안섬의 남쪽 해안가는 로렌슘(Lr)까지로 완성되어 있다. Seaborg는 Mendeleev의 논리[5]를 사용하여 101번 원소의 성질을 '*eka*-thulium'로 예측했다. 마치 Mendeleev가 실리콘 아래를 *eka*-silicon(저마늄)이라고 했던 것처럼 말이다. 아주 적절하게도 이 원소는 멘델레븀(Md)으로 명명되었다. 원자 번호가 100번이 넘어가는 원소의 이름에는 논란이 계속해서 있었는데, 1997년이 되어서야 마침내 결정이 났다.[6] 101, 멘델레븀(Md); 102, 노벨륨(No); 103, 로렌슘(Lr); 104, 러더포듐(Rf); 105, 더브늄(Db); 106, 시보귬(Sg); 107, 닐스보륨(Bh); 108, 하슘(Hs); 109, 마이트너륨(Mt). 106번에 Glenn Seaborg의 이름을 붙인 것은 그의 큰 기여를 기리는 증표가 된다. 107번에서 109번까지의 원소들은 천분의 수초 정도의 반감기를 가지고 있다. 안성맞춤으로 106번 원소는 화학적 연구를 수행할 수 있는 수명(수십초)을 갖는 원소 계열의 마지막 원소이다. 아마도 황산 시보귬이나 시보귬 칼슘 같은 화합물이 있을 것이다.[5] 1984년 하슘이 발견된 10년 후에 110, 111, 112번 원소들이 순서대로 발견되었다. 이 110번부터 112번까지 원소들은 100만 분의 수초 정도의 반감기를 갖는다.[5] 이 발견은 Maria Goeppart-Mayer와 Hans Jensen의 핵껍질 구조 이론과 일치하는데, 이들은 1963년에 노벨 물리학상을 공동 수상했다.[2]

Göppart-Mayer와 Jensen의 이론은 초중량급 원소들 중의 '안정성의 섬'의 존재를 예측했다. Atkins는 이것을 아틀란티스라 부른다.[4] 러시아 두브나(Dubna)에 있는 Joint Institute for Nuclear Research의 대담한 실험은 1999년 초, ^{244}Pu를 ^{48}Ca 이온으로 때려, 20초의 반감기(α붕괴)를 가진 114번 원소(원자 질량 289)를 합성했다고 조심스럽게 발표함으로써 과학계를 전율케 하였다.[7] Albert Ghiorso가 말하길, '이것은 우리 일생 중 가장 신나는 사건이다.' 라고 했다.[7] 중성자 수($N = 175$)는 꽉찬 '마법의' 중성자 껍질($N = 184$)에 접근했다. 114번 원소에 대한 더 강력한 증거는 5초의 반감기(α 붕괴)를 가진 두 번째 동위원소 $^{287}114$($N = 173$)의 합성이다.[8] $^{283}112$($N = 171$)의 반감기는 1.5분(자발적인 핵분열)으로 처음 보고된 동위원소 $^{277}112$; $N = 165$)보다 3×10^5배 긴 시간이다.[8] 1999년 6월에 로렌스 버클리 국립 연구소는 크립톤 이온으로 납을 때려 118번 원소(질량 293)와 이것의 딸 핵 116(질량 290)을 보고하였는데, 이 두 물질은 모두 상당한 안정성(백만분의 수백초의 수명)을 갖는다고 보고했다.[9] 안타깝게도 Glenn T. Seaborg는 1998년 8월에 뇌졸중을 겪고 1999년 초에 아틀란티스 도착에 대해 알지 못한 채 죽었다. 이보다 더 슬픈 것은 118번 원소에 대한 주장은 잘못된 근거와 사기라는 것이 판명되어 철회되었다는 것이다.[10]

1. G.T. Seaborg, *Chemical and Engineering News*, **23** (23), December 10, 1945.

2. J.R. Partington, *A History of Chemistry*, MacMillan, London, 1964, Vol. 4, pp. 953~955.

3. H. Rossotti, *Diverse Atoms: Profiles of the Chemical Elements*, Oxford University Press, Oxford, 1998.

4. P.W. Atkins, *The Periodic Kingdom, Basic Books*, New York, 1995, pp. 25~26, 56.

5. G.T. Seaborg, *Accounts of Chemical Research*, Vol. **28**: 257~264, 1995.

6. *Chemical and Engineering News*, Vol. **75**, September 8:10, 1997.

7. R. Stone, *Science*, **283**:474, 1999.

8. Yu.Ts. Oganesian, A.V. Yeremin, A.G. Popeko, S.L. Bogomolov, G.L. Buklanov, M.L. Chelnokov, V.I. Chepigin, B.N. Gikal, V.A. Gorshkov, G.G. Gulbekian, M.G. Itkis, A.P. Kabachenko, A. Yu Laurentev, O.N. Malyshev, J. Rohac, R.N. Sagaidak, S. Hofmann, S. Saro, G. Giafdina and K. Morita, Nature, Vol. 400, p. 242 (1999).

9. R. Dagani, *Chem. Eng*. News, Vol. 77 (June 14, 1999), p. 6.

10. R. Monastersky, The Chronicle of Higher Education, August 16, 2002, pp. A16~A21.

금의 화학은 고귀하지만 단순하지는 않다[1]

이제 여기 흥미로운 점이 있다. 우리가 8A족 기체 (헬륨, 네온 등) 를 '고귀' 하다고—즉, 비반응성이라고—생각하는 것과 같은 의미로 고대인들에게는 금이 '고귀' 한 것으로 여겨졌다. 금은 사촌격인 은과는 달리 변색되지 않는다. 은의 변색은 공기 중의 황화 수소가 은의 표면에 황산은 (Ag_2S) 의 검은 막을 형성하기 때문이며, 여러 번 가열해도 변하지 않는다. 금은 염산이나 질산에 용해되지 않는다. 오직 염산과 질산을 3:1로 섞은 **왕수**에는 용해된다. 그러나 용액을 증발시키고 세게 가열하면 금속회가 남는 싼 금속과는 달리 아무런 변화없이 원래의 금으로 되돌려진다. 그렇지만 금의 화학은 오늘날까지도 분명하지 않다.

우리는 금이 분명히 반응성을 보인다는 것을 알고 있다.[2, 3] 제논도 마찬가지다. 예를 들면, **왕수** 용액에서의 '용해' 는 실제로는 질산과 염산이 한 팀처럼 작용하여 화학적인 반응을 만드는 것이다. 원소 상태의 금이 Au(III) 으로 산화되는 것은 오로지 $AuCl_2^-$ 이온의 안정성 때문이다.

$$Au + HCl + HNO_3 \rightarrow AuCl_2^- + NO_2 + H_3O^+$$
$$Au + HCl + Cl_2 + H_2O \rightarrow H_3O^+[AuCl_2^-](H_2O)_3$$

마찬가지로 최종 생성물은 염화금산이다. 묽은 사이안화물 용액에서 금은 실온에서 공기에 산화되어 안정한 $Au(CN)_2^-$ 이온이 형성된다. 이 반응은 광석에서 금을 추출하는 데 이용된다.

금의 고귀성 (비반응성) 에 대한 설명은 쉽지 않다.[2] 현대적 개념으로 주화 금속 구리, 은, 금의 최외각 전자들은 $4s^1$, $5s^1$, $6s^1$에 있다. 따라서 이 금속들은 처음에는 전혀 고귀하지 않은 알칼리 금속인 포타슘, 루비듐, 세슘 (이것들도 각각 $4s^1$, $5s^1$, $6s^1$) 의 사촌격인 듯하였다. 세슘은 거의 대부분의 원소와 '데이트' 를 한다. 알칼리 금속들의 최외각 전자 안에는 완전히 다 채워진 부껍질 구조—직전 비활성 기체의 옥텟 구조—가 있다. 이전의 귀족 기체의 옥텟인 완전히 채워진 부껍질 구조와 같이 최외각 전자들이 '기본' 으로 묘사된다. 이 옥텟은 최외각 전자 (ns^1) 를 핵의 인력으로부터 가로막아 이온화되기가 (전자를 잃기가) 쉽게 되어 알칼리 금속들이 반응성을 갖는 것이다. 세슘은 최외각 전자가 핵에서 가장 멀리 떨어져 있어 가장 반응성이 크다. 반대로 주화 금속은 ns^1 전자 안에 완전히 채워진 18-전자 껍질을 가지고 있어 큰 안정성을 갖게 된다. 하지만, *d* 전자들은 ns^1 전자를 가려막는데 크게 효과적이지만은 않아, ns^1 전자들은 핵에 강하게 끌어당겨져 이온화하기 어렵다.[2] 더구나 알칼리 금속들과는 반대로 주화 금속의 반응성은 작은 것에서 큰 것 순이다. 구리가 가장 반응성이 크고 금이 가장 작다. 금의 $6s^1$ 전자의 거동을 설명하는 데는 상대성 물리학이 필요하다.[3] 그러므로 최소한 이 경우에서는 '물리학의 승리의 전차' 가 화학을 구원할듯하다.

1. I thank my wife, Susan Greenberg, for suggesting this essay.
2. B.E. Douglas, D.H. McDaniel, and J.J. Alexander, *Concepts and Models of Inorganic Chemistry*, 3rd ed., Wiley, New York, 1994, pp. 724~725.
3. F.A. Cotton and G. Wilkinson, *Advanced Inorganic Chemistry*, 5th ed., Wiley, New York, 1988, pp. 937~939.

'완벽한 생물학 원리'

> 우리는 데옥시라이보스 핵산 (DNA) 의 구조를 제안하고자 한다. 이 구조는 상당한 생물학적 의미를 지닌 독특한 특징을 가지고 있다.

이것이 James D. Watson과 Francis H.C. Crick이 DNA 이중 나선 구조에 대해 *Nature* 지에 보고한 획기적인 단신 논문의 첫 단락이다.[1] 끝에서 세 번째 단락은 다음과 같다.

> 우리가 가정한 특정한 짝짓기가 즉각 유전자 물질의 가능한 복사 메커니즘을 암시함을 우리들도 주목하고 있다.

이제는 고전이 된 자전적 이야기 *The Double Helix*에서 J.D. Watson은 완성될 논문이 지닌 굉장한 의미를 조심스럽게 상상한다. 이 책은 DNA 구조를 발견하기 위한 경주를 Watson의 관점에서 본, 경이적으로 특유한 역사이다. 대중 독자들은 과학자들도 좋든 나쁘든 간에 사람이라는 사실을 알게 된다.

Watson의 이야기의 주제는 DNA 기능의 이해가 구조를 암시해 준다는 것이다. 다행히도 바람직하기로는 DNA의 구조는 '아름답고' 그것의 기능을 자명하게 하리라는 것이다. 책에서 Watson은 맥주를 몇 잔 주고 받은 후에 Francis Crick의 '완벽한 생물학적 원리' 인—유전자의 완벽한 자기 복제라는 가정을 회상한다.[3] 연구에서 Watson과 Crick을 유리하게 한 것은 바로 이런 기능에 대한 특별한 관심과 기꺼이 분자 모형을 가지고 '놀아보기' 였다. 역사적으로 계속 논란이 되는 것은 그들이 Rosalind Franklin의 x선 결정학 자료를 그녀의 인지나 동의없이 사용하였다는 것이다. *Nature* 논문에 Rosalind의 자료에 대한 감사의 글이 있고 같은 호에 실린 두 논문들이 Wilkins A.R.

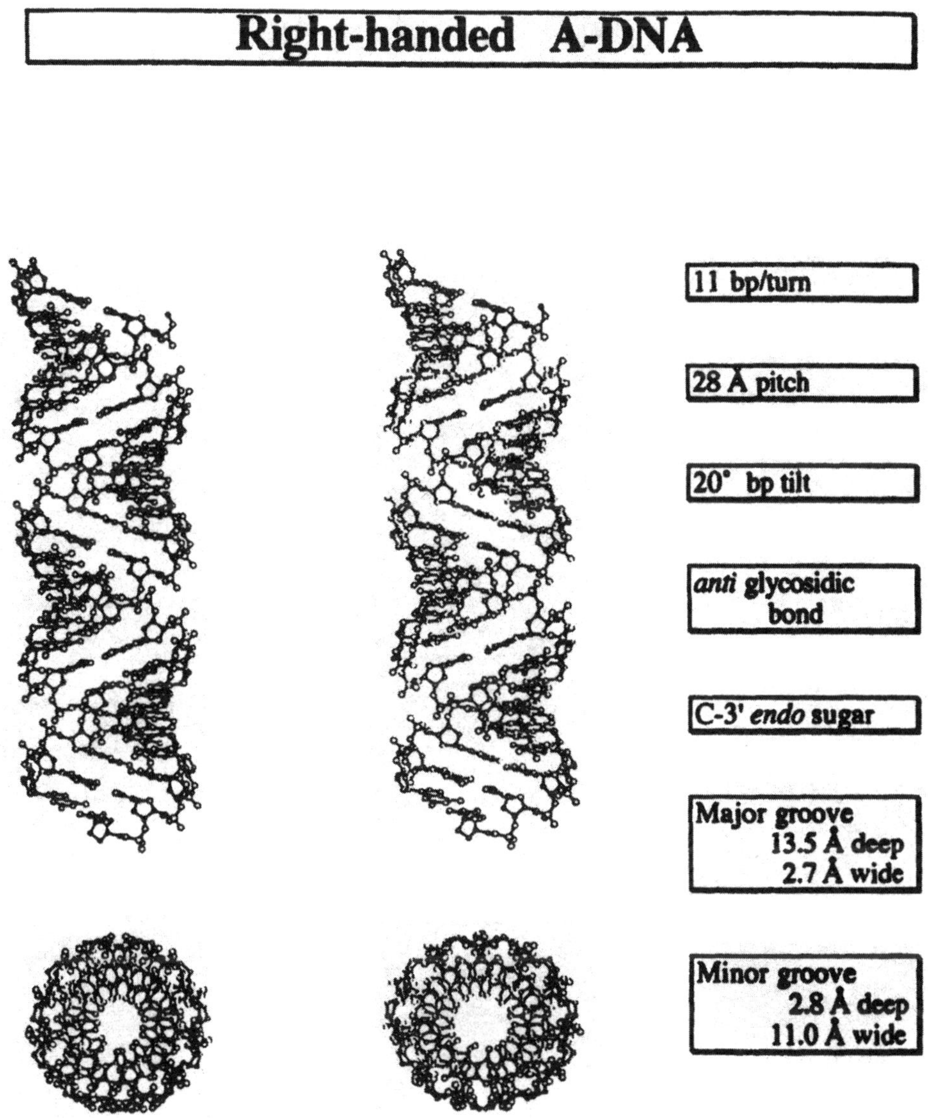

그림 156 ■ A-DNA의 간결한 구조 (*Proceedings of the Second SUNYA Conversation in the Discipline Biomolecular Stereodynamics*, R Savna(ed.) vol. 1, Adenine Press, 1981, pp. 99~122의 Arnott와 Chandrasekaran의 구조를 바탕으로 Catherine J. Murphy 교수 제공).

Stokes 및 H.R. Wilson과 뒤를 이어 Franklin 및 R.G. Gosling이 저자로 되었있음에도 불구하고 오늘날까지도 의문들이[4, 5] 남아 있다. 명백히 Franklin은 인산염들이 나선 밖에 있다고 정확하게 결론지었다. 게다가 그녀는 자료가 나선형을 나타낸다는 것도 이해했다. 그녀는 과거에 분자 모형을 이용하기도 했지만, 그녀의 접근법은 정직한 자료 분석을 바탕으로 엄밀하게 구조를 풀어 나가는 것이었다.[4, 5]

Linus Pauling은 그의 *Nature of the Chemical Bond*의 결합 원리를 이용해 모형을 만들어서 힘들고 믿을 수 없을 정도로 복잡한 x선 해석 대신에 지름길을 택함으로써

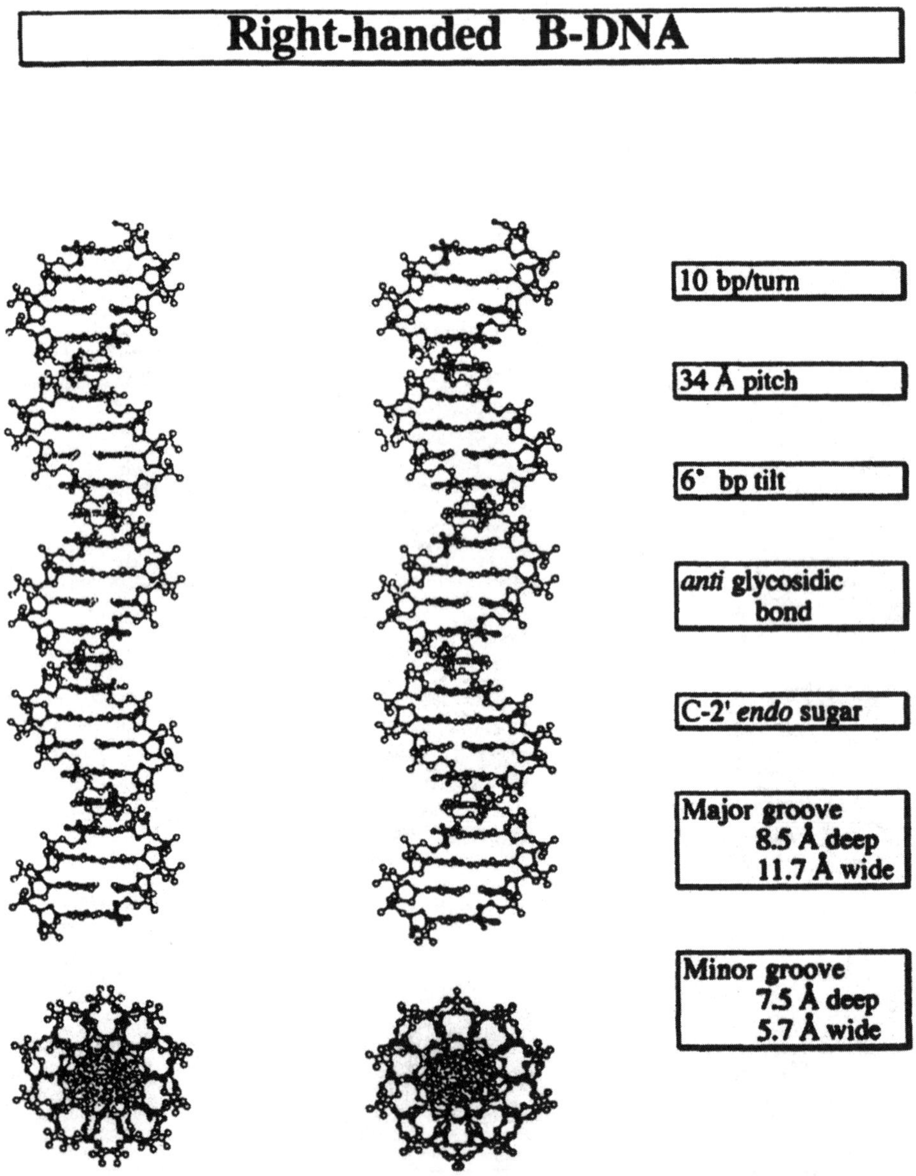

그림 157 ■ Rosalind Franklin에 나선 구조를 나타내는 뚜렷한 x선 회절 그림을 제공한 늘려 놓은 DNA의 B 구조 (*Proceedings of the Second SUNYA Conversation in the Discipline Biomolecular Stereodynamics*, R Savna(ed.) vol. 1, Adenine Press, 1981, pp. 99~122의 Arnott와 Chandrasekaran의 구조를 바탕으로 Catherine J. Murphy 교수 제공).

α-케라틴 구조를 해결했다. Watson과 Crick은 Pauling과의 경쟁에서 그를 이기는 데 성공했다. Watson의 책에는 Linus의 아들로서 당시 케임브릿지에 있던 Peter Pauling이 Watson과 Crick에게 아버지가 구조를 해결하였는데 3중 구조라고 알려 주었을 때의 달콤한 순간이 쓰여 있다.[6] Watson은 아들 Pauling의 코트 주머니에서 논문 원고를 꺼내서 Crick과 함께 전율을 느끼면서 그것을 읽었다. 놀랍지만 기쁘게도 Linus는 바보 같은 실수를 했다. 마치 인산이 산이 아닌 듯이 인산염에 양성자가 가해져 있었다. 그들의 다음 걱정거리는 Linus가 자신의 실수에 부끄러움을 느끼고, 두 배의 노력으로 문제를 풀고 그들의 노벨상을 가로채갈까 하는 것이었다 (그해는 1953년이었다. Pauling은 1954년에 노벨 화학상을 수상하게 된다).

그림 156은 A-DNA의 간결한 구조를 보여 준다. Franklin은 A-DNA에 습기를 가하여 더 수화되고 길게 늘려진, 그리고 x선 사진이 나선 구조를 아주 뚜렷하게 나타내는 B-DNA (그림 157) 를 만들어내는 기술을 개발하였다. Watson, Crick, Wilson은 1962년 노벨 의학상을 공동 수상했다. 케임브릿지를 떠난 후 Rosaline Franklin은 런던에 있는 버어벡 대학의 J. D. Bernal 교수 연구에 가담하여 자신의 연구진을 운영할 수 있게 되었다. 그녀는 연구진을 효율적으로 바꾸었고 바이러스 결정학 분야에서 세계적인 전문가가 되었다. 그녀의 연구는 바이러스가 속이 빈 중심부를 갖고 있음을 밝혔다. 1956년에 난소암 판정을 받은 그녀가 생애 마지막 몇 달 동안을 극도로 위험한 폴리오 바이러스를 연구했다. 그녀는 1958년에 37세의 나이로 세상을 떠났다.[4, 5]

1976년에 BBC는 *The Race For The Double Helix*라는 제목의 영화를 제작했다. 이것은 비록 해석은 달랐지만, Watson의 책을 극화한 것으로 지성적인 영화였다. Jeff ('쥬라기 공원') Goldblum이 James D. Watson 역을 맡았다. 나도 열심히 이 영화의 비디오를 찾아보았으나 구입할 수가 없었다. 왜인지 알고 싶다.[7]

1. J.D. Watson and F.H.C. Crick, Nature, 171: 737~738, 1953.
2. J.D. Watson, *The Double Helis*, Simon & Schuster, New York, 1968.
3. J.D. Watson, op. cit., p. 126.
4. A. Sayre, *Rosalind Franklin and DNA*, Norton, New York, 1968.
5. M. Rayner-Canham and G. Rayner-Canham, *Women In Chemistry: Their Changing Roles from Alchemical Times to The Mid-Twentieth Century*, American Chemical Society and Chemical Heritage Foundation, Washington, D.C. and Philadelphia, 1998, pp. 82~90.
6. J.D. Watson, op, cit,. pp. 157~163.
7. Now available: Films for the Humanities and Sciences, Box 2053, Princeton, NJ 08543-2053.

Nanoscopic '천국'

영화 'Fantastic Voyage' 에서 여배우 Raquel Welch는 과학자들과 의사들로 이루어진 팀의 한 사람인데, VIP 환자의 수술할 수 없는 뇌 종양을 제거해 달라는 과제를 받게 된다. 이 팀은 잠수함 같은 배를 타고, 이 배는 크기가 미세하게 축소되어 환자의 혈관 속으로 주사된다. 드라마가 극적인 순간은 배 밖에 있던 Welch가 항체 덩어리들의 공격을 받고 남자들이 그녀의 옷에서 그것들을 제거하는 영광을 얻기 위해 경쟁하는 장면이다. 말할 필요도 없이 긴박한 순간들이 지난 후 종양 수술은 결국 성공하고, 영화는 해피엔딩으로 막을 내린다.

미시적 (*Microscopic*) 이다는 것은 흔히 광학 현미경을 사용해야 분간이 가는 물체를 지칭하며, 그 크기는 수 마이크론 (100만분의 1미터) 정도이다. 개개의 원자들은 크

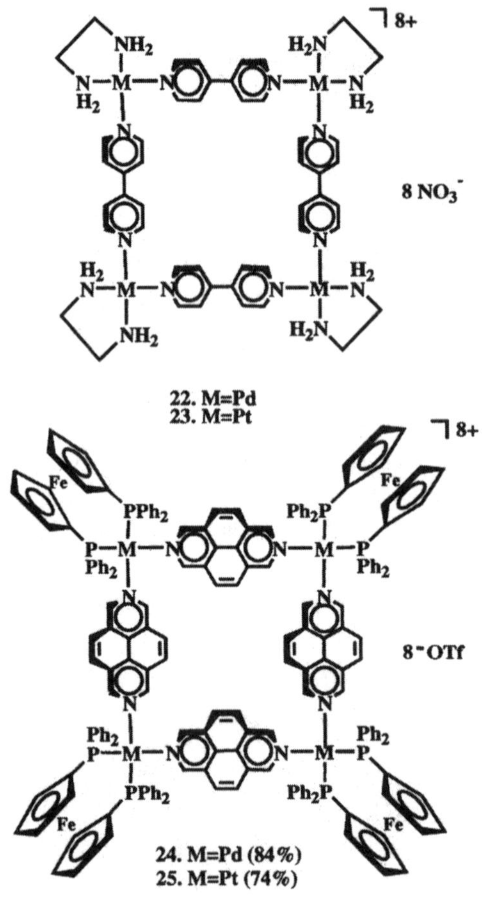

Chart 2.

그림 158 ■ 2작용기 선형 분자들과 2작용기 꺾인 분자들이 결합된 화학 사각형. 이것들은 공유 결합의 약 20% 정도의 세기를 가진 배위 결합들로 이루어진다. 자연은 이러한 화학 사각형 분자를 만들기 위하여 네 개의 분자들이 체 모양을 갖출 때까지 결합-깨짐-재결합 과정을 반복한다 (P.J. Stang and B. Olenyuk, *Accounts of Chemical Research*, Vol. 30:502, 1997) (미국 화학협회 제공).

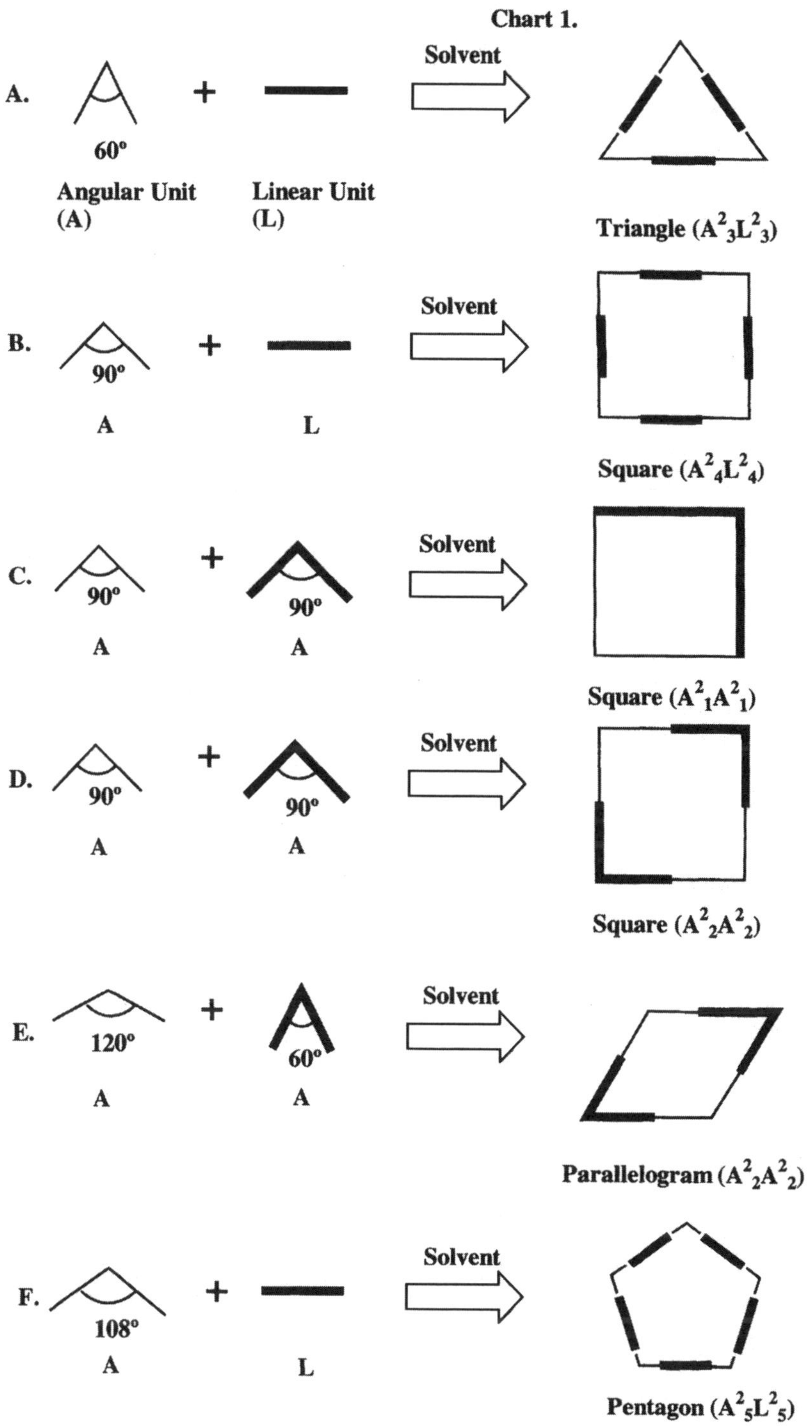

그림 159 ■ 다각형을 형성하는 분자들 (Stang and Olenyuk, 그림 158 참조; 미국 화학협회 제공).

기가 옹스트롬 (angstroms 10^{-8} cm, 또는 10^{-10} m) 정도이다. 큰 원자 덩어리나 분자의 집단 (바이러스 같은) 은 수십 옹스트롬 또는 수 나노미터 ($1\ nm = 10^{-9}$ m) 의 크기를 갖는다. 우리가 컴퓨터, 기계, 로봇을 나노 크기의 부품들로부터 만들 수 있다면 어떻게 될까? 명백히 자연은 이미 나노 기술을 마스터했는데 우리라고 왜 못하겠는가?

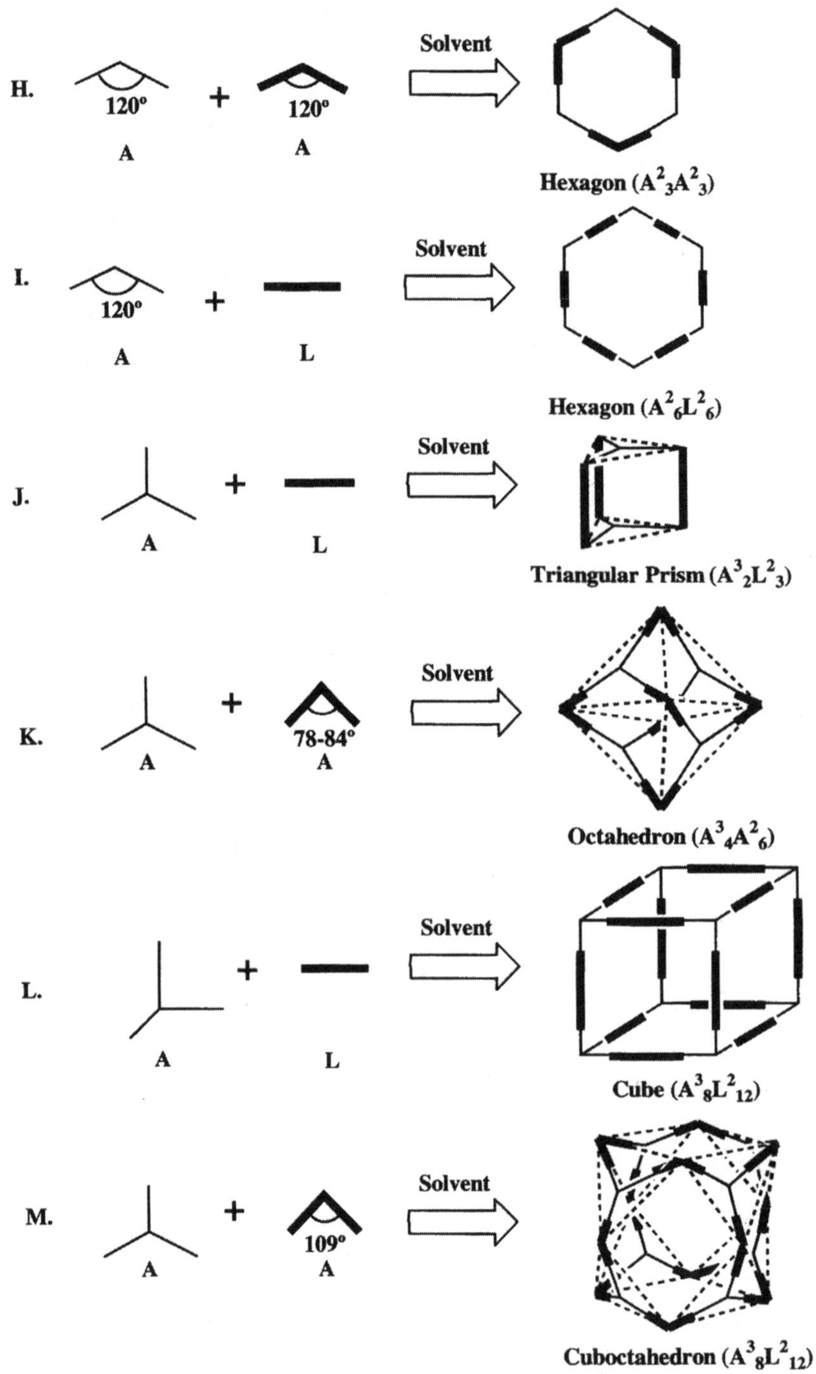

그림 160 ■ 다각형과 다면체를 형성하는 분자들 (Stang and Olenyuk, 그림 158 참조; 미국 화학협회 제공).

그림 158은 선형 2작용기 분자 (사각형 각 모서리들이 질소 원자로 끝난다) 와 90도로 구부러지도록 꺾인 2작용기 분자 (사각형의 '모서리' 의 금속은 금속 원자 *M*이다) 를 동등한 양 섞어 합성된 두 분자를 나타낸다. 이 합성은 그림 159의 식 (B) 에 나타나 있다. 그림 159와 160은 2작용기 선형 (L) 분자와 2작용기 꺾인 (A) 분자의 결합

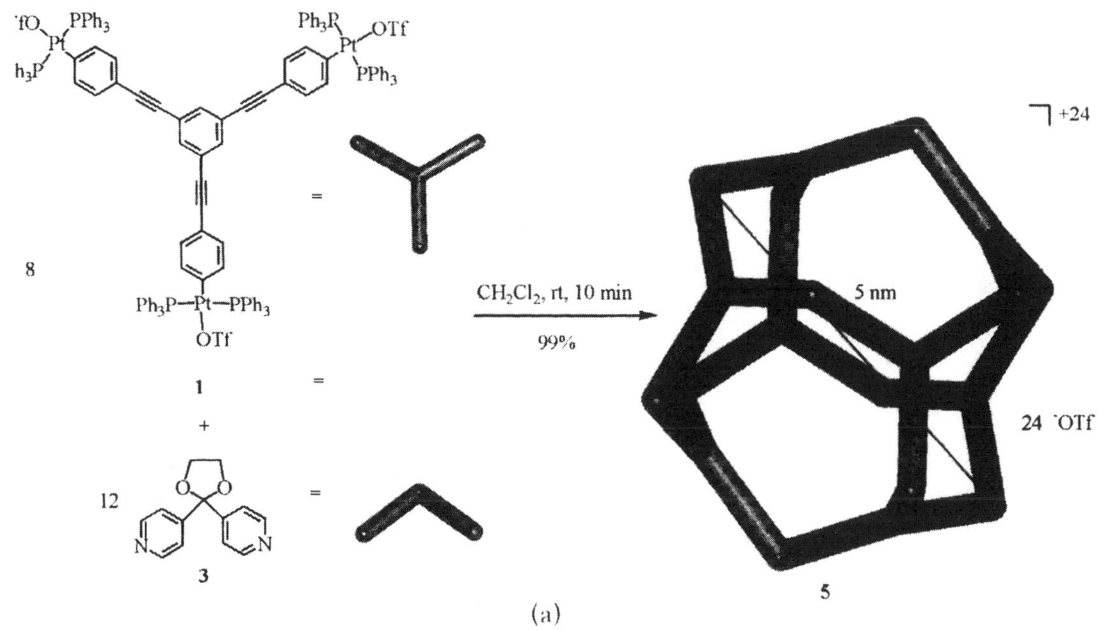

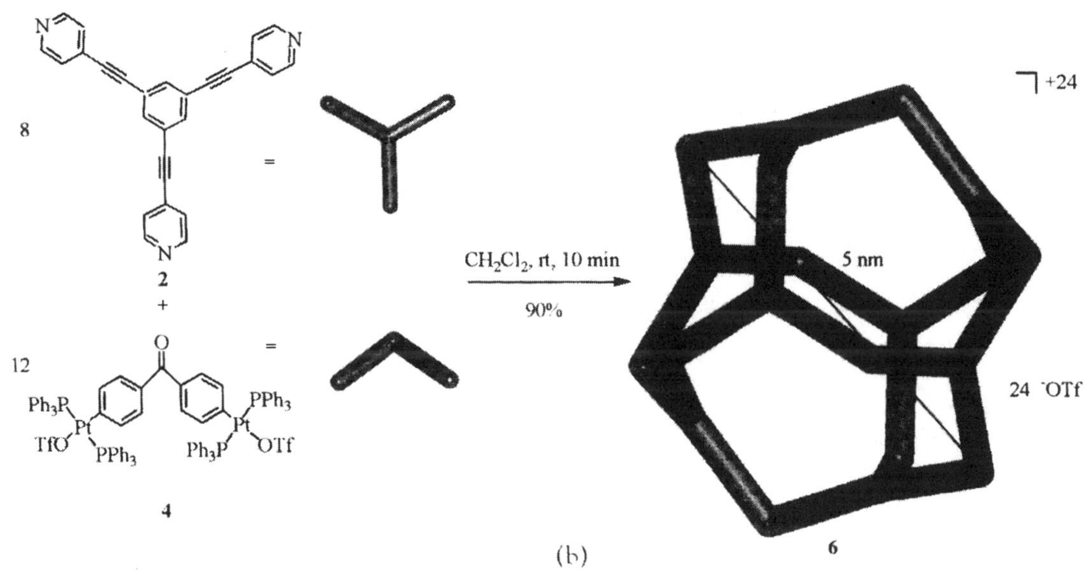

그림 161 ■ 그림 160의 방법을 이용하여 10분 안에 99% 수득률로 나노 크기의 cuboctahedron을 합성했다 (B. Olenyuk, J.A. Whiteford, A. Fechtenkotter, and P.J. Stang, *Nature*, Vol. 398:774, 1999).

으로 형성되는 정다각형의 여러 가능성(식 (A) 에서 (H)) 을 보여 준다.[1] 만약 두 분자 중의 하나가 3작용기를 가지고 있고 이것이 2작용기 분자와 결합되면, 그 결과는 그림 160 식 (J) ~ (M) 과 같은 정다면체가 될 것이다.

이 방법 (그림 161 참조) 을 이용하여 평면형의 3작용기 분자 **1**과 꺾인 각형 2작용기 분자 **3**을 CH_2Cl_2 용액에서 2:3 몰 비율로 혼합하였다. 10분만에 순수한 입방8면체 **5**가 얻어지는 거의 완벽한 반응이 끝났다.[2] 이 거대 분자의 크기는 5 nm 정도이다. 더욱 놀랍게도 이 방법은 그저 비평면형 3작용기 분자들과 선형 2작용기 분자들을 2:3 몰 비율로 혼합하기만 함으로써 5880개의 원자들로 구성된 나노 크기의 12면체 (그림

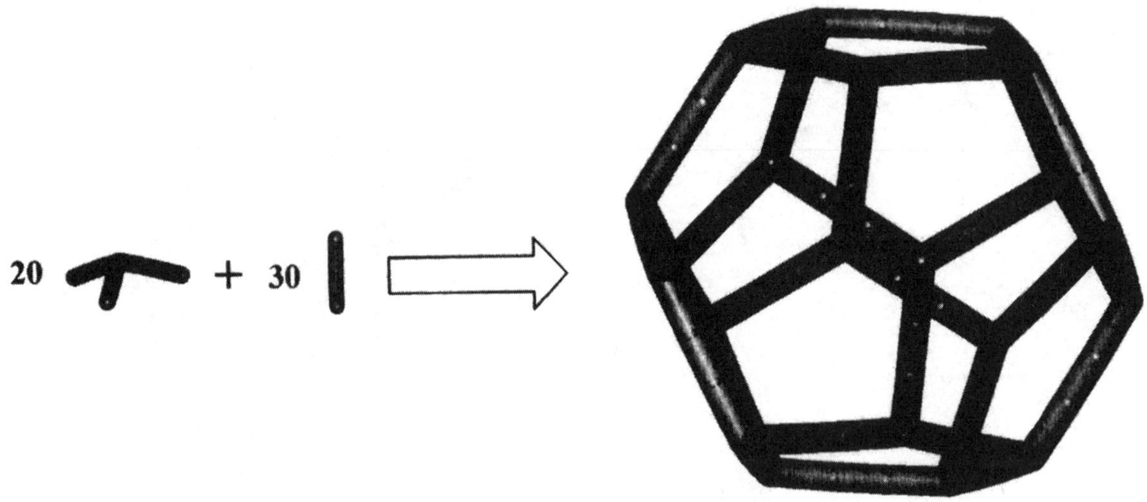

그림 162 ■ Stang과 Olenyuk의 개념적 접근법을 이용한 나노 크기의 12면체 ('천국' , 그림 3 참조) 합성. 이것은 자기-조합을 통하여 얻어진 가장 큰 비생물학적 계이다.

162) 를 합성하는 데 성공했다.[3] 화학식은 $C_{2900}H_{2300}N_{60}P_{120}S_{60}O_{200}F_{180}Pt_{60}$이다.

우리는 지난 2500년을 돌아보았다. 고대 피타고라스 학파는 수학적 원리로 물질을 생각하였고, 네 개의 지상 원소들과 다섯 번째 천상 원소 ('에터') 를 다섯 가지 플라토닉 고체로 나타내었다 (Kepler의 *Harmonices Mundi*, 그림 3 참조). 강한 공유 결합으로 묶여진 정다면체들은 이미 알려져 있었다. 백인 (P_2) 에서, 원자들은 사면체 꼭짓점들을 차지하고 있다.[4] 어떻게 고대인들은 사면체가 불에 적합하고 또 불타는 백인에 알맞다는 사실을 알았던 것일까? 거의 40년 전부터 총명한 유기화학자들은 고생스럽게 자연에 '계교를 부리고' , 겉보기로는 엔트로피에 '반하는' 육면체, 12면체, 탄소 공유 결합으로 이루어진 사면체들을 조립하였다. 하지만 자연은 자연대로 계략을 가지고 있었고, 1980년대 말 검댕에서 'buckminsterfullerene' 또는 줄여서 'buckyball' 이라고도 하는 탄소 원자 축구공 (C_{60}) 이 검댕에서 발견되었다.[6] 끝이 잘린 20면체 ('축구공') 와 입방8면체는 13개의 아르키메디안 입체 (준정다면체) 의 두 가지 예이다. 다섯 가지 플라토닉 고체들은 모두 동일한 다각형 면을 가지고 있다—예로서, 20면체는 삼각형 면들로만 되어 있다. 이에 반해 끝이 잘린 20면체에는 5각형과 6각형 면이 모두 있다. 8면체와 20면체는 안정한 탄소 구조가 아님에도, 8면체는 레늄과 코발트 같은 전이 금속을 포함하는 분자에서 찾아볼 수 있고, 20면체는 원소 붕소와 붕소가 포함된 분자와 이온에서 찾아볼 수 있다.[4]

자연은 (화학자들도 또한 자연의 일부이다) 어떻게 바이러스와 나노 크기의 12면체와 같은 질서정연한 나노 구조를 만들어내는 것일까? 먼저, 자연은 유전자 암호를 이용하여 단백질 같은 복잡한 단위를 미리 조립해 놓는다. 그림 158에서부터 162에 보인 것과 같은 합성 구조 단위를 만들려면 정밀하고 고된 화학적 합성이 요구된다. 이러한 단위들은 반데르발스 (van der Waals) 상호작용, 쌍극자-쌍극자 힘, 수소 결합

같은 약한 힘을 이용하여 자기 조립 (self-assemble)하여 자발적으로 스스로 질서를 찾아서 최적의 구조를 찾아 들어간다. 그림 158에서 162까지에 언급된 나노 구조에 이용되는 리간드-금속 배위 결합은 공유 결합 세기의 20% 정도이다. 만약 강한 공유 결합이 화학 반응에서 형성되면 최종 생성물은 최초의 반응 조건 (이를테면 온도나 압력 같은) 에 따라 달라질 것이다. 왜냐하면 때로는 가장 빨리 형성된 생성물이 우세하게 나타날 것이고, 때로는 가장 안정한 생성물이 우세하고, 혹은 이 두 가지가 혼합된 생성물이 (만약 정말로 다르다면) 얻어질 것이다. 이것은 바로 원자 이론 직전에 Berthollet (그림 100) 를 괴롭힌 문제이다. 이에 반해 약한 결합으로 묶여진 구조들은 가장 좋은 구조가 형성될 때까지 결합-해리-재결합 (짓고-수리하고-다시 짓고) 을 반복하고, 이 모든 과정은 몇 분 안에 완결 될 수 있다. 요약하자면 자연은 방법을 찾을 것이다.

1. P.J. Stang and B. Olenyuk, *Accounts of Chemical Research*, **30**: 502~518, 1997.
2. B. Olenyuk, J.A. Whiterford, A. Fechtenkotter, and P.J. Stang, Nature, **398**: 794~796, 1999.
3. B. Olenyuk and P.J. Stang, *Journal of the American Chemical Society*, **121**, 10, 434, 1999. See also: Chemical & Engineering News, November 15, 1999, p. 11.
4. F.A. Cotton and G. Wilkinson, *Inorganic Chemistry*, 5th ed., Wiley, New York, pp. 1978.
5. A. Greenberg and J.F. Liebman, *Strained Organic Molecules*, Academic, New York, 1978.
6. R.F. Curl and R.E. Smalley, *Scientific American*, October, 1992, p. 54.

물질을 원자 한 개씩 옮기기

화학 교과서는 John Dalton이 1803년에 원자 이론을 만들었음을 알려주고, 원자들이 그때부터 받아들여진 것이라는 암시를 준다. 그러나 이렇게 널리 받아들여졌다는 것은 전혀 사실이 아니다. 19세기 말엽 책인 Brodie의 *The Calculus of Chemical Operation* (London, 1866, 1877) 과 Hunt의 *New Basis for Chemistry: A Chemical Philosophy* (Boston, 1887) 은 원자론에 반대하지만 괴짜나 바보가 쓴 것이 아니다. 저명한 물리학자 Ernst Mach와 유명한 화학자 Wilhelm Ostwald는 20세기 초까지도 원자의 실체를 받아들이지 않았다. Jacob Bronowski는 1906년 Ludwig Boltzmann (열을 원자와 분자들의 움직임으로 성공적으로 설명함) 의 자살은 과학계에 원자가 실존 물질임을 완벽히 설득하는 데 실패했음에 일부 기인한다고 강하게 암시했다.[1]

하지만, 거의 동시대에 Albert Einstein은 기체 분자들을 모형화함으로써 액체 내에서의 미세 입자들의 움직임 (Brown 운동은 1828년에 처음으로 R. Brown에 의해 분석되었다) 에 대한 수학적 이론을 개발하였다. 1908년 Jean Perrin은 용액과 담배 연기 안의 미세입자들의 Brown 운동을 설명했고, 자신의 자료를 사용하여 Avogadro 수를 정확히 추정하였다.[2] 그의 책 *Les Atomes* (Paris, 1913; London, 1916) 에는 원자의

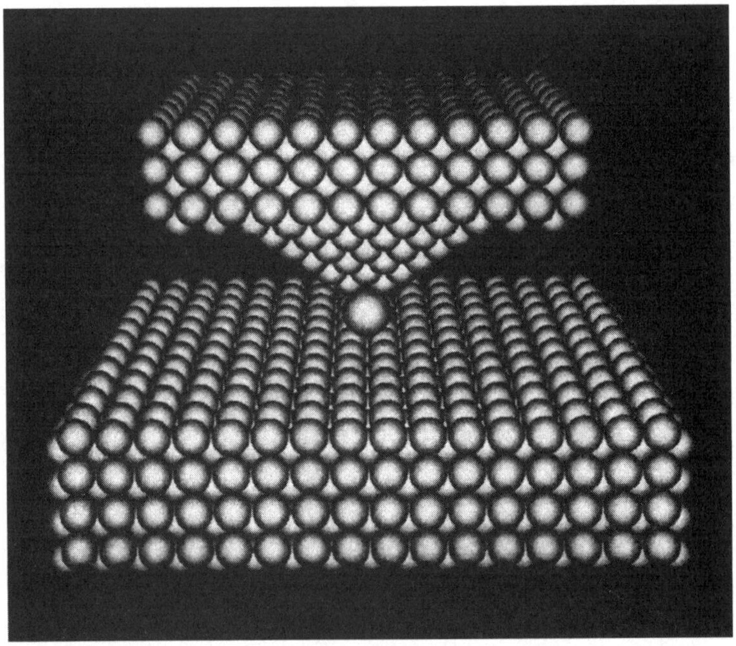

그림 163 ■ 원자 크기의 전자침을 보여 주고 있는 주사 터널링 현미경 (STM) 모형도 (P. Avouris, *Accounts of Chemical Research*, **28**:95, 1995;미국 화학회 제공; 이 그림에 대해서 IBM 연구소 Phaedon Avouris 박사에게 사의를 표한다).

절대적 실체성이 나열되어 있고, Avogadro 수를 결정하는 상이한 방법들이 열거되어 있다. 이 연구들로 그는 1926년 노벨 물리학상을 탔다.

Boltzmann이 스스로 목숨을 끊은 80년 정도 후에, 우리는 원자의 이미지를 찍고, 원자들을 한 개씩 집어 올리고, 옮기고, 집어 넣는 작업들을 하고 있다. Ernst Ruska, Gerd Binnig, Heinrich Rohrer는 1986년 주사 터널링 현미경 (STM) 을 발명하여 노벨 물리학상을 공동으로 받았다. STM은 원자 크기의 금속 침이 원자나 분자 표면으로부터 원자 거리만큼 떨어져서 '미끄러지게' 한다. 이렇게 가까운 거리에서는 원자들의 두 집단 사이를 '터널링' 하는 전자들 사이에 '대화' 가 있는 것이다. STM은 일정한 전류를 유지하기 위해 요구되는 아주 작은 압력 변화를 감지하여 원자의 이미지를 추적한다. 특정한 조건하에서는 STM 주사침이 각 개별 원자를 포획하여 원자들의 표면을 이동시킬 수 있는 '에너지 덫' 이 만들어질 수 있다. 그림 163은 STM 주사침이 제논 원자를 이동시키는 것을 컴퓨터로 모형화한 것이다.[3]

그림 164의 이미지는 외계 풍경인가, 주름 잡힌 파이 껍질인가, 카멜레온의 눈인가, 추상화가의 작품인가? 놀랍게도 이것은 48개의 원자들을 하나씩 옮겨서 원을 만든 '양자 울타리' 의 STM 이미지이다.[3] 중심의 잔물결들은 원자로 구성된 원에 갇혀진 표면 전자들이 만든 정상파로서 '전자의 파동-입자 특성을 놀랍도록 잘 보여 주는 것이다' .[3]

그럼 이 의미는 무엇일까? 1920년에 Louis DeBroglie는 전자를 입자와 파동으로처럼 묘사했는데, 전자들은 정확한 질량을 가지고 있고, '찰깍-찰깍-찰깍' 하면서 가이거

그림 164 ■ 48개의 철 원자들로 구성된 '양자 울타리'의 STM 이미지. 이 이미지는 전자의 입자-파동 성질을 나타낸다 (P. Avouris, *Accounts of Chemical Research*, **28**:95,1995;미국 화학회 제공; 이 그림에 대해서 IBM 연구소의 Phaedon Avouris 박사에게 사의를 표한다.).

계수기에 감지하지만, 또 한편으로는 라디오파나 빛의 파동 같은 간섭을 보여 주기 때문이다. '입자-파동' 이라고 말하는 것과 그들을 마음 속에 그려 보는 것은 또 다른 일이다. 시도해 보아라. 문제 전자들이 우리의 직접적인 감각과 경험을 벗어난 곳에 있다는 것이다. Bronowski가 지적한 대로 20세기 물리학은 추상성과 불확실성 및 자연을 모형화함에 있어 그가 얘기하는 '융통성' 을 필요로 하게 되었다.[4] 19세기 셰익스피어풍의 학자 Edwin A. Abbott의 풍자극 평면세상 (Flatland) 에는 우리의 한계를 설명해 준다.[5]

3차원 세계인 '공간 세상' 의 거주자인 '구' 는 2차원 세계 '평면 세상' 을 방문하여 평면 세상 사람 '사각형' 을 만난다. 사각형은 제한된 방법으로 구를 인식하나, 둘이 1차원 '직선 세상' 을 방문하자, 비로소 자신의 인식의 한계에 대하여 진정으로 이해하기 시작한다. 아이러니하게도 사각형은 부지불식 간에 전지전능해 보이는 구에게 역습을 가한다.[6]

사각형: 하지만 주님은 나를 3차원 세계로 인도하셔서 2차원 세상의 모든 내 동포들의 내부를 나에게 보여 주셨어. 이제 축복받은 4차원으로 이 주님의 종을 데리고 두 번째 여행을 떠나시는 것은 식은 죽 먹기겠지?

구: 도대체 이 4차원 세상이란 어디에 있는 거니?

사각형: 나도 몰라. 하지만 내 스승은 확실히 아시겠지.

구: 나는 몰라. 그런 세상은 어디에도 없어. 그런 생각 자체를 상상할 수도 없다고!

사각형과 구는 마지막으로 단 한명의 주인이 스스로를 칭찬하는 찬송가를 부르는 0차원 '점 세상'을 방문한다.[6] '점은 모든 공간을 채우고, 그것이 채우는 것은 그것 자체이다. 그것이 생각하는 것은 그것이 중얼거리고, 그것이 중얼거리는 것은 그것이 듣는다. 그것은 스스로 생각하는 자, 말하는 자, 듣는 자, 생각, 단어, 청자가 된다. 그것은 하나이지만 또 전체이다. 아, 행복이란, 아, 존재하는 것이 행복이로다.' 이런 종류의 사람을 만나본 적이 있는가? 이런 자기 만족과 고립은 과학을 포함한 모든 인간의 노력에 해로운 존재이다.

물질에 대한 우리의 정신적 이미지는 진화를 계속하고 있다. 1999년 말 일단의 과학자들은 양자 역학 계산과 함께 x선과 중성자 회절 기술을 융합하여 전자 오비탈의 모양을 실제로 '볼' 수 있도록 하였다.[7,8] 이 기술은 실험에서 얻은 전자 밀도 분포를 계산된 전자 밀도 분포와 비교하고 밀도 차이 지도를 그린다. 과학자 중의 한 사람은 '우리는 처음 스크린 화면에 떠오른 것을 보고 경이로움을 금치 못했다.' 라고 외쳤다.[9] Bohr가 근 90년 전에 태양계 원자 모형을 써서 처음으로 일부 설명한 화학 결합의 최심층 비밀들을 계속 추적하여 오면서 저자는 Gustav Holst의 교향곡 *The Planets*의 마지막 악장을 떠올리게 된다. 음악에서 점진적으로 허공으로 사라지는 감각을 남기고—비유하자면 바로 그 인간의 호기심이 과학 탐험을 재촉하는 듯한—미스터리한 가장 바깥 행성들을 떠올리게 만든다. 이 음악은 끝없는 경이감을 남기면서 점점 허공 속으로 사라져 가는 가장 바깥쪽에 위치한 신비로운 행성들—과학적 탐구를 독려하는 인간의 호기심에 대한 비유—을 떠올리게 한다.

1. J. Bronowski, *The Ascent of Man*, Little, Brown, Boston, 1973, pp. 347~351.
2. J.R. Partington, *A History of Chemistry*, MacMillan, London, 1964, Vol. 4, pp. 744~746.
3. P. Avouris, *Accounts of Chemical Reserch*, **28**: 95-102, 1995. I am grateful to Dr. Phaedon Avouris, T.J. Watson Research Center, IBM Research Division, for kindly supplying original of Figures 163 and 164.
4. J. Bronowski, op. cit., Chap.11.
5. E.A. Abbott, *Flatland: A Romance of Many Dimensions* (with Foreward by Isaac Asimov), Barnes & Nobles, New York, 1983.
6. E.A. Abbott, op. cit., pp. 102~103, 109~110.
7. J.M. Zuo, M. Kim, M. O'Keefe, and J.H. Spence, *Science*, **401**: 49~52, 1999.
8. C.J. Humphreys, *Science*, **401**: 21~22, 1999.
9. M. Jacaby, *Chemical and Engineering News*, September 6, 1999. p.8. See also M.W. Browne, New York Times, September 7, 1999, pp. D1~D2.

9 SECTION 추신

형상화를 끝내며

저자는 이 책을 시작할 때처럼 물질, 자연, 인간 정신 사이의 조화를 의미하는 비유로 이 책을 끝내고, 1995년에 노벨 문학상을 탄 아일랜드계 시인인 Seamus Heaney가 지은 짧은 시 '포플러 (The Poplar)' 및 두 편의 긴 시에서 발췌한 것들로 결론을 맺고자 한다.

'포플러'

바람이 큰 포플러를 흔든다, 변덕스럽게.
한 번의 바람에 나무 전체가 흔들린다.
밝은 조각은 떨어지고 가지에는 진동만 남은 것인가?
무거운 균형이 슬픔을 가져오는 것인가?

수은의 반짝임과 균형의 제안은 '아름다움의 순간을 기록—자연의 균형이 흐트러지는 것은 아름다운 순간을 만들기 위한 것' 의 시상을 불러일으킨다.

'자갈 길' (발췌)

비축과 칭찬은 자갈의 진실.
착한 자들의 보석. 지구의 어류 정소

삽에 대항하는 명료하고 최고의 노래
'정직한 가치' 같은 말을 들으라

자갈의 소리와 느낌은 고귀한 인간의 가치와 연결된다.

'아일랜드 안의 네덜란드인 도예가에게' (발췌)

만약 그대가 말한 대로 바라보려면 해를 아래로 내려라.
당신의 도자기 바퀴는 지구를 가져오는 중이다.
호산나 예. 타는 Wells (영국 소설가)

깨끗한 모래와 고령토 안에서 호산나
'지금은 호밀이 파멸 옆에서 춤을 추는 구나.'
재빠지는 구멍에, 산화물, 조각과 엽록소.

1. S. Heaney, *The Spirit Level*, Farrar, Straus, and Giroux, New York, 1996. (We thank Farrar, Straus and Giroux for permission to reprint this material.)
2. R. Tillinghast, *New York Times Book Review*, july 21, 1996, p. 6.

찾아보기

| ㅇ |

| A |

| B |

| C |

| D |

| E |

| F |

| G |

| H |

| S |

| T |